KB030611

한국산업인력공단 새 출제기준에 따른 최신개정판!!

한번에 합격하는

피부미용사 실기시험문제

대한민국 대표브랜드

국가자격 시험문제 전문출판

에듀크라운
국가자격시험문제 전문출판
http://www.crownbook.com

최고의 적중률!! 최고의 합격률!!

크라운출판사
국가자격시험문제 전문출판
http://www.crownbook.com

저자 약력

• 이성내

현) 경인여자대학교 뷰티스킨케어학과 교수
현) 경인여자대학교 뷰티스킨케어학과 학과장

• 이수연

현) 경인여자대학교 뷰티스킨케어학과 겸임교수
경인여자대학교 보건의료관리과 / 자끄데상쥬 헤어과 외래교수 역임

• 문한나

현) 경인여자대학교 뷰티스킨케어학과 겸임교수

피부미용사 실기 과제 동영상 강의는 에듀롤(www.edulol.co.kr)에서 무료로 보실 수 있습니다.
(동영상 강의 보기 : 회원가입 → 강의 클릭 → 구매하기 클릭(수강비는 0원) → 마이페이지에서 내가 신청한 강의 클릭)

머리말

2000년대의 미용문화는 점점 국제적 감각을 갖춘 고급 여성인력을 필요로 하고 있으며, 이에 상응하여 관련 직종도 다양해지고 있는 추세입니다.

이러한 사회적 변화 속에서 아름다움을 추구하는 피부미용 산업은 지속적으로 발전하고 있으며, 여성 중심의 노동력이 요구되는 피부미용 전문 인력 수요가 점증하고 있습니다. 또한, 지속적 경제 성장에 따른 생활수준의 향상으로 미에 대한 사회적 관심 역시 높아지고 있습니다.

뷰티산업이 국가경쟁력을 주도하는 사업으로 육성되고, 사회변화를 이끄는 현실 속에서 피부미용사 국가자격제도 역시 빠르게 정착되고 있는 상황입니다. 이러한 현실을 배경으로 경인여대 피부미용과 교수들은 피부미용사 실기시험을 위한 교재를 발간하게 되었습니다. 본 교재는 과학적이고 현대의학에 기초하여 육체적, 정신적 아름다움을 창조할 전문 미용인을 배출하고, 나아가 미래사회에 요구되는 미용산업의 전문화에 기여할 수 있도록 중점을 두었습니다.

가급적 수험생들이 쉽게 이해할 수 있도록 최선을 다했지만, 아직 부족한 부분도 많습니다.

이런 점들은 추후 보완해 더 나은 교재로 거듭나도록 최선을 다하겠습니다.

한국 미용산업이 세계시장을 향해 도약을 거듭하고 있는 이때, 본 교재가 피부미용 국가자격시험을 위한 전반적인 기술을 숙달시키는 데 필수적인 지침서가 되어 세계적인 현장 실무형 뷰티전문가를 양성하는 데 기여하기를 기대해 봅니다.

피부미용사 자격시험 안내

● 개요

피부미용업무는 공중위생분야로서 국민의 건강과 직결되어 있는 중요한 분야로 향후 국가의 산업구조가 제조업에서 서비스업 중심으로 전환되는 차원에서 수요가 증대되고 있다. 머리, 피부미용, 화장 등 분야별로 세분화 및 전문화되고 있는 미용의 세계적인 추세에 맞추어 피부미용을 자격제도화 함으로써 피부미용분야 전문인력을 양성하여 국민의 보건과 건강을 보호하기 위하여 자격제도를 제정하였다.

● 수행직무

얼굴 및 신체의 피부를 아름답게 유지 · 보호 · 개선 관리하기 위하여 각 부위와 유형에 적절한 관리법과 기기 및 제품을 사용하여 피부미용을 수행한다.

● 진로 및 전망

피부미용에 대한 관심이 증가하고 있다. 자격증 취득 후 피부미용사, 미용강사, 화장품 관련 연구기관이나 회사, 피부미용업 창업, 유학 등 다방면에 걸쳐 진로를 선택할 수 있다.

● 자격시험 안내

1. **시행처** : 한국산업인력공단
2. **응시자격** : 제한 없음
3. **취득방법**
   - 훈련기관: 대학 및 전문대학 미용 관련 학과, 노동부 관할 직업훈련학교, 시 · 구 · 구 관할 여성발전(훈련) 센터, 기타 학원 등
   - 시험과목
     - 필기 : 1. 피부미용이론 2. 해부생리학 3. 피부미용기기학 4. 화장품학 5. 공중위생관리학
     - 실기 : 피부미용 실무
   - 검정방법
     - 필기 : 객관식 4지 택일형, 60문항(60분)
     - 실기 : 작업형(2시간 15분 정도)
   - 합격기준 : 100점 만점에 60점 이상
4. **시험 일시**

   상시시험(자세한 일정은 큐넷(www.q-net.com)에서 확인)

출제기준(필기)

직무 분야	이용 · 숙박 · 여행 · 오락 · 스포츠	중직무 분야	이용 · 미용	자격 종목	미용사(피부)	적용 기간	2022. 7. 1.~ 2026. 12. 31.
○ 직무내용 : 고객의 상담과 피부분석을 통해 안정감 있고 위생적인 환경에서 얼굴, 신체부위별 피부를 미용기기와 화장품을 이용하여 서비스를 제공하는 직무이다.							
필기검정방법	객관식	문제수	60	시험시간	1시간		

필기과목명	문제수	주요항목	세부항목	세세항목
해부생리, 미용기기 · 기구 및 피부미용 관리	60	1. 피부미용이론	1. 피부미용개론	1. 피부미용의 개념 2. 피부미용의 역사
			2. 피부분석 및 상담	1. 피부분석의 목적 및 효과 2. 피부상담 3. 피부유형분석 4. 피부분석표
			3. 클렌징	1. 클렌징의 목적 및 효과 2. 클렌징 제품 3. 클렌징 방법
			4. 딥 클렌징	1. 딥 클렌징의 목적 및 효과 2. 딥 클렌징 제품 3. 딥 클렌징 방법
			5. 피부유형별 화장품 도포	1. 화장품도포의 목적 및 효과 2. 피부유형별 화장품 종류 및 선택 3. 피부유형별 화장품 도포
			6. 매뉴얼 테크닉	1. 매뉴얼 테크닉의 목적 및 효과 2. 매뉴얼 테크닉의 종류 및 방법
			7. 팩 · 마스크	1. 목적과 효과 2. 종류 및 사용방법
			8. 제모	1. 제모의 목적 및 효과 2. 제모의 종류 및 방법
			9. 신체 각 부위(팔, 다리 등) 관리	1. 신체 각 부위(팔, 다리 등)관리의 목적 및 효과 2. 신체 각 부위(팔, 다리 등)관리의 종류 및 방법
			10. 마무리	1. 마무리의 목적 및 효과 2. 마무리의 방법
			11. 피부와 부속기관	1. 피부구조 및 기능 2. 피부 부속기관의 구조 및 기능

필기과목명	문제수	주요항목	세부항목	세세항목
			12. 피부와 영양	1. 3대 영양소, 비타민, 무기질 2. 피부와 영양 3. 체형과 영양
			13. 피부장애와 질환	1. 원발진과 속발진 2. 피부질환
			14. 피부와 광선	1. 자외선이 미치는 영향 2. 적외선이 미치는 영향
			15. 피부면역	1. 면역의 종류와 작용
			16. 피부노화	1. 피부노화의 원인 2. 피부노화현상
		2. 해부생리학	1. 세포와 조직	1. 세포의 구조 및 작용 2. 조직구조 및 작용
			2. 뼈대(골격)계통	1. 뼈(골)의 형태 및 발생 2. 전신뼈대(전신골격)
			3. 근육계통	1. 근육의 형태 및 기능 2. 전신근육
			4. 신경계통	1. 신경조직 2. 중추신경 3. 말초신경
			5. 순환계통	1. 심장과 혈관 2. 림프
			6. 소화기계통	1. 소화기관의 종류 2. 소화와 흡수
		3. 피부미용 기기학	1. 피부미용기기 및 기구	1. 기본용어와 개념 2. 전기와 전류 3. 기기 · 기구의 종류 및 기능
			2. 피부미용기기 사용법	1. 기기 · 기구 사용법 2. 유형별 사용방법
		4. 화장품학	1. 화장품학개론	1. 화장품의 정의 2. 화장품의 분류
			2. 화장품제조	1. 화장품의 원료 2. 화장품의 기술 3. 화장품의 특성

필기과목명	문제수	주요항목	세부항목	세세항목
			3. 화장품의 종류와 기능	1. 기초 화장품 2. 메이크업 화장품 3. 모발 화장품 4. 바디(body)관리 화장품 5. 네일 화장품 6. 향수 7. 에센셜(아로마) 오일 및 캐리어 오일 8. 기능성 화장품
		5. 공중위생관리학	공중보건학	1. 공중보건학 총론 2. 질병관리 3. 가족 및 노인보건 4. 환경보건 5. 식품위생과 영양 6. 보건행정
			2. 소독학	1. 소독의 정의 및 분류 2. 미생물 총론 3. 병원성 미생물 4. 소독방법 5. 분야별 위생 · 소독
			3. 공중위생관리법규 (법, 시행령, 시행규칙)	1. 목적 및 정의 2. 영업의 신고 및 폐업 3. 영업자준수사항 4. 면허 5. 업무 6. 행정지도감독 7. 업소 위생등급 8. 위생교육 9. 벌칙 10. 시행령 및 시행규칙 관련사항

출제기준(실기)

직무분야	이용 · 숙박 · 여행 · 오락 · 스포츠	중직무분야	이용 · 미용	자격종목	미용사(피부)	적용기간	2022. 7. 1. ~ 2026. 12. 31.

○ 직무내용 : 고객의 상담과 피부분석을 통해 안정감 있고 위생적인 환경에서 얼굴, 신체 부위별 피부를 미용기기와 화장품을 이용하여 서비스를 제공하는 직무이다.

○ 수행준거 :
1. 피부미용 실무를 위한 준비 및 위생사항 점검을 수행할 수 있다.
2. 피부의 타입에 따른 클렌징 및 딥클렌징을 할 수 있다.
3. 피부의 타입별 분석표를 작성할 수 있다.
4. 눈썹정리 및 왁싱 작업을 수행할 수 있다.
5. 손을 이용한 얼굴 및 신체 각 부위(팔, 다리 등)관리를 수행할 수 있다.

실기검정방법	작업형	시험시간	2시간 15분 정도

실기과목명	주요항목	세부항목	세세항목
피부미용실무	1. 피부미용 위생관리	1. 피부미용 작업장 위생 관리하기	1. 위생관리 지침에 따라 피부미용 작업장 위생 관리 업무를 책임자와 협의하여 준비, 수행할 수 있다. 2. 쾌적함을 주는 피부미용 작업장이 되도록 체크리스트에 따라 환풍, 조도, 냉 · 난방시설에 대한 위생을 점검할 수 있다. 3. 위생관리 지침에 따라 피부미용 작업장 청소 및 소독 점검표를 기록할 수 있다. 4. 피부미용 작업장 소독계획에 따른 작업장 소독을 통해 작업장의 위생 상태를 관리할 수 있다.
		2. 피부미용 비품위생 관리하기	1. 위생관리 지침에 따라 피부미용 비품의 위생관리 업무를 책임자와 협의하여 준비, 수행할 수 있다. 2. 위생관리 지침에 따라 적절한 소독방법으로 피부관리실 내부의 비품을 소독하여 보관할 수 있다. 3. 소독제에 대한 유효기간을 점검할 수 있다. 4. 사용종류에 알맞은 피부미용 비품의 정리정돈을 수행할 수 있다.
		3. 피부미용사 위생 관리하기	1. 위생관리 지침에 따라 피부미용사로서 깨끗한 위생복, 마스크, 실내화를 구비하여 착용할 수 있다. 2. 장신구는 피하고 가벼운 화장과 예의 있는 언행으로 작업장 근무수칙을 준수할 수 있다. 3. 위생관리 지침에 따라 두발, 손톱 등 단정한 용모와 신체 청결을 유지할 수 있다.
	2. 얼굴관리	1. 얼굴클렌징하기	1. 얼굴피부유형별 상태에 따라 클렌징 방법과 제품을 선택할 수 있다. 2. 눈, 입술 순서로 포인트 메이크업을 클렌징 할 수 있다. 3. 얼굴피부유형에 맞는 제품과 테크닉으로 클렌징 할 수 있다. 4. 온습포 또는 경우에 따라 냉습포로 닦아내고 토닉으로 정리할 수 있다.

실기과목명	주요항목	세부항목	세세항목
		2.. 눈썹정리하기	1. 눈썹정리를 위해 도구를 소독하여 준비할 수 있다. 2. 고객이 선호하는 눈썹형태로 정리 할 수 있다. 3. 눈썹정리한 부위에 대한 진정관리를 실시할 수 있다.
		3. 얼굴 딥클렌징하기	1. 피부 유형별 딥클렌징 제품을 선택 할 수 있다. 2. 선택된 딥클렌징 제품을 특성에 맞게 적용할 수 있다. 3. 피부미용기기 및 기구를 활용하여 딥클렌징을 적용할 수 있다.
		4. 얼굴 매뉴얼테크닉하기	1. 얼굴의 피부유형과 부위에 맞는 매뉴얼 테크닉을 하기 위한 제품을 선택할 수 있다. 2. 선택된 제품을 피부에 도포할 수 있다. 3. 5가지 기본 동작을 이용하여 매뉴얼테크닉을 적용할 수 있다. 4. 얼굴의 피부상태와 부위에 적정한 리듬, 강약, 속도, 시간, 밀착 등을 조절하여 적용할 수 있다.
		5. 영양물질 도포하기	1. 피부유형에 따라 영양물질을 선택 할 수 있다. 2. 피부유형에 따라 영양물질을 필요한 부위에 도포 할 수 있다. 3. 제품의 특성에 따른 영양물질이 흡수되도록 할 수 있다.
		6. 얼굴 팩 · 마스크하기	1. 피부유형에 따른 팩과 마스크종류를 선택할 수 있다. 2. 제품 성질에 맞는 팩과 마스크를 적용할 수 있다. 3. 관리 후 팩과 마스크를 안전하게 제거할 수 있다.
		7. 마무리하기	1. 얼굴관리가 끝난 후 토닉으로 피부정리를 할 수 있다. 2. 고객의 얼굴피부유형에 따른 기초화장품류를 선택할 수 있다. 3. 영양물질을 흡수시키고 자외선 차단제를 사용하여 마무리 할 수 있다.
	3. 신체 각 부위별 피부관리	1. 신체 각 부위별 클렌징하기	1. 화장품 성분에 대한 지식을 이해하고 피부상태에 따라 클렌징 방법과 제품을 선택할 수 있다. 2. 클렌징 방법을 이해하고 클렌징 제품을 팔, 다리에 도포하여 순서에 맞게 연결 동작으로 가볍게 시행할 수 있다. 3. 마무리를 위하여 온 습포 등으로 잔여물을 닦아낸 후 토너로 피부를 정리할 수 있다.
		2. 신체부위별 딥클렌징하기	1. 전신 피부 유형별 딥클렌징 제품을 선택할 수 있다. 2. 선택된 딥클렌징 제품을 특성에 따라 전신 피부 유형에 맞게 적용할 수 있다. 3. 피부미용기기 및 기구를 활용하여 딥클렌징을 적용할 수 있다.
		3. 신체 부위별 피부관리하기	1. 손, 팔, 다리의 피부유형과 피부 상태를 파악하여 피부관리에 적합한 제품을 선택, 도포할 수 있다. 2. 손, 팔, 다리의 피부 상태를 파악하고 목적에 맞는 매뉴얼 테크닉을 적용, 피부관리를 할 수 있다.

실기과목명	주요항목	세부항목	세세항목
		4. 신체부위별 팩 · 마스크하기	1. 전신 피부유형에 따른 팩과 마스크종류를 선택할 수 있다. 2. 제품 성질에 맞게 팩과 마스크를 적용할 수 있다. 3. 관리 후 팩과 마스크를 안전하게 제거할 수 있다.
		5. 신체부위별 관리 마무리하기	1. 전신관리가 끝난 후 토닉으로 피부정리를 할 수 있다. 2. 고객의 전신 피부유형에 따른 기초화장품류를 선택할 수 있다. 3. 해당 부위에 맞는 제품을 선택 후 특성에 따라 적용할 수 있다. 4. 피부손질이 끝난 후 전신을 가볍게 이완할 수 있다.
	3. 피부미용 특수 관리	1. 제모하기	1. 신체부위별 왁스를 선택하고 도구를 준비할 수 있다. 2. 제모할 부위에 털의 길이를 조절할 수 있다. 3. 제모 할 부위를 소독할 수 있다. 4. 수분제거용 파우더와 왁스를 적용할 수 있다. 5. 부위에 맞게 부직포를 밀착하여 떼어 낸 후 남은 털을 족집게로 정리할 수 있다. 6. 냉습포로 닦아낸 후 진정 제품으로 정돈할 수 있다.
		2. 림프관리하기	1. 림프관리시 금기해야할 상태를 구분할 수 있다. 2. 림프관리시 적용할 피부상태와 신체부위를 구분할 수 있다. 3. 림프절과 림프선을 알고 적절하게 관리할 수 있다. 4. 셀룰라이트 피부를 파악하여 림프관리를 적용할 수 있다. 5. 림프정체성 피부를 파악하여 림프관리를 적용할 수 있다.

미용사(피부) 상시 실기시험 과제별 배점 알림

순번	과제명	시간	배점
1	얼굴관리	1시간 25분	60점
2	부위별 관리	35분	25점
3	림프를 이용한 피부관리	15분	15점

피부미용사 실기시험 공개과제

국가기술자격 실기시험문제

자격종목	미용사(피부)	과제명	전 과제 공통

◎ 수험자 유의사항(전 과제 공통)

다음 사항을 준수하여 실기시험에 임하여 주십시오. 만약 아래의 사항을 지키지 않을 경우, 시험장의 입실 및 수험에 제한을 받는 불이익이 발생할 수 있다는 점 인지하여 주시고, 시험위원의 지시가 있을 경우, 다소 불편함이 있더라도 적극 협조하여 주시기 바랍니다.

1. 수험자와 모델은 시험위원의 지시에 따라야 하며, 지정된 시간에 시험장에 입실해야 합니다.
2. 수험자와 수험표 및 신분증(본인임을 확인할 수 있는 사진이 부착된 증명서)을 지참해야 합니다.
3. 수험자는 반드시 위생복(상의는 흰색 반팔 가운, 하의는 흰색 긴바지로 모든 복식은 흰색으로 통일(1회용 가운 제외), 마스크 및 실내화(색상은 흰색 통일)를 착용하여야 하며, 복장 등에 소속을 나타내거나 암시하는 표시가 없어야 합니다.
4. 수험자 및 모델은 눈에 보이는 표식(예: 네일 컬러링, 디자인 등)이 없어야 하며, 표식이 될 수 있는 악세서리(예: 반지, 시계, 팔찌, 발찌, 목걸이, 귀걸이 등)를 착용할 수 없습니다.
5. 수험자는 시험 중에 필요한 물품(습포, 왁스 등)을 가져오거나 관리상 필요한 이동을 제외하고 지정된 자리를 이탈하거나 다른 수험자와 대화 등을 할 수 없으며, 질문이 있는 경우는 손을 들고 시험위원이 올 때까지 기다려야 합니다.
6. 사용되는 해면과 코튼은 반드시 새 것을 사용하고 과제 시작 전 사용에 적합한 상태를 유지하도록 미리 준비해야 합니다.
7. 시험 시 사용되는 타월은 대형과 중형은 지참재료상의 지정된 수량만큼만 사용하고, 소형은 필요시 더 사용할 수 있습니다.
8. 수험자는 작업에 필요한 습포를 시험 시작 전 미리 준비(온습포는 과제당 6매까지 온장고에 보관)할 수 있으며, 비닐백(지퍼백 등)에 비번호 기재 후 보관하여야 합니다.
9. 모델은 반드시 화장(파운데이션, 마스카라, 아이라인, 아이섀도, 눈썹 및 입술화장(립스틱 사용 등)이 되어 있어야 합니다(남자모델의 경우도 동일).
10. 모델은 만 14세 이상의 신체 건강한 남, 여(년도기준)로 아래의 조건에 해당하지 않아야 합니다.

① 심한 민감성 피부 혹은 심한 농포성 여드름이 있는 사람 등 피부관리에 적합하지 않은 피부질환을 가진 사람
② 성형수술(코, 눈, 턱윤곽술, 주름제거 등)한지 6개월 이내인 사람
③ 호흡기 질환, 민감성 피부, 알레르기 등이 있는 자
④ 임신 중인 자
⑤ 정신질환자

※ 수험자가 동반한 모델도 신분증을 지참하여야 하며, 공단에서 지정한 신분증을 지참하지 않은 경우, 모델로 시험에 참여가 불가능합니다.

※ 여성 수험자는 여성 모델을, 남성 수험자는 남성 모델을 대동해야 하며 사전에 대동한 모델에게 작업에 요구되는 노출에 대한 동의를 받으셔야 합니다.

11. 관리 대상부위를 제외한 나머지 부위는 노출이 없도록 수건 등으로 덮어두시오(단, 팔은 노출이 가능함).
12. 팩과 딥클렌징 제품을 제외한 화장품은 어느 한 피부타입에만 특화되지 않고 모든 피부타입에 사용해도 괜찮은 타입(올 스킨타입 혹은 범용)을 사용해야 합니다.
13. 수험자 또는 모델은 핸드폰을 사용할 수 없습니다.
14. 작업에 필요한 각종 도구를 바닥에 떨어뜨리는 일이 없도록 하여야 하며, 특히 눈썹칼, 가위 등을 조심성 있게 다루며 안전사고가 발생되지 않도록 주의해야 합니다.
15. 제시된 작업시간 안에 세부 작업을 끝내며, 각 과제의 마지막 작업 시에는 주변정리를 함께 끝내야 하되, 각 세부 작업 시험시간을 초과하는 경우는 해당되는 세부 작업을 0점 처리합니다.
16. 다음 사항은 실격에 해당하며 채점 대상에서 제외됩니다.
① 시험 전체 과정을 응시하지 않은 경우
② 시험 도중 시험실을 무단 이탈하는 경우
③ 부정한 방법으로 타인의 도움을 받거나 타인의 시험을 방해하는 경우
④ 무단으로 모델을 수험자간에 교환하는 경우
⑤ 국가기술자격법상 국가기술자격 검정에서의 부정행위 등을 하는 경우
⑥ 수험자가 위생복을 착용하지 않은 경우
⑦ 모델이 가운을 미착용한 경우(여성 : 속가운, 남성 : 베이지 또는 남색 반바지)
⑧ 수험자 유의사항 내의 모델 조건에 부적합한 경우
⑨ 주요 화장품을 대부분 덜어서 가져온 경우

17. 시험 응시 제외 사항

① 모델을 데려오지 않은 경우

18. 득점 외 별도 감점 사항

① 복장상태, 사전 준비상태 중 어느 하나라도 미 준비하거나 준비 작업이 미흡한 경우

② 모델이 가운을 미착용한 경우(여성 : 겉가운, 남성 : 흰색 반팔 티셔츠)

③ 관리 범위를 지키지 않는 경우(관리 범위 중 일부를 하지 않거나 범위를 벗어나는 것 모두 해당)

④ 작업순서를 지키지 않는 경우

⑤ 눈썹을 사전에 모두 정리를 해서 오는 경우

⑥ 필요한 기구 및 재료 등을 시험 도중에 꺼내는 경우

19. 마스크 작업 시 마스크 종류 및 순서가 틀린 경우(예 : 팩과 마스크의 순서를 바꿔서 작업한 경우 등), 지압 및 강한 두드림 등 안마 행위를 하는 경우 및 눈썹과 체모가 없는 경우는 해당 작업을 0점 처리합니다.

20. 항목별 배점은 얼굴관리 60점, 부위별 관리 25점, 림프를 이용한 피부관리 15점입니다.

국가기술자격 실기시험문제

자격종목	미용사(피부)	과제명	얼굴관리

※ 시험시간 : 2시간 15분

– 1과제 : 1시간 25분(준비작업시간 및 위생 점검시간 제외)

1. 요구사항

※ 다음과 같이 준비 작업을 하시오.

가. 클렌징 작업 전, 과제에 사용되는 화장품 및 사용 재료를 관리에 편리하도록 작업대에 정리하시오.

나. 베드는 대형 수건을 미리 세팅하고, 재료 및 도구의 준비, 개인 및 기구 소독을 하시오.

다. 모델을 관리에 적합하게 준비(복장, 헤어터번, 노출관리 등)하고 누워 있도록 한 후 감독 위원의 준비 및 위생 점검을 위해 대기하시오.

※ 아래 과정에 따라 모델에게 피부미용 작업을 하시오.

순 서	작업명	요구 내용	시 간	비 고
1	관리계획표 작성	제시된 피부 타입 및 제품을 적용한 피부 관리 계획을 작성하시오.	10분	
2	클렌징	지참한 제품을 이용하여 포인트 메이크업을 지우고 관리범위를 클렌징 한 후, 코튼 또는 해면을 이용하여 제품을 제거하고, 피부를 정돈하시오.	15분	도포 후 문지르기는 2~3분 정도 유지하시오.
3	눈썹정리	족집게와 가위, 눈썹칼을 이용하여 얼굴형에 맞는 눈썹모양을 만들고, 보기에 아름답게 눈썹을 정리하시오.	5분	눈썹을 뽑을 때 감독확인하에 작업하시오(한쪽 눈썹에만 작업하시오).
4	딥클렌징	스크럽, AHA, 고마쥐, 효소의 4가지 타입 중 지정된 제품을 이용하여 얼굴에 딥클렌징 한 후, 피부를 정돈하시오.	10분	제시된 지정타입만 사용하시오.
5	손을 이용한 관리 (매뉴얼테크닉)	화장품(크림 혹은 오일타입)을 관리부위에 도포하고, 적절한 동작을 사용하여 관리한 후, 피부를 정돈하시오.	15분	

6	팩	팩을 위한 기본 전처리를 실시한 후, 제시된 피부타입에 적합한 제품을 선택하여 관리부위에 적당량을 도포하고, 일정시간 경과 뒤 팩을 제거한 후, 피부를 정돈하시오.	10분	팩을 도포한 부위는 코튼으로 덮지 마시오.
7	마스크 및 마무리	마스크를 위한 기본 전처리를 실시한 후, 지정된 제품을 선택하여 관리부위에 작업하고, 일정시간 경과 뒤 마스크를 제거한 다음 피부를 정돈한 후 최종마무리와 주변 정리를 하시오.	20분	제시된 지정마스크만 사용하시오.

2. 수험자 유의사항

1) 지참 재료 중 바구니는 왜건의 크기(가로×세로)보다 큰 것은 사용할 수 없습니다.
2) 관리계획표는 제시되어진 조건에 맞는 내용으로 시험에서의 작업에 의거하여 작성하시오.
3) 필기도구는 흑색 볼펜만을 사용하여 작성하시오.
4) 눈썹정리 시 족집게를 이용하여 눈썹을 뽑을 때는 감독위원의 입회하에 실시하되, 감독위원의 지시를 따르시오.
   (작업을 하고 있다가 감독위원이 지시하면 족집게를 사용하며, 작업을 하지 않고 기다리지 마시오)
5) 고마쥐 제품 사용 시 도포는 얼굴에 하되 밀어내는 것은 이마와 오른쪽 볼 부위만을 대상으로 하시오.
6) 팩은 요구되는 피부타입에 따라 제품을 선택하여 사용하고, 붓 또는 스파튤라를 사용하여 관리 부위에 도포하시오.
7) 마스크의 작업 부위는 얼굴에서 목 경계부위까지로 작업 시 코와 입에 호흡을 할 수 있도록 해야 합니다.
8) 얼굴 관리 중 클렌징, 손을 이용한 관리, 팩 작업에서의 관리범위는 얼굴부터 데콜테(가슴 : breast은 제외)까지를 말하며, 겨드랑이 안쪽 부위는 제외됩니다.
9) 모든 작업은 총 작업시간의 90% 이상을 사용하시오(단, 관리계획표 작성은 제외).

국가기술자격 실기시험문제

자격종목	미용사(피부)	세부 과제명	관리계획표 작성

※ 시험시간 : 2시간 15분
  – 1과제 세부과제 : 10분

※ 아래 예시에서 주어진 조건에 맞는 관리계획표를 작성하시오.

1. 얼굴의 피부 타입은 팩 사용의 부위별 피부 타입을 기준으로 결정하시오.
   (단, T존과 U존의 피부 타입만으로 판단하며, 피부의 유 · 수분 함량을 기준으로 한 타입(건성, 중성(정상), 지성, 복합성)만으로 구분하시오.
2. 팩 사용을 위한 부위별 피부 상태(타입)
   ○ T존 :
   ○ U존 :
   ○ 목 부위 :
3. 딥클렌징 사용제품 :
4. 마스크

※ 기타 유의사항
  1) 관리계획표 상의 클렌징, 매뉴얼테크닉용 화장품은 본인이 시험장에서 사용하는 제품의 제형을 기준으로 하시오.

관리계획표 작성(10분)

<table>
<tr><th colspan="3">관리계획 차트(Care Plan Chart)</th></tr>
<tr><td>비번호</td><td>형별</td><td>시험일자 20 . . . (부)</td></tr>
<tr><td rowspan="2">관리목적
및
기대효과</td><td colspan="2">관리목적 :</td></tr>
<tr><td colspan="2">기대효과 :</td></tr>
<tr><td>클렌징</td><td colspan="2">□ 오일 □ 크림 □ 밀크/로션 □ 젤</td></tr>
<tr><td>딥클렌징</td><td colspan="2">□ 고마쥐(gommage) □ 효소(enzyme) □ AHA □ 스크럽</td></tr>
<tr><td>매뉴얼테크닉 제품타입</td><td colspan="2">□ 오일 □ 크림</td></tr>
<tr><td>손을 이용한 관리형태</td><td colspan="2">□ 일반 □ 림프</td></tr>
<tr><td rowspan="3">팩</td><td colspan="2">T존 : □ 건성타입 팩 □ 정상타입 팩 □ 지성타입 팩</td></tr>
<tr><td colspan="2">U존 : □ 건성타입 팩 □ 정상타입 팩 □ 지성타입 팩</td></tr>
<tr><td colspan="2">목부위 : □ 건성타입 팩 □ 정상타입 팩 □ 지성타입 팩</td></tr>
<tr><td>마스크</td><td colspan="2">□ 석고마스크 □ 고무모델링마스크</td></tr>
<tr><td rowspan="2">고객
관리계획</td><td colspan="2">1주 :</td></tr>
<tr><td colspan="2">2주 :</td></tr>
<tr><td rowspan="2">자가관리 조언
(홈케어)</td><td colspan="2">제품을 사용한 관리 :</td></tr>
<tr><td colspan="2">기타 :</td></tr>
</table>

※ 관리계획표는 요구하는 피부타입에 맞추어 시험장에서의 관리를 기준으로 하시오.

※ 고객관리계획은 향후 주 단위의 관리계획을, 자가관리 조언은 가정에서의 제품 사용을 위주로 간단하고 명료하게 작성하며 수정 시 두 줄로 긋고 다시 쓰시오.

※ 향후 관리는 총 기간을 2주로 하고 각 주관리에 대한 내용을 기술

ex) 클렌징 → 딥 클렌징(효소, 고마쥐, 스크럽, AHA 중 택 1) → 매뉴얼 테크닉 → 크림팩(타입 등 표기) → 크림(제품 타입 등 표기)

※ 체크하는 부분은 주가 되는 하나만 하시오.

※ 고객관리 계획에서 마스크에 대한 사항은 제외하며, 마무리에 대한 사항을 작성하시오.

국가기술자격 실기시험문제

자격종목	미용사(피부)	과제명	팔, 다리관리

※ 시험시간 : 2시간 15분

– 2과제 : 35분(준비작업시간 제외)

1. 요구사항

※ 팔, 다리관리를 하기 위한 준비작업을 하시오.

가. 과제에 사용되는 화장품 및 사용 재료는 작업에 편리하도록 작업대에 정리하시오.

나. 모델을 관리에 적합하도록 준비하고 베드 위에 누워서 대기하도록 하시오.

※ 아래 과정에 따라 모델에게 피부미용 작업을 실시하시오.

순 서	작업명		요구내용	시 간	비 고
1	손을 이용한 관리(매뉴얼테크닉)	팔(전체)	모델의 관리부위(오른쪽 팔, 오른쪽 다리)를 화장수를 사용하여 가볍고 신속하게 닦아낸 후 화장품(크림 혹은 오일타입)을 도포하고, 적절한 동작을 사용하여 관리하시오.	10분	총 작업시간의 90% 이상을 유지하시오.
		다리(전체)		15분	
2	제모		왁스 워머에 데워진 핫 왁스를 필요량만큼 용기에 덜어서 작업에 사용하고, 팔 또는 다리에 왁스를 부직포 길이에 적합한 면적만큼 도포한 후, 체모를 제거하고 제모 부위의 피부를 정돈하시오.	10분	제모는 좌 · 우 구분이 없으며 부직포 제거 전 손을 들어 감독의 확인을 받으시오.

2. 수험자 유의사항

1) 손을 이용한 관리는 팔과 다리가 주 대상범위이며, 손과 발의 관리 시간은 전체 시간의 20%를 넘지 않도록 하시오.

2) 제모 시 손 또는 발을 제외한 좌 · 우측 팔 전체 또는 다리 전체 중 적합한 부위에 한번만 제거하시오.

3) 관리부위에 체모가 완전히 제거되지 않았을 경우 족집게 등으로 잔털 등을 제거하시오.

4) 제모 작업은 7×20cm 정도의 부직포 1장을 이용한 도포 범위(4~5cm × 12~14cm)를 기준으로 하시오.

국가기술자격 실기시험문제

자격종목	미용사(피부)	과제명	림프를 이용한 피부관리

※ 시험시간 : 2시간 15분

– 3과제 : 15분(준비작업시간 제외)

1. 요구사항

※ 림프관리에 적합한 준비작업을 하시오.

가. 과제에 사용되는 화장품 및 사용 재료는 작업에 편리하도록 작업대에 정리하시오.

나. 모델을 작업에 적합하도록 준비하시오.

※ 아래 과정에 따라 모델에게 피부미용 작업을 실시하시오.

순 서	작업명	요구내용	시 간	비 고
1	림프를 이용한 피부관리	적절한 압력과 속도를 유지하며 목과 얼굴 부위에 림프절 방향에 맞추어 피부관리를 실시하시오(단, 에플라쥐 동작을 시작과 마지막에 하시오).	15분	종료시간에 맞추어 관리하시오.

2. 수험자 유의사항

1) 작업 전 관리 부위에 대한 클렌징 작업은 하지 마시오.
2) 관리 순서는 에플라쥐를 먼저 실시한 후 첫 시작지점은 목 부위(profundus)부터 하되, 림프절 방향으로 관리하며, 림프절의 방향에 역행되지 않도록 주의하시오.
3) 적절한 압력과 속도를 유지하고, 정확한 부위에 실시하시오.

피부미용사 실기시험 복장규정

미용사(피부) 수험자 복장 감점 적용범위

구 분	기 준	내 용	감점적용	비 고
위생복 (가운)	반팔 흰색	민소매형(민소매+반팔티 포함)	✓	가운의 목깃, 허리 부분 길이, 디자인 등은 감점사항 아님
		긴팔(걷는 것도 포함)	✓	
		반팔 가운이지만 속티가 길게 나온 경우	✓	
		하얀색 바탕에 검정무늬(단추 등 포함)	✓	비표식 개념
위생복 (하의)	흰색 긴 바지	검정, 회색, 아이보리, 베이지 등의 유색 하의	✓	하의의 종류, 재질 및 디자인은 구분하지 않음
		긴바지가 아닌 하의 (반바지, 스타킹, 츄리닝, 레깅스 등)	✓	
		색줄 혹은 색무늬 있는 하의	✓	
		기타 흰색 외 색상	✓	
마스크	흰색	청색(하늘색 포함)	✓	청색은 비표식 개념(수험자 재료목록 기재사항)
		미착용	✓	
		흰색 외 색상	✓	
신발	흰색 실내화	실내화가 아닌 신발(일반운동화, 구두 등 실외에서 착용하는 신발 등)	✓	신발 앞 혹은 뒤가 터져 있는 경우 샌달 혹은 슬리퍼 형으로 간주
		샌달형	✓	
		슬리퍼형	✓	
		뒤가 터져 있는 간호사 신발	✓	
		선명하고 확실하게 구분되는 두꺼운 줄 및 무늬가 있는 신발	✓	
		기타 흰색 외 색상	✓	
티셔츠	흰색	흰색을 제외한 유색 티셔츠 (가운 밖으로 노출이 되는 경우)	✓	비표식 개념
		목 전체를 덮는 폴라티	✓	

양말	흰색	흰색 외 색상(표시가 나는 유색 스타킹 등도 포함) ※ 표시가 나지 않는 스타킹은 감점 제외 ※ 양말은 안 신은 경우(맨발)는 감점	✓	복식은 흰색으로 통일하도록 되어 있으며, 유색은 비표식 개념
두발		머리띠 및 머리망, 머리핀 등의 두발 고정용품	✓	색상 제한 없음 흰색 머리띠 착용 가능

※ 양말 – 상표, 유색 테두리 허용

※ 신발 – 상표, 유색 테두리 허용, 젤리화, 크록스화, 벨크로형(찍찍이) 형태의 실내화 등도 지참 가능하며 감점사항에 해당되지 않습니다.

※ 반팔 위생복(가운)의 팔 부위에서 안쪽 옷(티셔츠)이 밖으로 나오면 감점

피부미용사 실기시험 재료규정

1. 지급재료 목록

				자격종목	미용사(피부)
일련번호	재료명	규 격	단 위	수 량	비 고
1	핫왁스	400~500mℓ	개	1	7인당 1개
2	화장솜	100개	통	1	20인당 1개

2. 수험자 지참 공구목록

				자격종목	미용사(피부)
일련번호	지참 공구명	규 격	단 위	수 량	비 고
1	위생복	상의 반팔 가운, 하의 긴 바지	벌	1	모든 복식은 흰색 통일
2	실내화	흰색	켤레	1	실내화만 허용
3	마스크	흰색	개	1	
4	대형타월	100×180cm 흰색	장	2	베드용 모델용
5	중형타월	65×130cm 흰색	장	1	
6	소형타월	35×80cm 흰색	장	5장 이상	습포, 건포용
7	헤어터번 (터번)	벨크로(찍찍이)형	개	1	분홍색 or 흰색
8	여성모델용 속가운 및 겉가운	밴드(고무줄, 벨크로)형 일반형(겉가운)	벌	1	분홍색 or 흰색
9	남성모델용 옷	박스형 반바지 & T-셔츠	벌	1	하의-베이지 or 남색 상의 - 흰색
10	모델용 슬리퍼		켤레	1	
11	필기도구	볼펜	자루	1	검은색 (유색-지워지는 펜 불가)
12	알코올 및 분무기		개	1	1인 사용량

13	일반솜		봉	1	탈지면, 1인 사용량
14	비닐봉지, 비닐백	소형	장	각 1	쓰레기처리용, 습포보관용 (두터운 비닐백)
15	미용솜		통	1	화장솜
16	면봉		봉	1	1인 사용량
17	티슈		통	1	1인 사용량
18	붓	클렌징, 팩용	개	2	바디용 불가
19	해면		세트	1	1인 사용량
20	스파튤라		개	3	클렌징, 팩용
21	보울(bowl)		개	3	클렌징, 팩 등
22	가위	소형	개	1	눈썹정리, 제모
23	족집게		개	1	눈썹정리, 제모
24	브러시		개	1	눈썹정리, 제모
25	눈썹칼	Safety razor	개	1	눈썹정리
26	거즈		장	1	
27	아이패드		개	2	거즈, 화장솜 대체 가능
28	나무 스파튤라		개	1	제모용
29	부직포	7×20cm	장	1	제모용
30	장갑	라텍스	켤레	1	제모용
31	종이컵	100mℓ	개	1	제모용
32	보관통	컵형	개	2	스파튤라, 붓 등
33	보관통	뚜껑달린 통	개	2	알코올 솜 등
34	해면볼	소형	개	1	
35	바구니		개	2	정리용 사각
36	트레이 (쟁반)	소형	개	1	습포용

37	효소		개	1	파우더형
38	고마쥐		개	1	크림형 or 젤형
39	AHA	함량 10% 이하	개	1	액체형
40	스크럽제		개	1	크림형 or 젤형
41	팩	크림 타입	set	1	정상, 건성, 지성
42	스킨토너(화장수)		개	1	모든 피부용
43	크림, 오일	매뉴얼테크닉용	개	1	모든 피부용
44	탈컴 파우더		개	1	제모용
45	진정로션 혹은 젤		개	1	제모용
46	영양크림		개	1	모든 피부용
47	아이 및 립크림		개	1	모든 피부용 (공용사용가능)
48	포인트 메이크업 리무버	아이, 립	개	1	모든 피부용
49	클렌징 제품	얼굴 등	개	1	모든 피부용
50	고무볼	중형	개	1	마스크용
51	석고마스크	파우더 타입	개	1	1인 사용량
52	고무모델링마스크	파우더 타입	개	1	1인 사용량
53	베이스크림	크림 타입	개	1	석고마스크용
54	모델		명	1	

※ 타월류의 경우는 비슷한 크기이면 무방합니다.

※ 지참재료 목록상 기타 필요한 재료의 지참은 가능합니다.

※ 팩과 마스크, 딥클렌징용 제품을 제외한 다른 모든 화장품은 모든 피부용을 지참하십시오.

※ 바구니의 경우 왜건 크기보다 크면 사용할 수 없습니다.

※ 부직포는 지정된 길이에 맞게 미리 잘라서 오시면 됩니다.

※ 재료에 관련된 자세한 사항은 홈페이지(www.hrdkorea.or.kr) 공지사항 및 FAQ 안내사항, 큐넷(www.q-net.or.kr)의 수험자 지참재료 목록 등을 참고로 하십시오.

3. 검정장소 시설목록

				자격종목	미용사(피부)
일련번호	장비 및 시설명	규 격	단 위	수 량	비 고
1	베드	1인용	개	1	1인당
2	탈의실		개소	적정수	모델용
3	냉 · 난방시설		대	적정수	실당
4	wax warmer	can type	대	1	7인당
5	온장고	중형 이상	대	1	7인당
6	의자	베드와 높이 맞는 것	개	1	1인당
7	작업대	왜건 or 책상	개	1	1인당
8	전기시설		개소	1	실당
9	수도시설		개소	적정수	없을 시 간이시설
10	대기실		실	적정수	모델 대기실
11	바인더		개	1	1인당
12	시계	벽걸이용	개	1	실당
13	조명시설		실		밝은 조명

차 례

Part 1

1과제

관리계획표 작성 · 얼굴관리

작업수행시간 : 1시간 25분

(준비작업시간 및 위생점검시간 제외)

관리계획표 작성(10분)
클렌징(15분)
눈썹정리(5분)
딥클렌징(10분)
매뉴얼테크닉(15분)
팩(10분)
마스크 및 마무리(20분)

Chapter 1

준비하기

5분

본 교재에서의 모든 시술과정은 시술자의 위치에서 서술된다.

사전 체크사항

준비작업 과제 시작 전에 준비작업시간을 따로 부여하며, 이때 과제에 필요한 작업물과 도구, 베드 등을 작업에 적합하게 준비한 다음 대기하고 있으면 된다. 모델은 바로 작업이 가능한 상태로 되어 있어야 하며, 눕혀서 대기하면 된다.

볼 사 용 기본적으로 관리 시 위생상태의 유지를 위해 한 번의 양으로 모두 사용되지 않는 한 필요한 양만큼 볼에 덜어둔 뒤 관리 시 사용되는 것이 권장된다. 볼 3개를 모두 사용했을 경우에는 티슈 등으로 닦아낸 뒤 소독을 하고 재사용하는 것은 허용된다(필요한 경우 소형 볼을 더 지참할 수 있음).

습포사용 온습포 혹은 냉습포는 관리에 반드시 사용되어야 하는 단계가 있다. 그 외의 경우에는 습포를 사용하는 것에 대하여는 관리상의 선택 혹은 방법으로 간주하여 점수화 하지 않는다. 온습포의 사용은 비치된 온장고를 이용하면 되며, 반드시 사용할 때마다 가져와야 한다. 온장고 이용 시에는 집게(비치될 예정임, 개인 집게 사용 가능)와 트레이(쟁반)를 사용하여 습포를 가져오면 된다.

1. 관리사

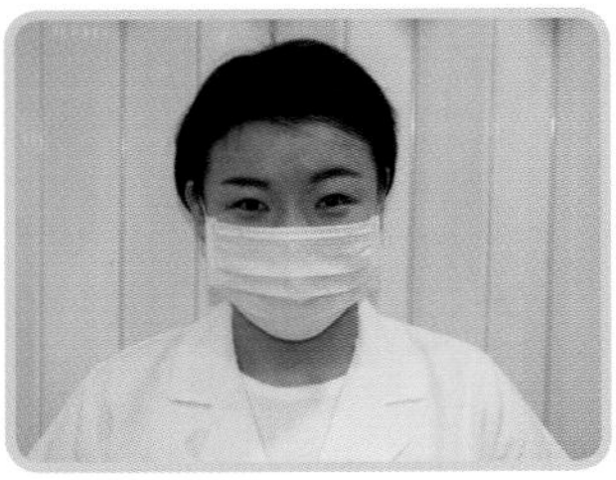
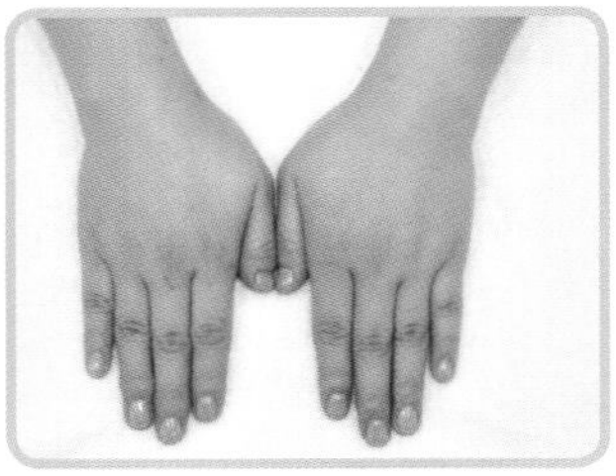

수험자는 반드시 위생복(상의는 흰색 반팔가운, 하의는 흰색 긴바지로, 모든 복식은 흰색으로 통일한다. 마스크 및 실내화(색상은 흰색 통일)를 착용하여야 하며, 복장 등에 소속을 나타내거나 암시하는 표시가 없어야 하고 눈에 띄어 표식이 될 수 있는 액세서리 착용을 금한다.

머리는 짧은 머리는 앞머리가 내려오지 않게 머리핀이나 머리띠를 착용하고, 긴 머리는 머리망이나 고무줄을 사용하여 깔끔하게 묶거나 올린다. 메이크업은 자연스러워야 한다.

2. 모델

모델은 반드시 화장(파운데이션, 마스카라, 아이라인, 아이섀도, 눈썹 및 적색 계열의 입술화장(립스틱 사용 등)이 되어 있어야 한다(남자 모델의 경우도 동일. 남자의 경우는 남자 수험자들만 따로 남성 모델을 대상으로 피부 관리를 하게 되며, 면도를 하고 와야 한다. 남자 모델은 시험장에서 화장이 가능하나 화장품은 지참해야 한다).

심한 민감성 피부 혹은 심한 농포성 여드름이 있는 사람, 성형수술(코, 눈, 턱 윤곽술, 주름제거 등) 6개월 이내인 사람, 임신 중인 사람, 피부 관리에 적합하지 않은 질환(갑상선항진증 등) 혹은 피부질환을 가진 사람, 암환자 등은 모델이 될 수 없으며, 눈썹이 없거나 적어(일반적인 기준으로 가로길이의 3분의 2 정도가 되지 않는 경우) 눈썹관리 작업에 적합하지 않은 사람, 체모가 없거나 아주 적어 제모 시술에 적합하지 않은 사람은 감점 등의 불이익이 있을 수 있다.

모델은 나이를 증명할 수 있는 신분증을 지참해야 하며, 만 14세 이상이어야 한다. 사전에 작업 시 요구되는 노출 정도에 대한 내용을 듣고 동의하여야 한다. 동의서는 시험장에서 작성한다.

3. 베드 세팅

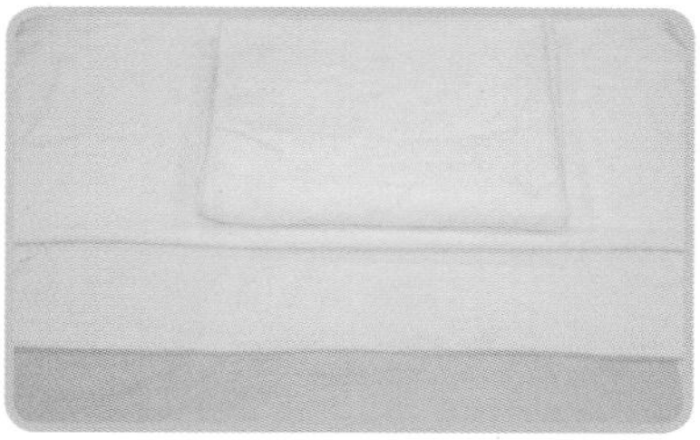

준비물 : 대타월 2장, 소타월 1장, 터번

베드 위에 대타월 한 장을 깔고 다른 대타월 한 장은 모델이 덮을 용도로 3분의 1 가량 접어놓고 접힌 부분에 소타월을 앞섶용으로 올린다. 모델이 누울 머리 방향에 터번을 펼쳐놓는다.

4. 왜건 세팅

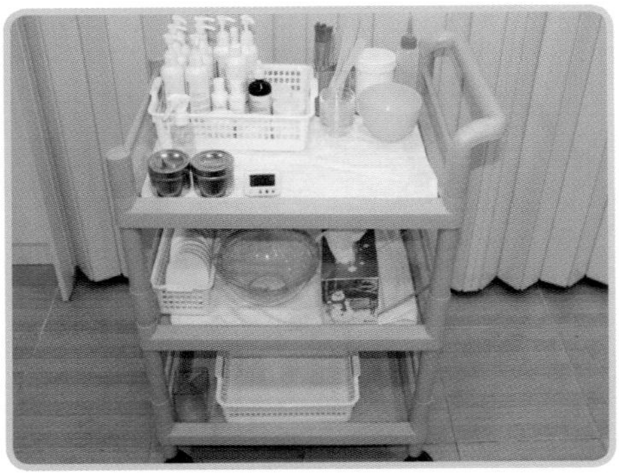

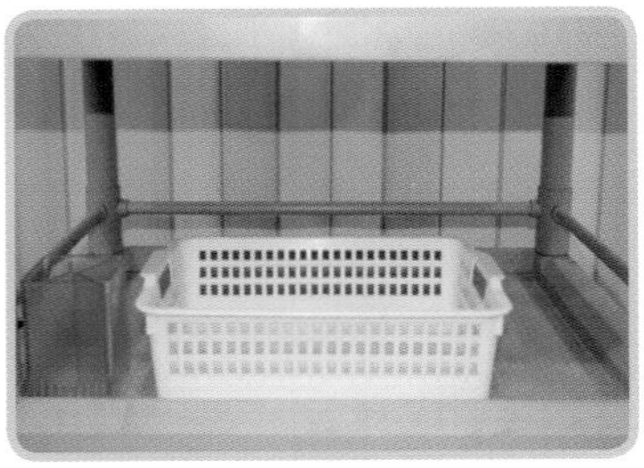

❶ 상단

- 제품 : 포인트 메이크업리무버, 클렌징로션, 토너, 진정젤, 딥클렌징제(스크럽, AHA – 10% 미만으로 표시된 것, 효소, 고마쥐), 마사지크림, 크림팩(중성, 건성, 지성용) 3종류, 석고베이스크림, 석고마스크, 고무모델링마스크, 아이크림, 영양크림
- 보관통 : 팩붓, 스파튤라, 눈썹브러쉬, 눈썹가위, 눈썹칼, 족집게, 면봉, 검정볼펜(관리계획표 작성시 사용)
- 뚜껑 달린 보관통 1 : 젖은 화장솜
- 뚜껑 달린 보관통 2 : 알코올솜
- 그 외 : 유리볼(소독해서 재사용 가능), 손소독제, 고무볼, 물병 또는 증류수병(물 필요시 사용)

❷ 중단

해면(14개 정도, 필요량), 해면볼, 미용티슈, 쟁반(온습포 담아오는 용도), 냉습포(3장을 지퍼백에 담아서 정리)

❸ 하단

바구니(사용한 해면이나 습포를 담는 용도), 보관통(사용한 팩붓이나 스파튤라 넣는 용도)

Tip 왜건에 지퍼백을 테이프로 붙여 쓰레기통 대용으로 사용한다.

Chapter 2

관리계획표 작성

10분

〈관리계획 차트〉

<table>
<tr><th colspan="4">관리계획 차트(Care Plan Chart)</th></tr>
<tr><td>비번호</td><td>형별</td><td colspan="2">시험일자 20 . . .(부)</td></tr>
<tr><td rowspan="2">관리목적
및
기대효과</td><td colspan="3">관리목적 :</td></tr>
<tr><td colspan="3">기대효과 :</td></tr>
<tr><td colspan="2">클렌징</td><td colspan="2">□ 오일 □ 크림 □ 밀크/로션 □ 젤</td></tr>
<tr><td colspan="2">딥클렌징</td><td colspan="2">□ 고마쥐(gommage) □ 효소(enzyme) □ AHA □ 스크럽</td></tr>
<tr><td colspan="2">매뉴얼테크닉 제품타입</td><td colspan="2">□ 오일 □ 크림</td></tr>
<tr><td colspan="2">손을 이용한 관리형태</td><td colspan="2">□ 일반 □ 림프</td></tr>
<tr><td colspan="2" rowspan="3">팩</td><td colspan="2">T존 : □ 건성타입 팩 □ 정상타입 팩 □ 지성타입 팩</td></tr>
<tr><td colspan="2">U존 : □ 건성타입 팩 □ 정상타입 팩 □ 지성타입 팩</td></tr>
<tr><td colspan="2">목부위 : □ 건성타입 팩 □ 정상타입 팩 □ 지성타입 팩</td></tr>
<tr><td colspan="2">마스크</td><td colspan="2">□ 석고마스크 □ 고무모델링마스크</td></tr>
<tr><td rowspan="2">고객
관리계획</td><td colspan="3">1주 :</td></tr>
<tr><td colspan="3">2주 :</td></tr>
<tr><td rowspan="2">자가관리 조언
(홈케어)</td><td colspan="3">제품을 사용한 관리 :</td></tr>
<tr><td colspan="3">기타 :</td></tr>
</table>

피부유형분석	
건성	1) 윤기가 없고 보송보송하다. 2) 모공이 작다. 3) 피지생산이 감소한다. 4) 투명도는 상승한다. 5) 피부가 얇다. 6) 보습력이 감소한다. 7) 잔주름이 생긴다. 8) 노화가 빨리 온다. 9) 푸석거린다. 10) 소릉과 소구의 높이차이가 없다. 11) 모공이 좁다. 12) 각질이 잘 생긴다. 13) 건조하고 순환이 잘 안되어 보인다. 14) 탄력이 없다. 15) 세안 후 피부가 당긴다. 16) 건조하고 까칠하다. 17) 유분기가 없고 모공이 외관상 작다. 18) 트고 갈라진다.
지성	1) 과도한 피지생성으로 구진, 농포, 면포가 생길 수 있다. 표정 주름이 생길 수 있다. 2) 피지분비량이 많아 번들거린다. 3) 화장의 지속력이 떨어진다. 4) 모공이 크다, 넓다. 5) 번들거린다. 6) 피지분비량이 심하다. 7) 피부가 두껍다. 8) 깊은 주름이 있다. 9) 유분기가 많다. 10) 화장이 잘 받지 않고 면포가 있다. 11) 각질이 두껍고 굵은 주름이 있다. 12) 과각화 형상이 있다. 13) 피지분비량은 많으나 당김이 심하다. 14) 표피박리가 쉽게 나타난다.

정상	1) 피지와 땀의 분비가 정상이다. 2) 탄력이 있고 윤기가 난다. 3) 피부의 혈색이 좋다. 4) 모공은 작아 눈에 띄지 않는다. 5) 보습도와 탄력성이 좋다. 6) 수분이 적당하다. 7) 피부색이 맑다. 8) 주름이나 색소침착이 없다. 9) 모공이 섬세하다. 10) 윤기가 나고 촉촉하다. 11) 매끄럽고 흉터도 없다. 12) 세안 후 당기거나 번들거리지 않는다.

주의사항

피부관리계획표의 작성 : 당일날 시험장에서 얼굴부위별 타입에 대한 내용과 사용할 딥클렌징제를 지정(당일 시험장 측에서 제시함)하면 그에 따른 피부관리계획표를 작성하게 되며, 이는 데려온 모델의 피부타입과는 관계없이 이루어진다. 그리고 이후의 작업은 모델의 피부타입과는 관계없이 피부관리계획표 상의 제품을 기준으로 수행하면 된다.

T존 : 정상, U존 : 정상, 목 : 정상

관리계획 차트(Care Plan Chart)		
비번호	형별	시험일자 20 . . . (부)

관리목적 및 기대효과	관리목적 : 유 · 수분 밸런스가 잘 이루어져 현재 피부상태를 유지할 수 있도록 한다.
	기대효과 : pH 밸런스를 맞추어 좋은 탄력도와 촉촉하고 건강한 피부를 기대할 수 있다.
클렌징	□ 오일 □ 크림 √밀크/로션 □ 젤
딥클렌징	□ 고마쥐(gommage) □ 효소(enzyme) □ AHA □ 스크럽
매뉴얼테크닉 제품타입	□ 오일 □ 크림
손을 이용한 관리형태	√일반 □ 림프
팩	T–존 : □ 건성타입 팩 √정상타입 팩 □ 지성타입 팩
	U–존 : □ 건성타입 팩 √정상타입 팩 □ 지성타입 팩
	목부위 : □ 건성타입 팩 √정상타입 팩 □ 지성타입 팩
마스크	□ 석고 마스크 □ 고무모델링 마스크
고객 관리계획	1주 : 클렌징–딥클렌징(효소)–매뉴얼테크닉–수분팩(히알루론산)–아이크림–수분크림
	2주 : 클렌징–딥클렌징(스크럽)–매뉴얼테크닉–세라마이드팩–아이크림–보습영양크림
자가관리 조언 (홈케어)	제품을 사용한 관리 : 아침 : 클렌징 – 화장수 – 아이크림 – 수분크림 – 자외선차단제 저녁 : 클렌징 – 화장수 – 아이크림 – 나이트크림
	기타 : 주 1회 정도 정기적인 딥클렌징, 비타민류가 함유된 식품을 충분히 섭취 균형 있는 식생활, 충분한 수분공급, 규칙적인 운동

T존 : 건성, U존 : 건성, 목 : 건성

<table>
<tr><th colspan="4">관리계획 차트(Care Plan Chart)</th></tr>
<tr><td>비번호</td><td>형별</td><td colspan="2">시험일자 20 . . . (부)</td></tr>
<tr><td rowspan="2">관리목적
및
기대효과</td><td colspan="3">관리목적 : 피지분비가 원활하도록 피지선을 촉진하고, 충분한 보습력을 공급하여 잔주름이나 각질 등을 예방한다.</td></tr>
<tr><td colspan="3">기대효과 : 적절한 유 · 수분공급으로 밸런스를 맞추어 조기노화의 예방을 기대할 수 있다.</td></tr>
<tr><td colspan="2">클렌징</td><td colspan="2">☐ 오일 ☐ 크림 √밀크/로션 ☐ 젤</td></tr>
<tr><td colspan="2">딥클렌징</td><td colspan="2">☐ 고마쥐(gommage) ☐ 효소(enzyme) ☐ AHA ☐ 스크럽</td></tr>
<tr><td colspan="2">매뉴얼테크닉 제품타입</td><td colspan="2">☐ 오일 ☐ 크림</td></tr>
<tr><td colspan="2">손을 이용한 관리형태</td><td colspan="2">√일반 ☐ 림프</td></tr>
<tr><td colspan="2" rowspan="3">팩</td><td colspan="2">T–존 : √건성타입 팩 ☐ 정상타입 팩 ☐ 지성타입 팩</td></tr>
<tr><td colspan="2">U–존 : √건성타입 팩 ☐ 정상타입 팩 ☐ 지성타입 팩</td></tr>
<tr><td colspan="2">목부위 : √건성타입 팩 ☐ 정상타입 팩 ☐ 지성타입 팩</td></tr>
<tr><td colspan="2">마스크</td><td colspan="2">☐ 석고마스크 ☐ 고무모델링마스크</td></tr>
<tr><td rowspan="2">고객
관리계획</td><td colspan="3">1주 : 클렌징–딥클렌징(효소)–매뉴얼테크닉–수분팩(히알루론산)–아이크림–보습영양크림</td></tr>
<tr><td colspan="3">2주 : 클렌징–딥클렌징(고마쥐)–매뉴얼테크닉–콜라겐팩–아이크림–보습영양크림</td></tr>
<tr><td rowspan="2">자가관리
조언
(홈케어)</td><td colspan="3">제품을 사용한 관리 :
아침 : 클렌징–유연화장수–아이크림–수분에센스–수분크림–자외선차단제
저녁 : 클렌징–유연화장수–아이크림–수분앰플–나이트크림</td></tr>
<tr><td colspan="3">기타 : 철저한 자외선차단과 잦은 사우나는 피하고, 비타민류가 함유된 식품을 충분히 섭취 균형 있는 식생활, 충분한 수분공급, 규칙적인 운동</td></tr>
</table>

T존 : 지성, U존 : 지성, 목 : 지성

관리계획 차트(Care Plan Chart)		
비번호	형별	시험일자 20 . . .(부)
관리목적 및 기대효과	관리목적 : 모공을 청결히 하고 피지분비 조절로 피지샘을 정상화 시키는데 목적이 있다.	
	기대효과 : 피부 트러블을 줄이고 여드름 예방효과를 기대할 수 있다.	
클렌징	☐ 오일 ☐ 크림 √밀크/로션 ☐ 젤	
딥클렌징	☐ 고마쥐(gommage) ☐ 효소(enzyme) ☐ AHA ☐ 스크럽	
매뉴얼테크닉 제품 타입	☐ 오일 ☐ 크림	
손을 이용한 관리형태	√일반 ☐ 림프	
팩	T–존 : ☐ 건성타입 팩 ☐ 정상타입 팩 √지성타입 팩	
	U–존 : ☐ 건성타입 팩 ☐ 정상타입 팩 √지성타입 팩	
	목부위 : ☐ 건성타입 팩 ☐ 정상타입 팩 √지성타입 팩	
마스크	☐ 석고마스크 ☐ 고무모델링마스크	
고객 관리계획	1주 : 클렌징–딥클렌징(AHA)–매뉴얼테크닉–클레이팩–아이크림–오일프리수분크림	
	2주 : 클렌징–딥클렌징(효소)–매뉴얼테크닉–퓨리화잉(정화)팩–아이크림–오일프리수분크림	
자가관리 조언 (홈케어)	제품을 사용한 관리 : 아침 : 클렌징–수렴화장수–아이크림–피지조절 로션–자외선차단제 저녁 : 클렌징–수렴화장수–아이크림–오일프리 수분크림	
	기타 : 오일프리 화장품 사용, 정기적인 딥클렌징, 비타민류가 함유된 식품을 충분히 섭취 균형 있는 식생활, 충분한 수분공급, 규칙적인 운동	

(복합성) T존 : 정상, U존 : 건성, 목 : 건성

관리계획 차트(Care Plan Chart)		
비번호	형별	시험일자 20 . . .(부)
관리목적 및 기대효과	관리목적 : T존 : 정상타입으로 유 · 수분 밸런스 유지 U존 : 건성타입으로 피지선 촉진과 충분한 보습력 공급	
	기대효과 : 적절한 유 · 수분 공급으로 밸런스를 맞추어 건강한 피부를 기대할 수 있다.	
클렌징	☐ 오일 ☐ 크림 √밀크/로션 ☐ 젤	
딥클렌징	☐ 고마쥐(gommage) ☐ 효소(enzyme) ☐ AHA ☐ 스크럽	
매뉴얼테크닉 제품타입	☐ 오일 ☐ 크림	
손을 이용한 관리형태	√일반 ☐ 림프	
팩	T–존 : ☐ 건성타입 팩 √정상타입 팩 ☐ 지성타입 팩	
	U–존 : √건성타입 팩 ☐ 정상타입 팩 ☐ 지성타입 팩	
	목부위 : √건성타입 팩 ☐ 정상타입 팩 ☐ 지성타입 팩	
마스크	☐ 석고마스크 ☐ 고무모델링마스크	
고객 관리계획	1주 : 클렌징–딥클렌징(효소)–매뉴얼테크닉–수분팩(히알루론산)–아이크림–보습영양크림	
	2주 : 클렌징–딥클렌징(고마쥐)–매뉴얼테크닉–세라마이드팩–아이크림–보습영양크림	
자가관리 조언 (홈케어)	제품을 사용한 관리 : 아침 : 클렌징–유연화장수–아이크림–수분에센스–수분크림–자외선차단제 저녁 : 클렌징–유연화장수–아이크림–수분앰플–나이트크림	
	기타 : 철저한 자외선차단과 잦은 사우나를 피하고 비타민류가 함유된 식품을 충분히 섭취 균형 있는 식생활, 충분한 수분공급, 규칙적인 운동	

(복합성) T존 : 지성, U존 : 정상, 목 : 정상

관리계획 차트(Care Plan Chart)		
비번호	형별	시험일자 20 . . . (부)
관리목적 및 기대효과	관리목적 : T존 : 지성타입으로 모공을 청결히 하고 피지분비 조절 U존 : 정상타입으로 유 · 수분 밸런스를 유지	
	기대효과 : 유 · 수분 밸런스를 맞추어 피부트러블을 예방하고 건강한 피부를 기대할 수 있다.	
클렌징	☐ 오일 ☐ 크림 √밀크/로션 ☐ 젤	
딥클렌징	☐ 고마쥐(gommage) ☐ 효소(enzyme) ☐ AHA ☐ 스크럽	
매뉴얼테크닉 제품타입	☐ 오일 ☐ 크림	
손을 이용한 관리형태	√일반 ☐ 림프	
팩	T–존 : ☐ 건성타입 팩 ☐ 정상타입 팩 √지성타입 팩	
	U–존 : ☐ 건성타입 팩 √정상타입 팩 ☐ 지성타입 팩	
	목부위 : ☐ 건성타입 팩 √정상타입 팩 ☐ 지성타입 팩	
마스크	☐ 석고마스크 ☐ 고무모델링마스크	
고객 관리계획	1주 : 클렌징–딥클렌징(AHA)–매뉴얼테크닉–T존 : 클레이팩 / U존 : 수분팩(히알루론산)–아이크림–수분크림(O/W)	
	2주 : 클렌징–딥클렌징(효소)–매뉴얼테크닉–T존 : 퓨리화잉(정화)팩 / U존 : 세라마이드팩–아이크림–수분크림(O/W)	
자가관리 조언 (홈케어)	제품을 사용한 관리 : 아침 : 클렌징–화장수–아이크림–T존 : 피지조절로션 / U존 : 수분크림–자외선차단제 저녁 : 클렌징–화장수–아이크림–T존 : 오일프리수분크림 / U존 : 나이트크림	
	기타 : 비타민류가 함유된 식품을 충분히 섭취 균형 있는 식생활, 충분한 수분공급, 규칙적인 운동	

(복합성) T존 : 지성, U존 : 건성, 목 : 정상

관리계획 차트(Care Plan Chart)		
비번호	형별	시험일자 20 . . .(부)
관리목적 및 기대효과	관리목적 : T존 : 지성타입으로 모공을 청결히 하고 피지분비 조절 U존 : 건성타입으로 피지선 촉진과 충분한 보습력 공급	
	기대효과 : 유 · 수분 밸런스를 맞추어 피부 트러블을 예방하고 건강한 피부를 기대할 수 있다.	
클렌징	□ 오일 □ 크림 √밀크/로션 □ 젤	
딥클렌징	□ 고마쥐(gommage) □ 효소(enzyme) □ AHA □ 스크럽	
매뉴얼테크닉 제품타입	□ 오일 □ 크림	
손을 이용한 관리형태	√일반 □ 림프	
팩	T–존 : □ 건성타입 팩 □ 정상타입 팩 √지성타입 팩	
	U–존 : √건성타입 팩 □ 정상타입 팩 □ 지성타입 팩	
	목부위 : □ 건성타입 팩 √정상타입 팩 □ 지성타입 팩	
마스크	□ 석고마스크 □ 고무모델링마스크	
고객 관리계획	1주 : 클렌징–딥클렌징(효소)–매뉴얼테크닉–T존 : 클레이팩 / U존 : 수분팩(히알루론산)–아이크림–T존 : 피지조절 로션/U존 : 영양크림	
	2주 : 클렌징–딥클렌징(고마쥐)–매뉴얼테크닉–T존 : 퓨리화잉(정화)팩 / U존 : 콜라겐팩–아이크림–T존 : 피지조절 로션/U존 : 영양크림	
자가관리 조언 (홈케어)	제품을 사용한 관리 : 아침 : 클렌징–화장수–아이크림–T존 : 피지조절로션 / U존 : 수분크림–자외선차단제 저녁 : 클렌징–화장수–아이크림–T존 : 오일프리수분크림 / U존 : 나이트크림	
	기타 : 철저한 자외선차단과 잦은 사우나를 피하고 비타민류가 함유된 식품을 충분히 섭취 균형 있는 식생활, 충분한 수분공급, 규칙적인 운동	

Chapter 3

클렌징

15분

사전 체크사항

작업과제 지참한 제품을 이용하여 포인트 메이크업을 지우고 관리범위를 클렌징한 후 코트 또는 해면을 사용하여 클렌징하고 피부를 정돈한다.

준 비 물 포인트 메이크업 리무버, 클렌징크림, 미용솜, 면봉, 티슈, 해면, 습포, 토너

작업순서 포인트 메이크업 지우기(터번 착용 → 손 소독 → 눈화장 지우기 → 입술화장 지우기) → 클렌징(손 소독 → 도포하기 → 클렌징하기 → 닦아내기(티슈 → 해면 → 온습포) → 토너정리)

1. 포인트 메이크업 지우기

(1) 준비하기

① 터번 착용하기

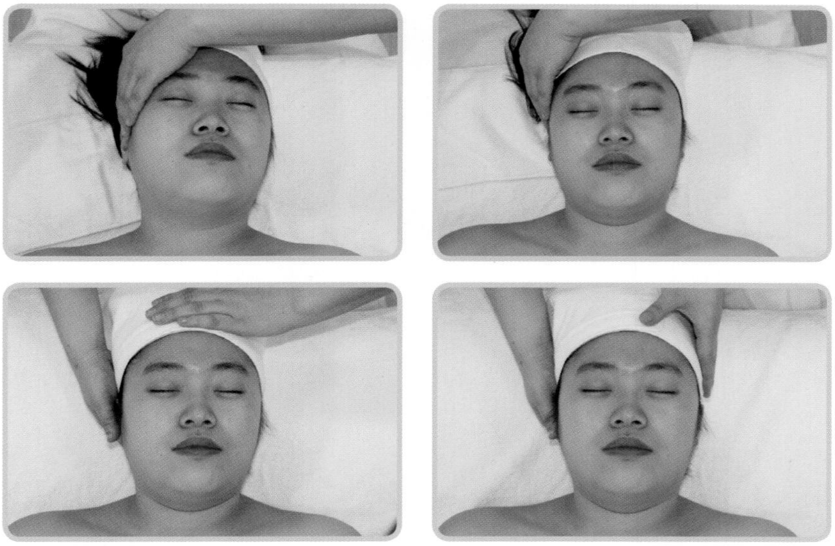

머리카락을 잘 쓸어 넘겨가며 이마 라인에 당겨 터번을 둘러준다.

② 손 소독하기

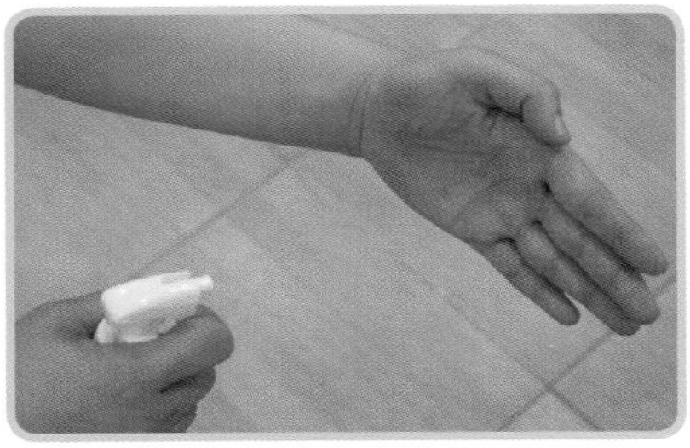
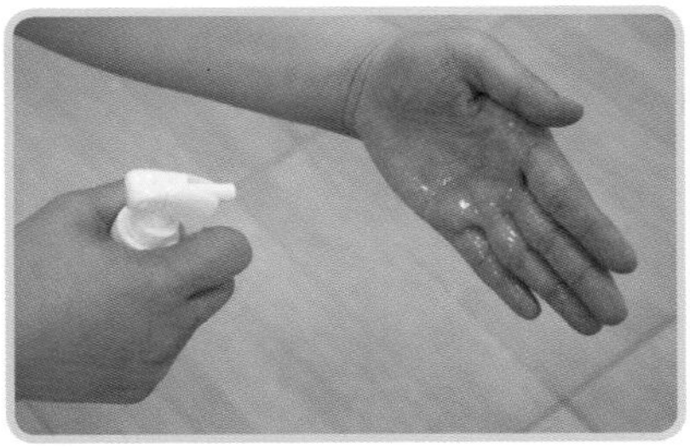
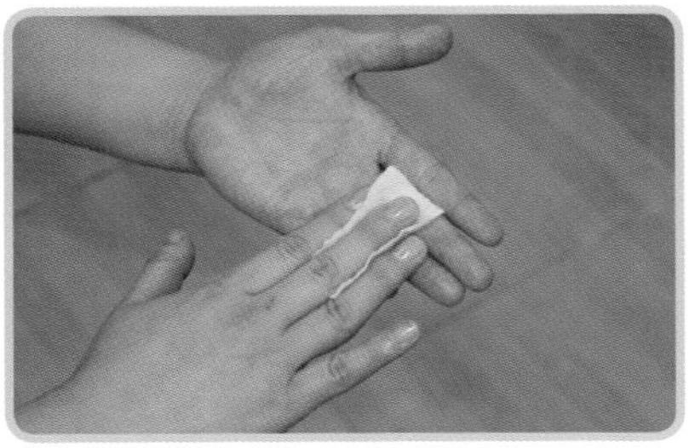
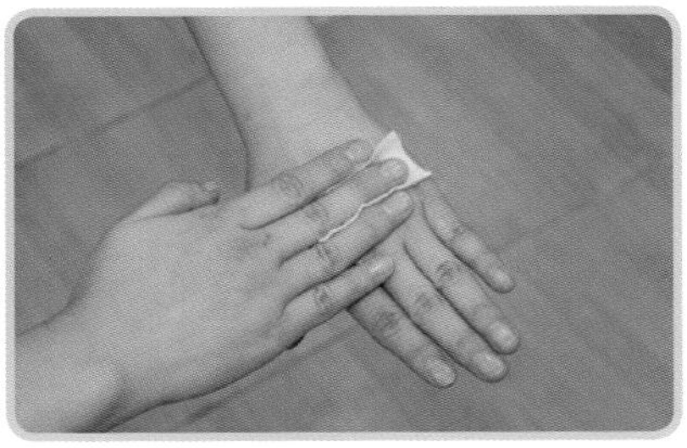

알코올을 손 전체에 골고루 뿌려 소독하거나 알코올솜으로 손 전체를 골고루 소독한다.

(2) 포인트 메이크업 지우기

① 눈화장 지우기

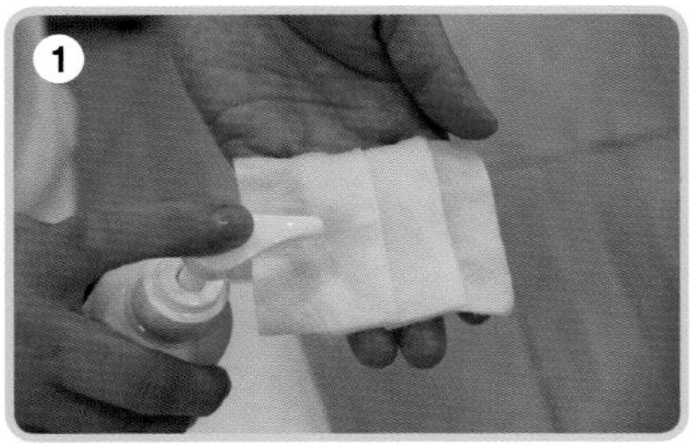

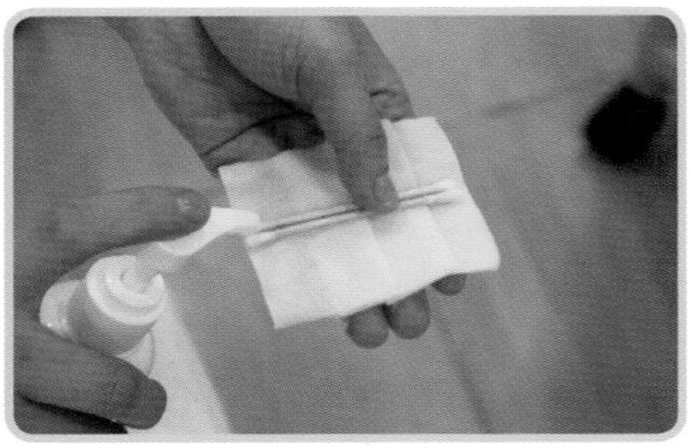

❶ 젖은 화장솜과 면봉에 적당량의 포인트 메이크업 리무버를 골고루 적신다.

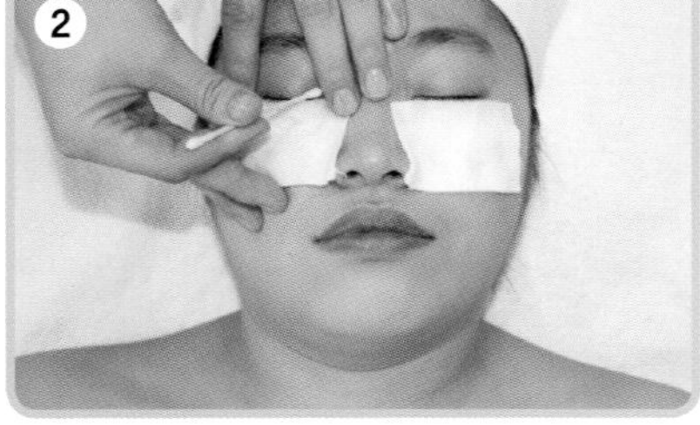

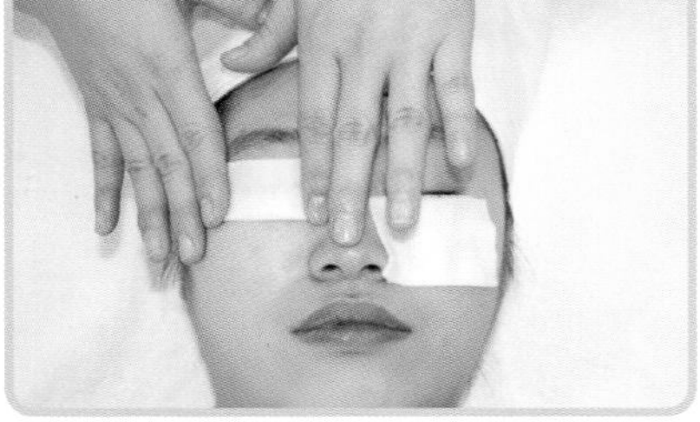
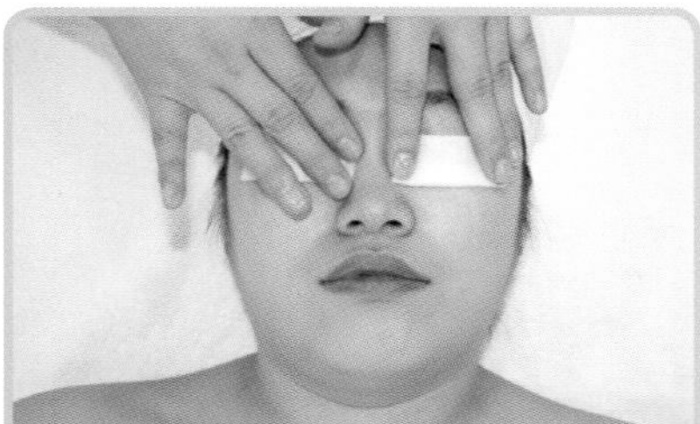

❷ 양쪽 눈 밑에 화장솜을 얹어놓고, 면봉을 이용하여 마스카라와 아이라이너에 포인트 리무버를 충분히 하고 화장솜을 접어 올린다.

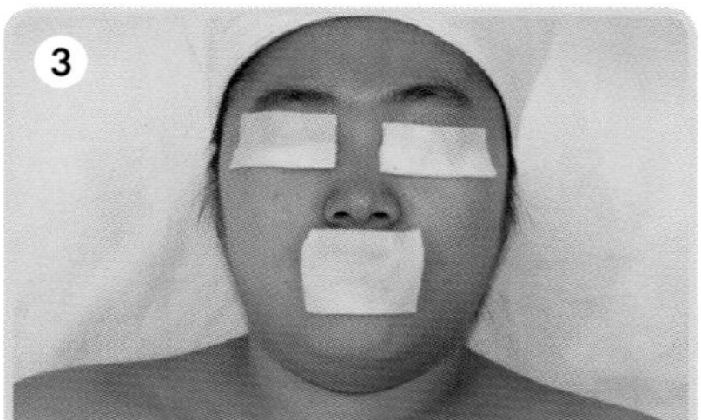

❸ 입술에 리무버를 묻힌 화장솜을 올려놓고 잠시 기다린다.

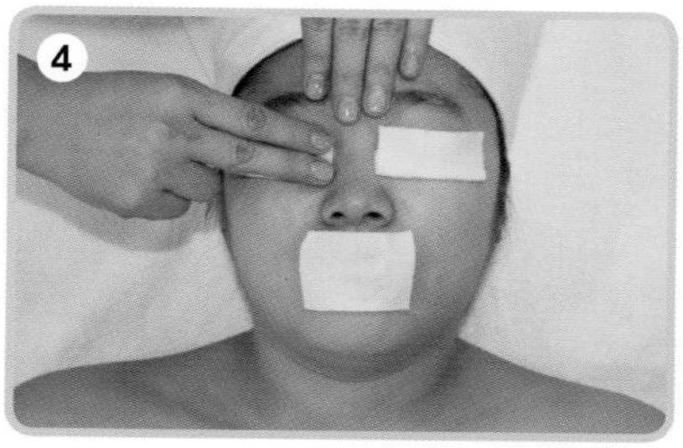

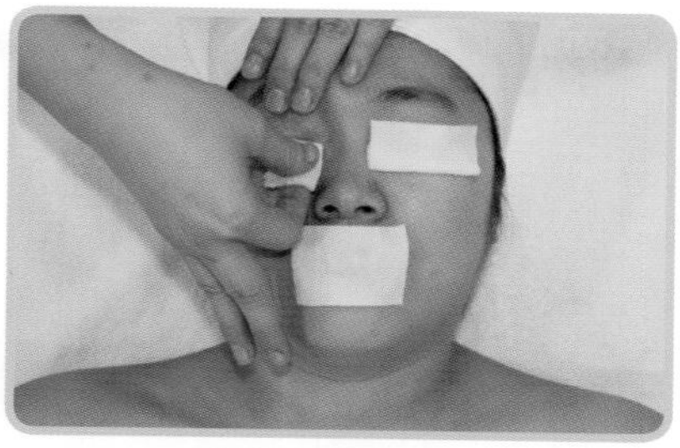
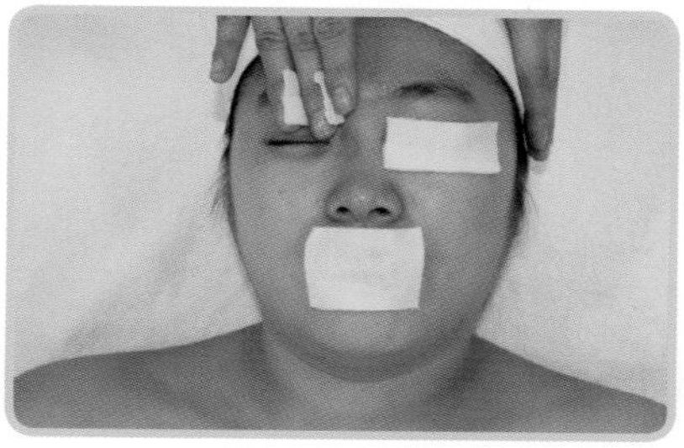
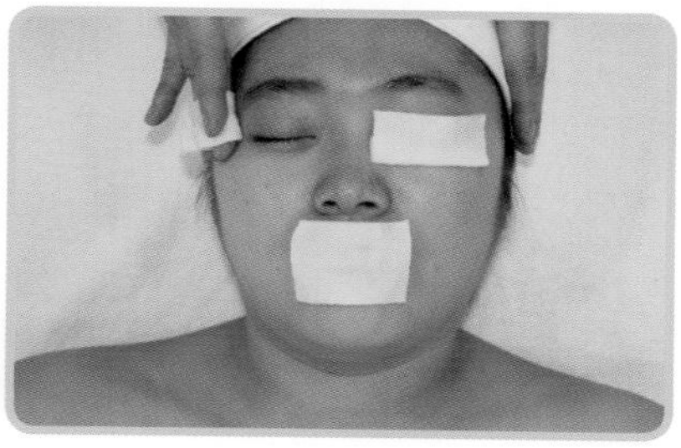

④ 한 손은 눈썹 위를 살짝 당겨주며 텐션을 주고 다른 손으로 눈 안쪽에서 바깥 방향으로 부드럽게 닦아낸다(왼쪽 눈도 동일하게 적용).

② 입술화장 지우기

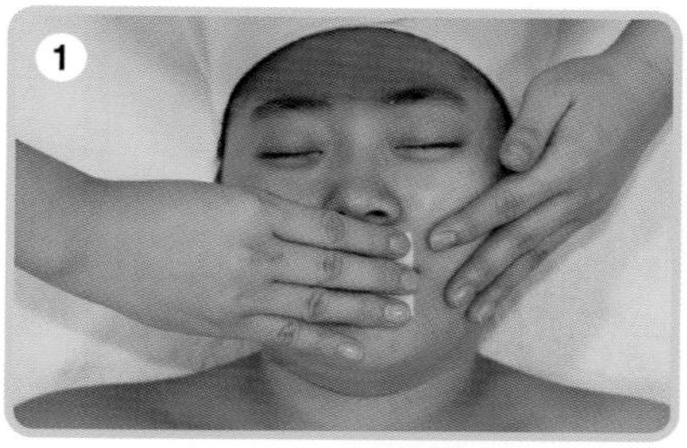

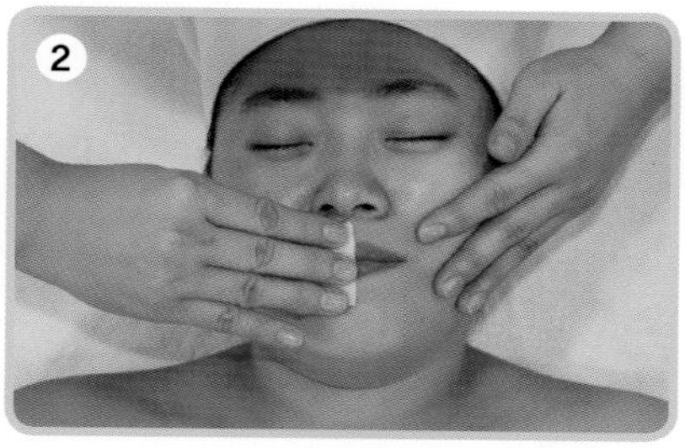

❶ 한 손의 검지와 중지로 입술 옆에 텐션을 주고 다른 손으로 화장솜을 잡아 입술을 전체적으로 지긋이 닦아낸다.

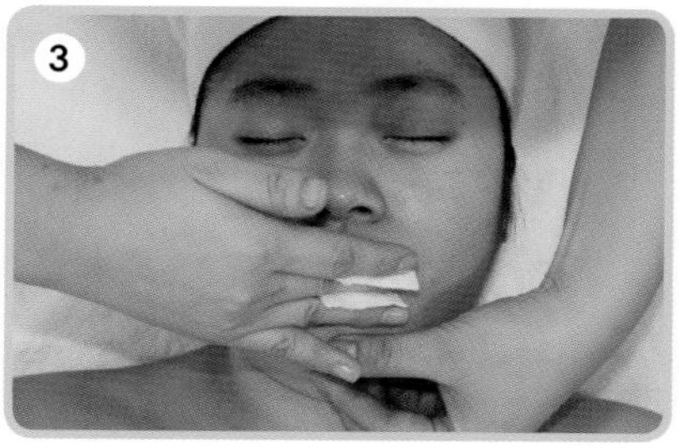

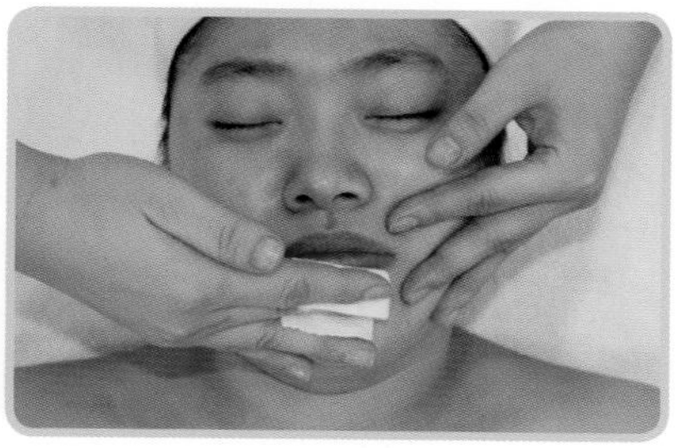

❷ 화장솜을 반으로 접어 중지에 끼우고 윗입술은 위에서 아래로, 아랫입술은 아래에서 위로 닦아낸다.

❸ 화장솜을 다시 접어 입술 안쪽을 밖에서 안으로 닦아낸다.

2. 클렌징

(1) 준비하기

① 손 소독하기

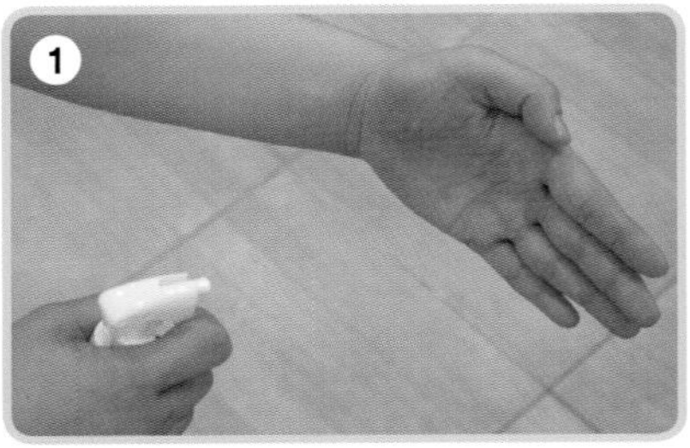

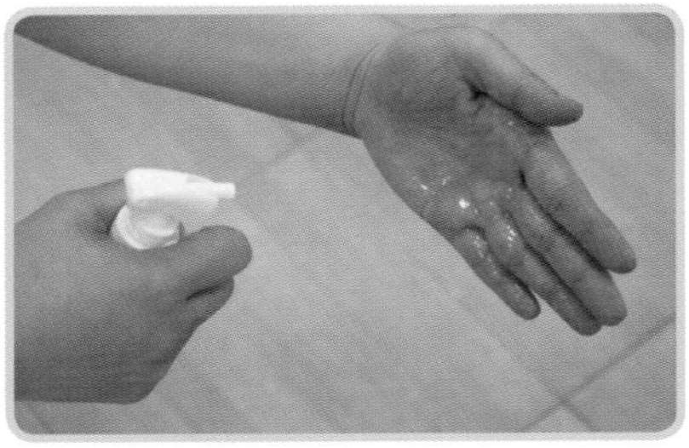

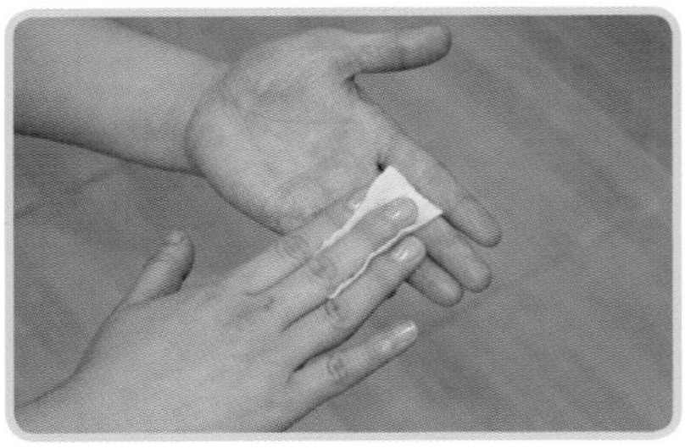

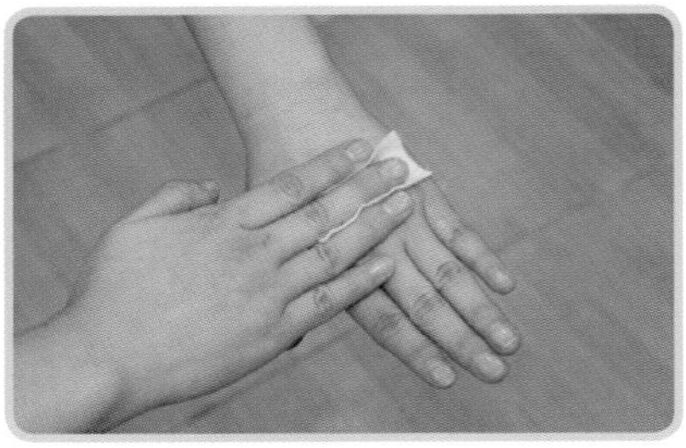

❶ 알코올을 손 전체에 골고루 뿌려 소독하거나 알코올솜으로 손 전체를 골고루 소독한다.

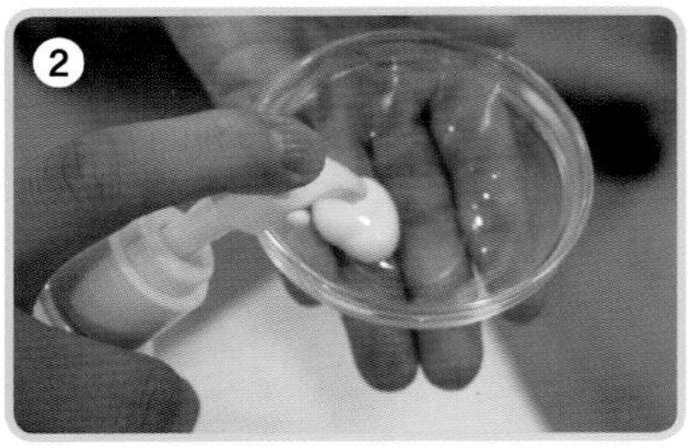

❷ 클렌징 로션을 유리볼에 적당량 덜어낸다(또는 바로 손에 덜어도 상관없다).

(2)도포하기

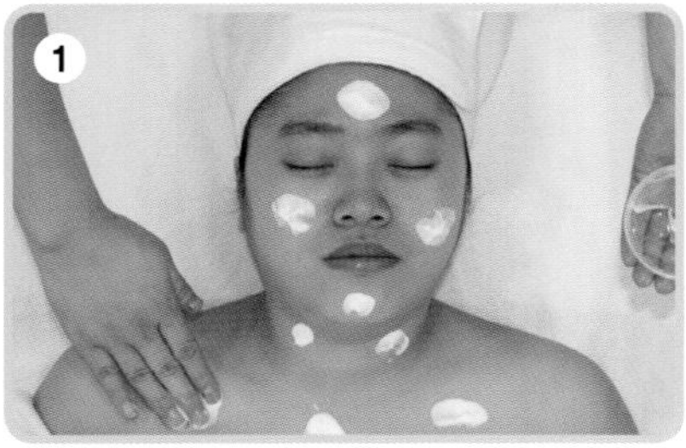

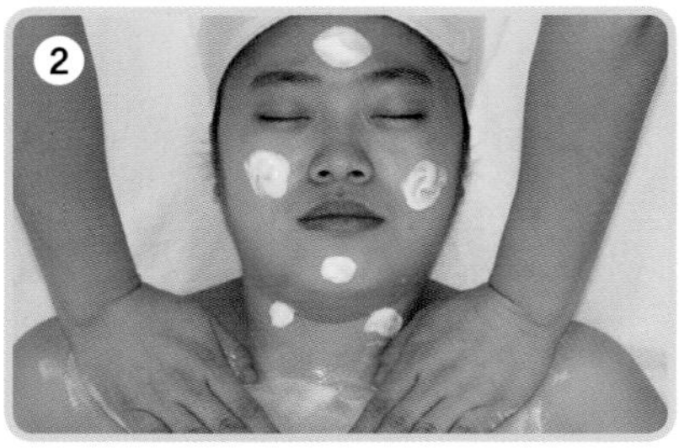

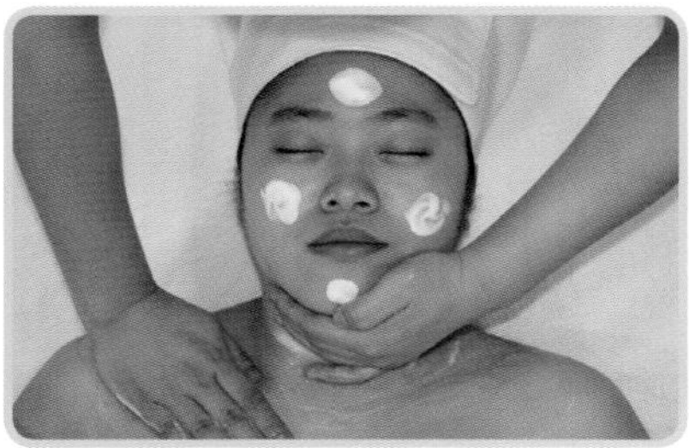

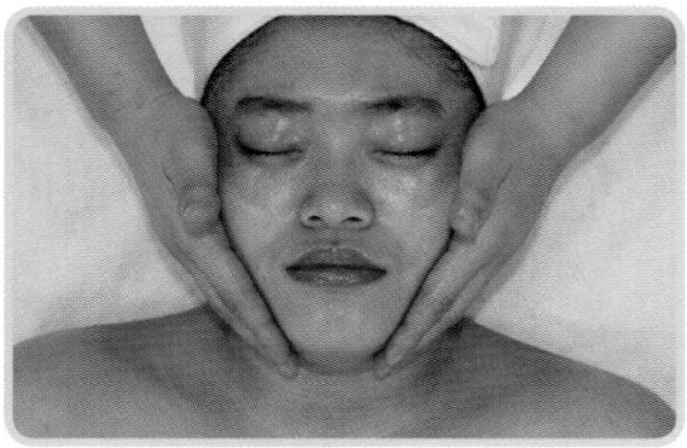

❶ 클렌징로션을 이마 → 볼 → 턱 → 목 → 데콜테 순으로 살짝 묻힌 후 관리사의 손에서 가볍게 비벼 녹인 후에 시작한다.
❷ 데콜테 → 목 → 얼굴순으로 가볍게 도포한다.

(3) 클렌징하기

(도포 후 문지르기는 2~3분 정도 유지한다.)

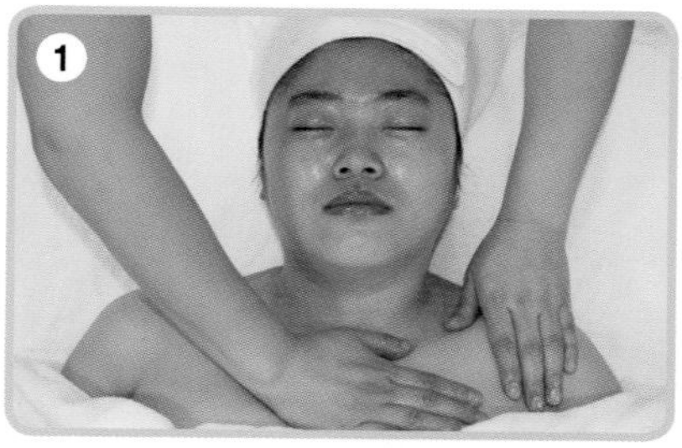

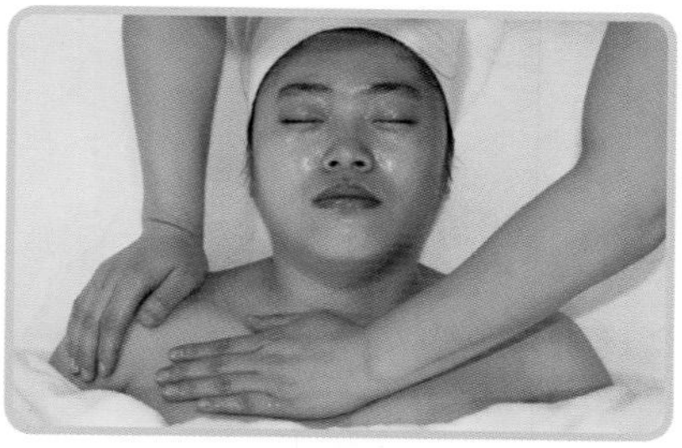

❶ 데콜테－양손을 교대로 가로 방향으로 왔다갔다 쓰다듬기 한다.
❷ 양손의 네 손가락을 펼쳐가며 문지르기 한다.

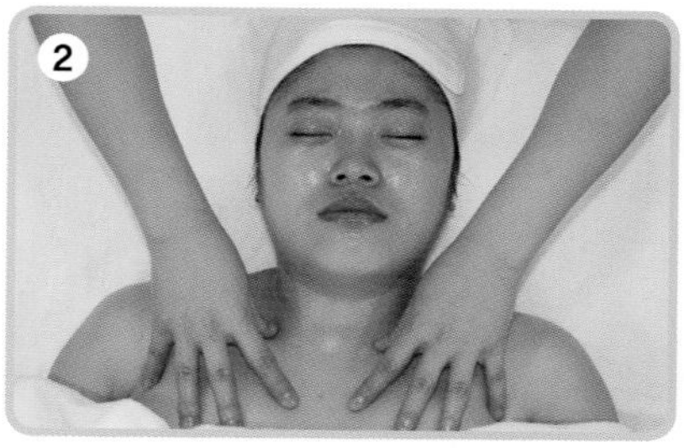

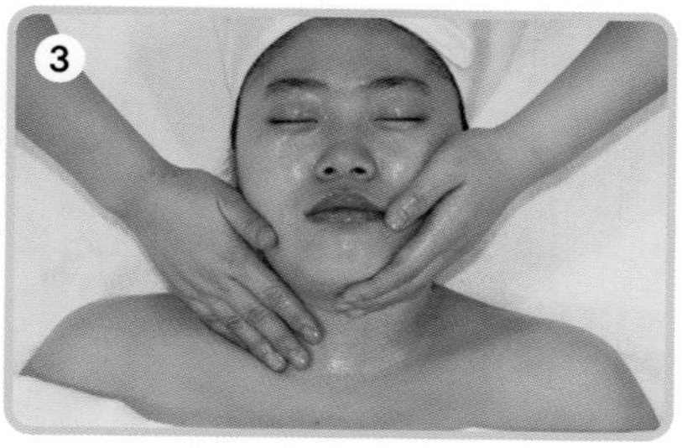

❸ 목－양 손바닥을 교대로 교차시켜 중앙에서 바깥쪽으로 쓰다듬기 한다.

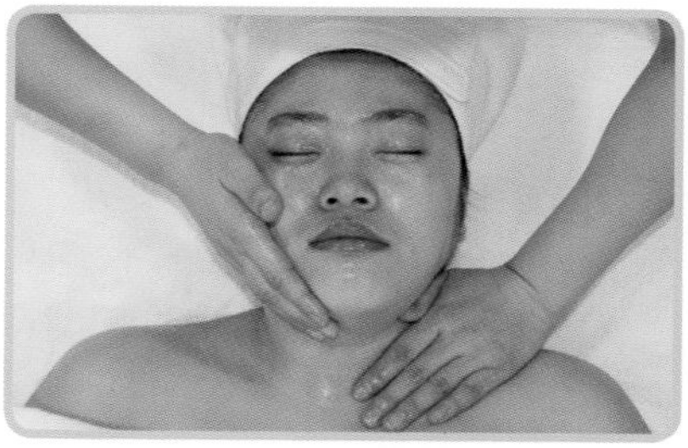

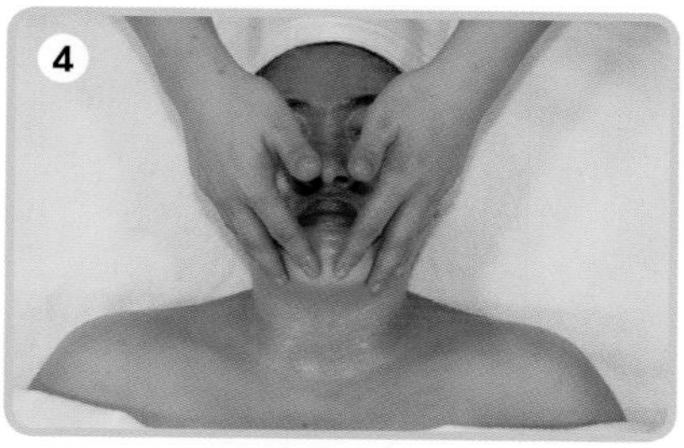

❹ 턱－턱을 수영 방향으로 문지르기 한다.

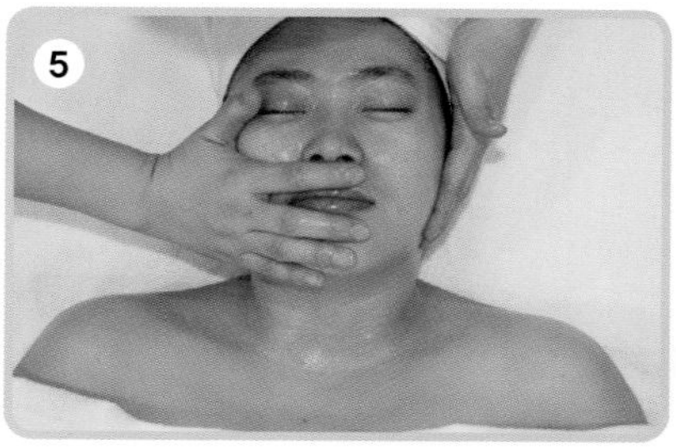

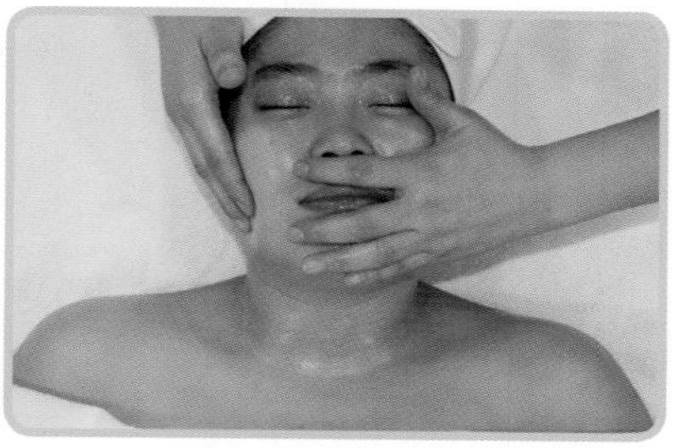

❺ 양손을 교대로 턱선과 입술 주변을 돌려가며 쓰다듬기 한다.

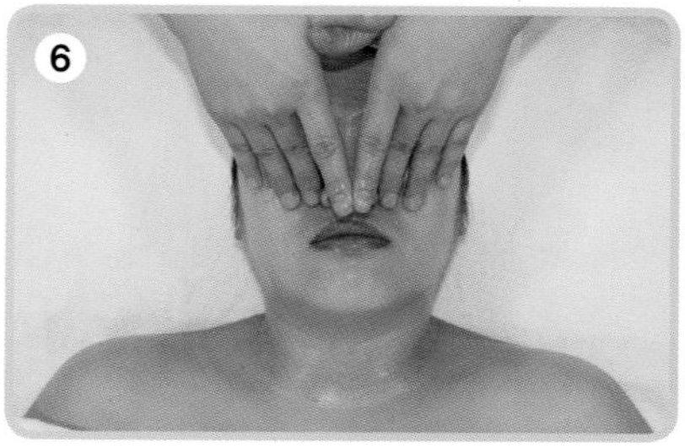

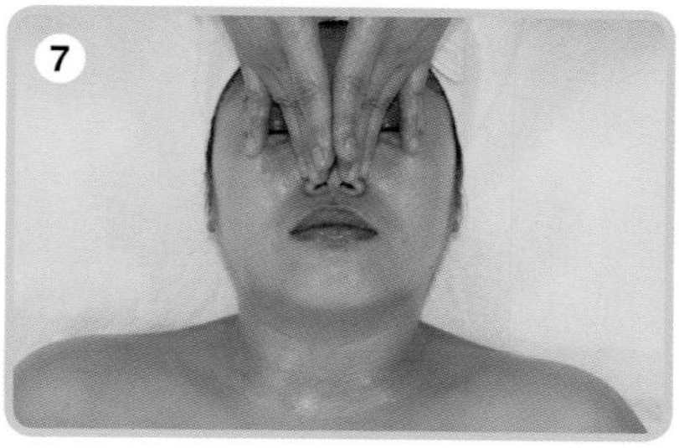

❻ 양손을 깍지 끼고 코 옆을 굴려가며 중지와 약지로 문지른다.
❼ 양손을 깍지 끼고 중지로 콧망울을 굴려준다.

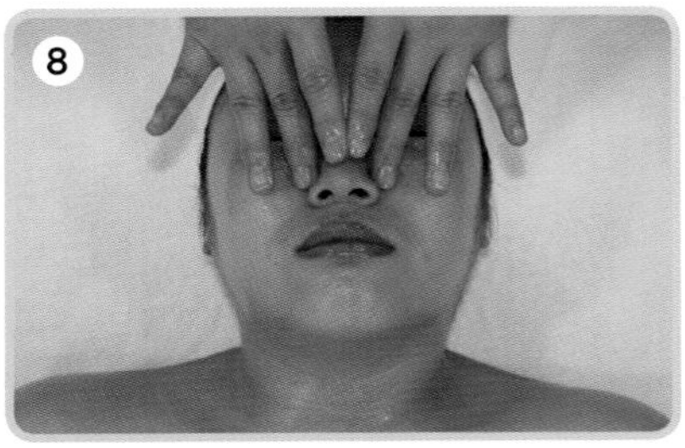

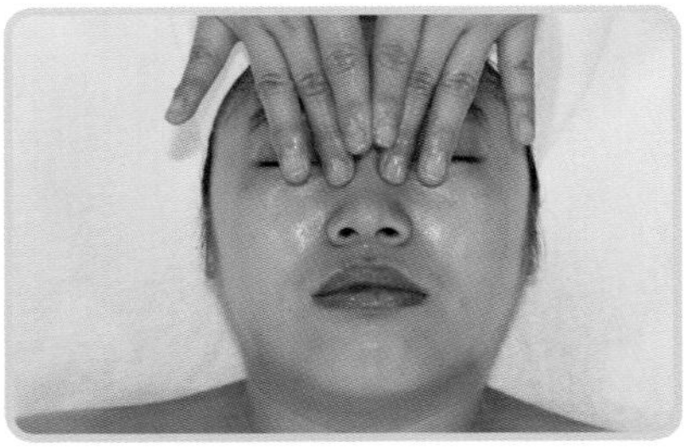

⑧ 양손을 깍지 끼고 중지로 코 벽과 콧등을 쓸어준다.

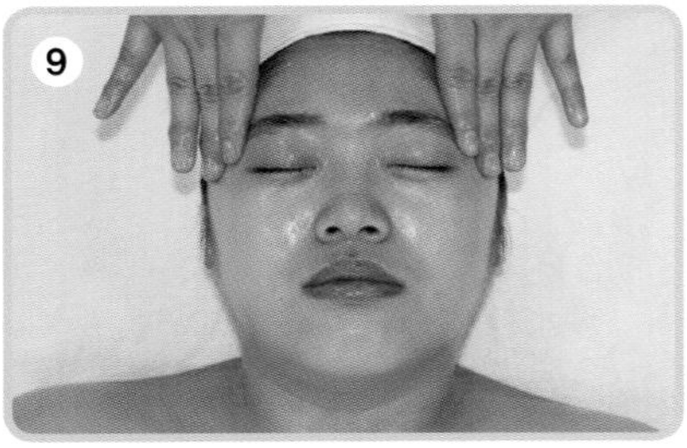

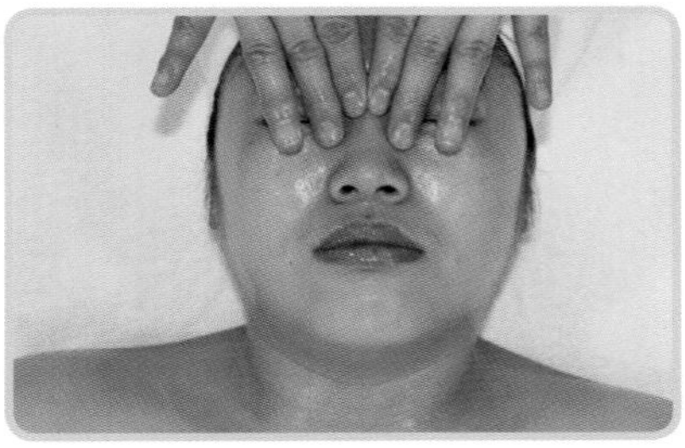

⑨ 중지와 검지를 사용하여 눈썹 방향대로 눈 주변을 쓸어주며 관자놀이를 지나 광대뼈 밑을 돌아 눈 주변을 원으로 크게 굴려준다.

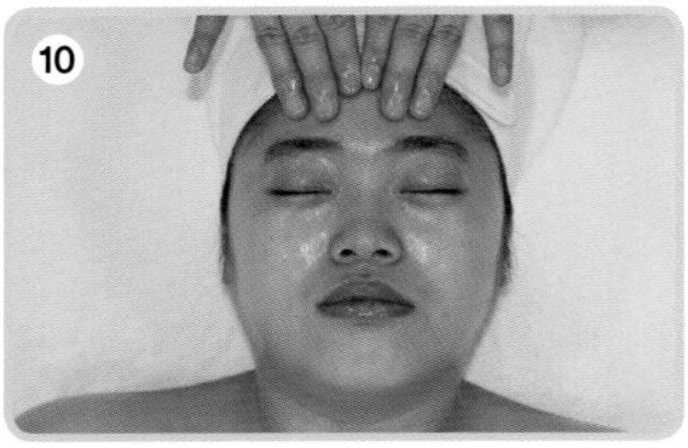

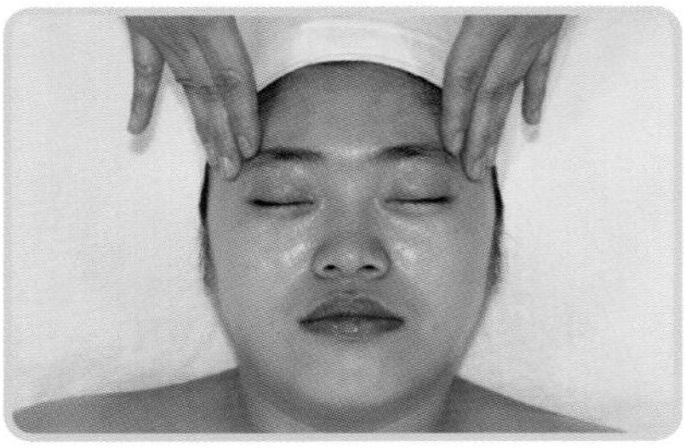

⑩ 양손의 네 손가락을 이용하여 원을 그리듯 이마를 문지른다.

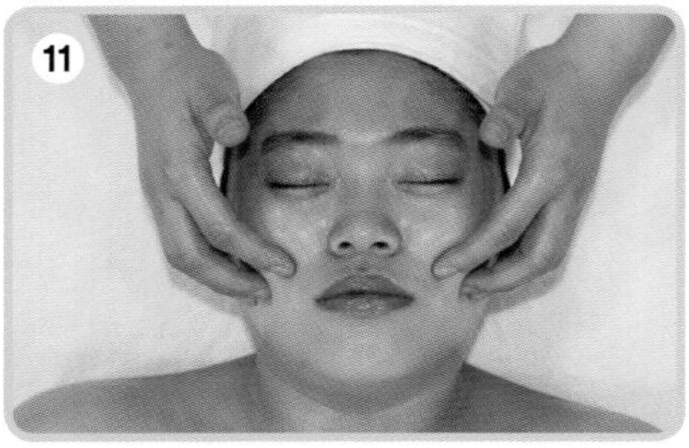

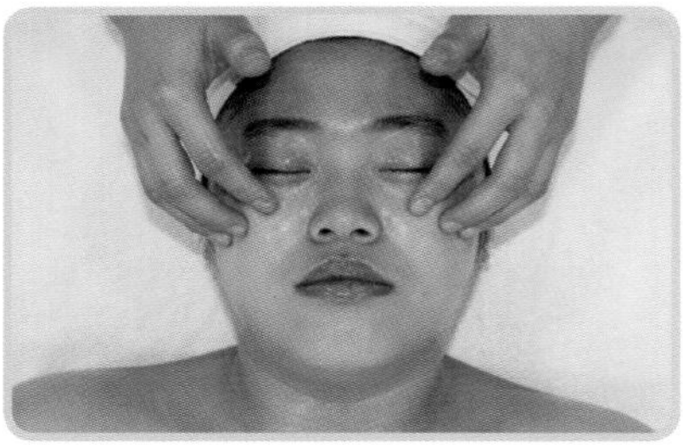

⑪ 볼 문지르기 : 3등분(턱 중앙에서 귀 밑, 입술 옆에서 귀 앞, 코 옆에서 관자놀이까지)으로 나누어 귀 앞까지 나선 모양으로 문지르기 하고, 관자놀이에서 마무리한다.

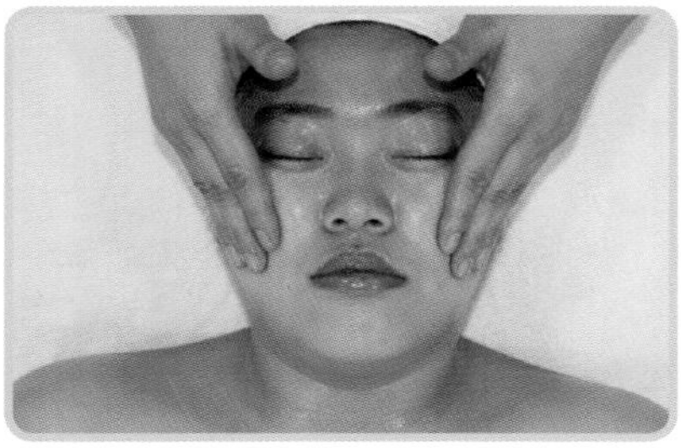

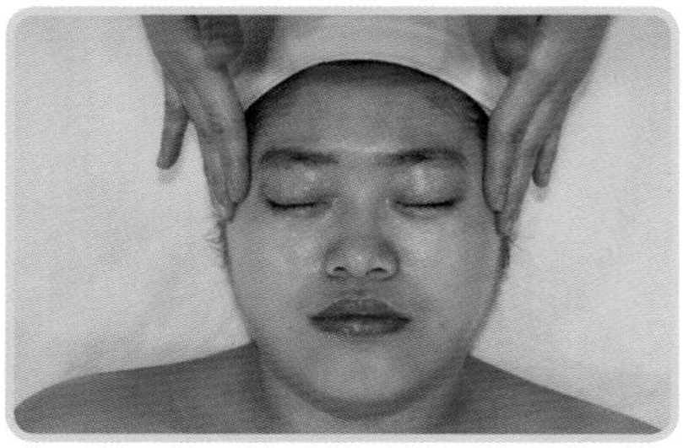

(4) 닦아내기

① 티슈로 닦아내기

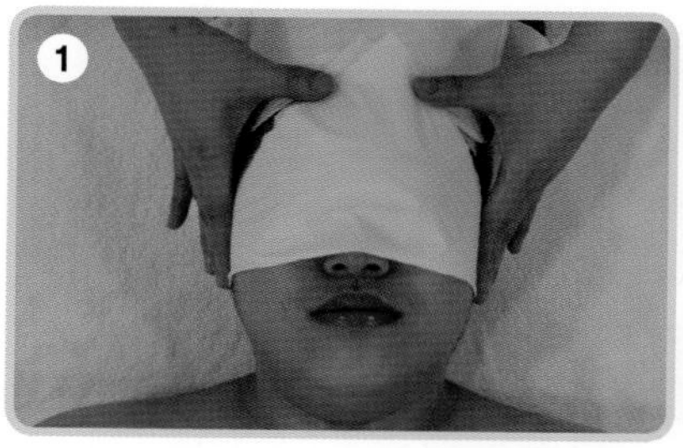

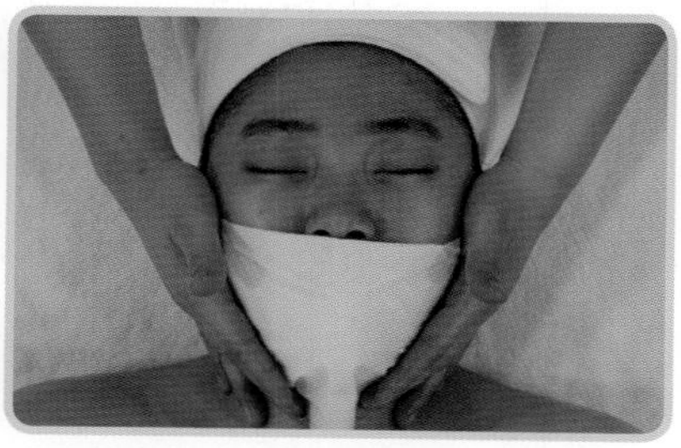

❶ 삼각형으로 미리 접어놓은 티슈를 얼굴의 상단과 하단에 살짝 먼저 눌러준다.

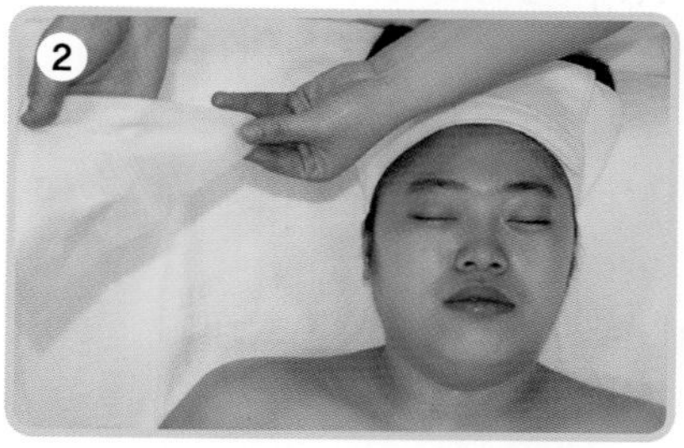

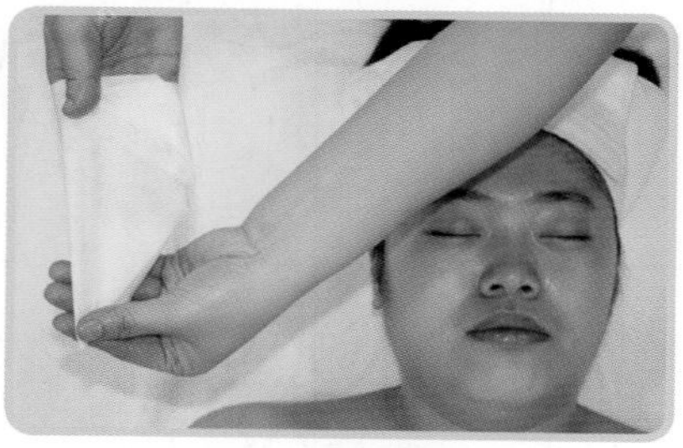
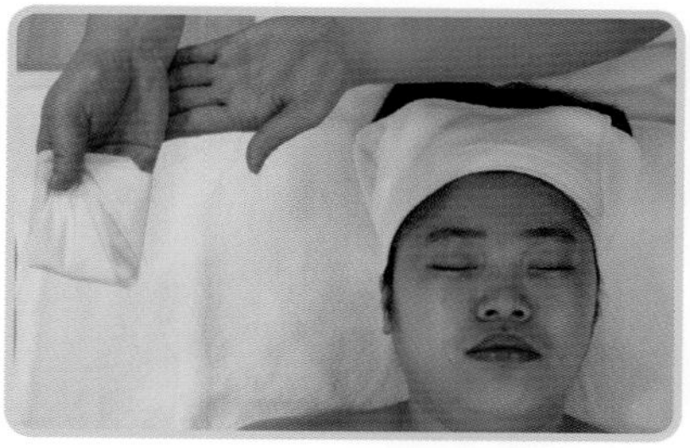
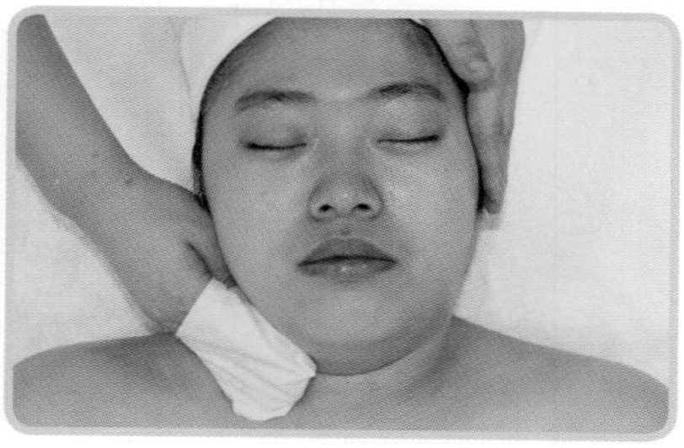
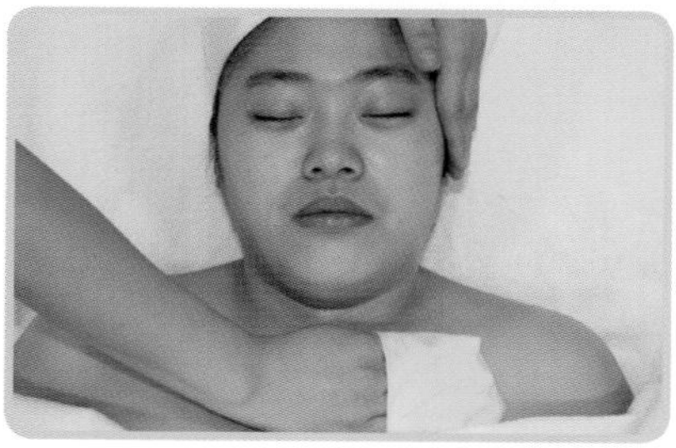

❷ 티슈를 접어 목과 데콜테를 눌러가며 닦아준다.

② 해면으로 닦아내기

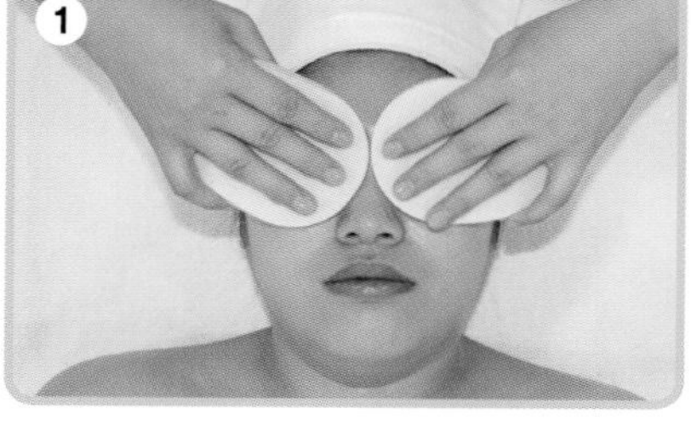

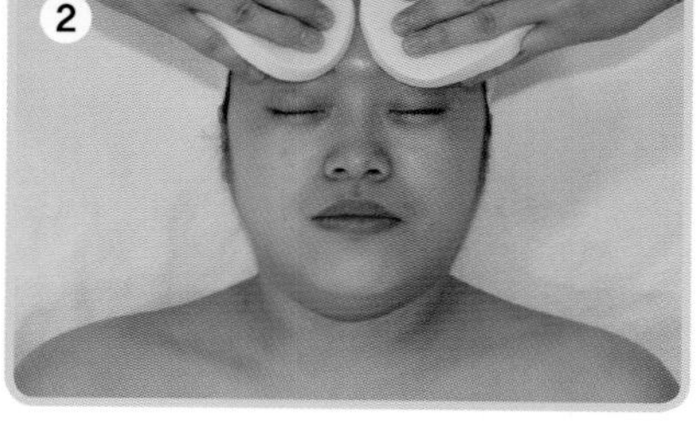

❶ 양쪽 눈 안쪽에서 눈꼬리 방향으로 닦는다.

❷ 눈썹 앞머리에서 관자놀이까지 닦는다.

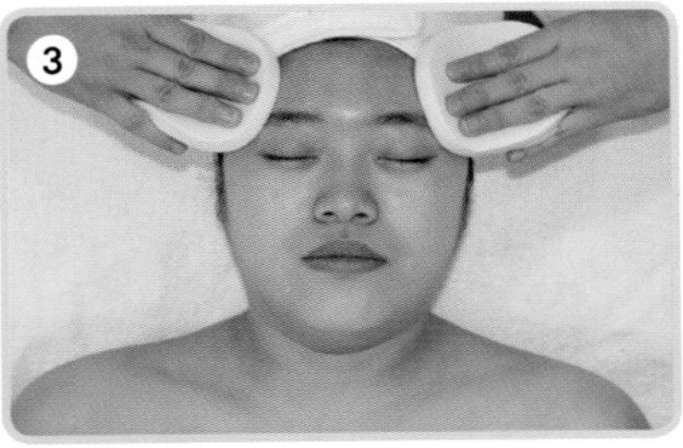

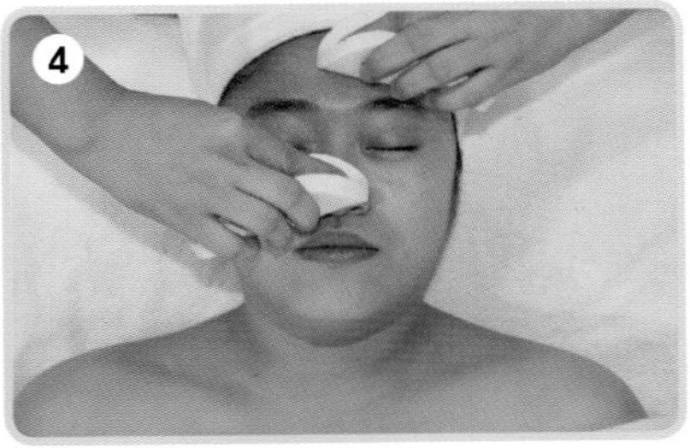

③ 이마 윗부분을 헤어라인을 타고 가며 관자놀이까지 닦는다.
④ 콧등과 코벽을 아래로 닦는다.

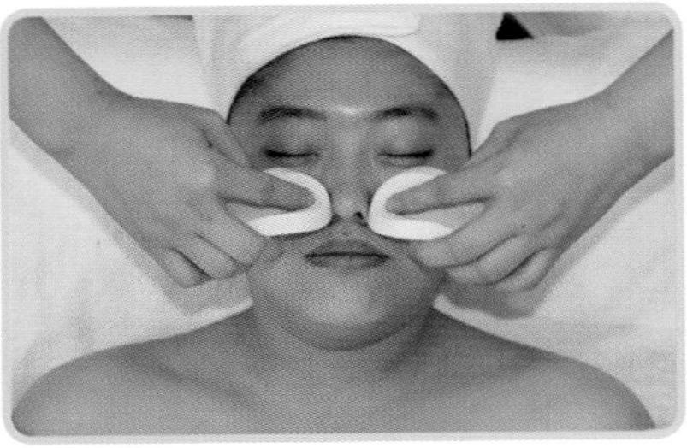

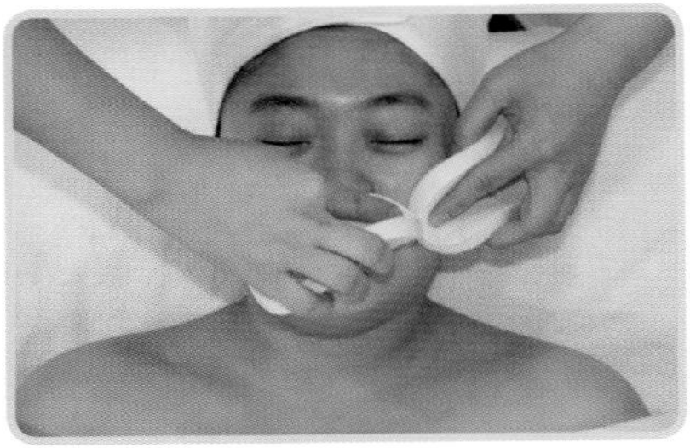

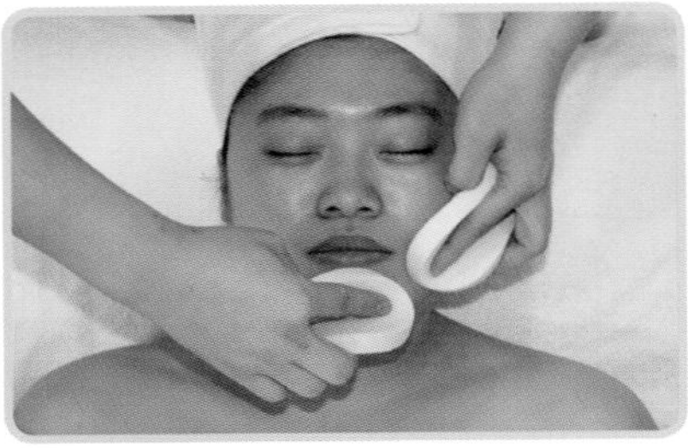

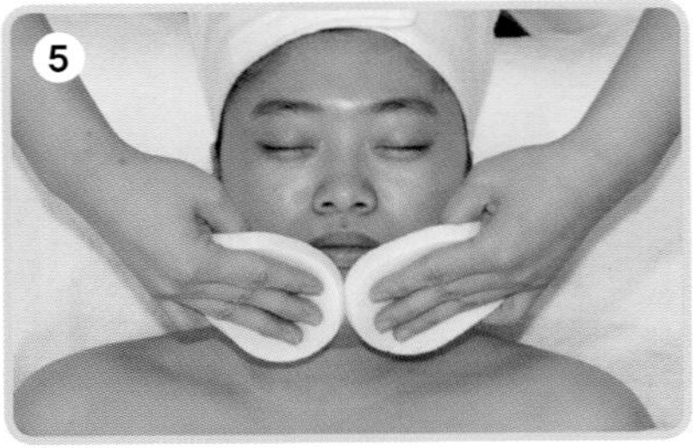

⑤ 볼을 3등분(턱 중앙에서 귀밑, 입술 옆에서 귀 앞, 코 옆에서 관자놀이까지)으로 나누어 닦는다.

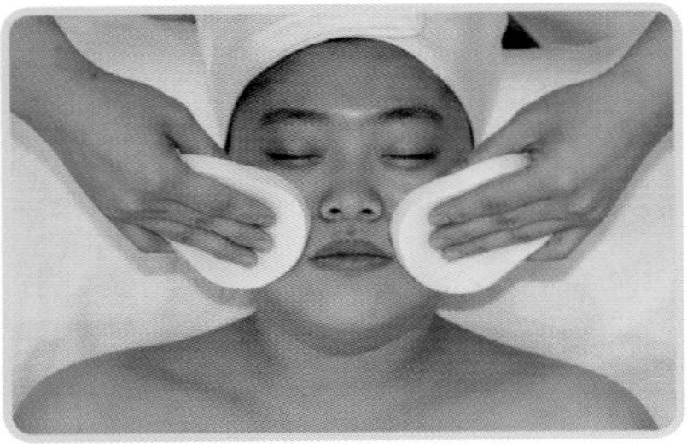

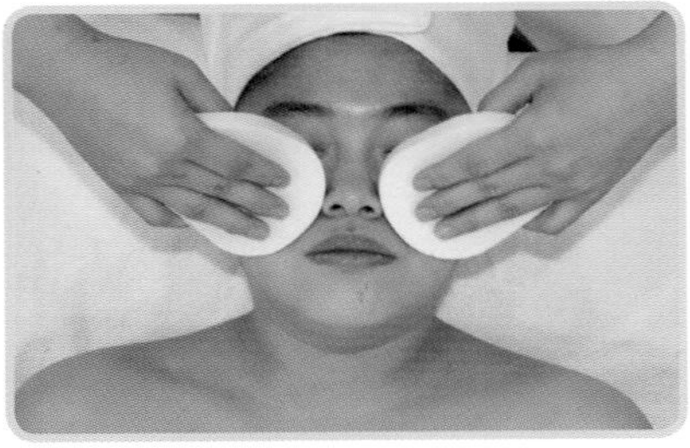

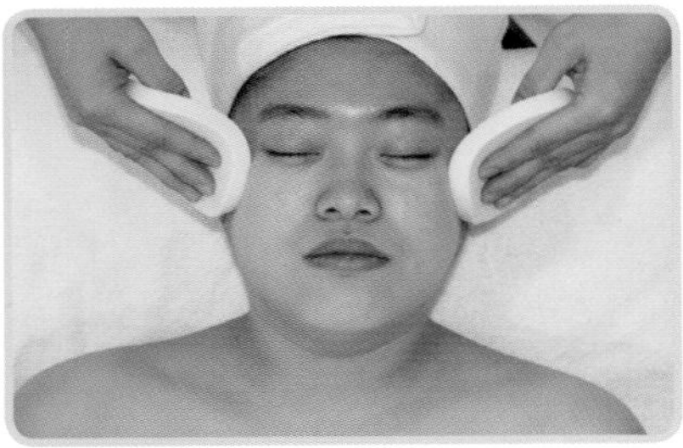

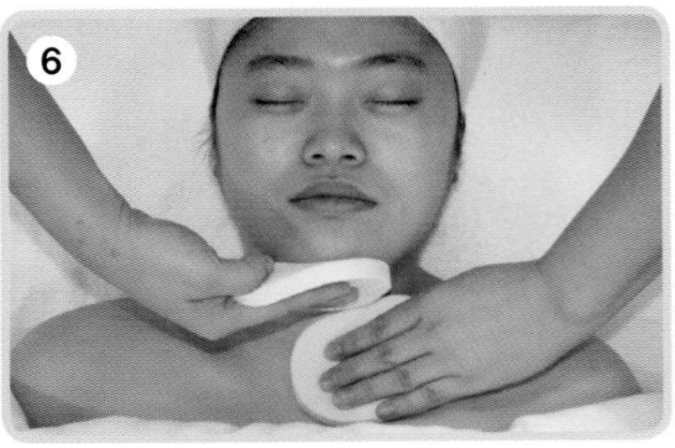

⑥ 목에서 턱 방향으로 위로 올려 가며 닦아준다.

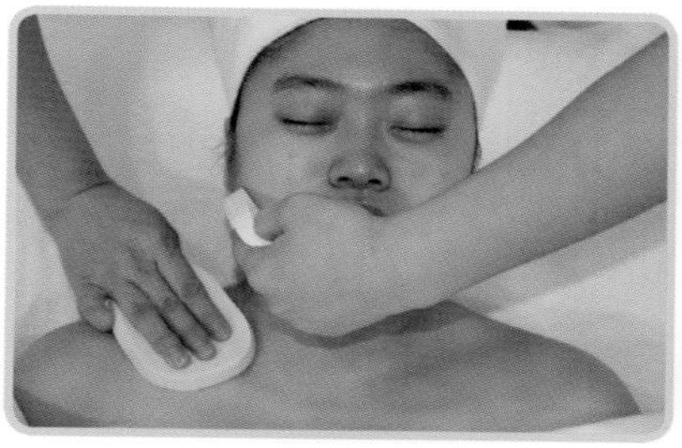

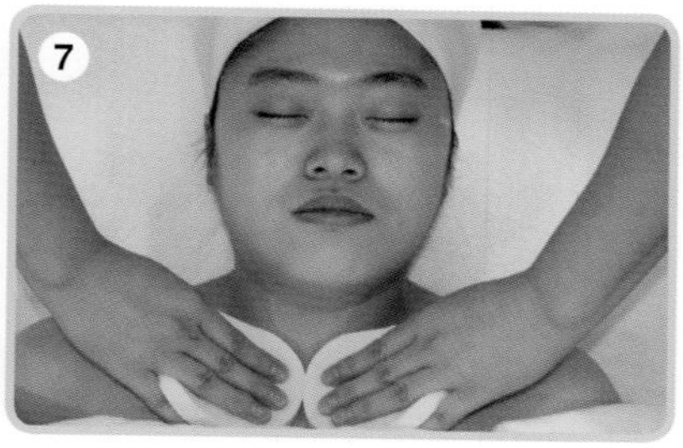

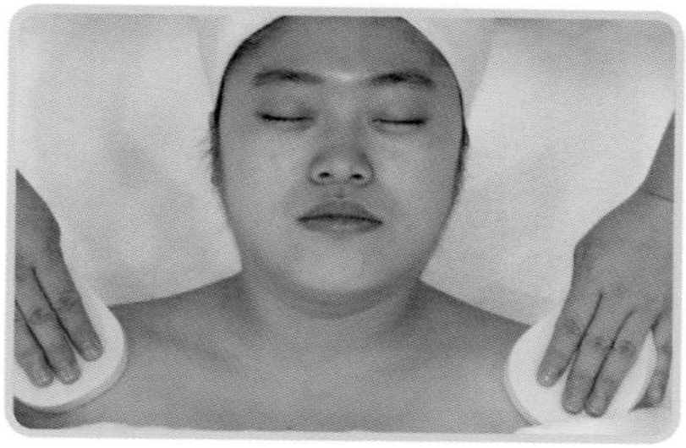

❼ 데콜테 부위를 목 옆선까지 닦아준다.

③ 온습포로 닦아내기

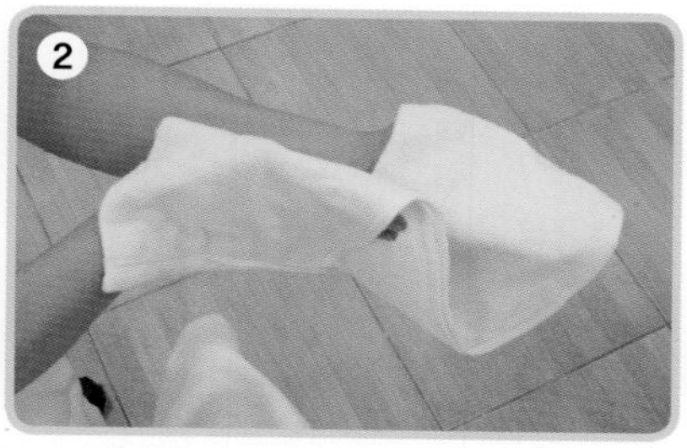

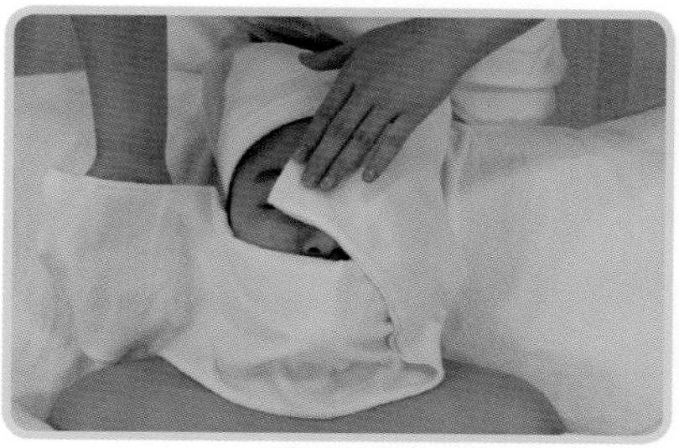

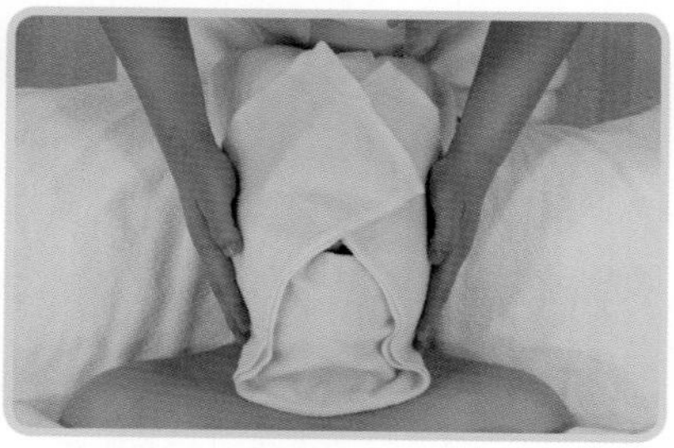

❶ 온장고로 이동 시 쟁반을 들고 가서 온습포를 꺼낼 때에는 시험장에 배치되어 있는 집게를 사용하여 꺼낸 후 온습포를 쟁반에 담아서 가져온다.

❷ 온습포의 온도를 체크하고 접힌 부분이 코로 향하도록 잡아서 코 밑에 얹은 후 전체를 감싸준다.

> **Tip** 이때 절대로 지압을 해서는 안 된다. → 안마유발행위로 간주되어 0점 처리된다.

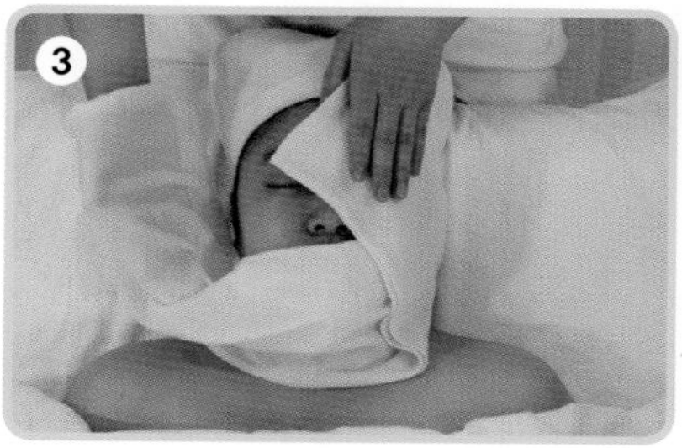

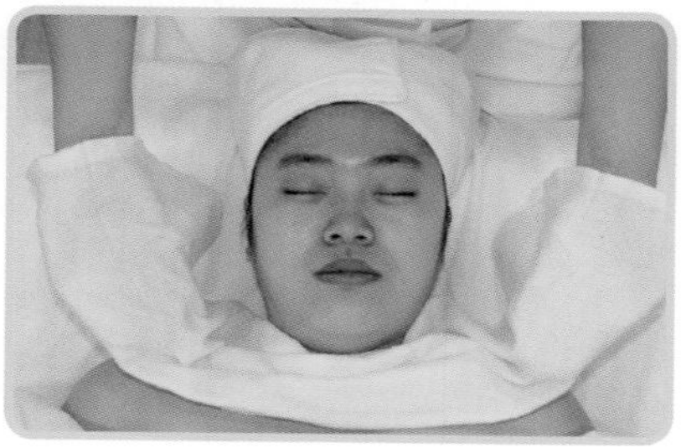

❸ 습포 안으로 손을 넣어 눈 – 이마 – 코 – 인중 – 턱 – 볼 부위 순으로 닦아준다.

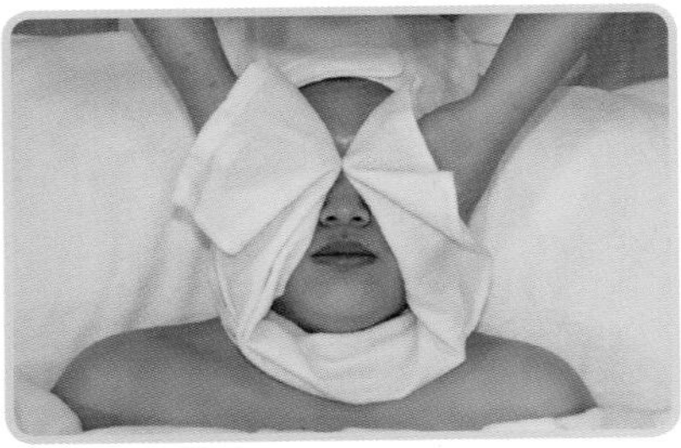
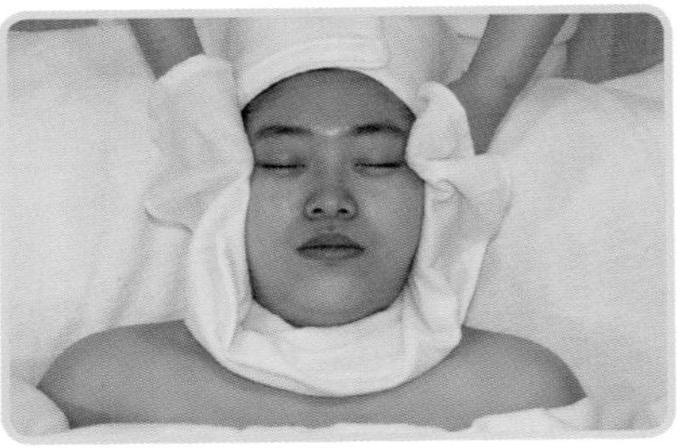
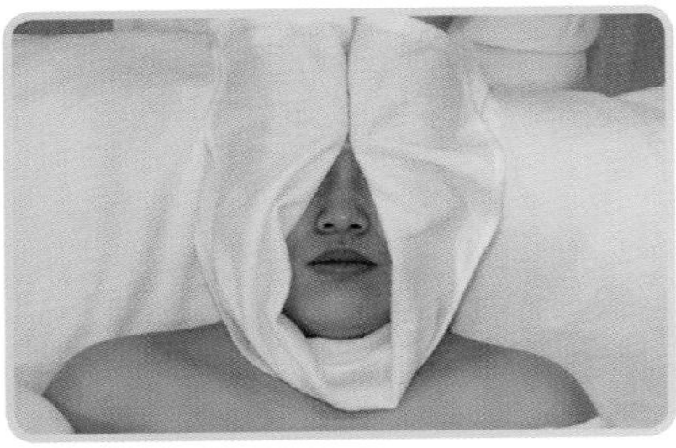
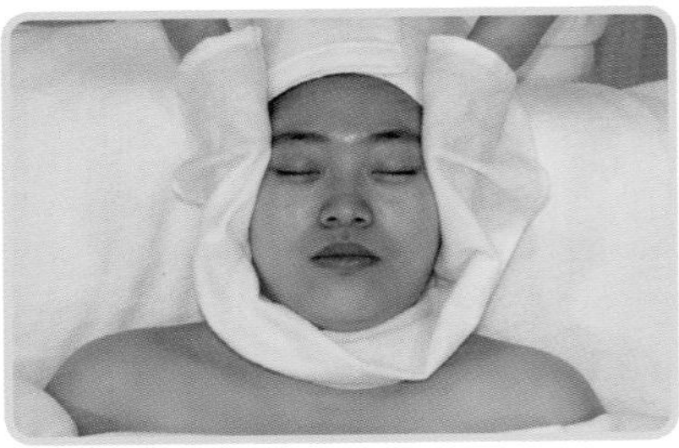
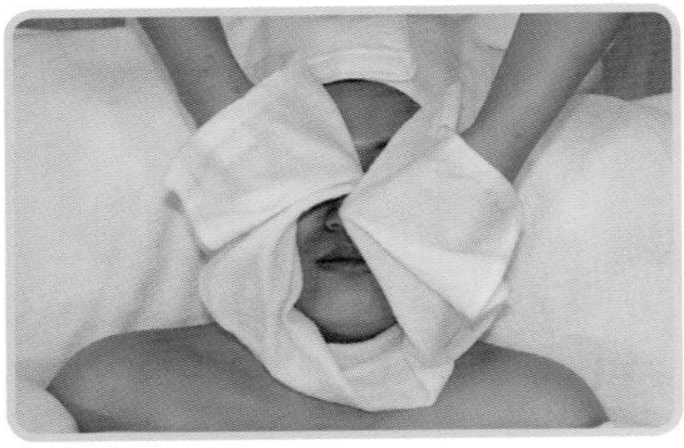
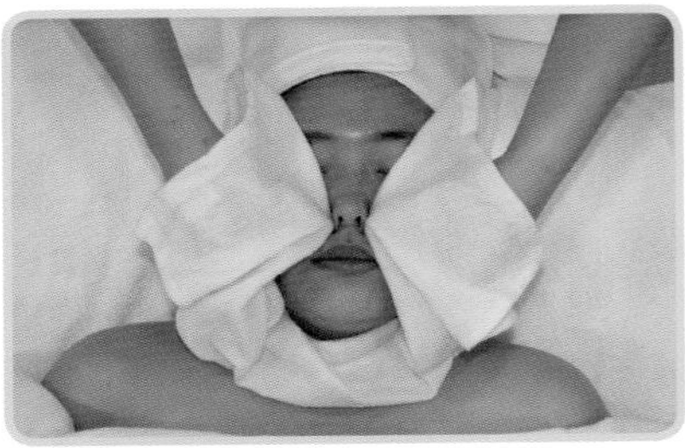
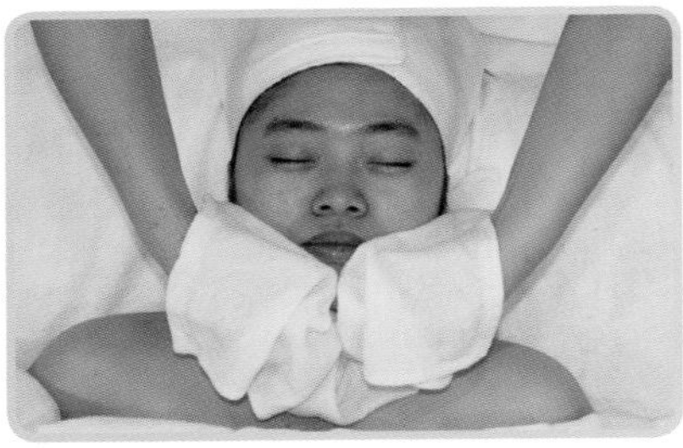
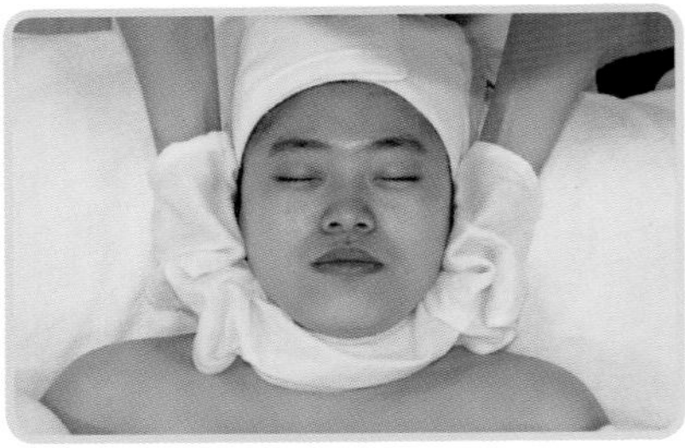
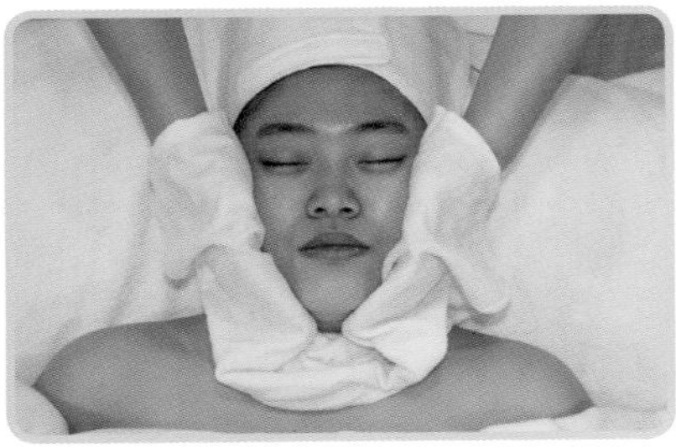
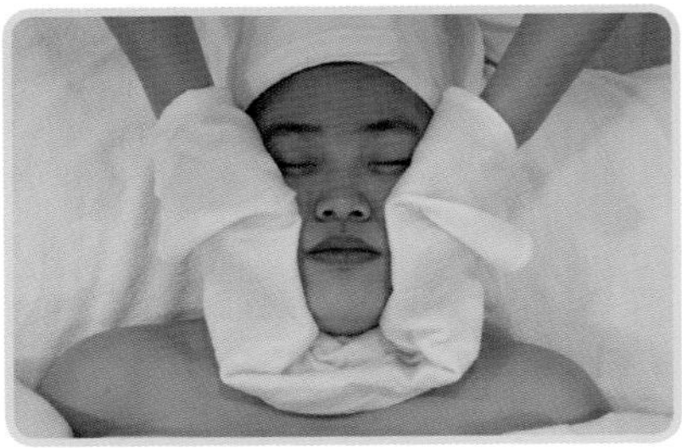

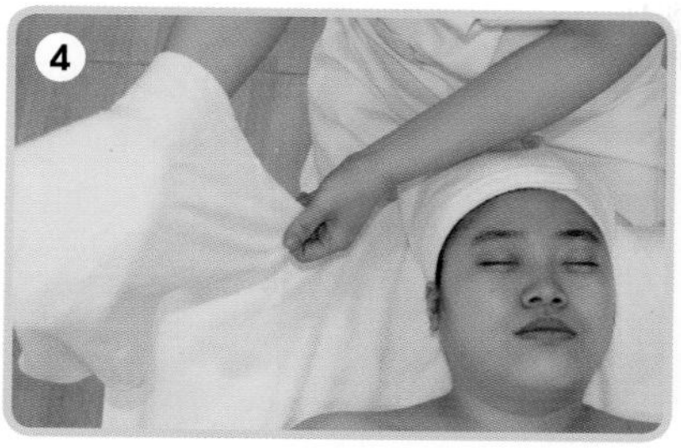

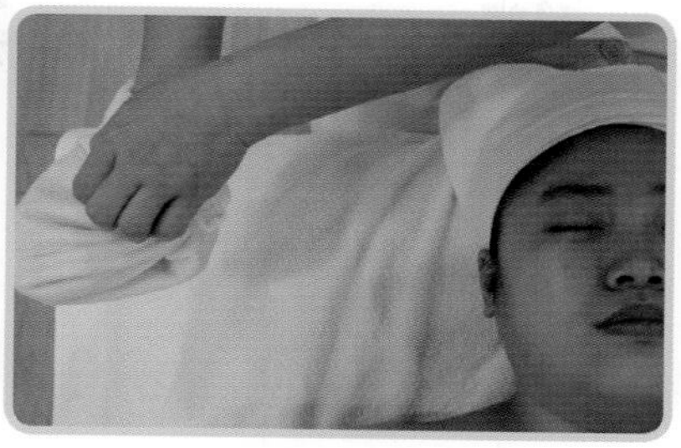
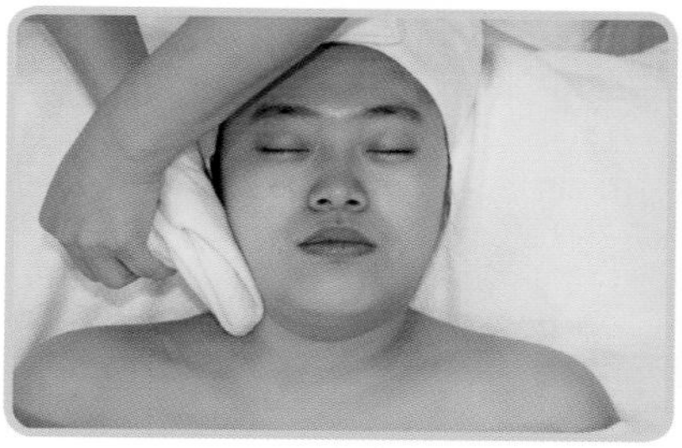
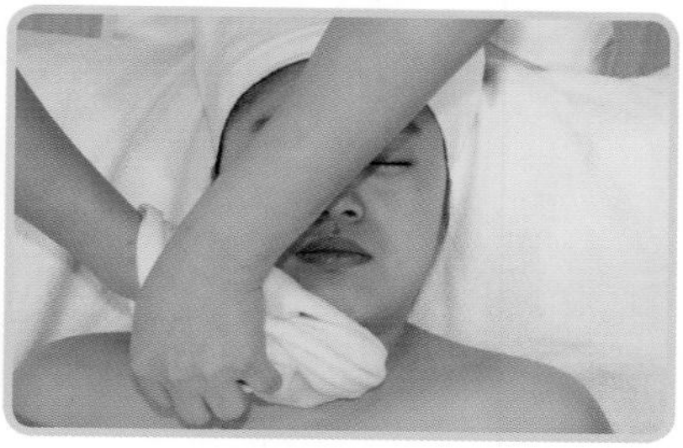
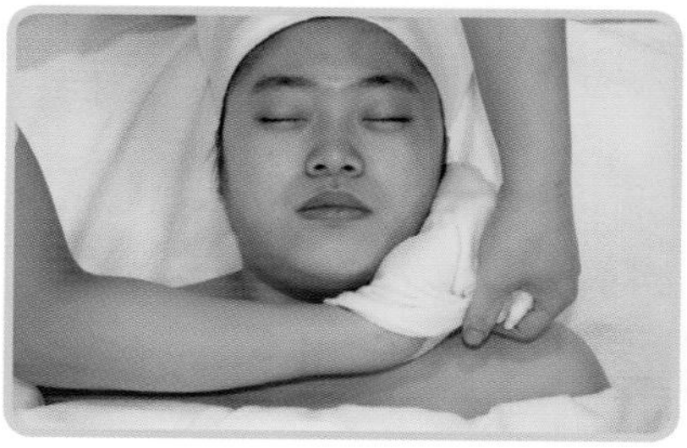
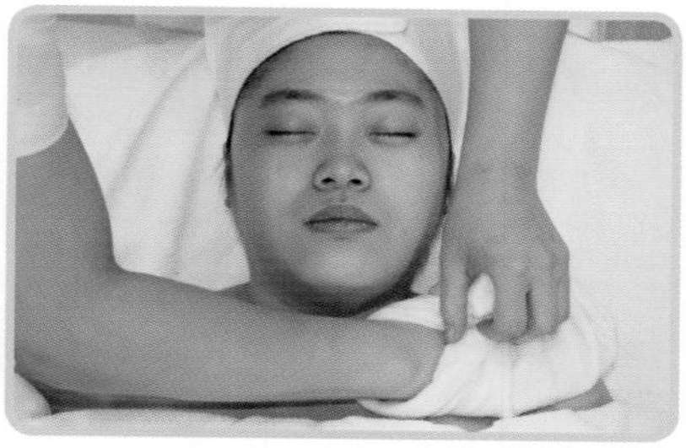
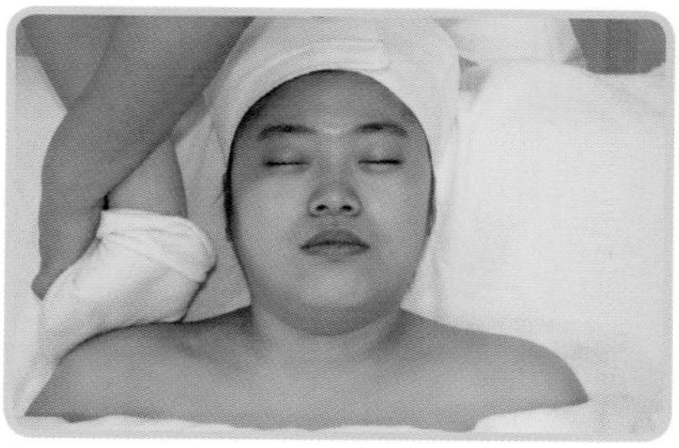
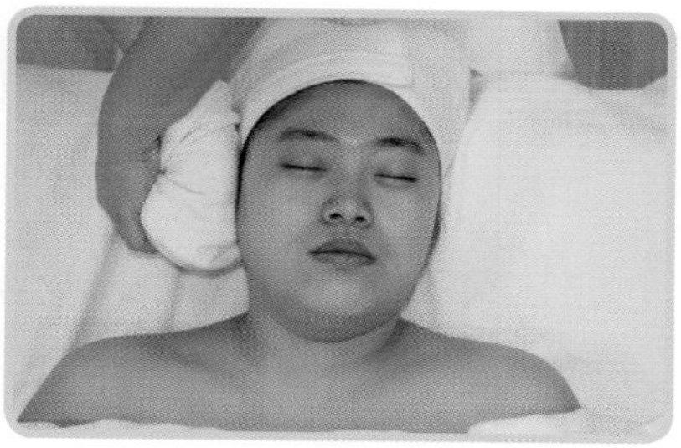

❹ 목과 데콜테 부위는 습포를 다리미처럼 잡아 닦아준다.

④ 토너 정리하기

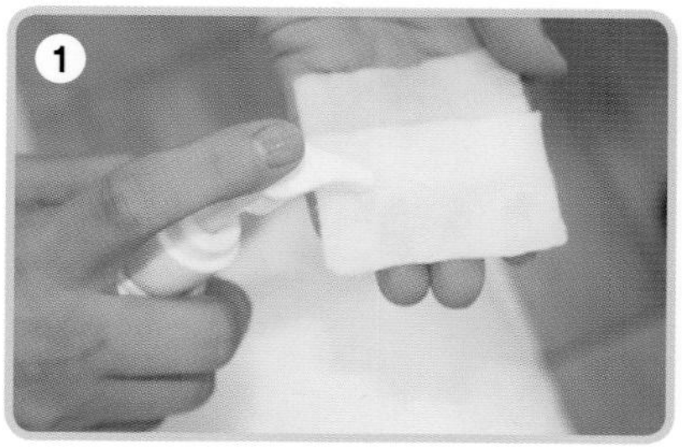

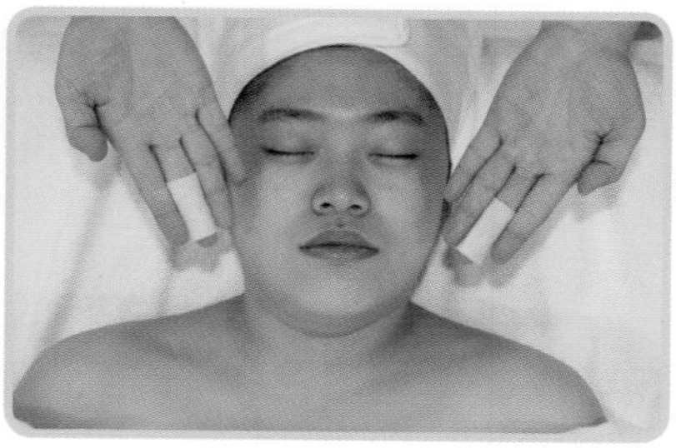

❶ 토너를 화장솜 두 개에 묻힌다.

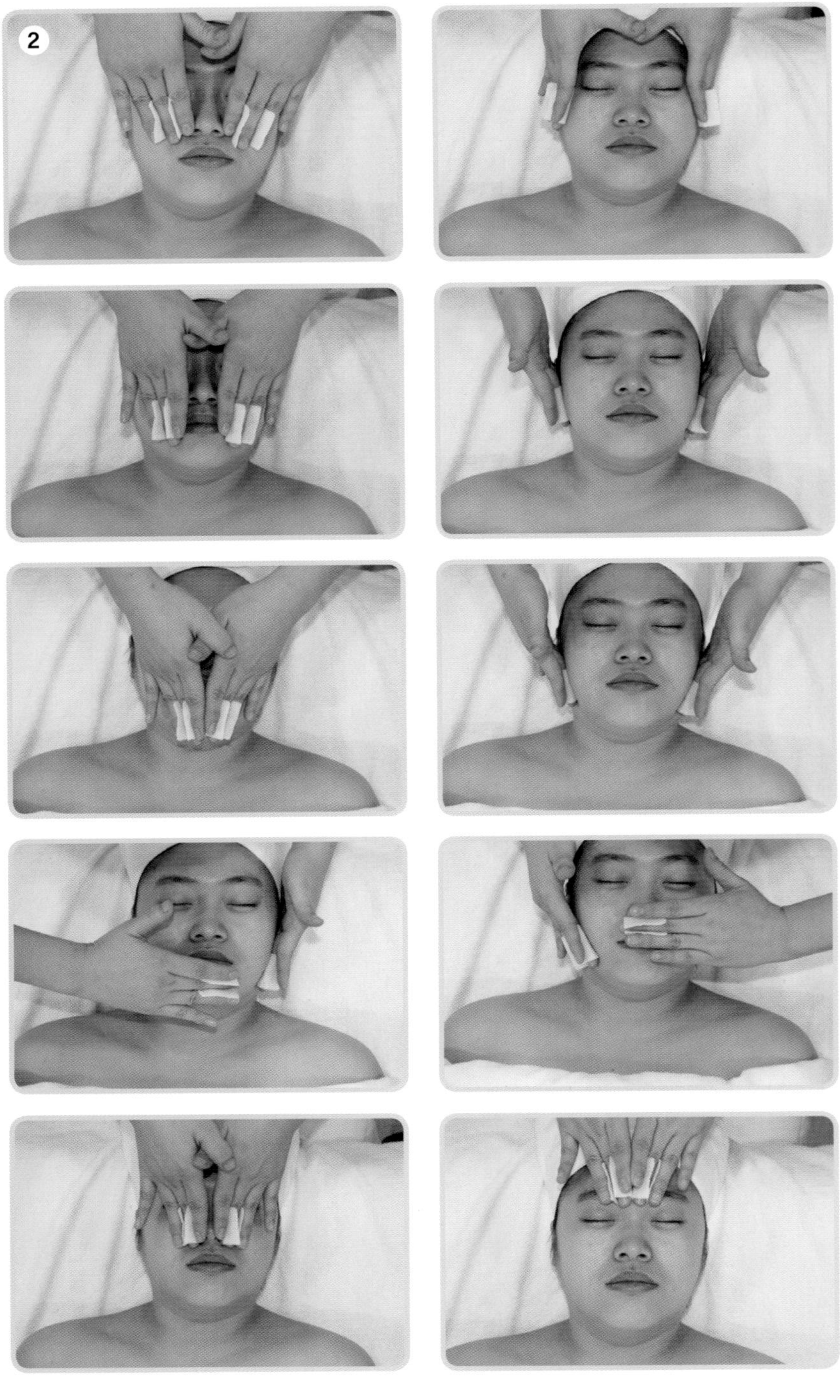

② 양손을 이용하여 볼 – 턱 – 인중 – 코벽을 타고 올라왔다가 콧등 – 이마 – 관자놀이를 타고 내려가 손을 교차시키며 목을 위를 향하여 닦고 데콜테를 마지막으로 토너 정리를 한다.

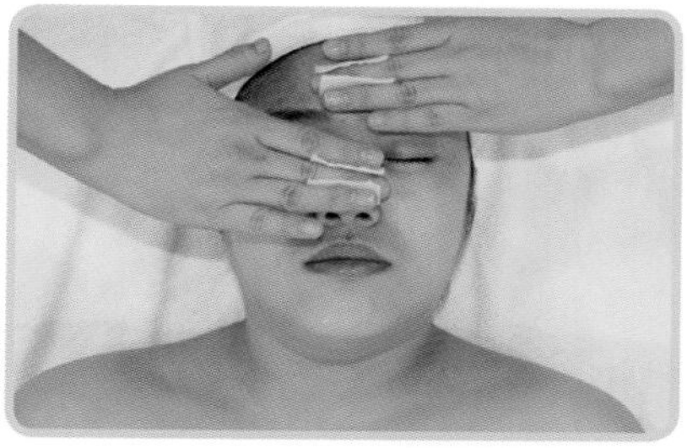
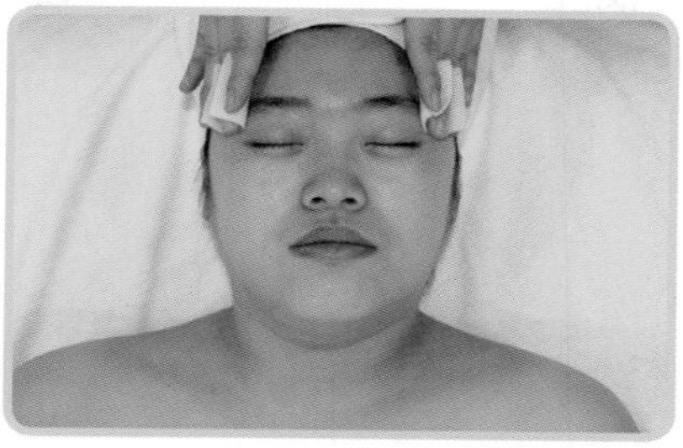
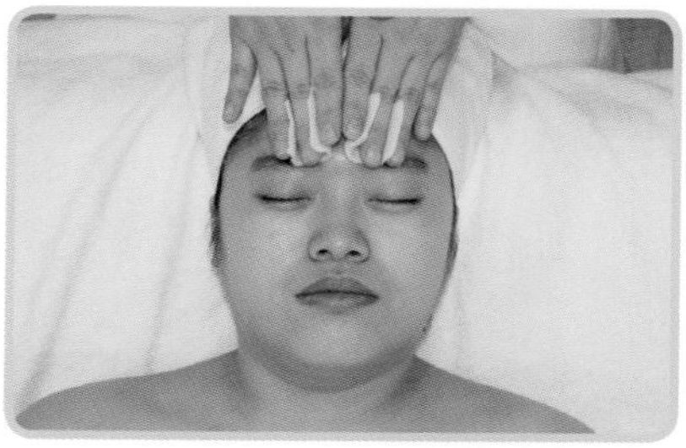
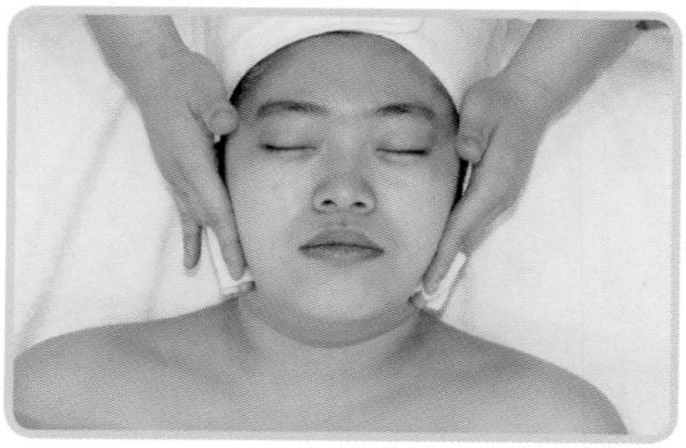
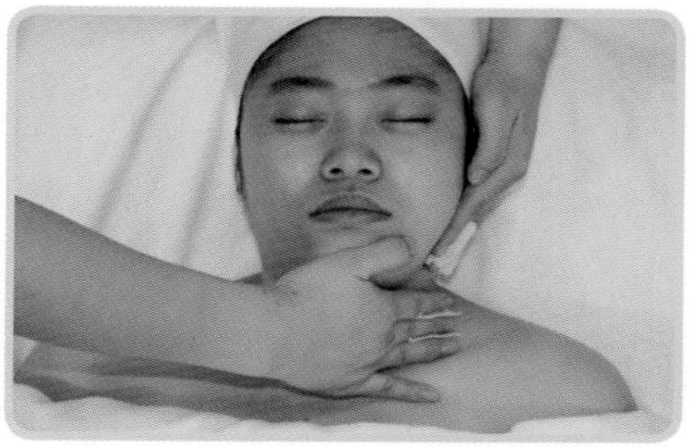
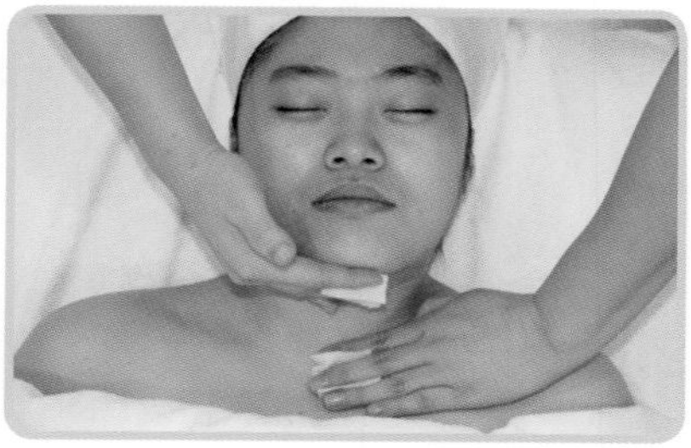
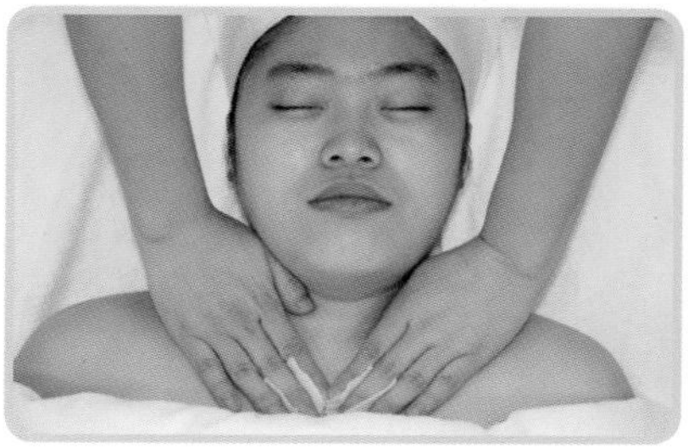
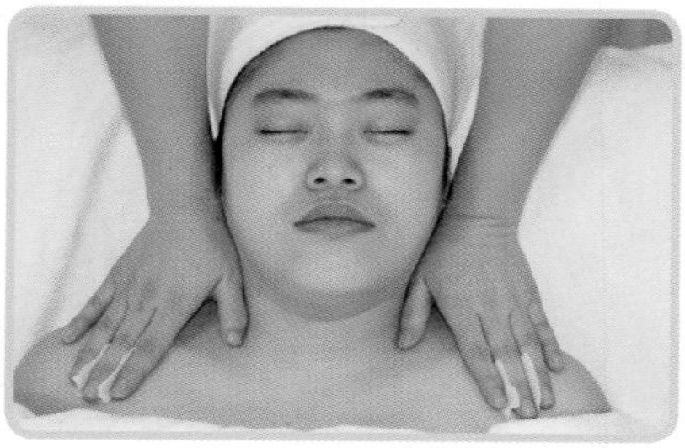

Chapter 4

눈썹정리

5분

사전 체크사항

준 비 물 눈썹브러쉬, 눈썹가위, 족집게, 눈썹칼, 면봉, 진정젤

작업순서 준비하기(손 및 도구 등 소독) → 눈썹정리

1. 준비하기

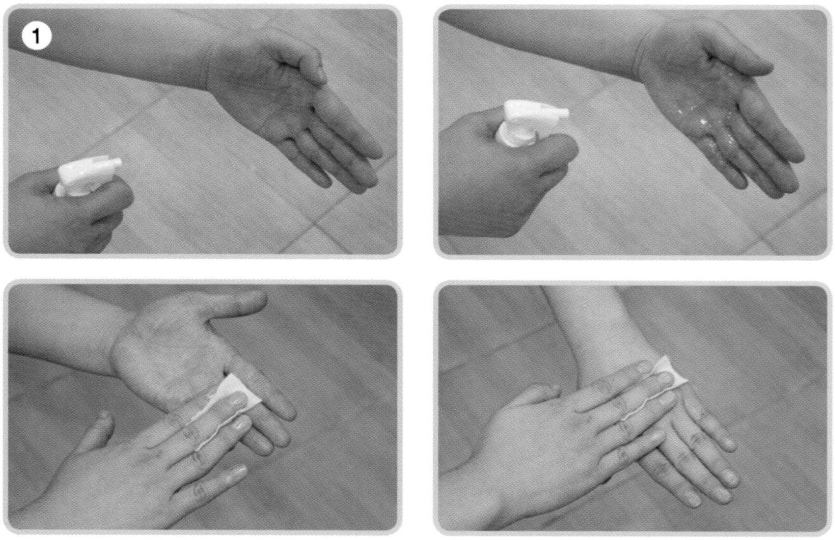

❶ 알코올을 손 전체에 골고루 뿌려 소독하거나 알코올 솜으로 손 전체를 골고루 소독한다.

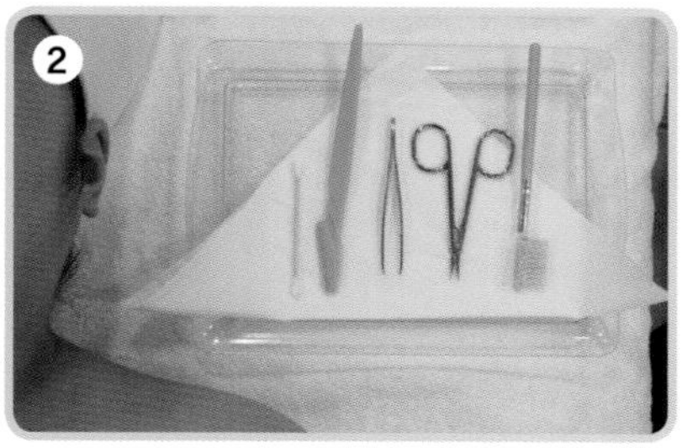

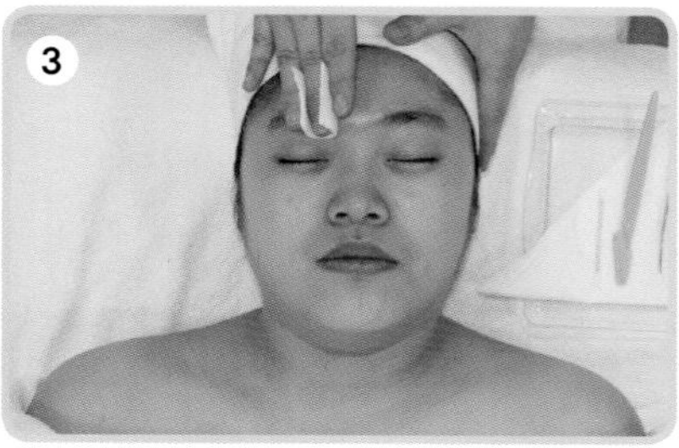

❷ 베드 옆에 역삼각형으로 티슈를 접어 깔고 그 위에 사용할 물품을 먼저 할 것부터 순서대로 알코올로 소독해가며 올려놓는다.

❸ 알코올솜으로 정리할 눈썹을 소독한다.

2. 눈썹정리

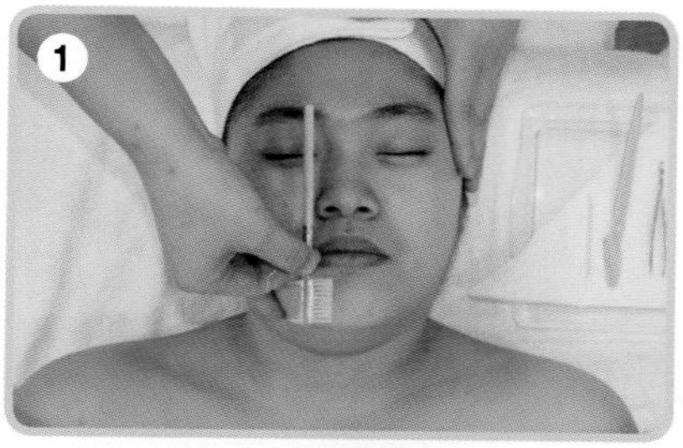

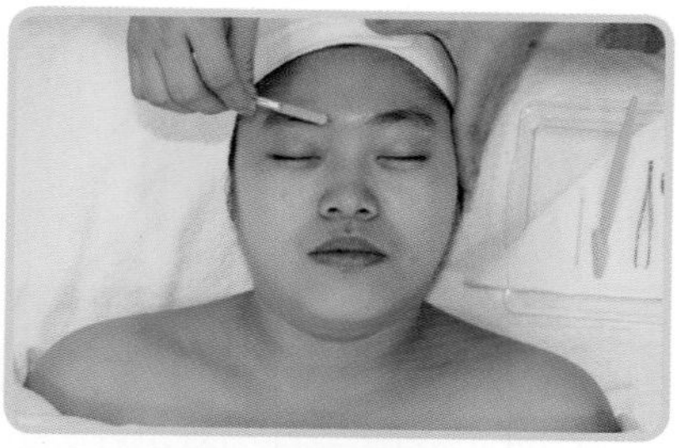

❶ 눈썹브러쉬로 눈썹결 방향으로 빗어준다.

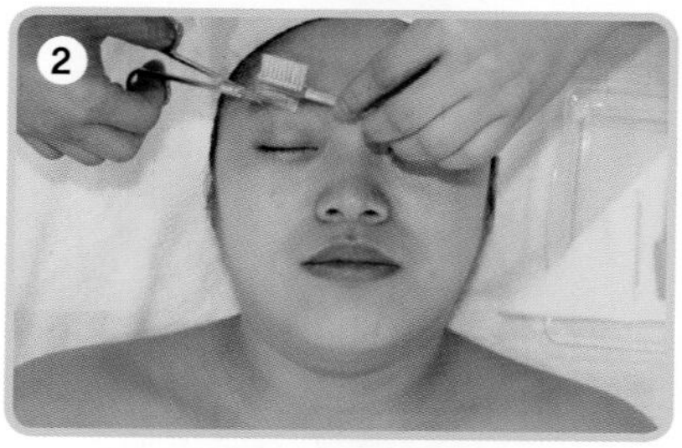

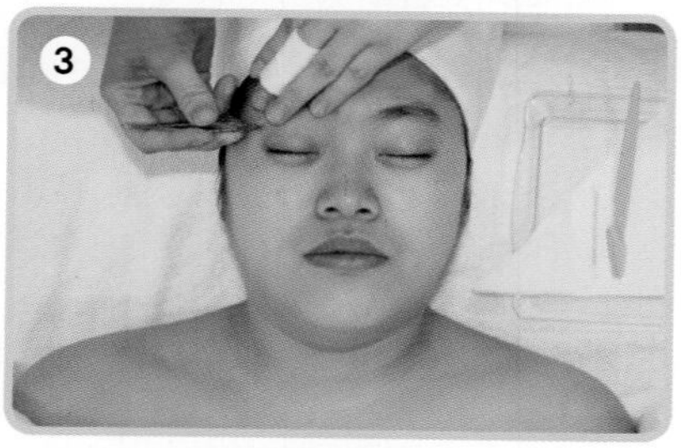

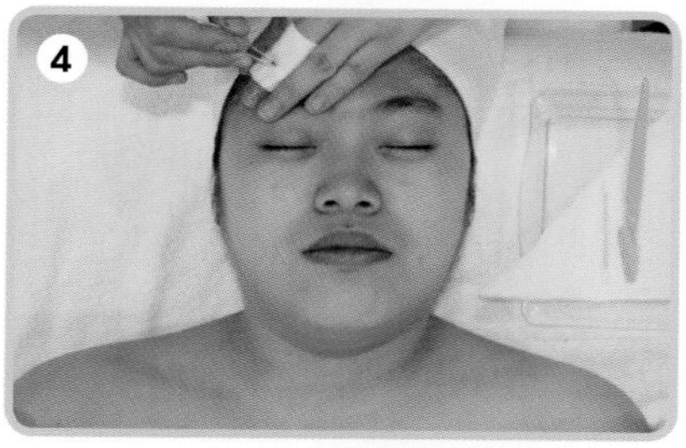

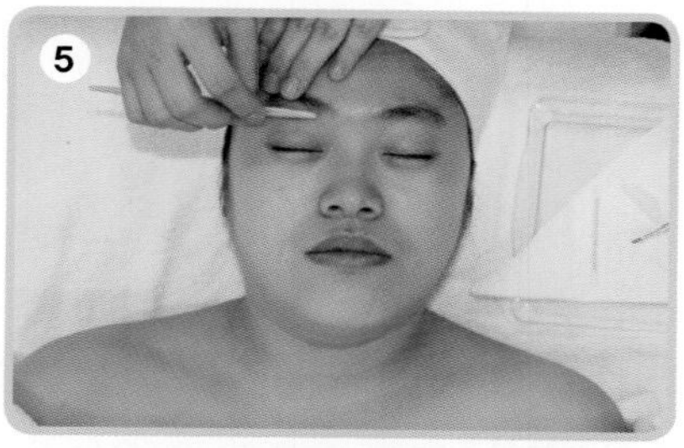

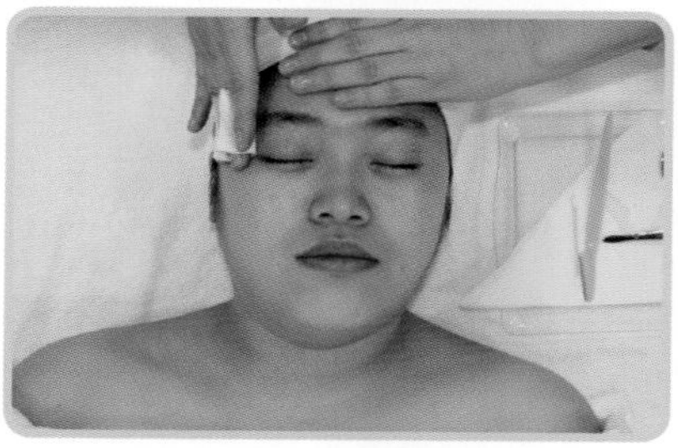

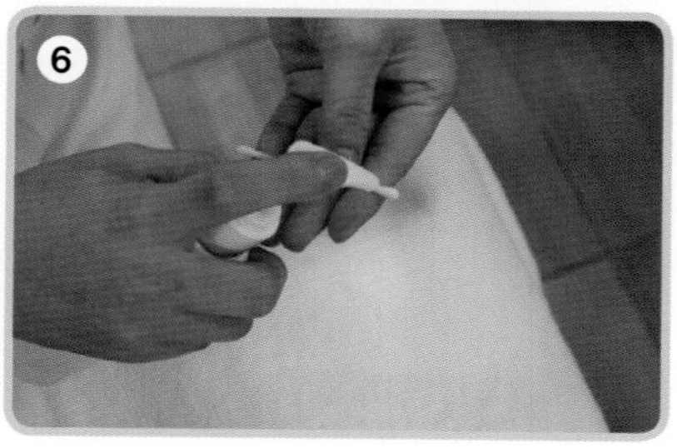

❷ 눈썹빗 밖으로 삐져나온 눈썹을 눈썹가위로 정리한다.

❸ 한 손으로 젖은 화장솜을 손가락 사이에 끼우고 눈썹 위에 텐션을 주고 다른 한 손으로는 족집게를 잡고, 손을 들어 감독관에게 준비가 되었음을 알리고 감독관이 보는 가운데 신속하게 털이 난 방향으로 눈썹을 뽑는다.

❹ 뽑은 눈썹은 손가락 사이에 끼운 화장솜 위에 올려놓는다(한쪽 눈썹에서 3개 이상 뽑으면 된다).

❺ 눈썹칼을 이용하여 눈썹을 다듬는다. 눈썹칼의 방향은 털의 방향과 관계없이 사용 가능하다.

❻ 족집게로 뽑은 부위에는 진정젤을 바르는데 면봉을 이용해 발라준다.

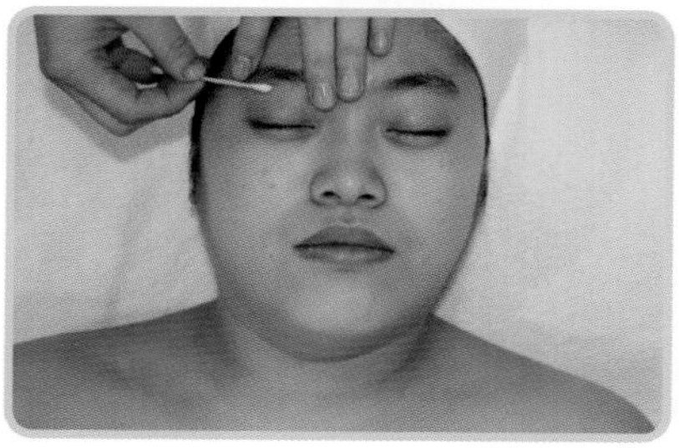

주의사항

눈썹정리는 가위, 눈썹칼, 족집게를 이용하여 하면 된다. 족집게 사용 시 반드시 감독위원의 입회 및 지시에 따라야 되며, 3개 이상만 뽑아내면 된다. 넓은 면의 잔털과 모양내기는 눈썹칼을 이용하면 된다. 눈썹정리 시 제거한 눈썹은 옆에 티슈에 모아 놓았다가 감독위원의 지시에 따라 휴지통에 버리면 된다(하나도 없는 경우는 미리 눈썹정리를 다 해온 것으로 판단하여 채점상 불이익을 받을 수 있다).

Chapter 5

딥클렌징

사전 체크사항

작업과제 모델의 피부 타입과는 관계없이 4가지 타입(스크럽, 효소, 고마쥐, AHA) 중에서 관리계획표 차트 작성 시 지정받은 딥클렌징제를 사용하여 관리한다. 딥클렌징의 범위는 얼굴의 턱선까지를 관리대상 범위로 한다.

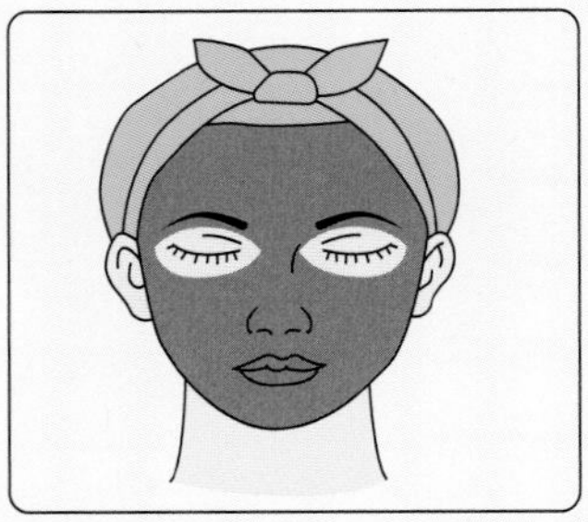

〈 딥클렌징 관리범위 〉

준 비 물 스크럽, 효소, 고마쥐, AHA(시험장에서 지정받은 딥클렌징제 사용), 붓, 미용솜, 유리볼, 면봉, 티슈, 해면, 습포, 토너

작업순서
- 스크럽 딥클렌징 : 스크럽 준비하기 → 도포하기 → 문지르기 → 닦아내기(해면 → 온습포) → 토너정리하기
- 효소 딥클렌징 : 효소 준비하기 → 도포하기 → 온습포 올리기 → 닦아내기(해면 → 온습포) → 토너 정리하기
- 고마쥐 딥클렌징 : 터번 착용 → 티슈 깔기 → 고마쥐 준비하기 → 도포하기 → 밀어내기 → 얼굴 전체 러빙하기 → 닦아내기(해면 → 온습포) → 토너정리
- AHA 딥클렌징 : AHA 준비하기 → 아이패드 올리기 → 도포하기 → 닦아내기(해면 → 냉습포) → 토너 정리하기

▶ 스크럽 딥클렌징

1. 준비하기

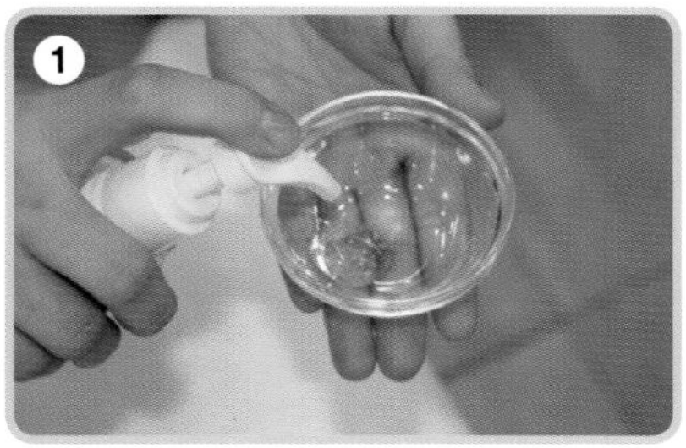

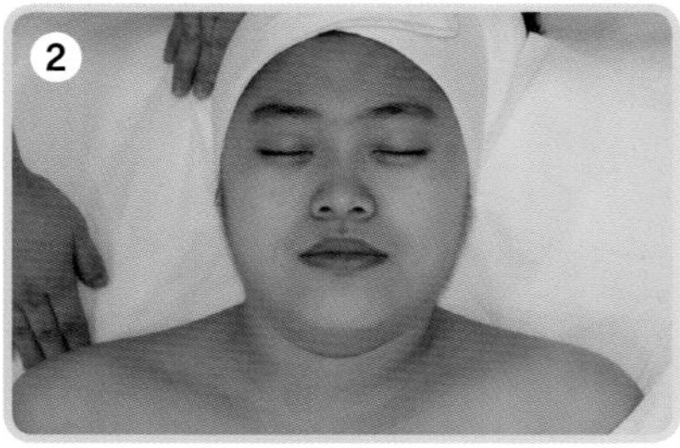

❶ 스크럽을 유리볼에 준비한다.
❷ 유리볼에 물을 준비하고 목옆 양쪽에 티슈를 깐다.

2. 도포하기

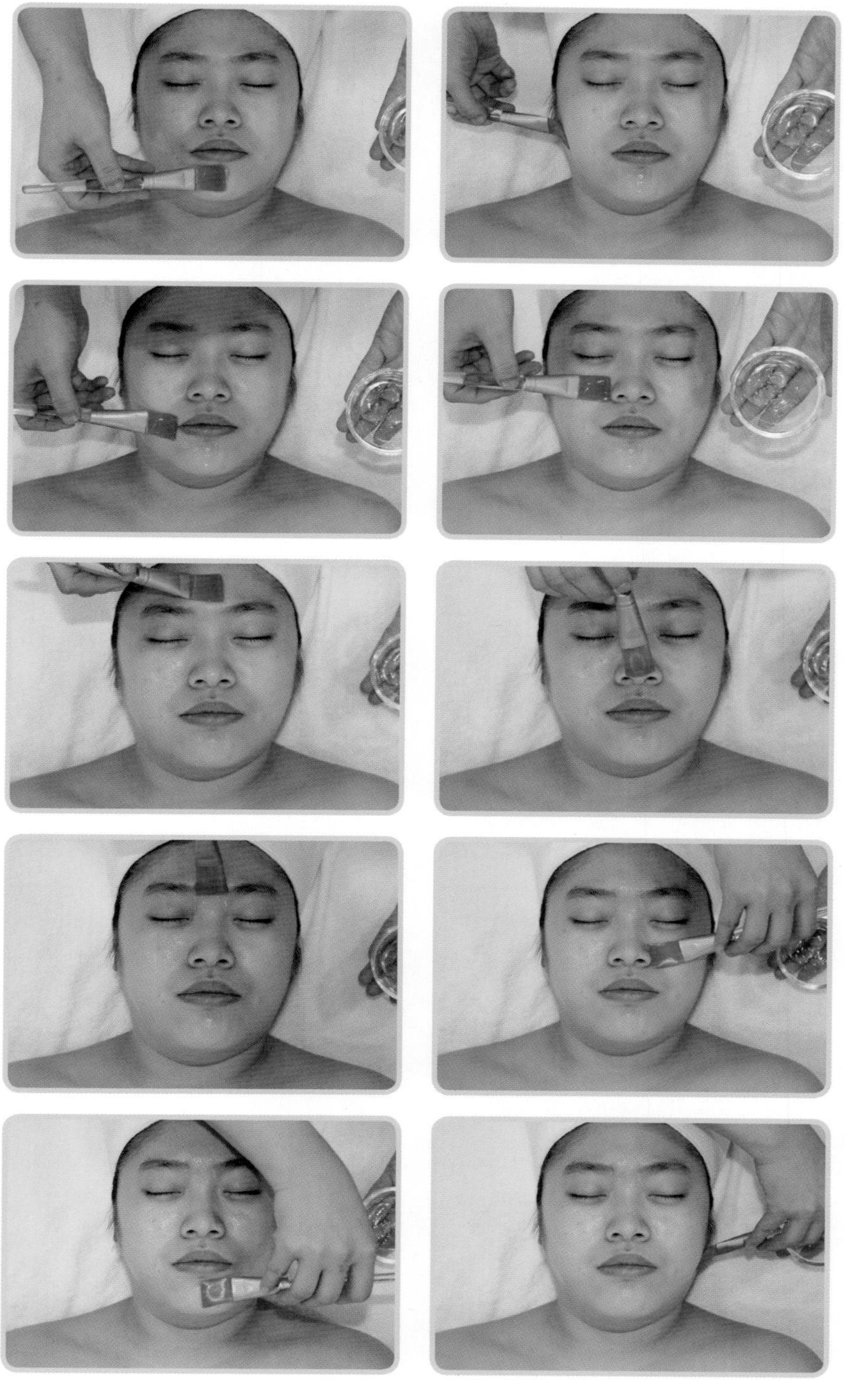

붓 방향을 안에서 바깥쪽으로 피부결에 따라 골고루 턱선까지 발라준다.

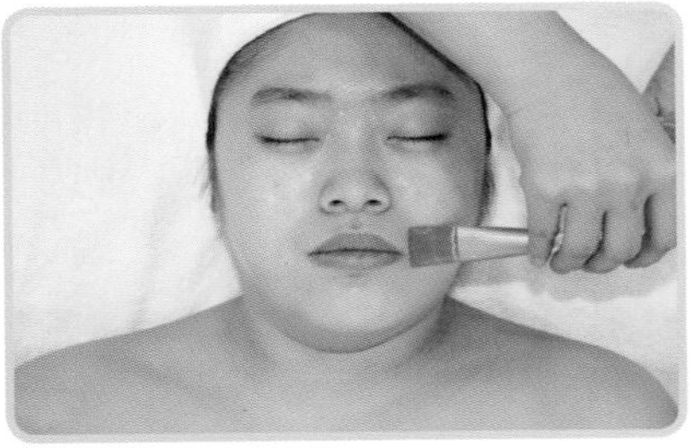

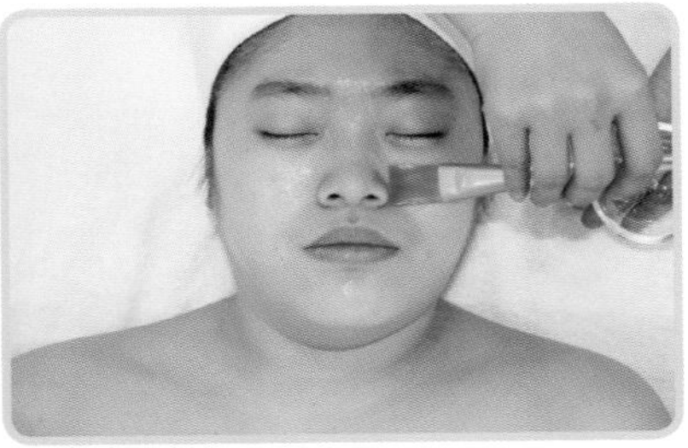

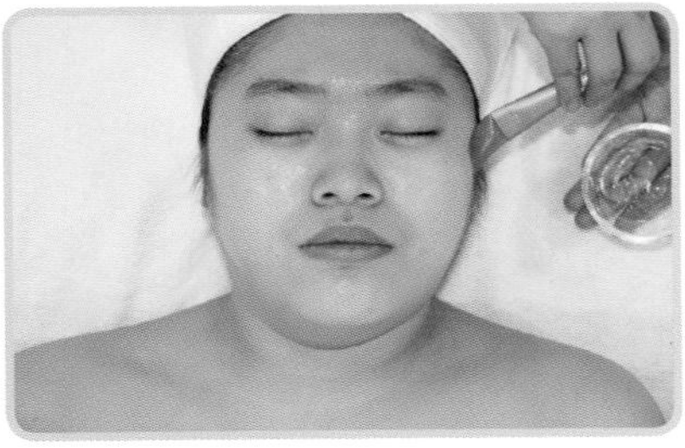

3. 문지르기

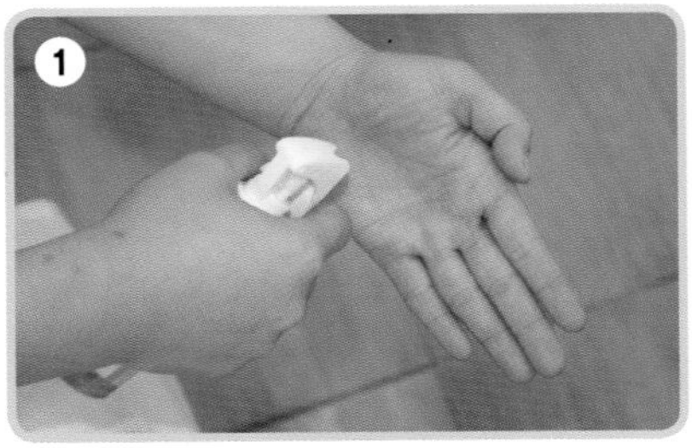

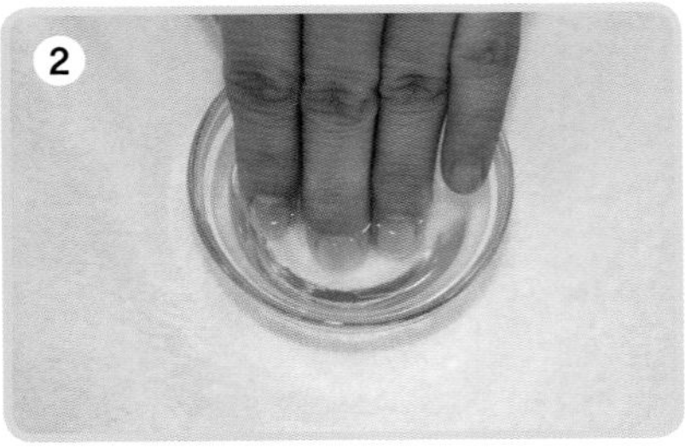

❶ 문지르기 전에 손을 소독한다.
❷ 준비해 놓은 유리볼의 물에 손가락을 적신다.

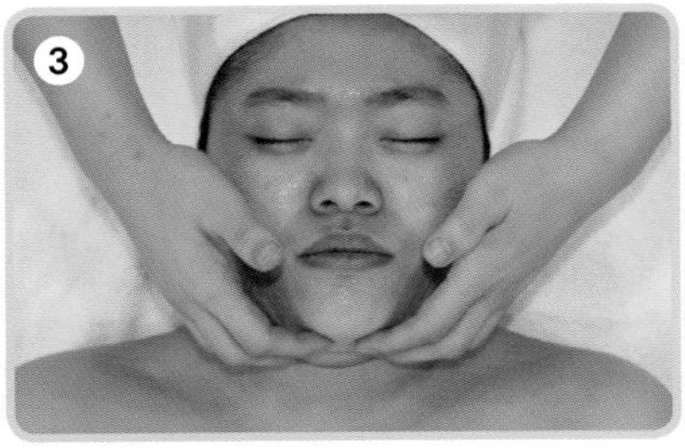

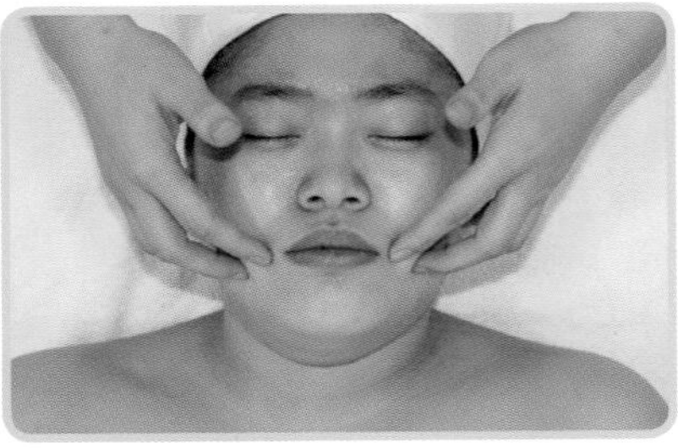

❸ 손가락 끝을 이용하여 부드럽게 얼굴을 문지른다.

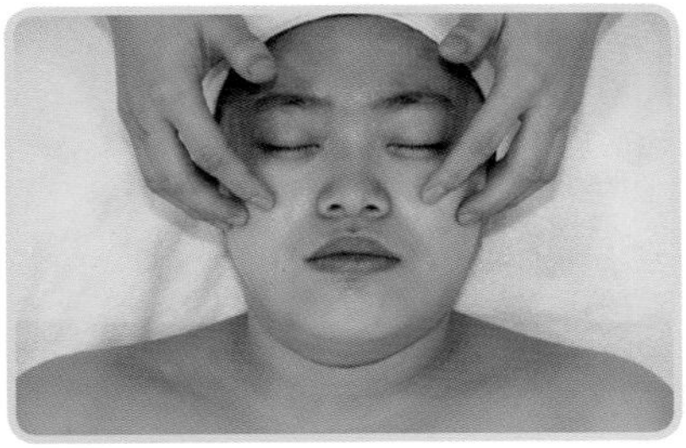

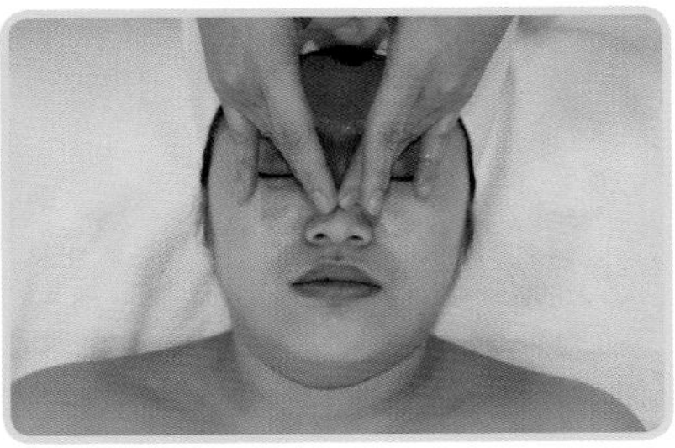

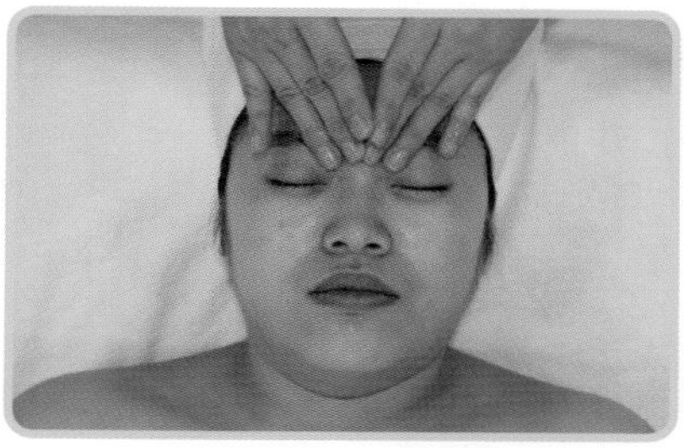
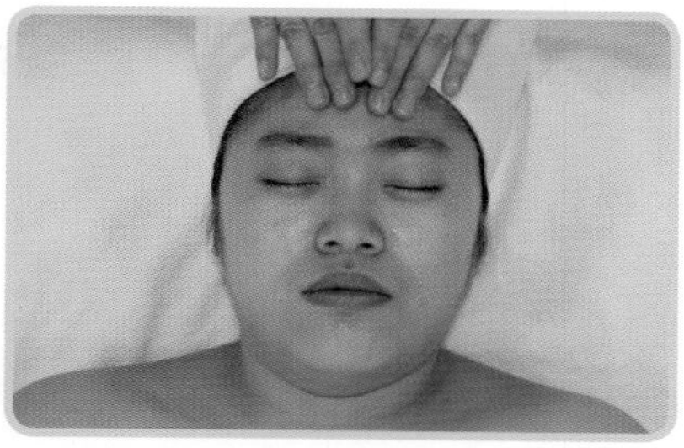
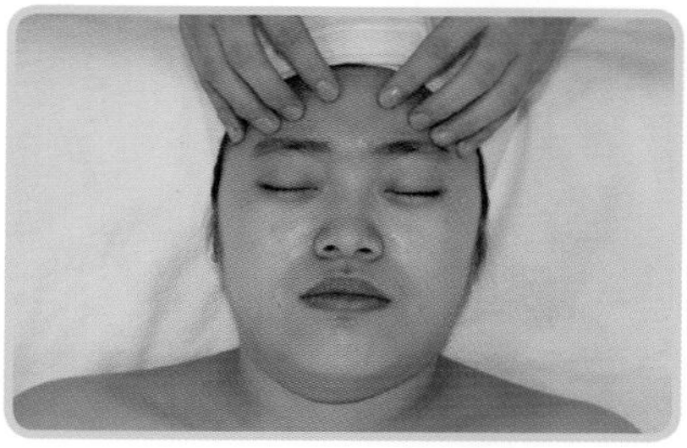
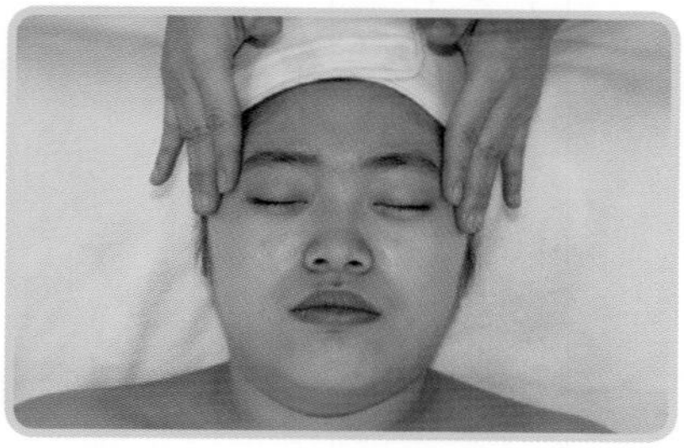
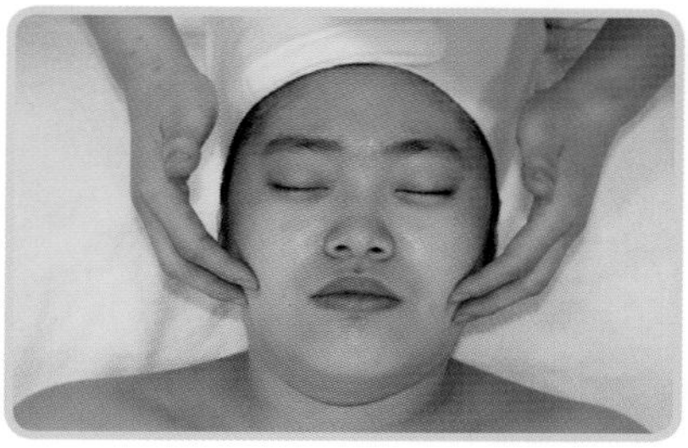
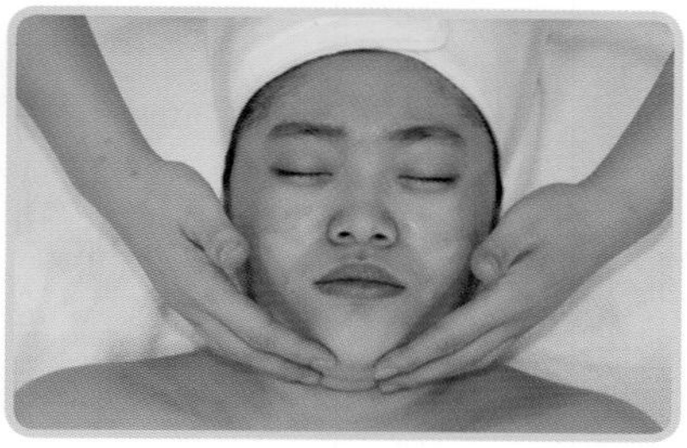

4. 해면으로 닦아내기

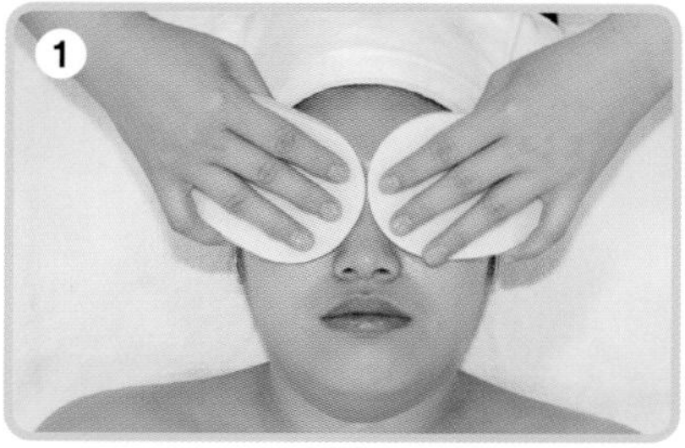

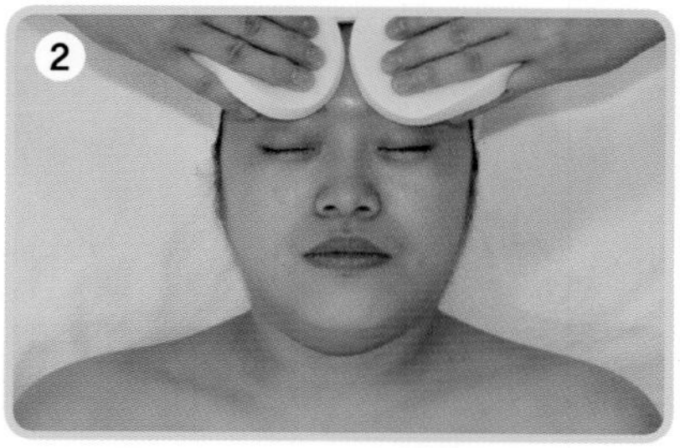

① 양쪽 눈 안쪽에서 눈꼬리 방향으로 닦는다.
② 눈썹 앞머리에서 관자놀이까지 닦는다.

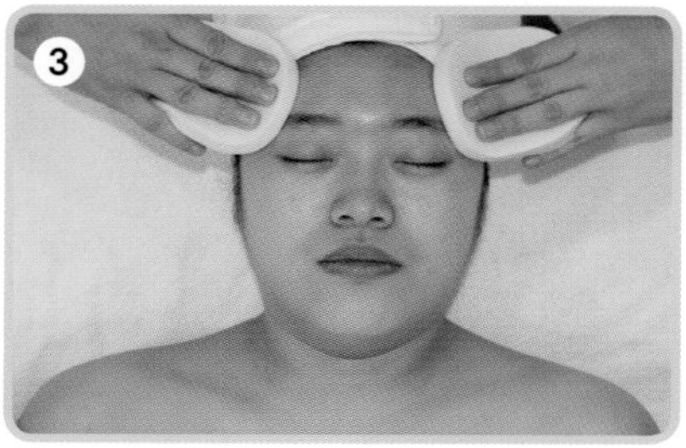

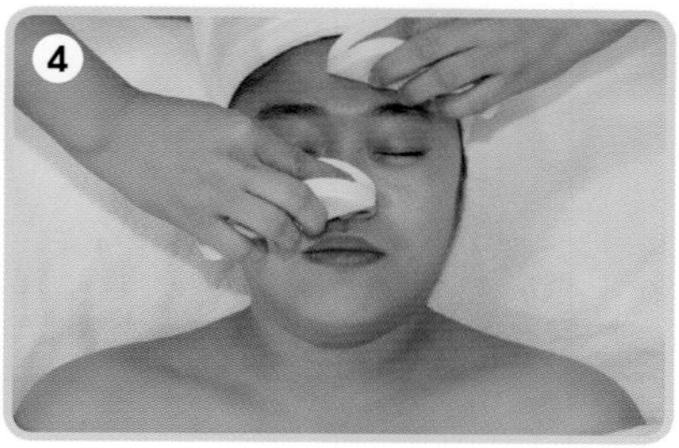

③ 이마 윗부분을 헤어라인을 타고 가며 관자놀이까지 닦는다.
④ 콧등과 코벽을 아래로 닦는다.

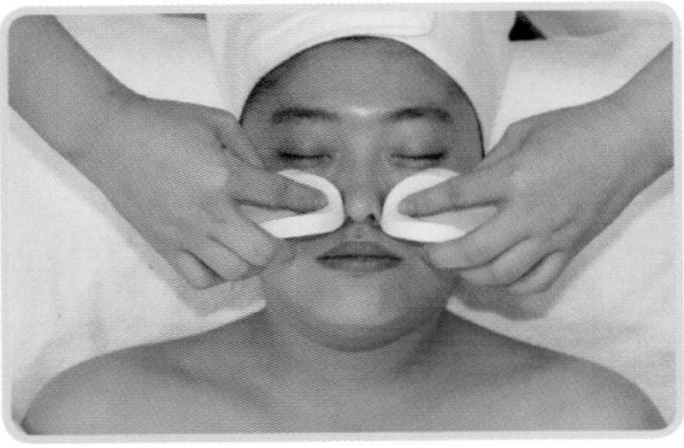

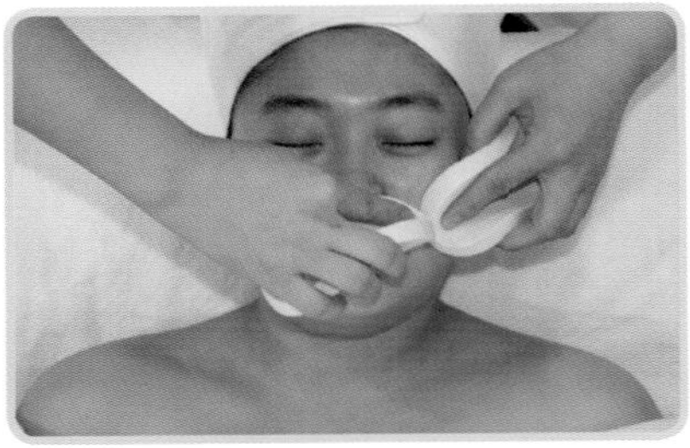

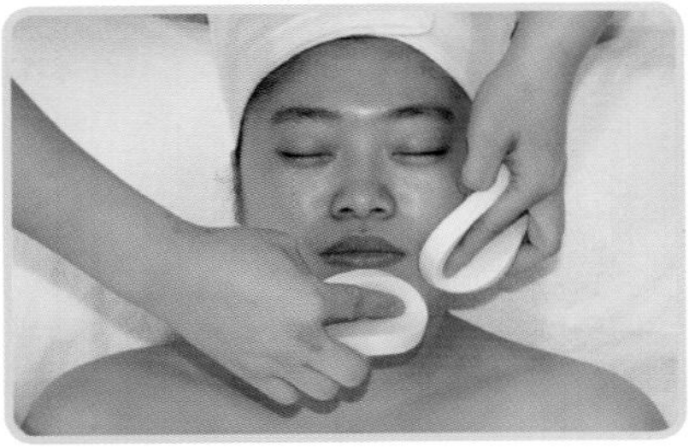

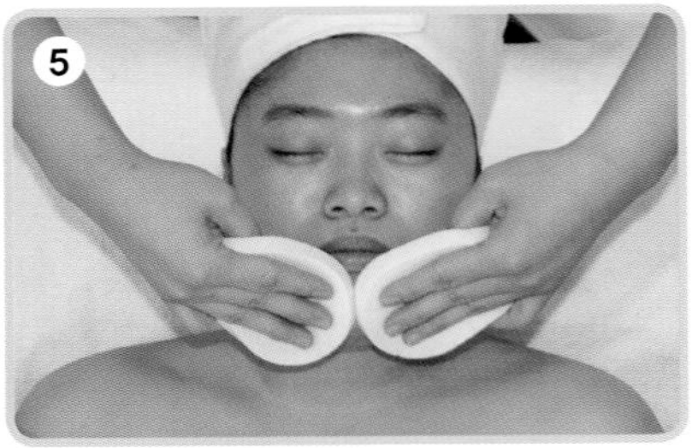

⑤ 볼을 3등분(턱 중앙에서 귀밑, 입술 옆에서 귀 앞, 코 옆에서 관자놀이까지)으로 나누어 닦는다.

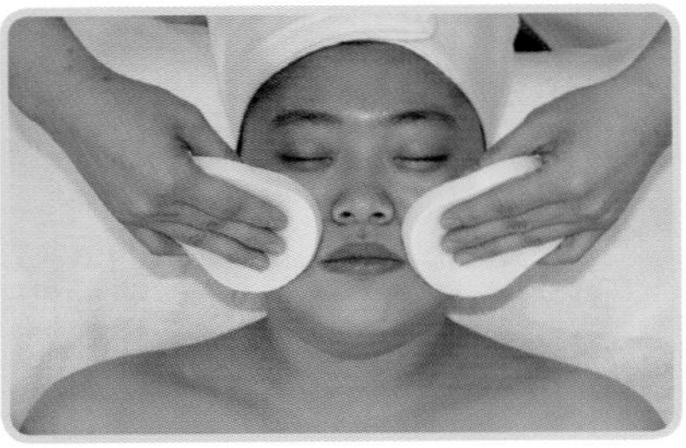

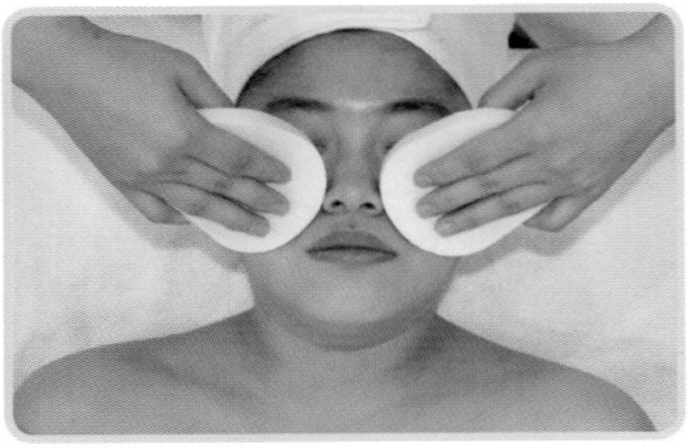

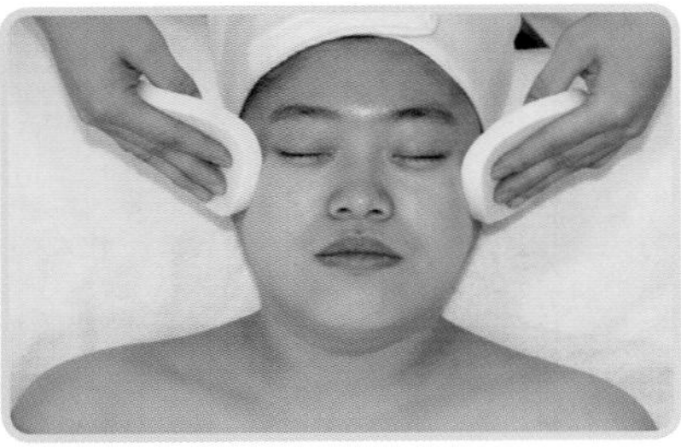

5. 온습포로 닦아내기

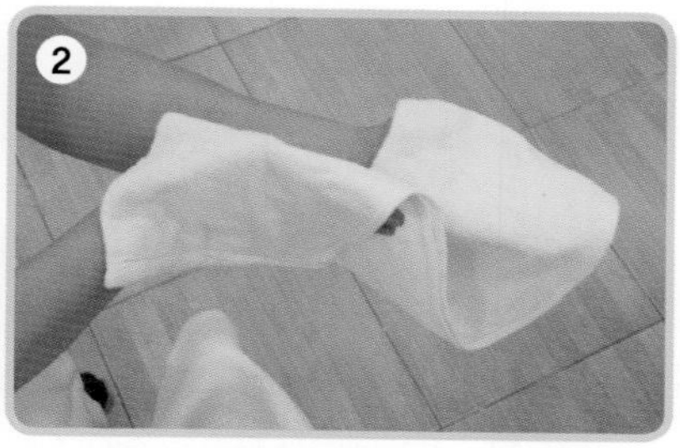

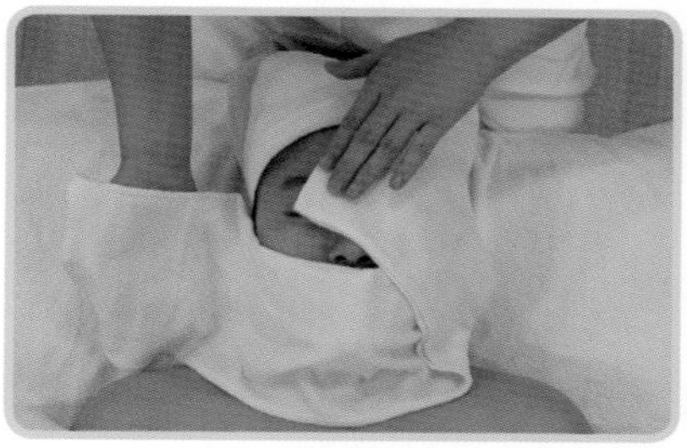
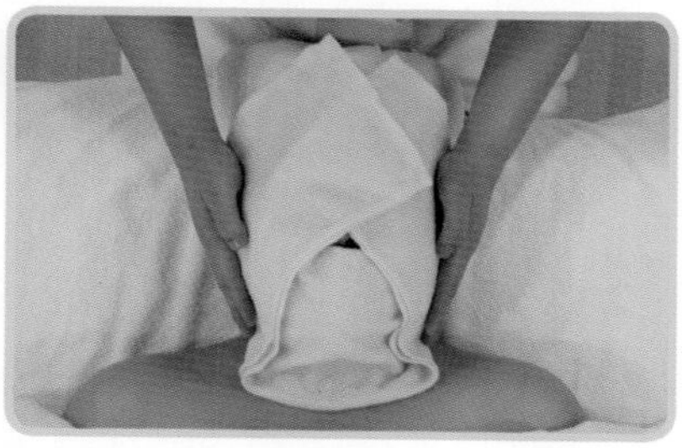

❶ 온장고로 이동할 때는 쟁반을 들고 가며, 온습포를 꺼낼 때에는 시험장에 배치되어 있는 집게를 사용하여 꺼낸 후 쟁반에 담아서 가져온다.

❷ 온습포의 온도를 체크하고 접힌 부분이 코로 향하도록 잡아서 코 밑에 얹은 후 전체를 감싸준다.

> **Tip** 이때 절대로 지압을 해서는 안 된다. → 안마유발행위로 간주하여 0점 처리된다.

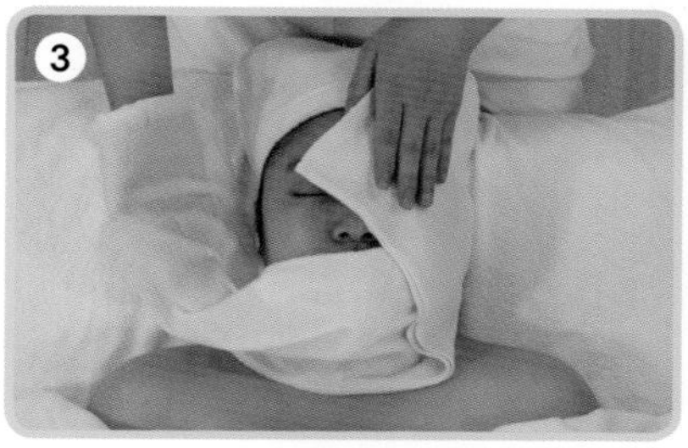

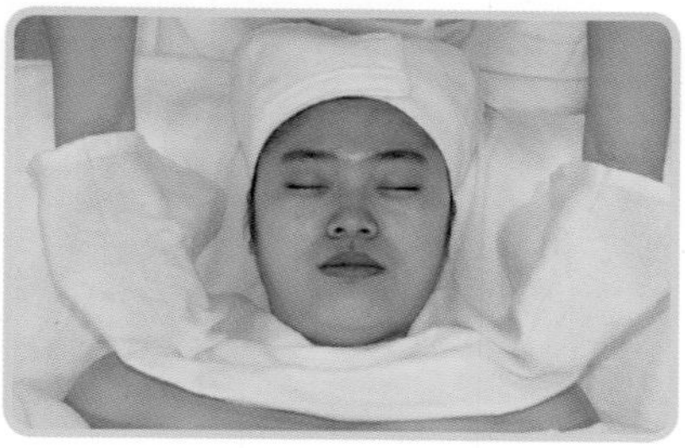
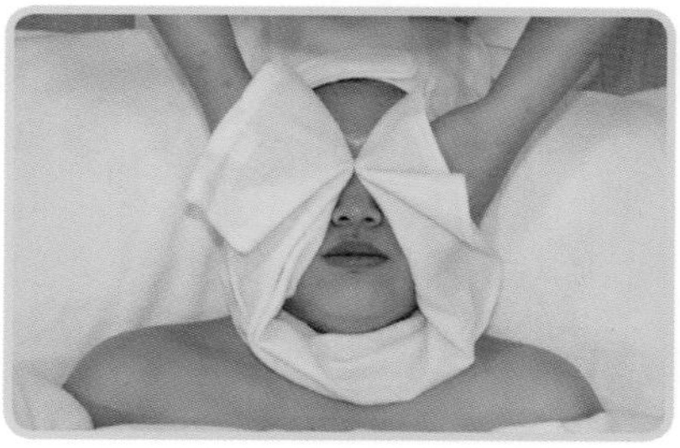
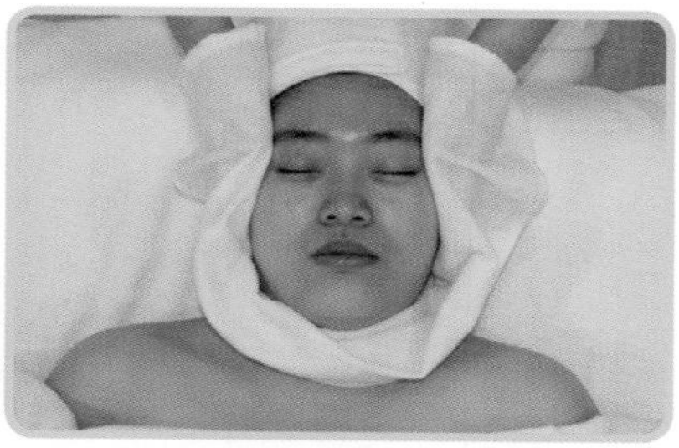
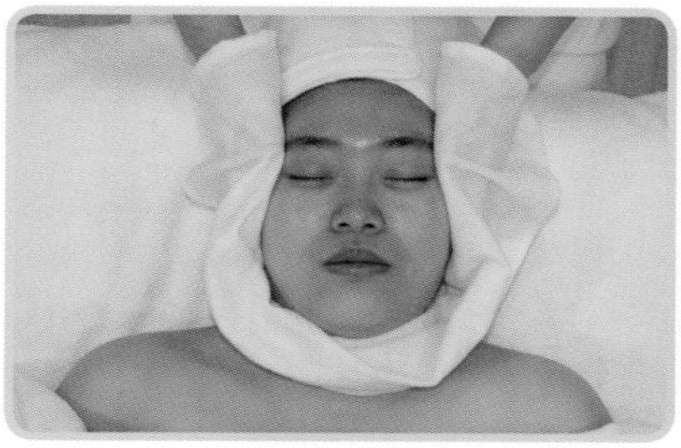
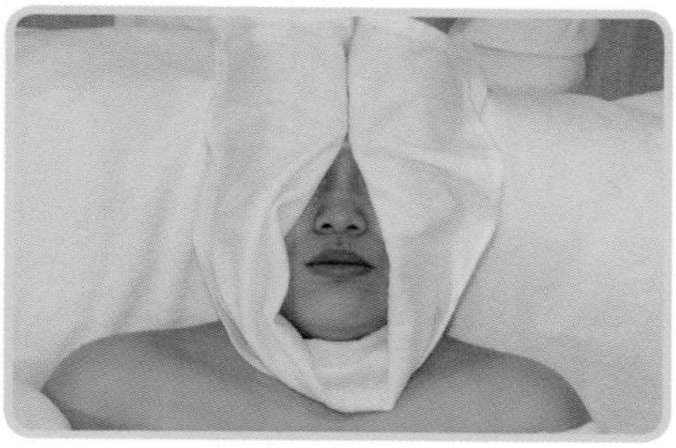

❸ 습포 안으로 손을 넣어 눈 – 이마 – 코 – 인중 – 턱 – 볼 부위 순으로 닦아준다.

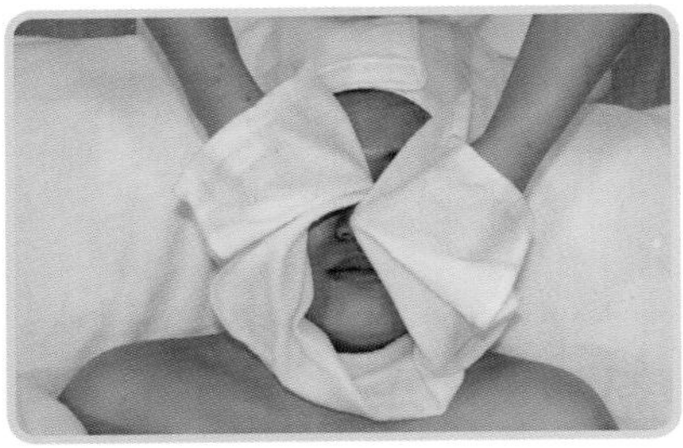
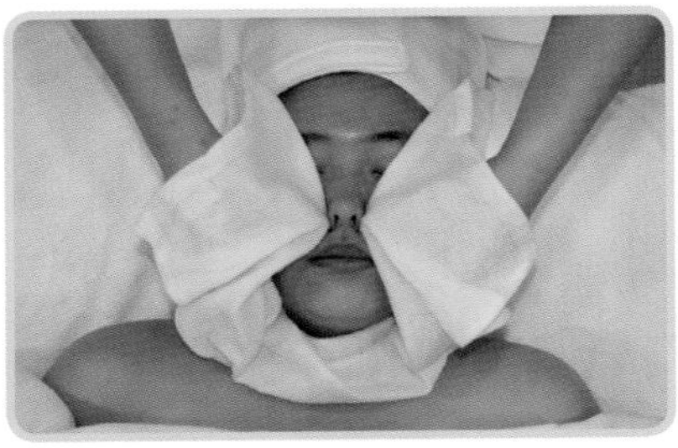
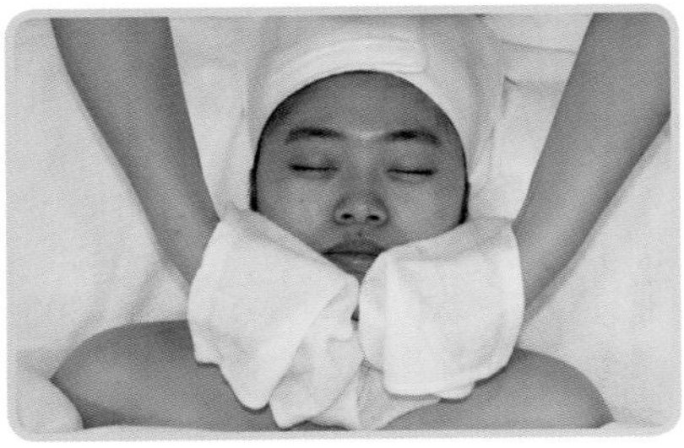
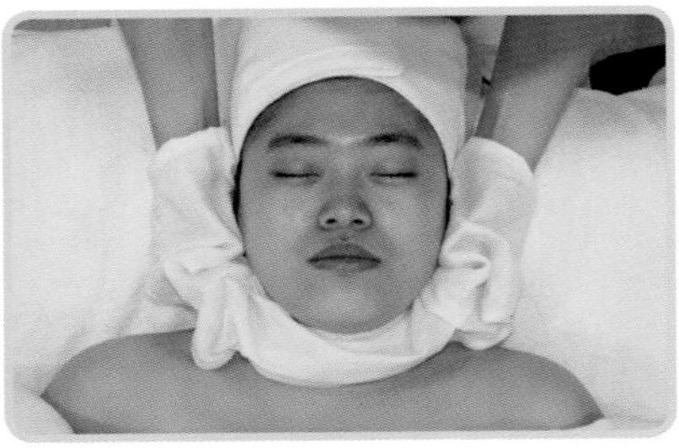
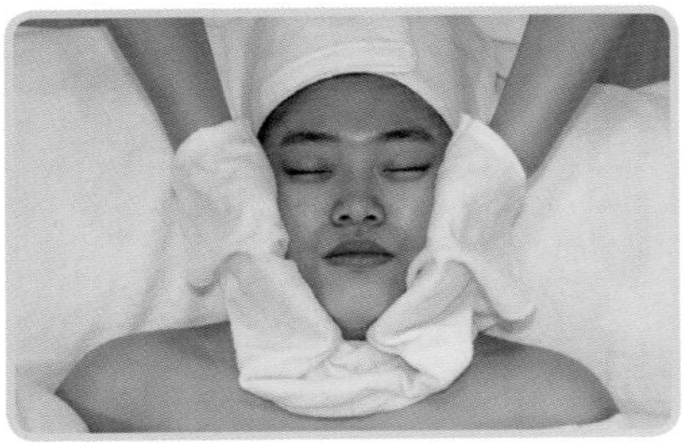
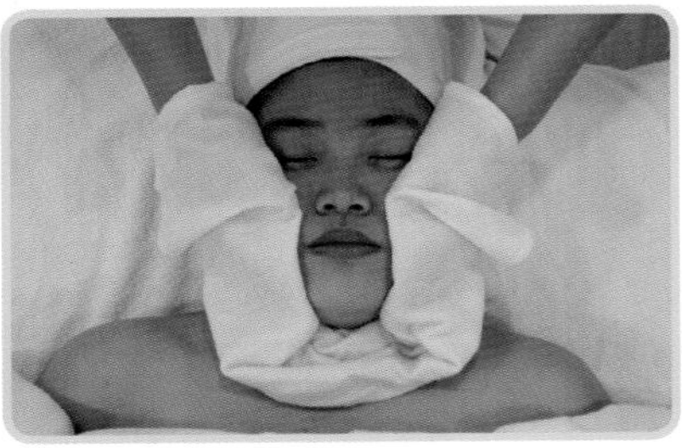

6. 토너 정리하기

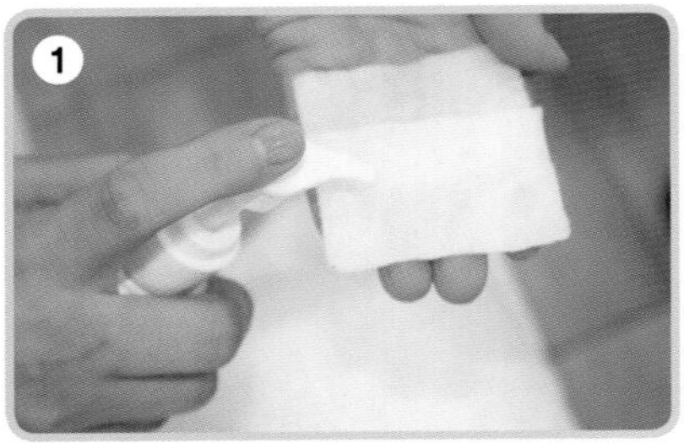

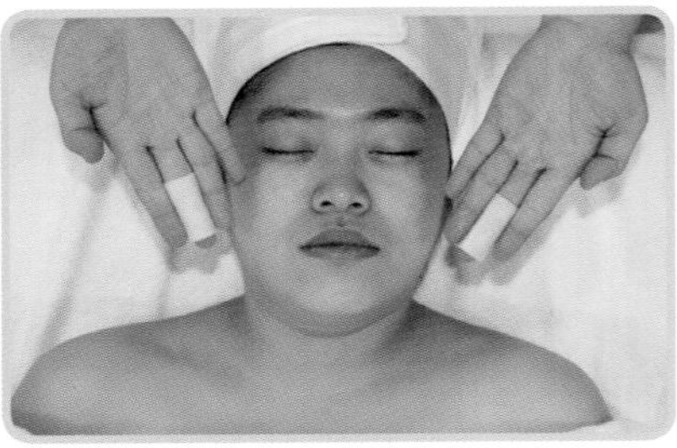

❶ 토너를 화장솜 두 개에 묻힌다.

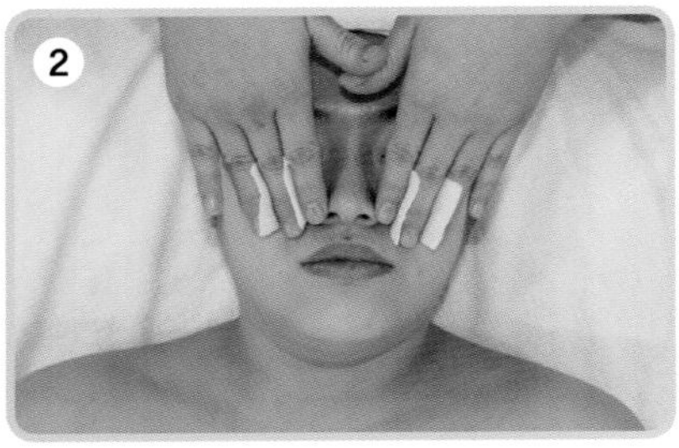

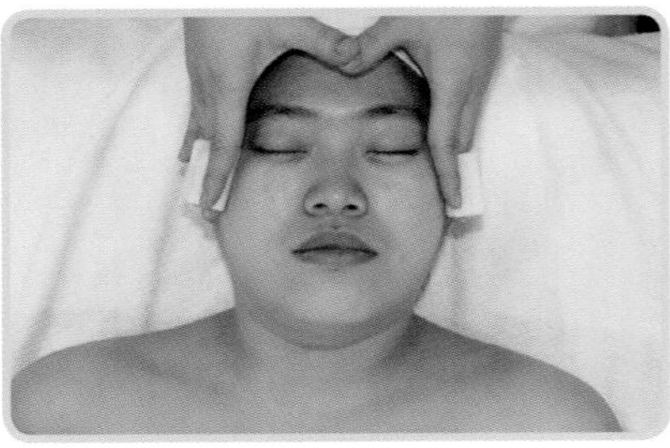

❷ 양손을 이용하여 볼 – 턱 – 인중 – 코벽을 타고 올라왔다가 콧등 – 이마 – 관자놀이를 타고 내려가 손을 교차시키며 목을 위를 향하여 닦고 데콜테를 마지막으로 토너 정리한다.

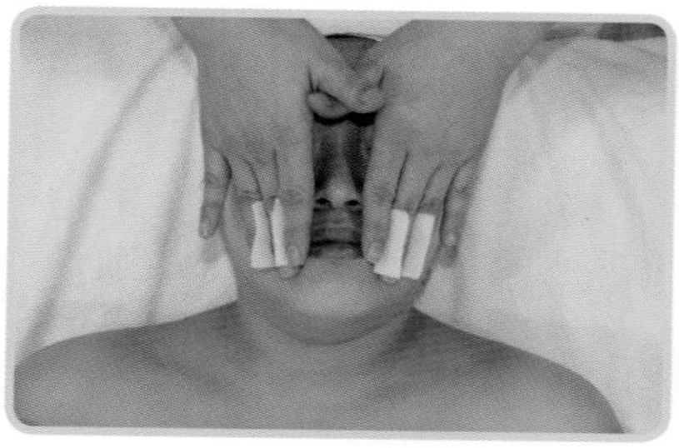
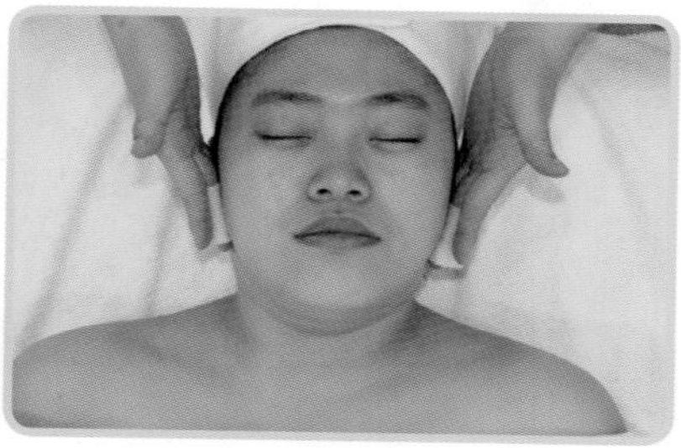
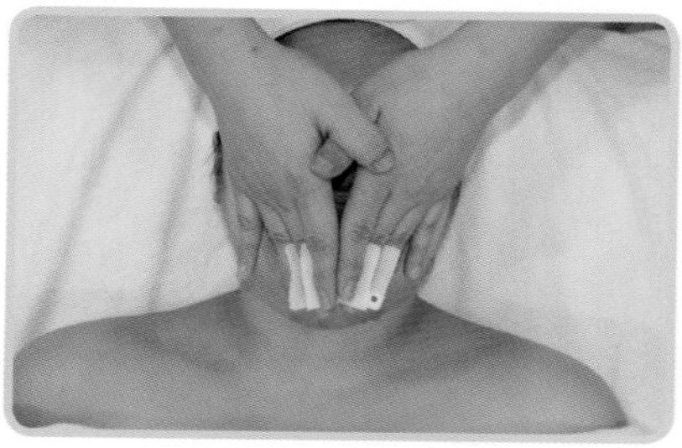
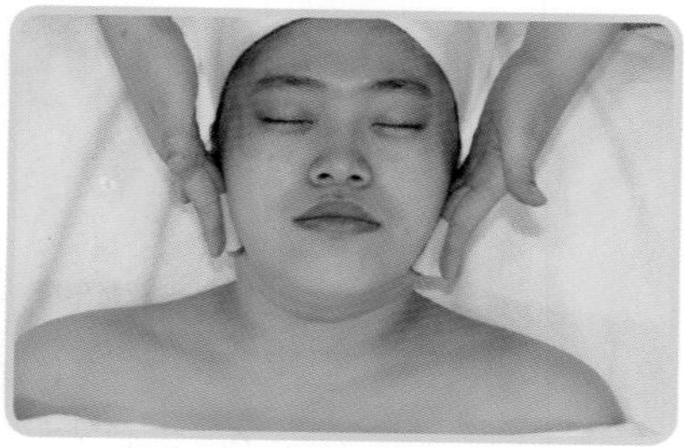
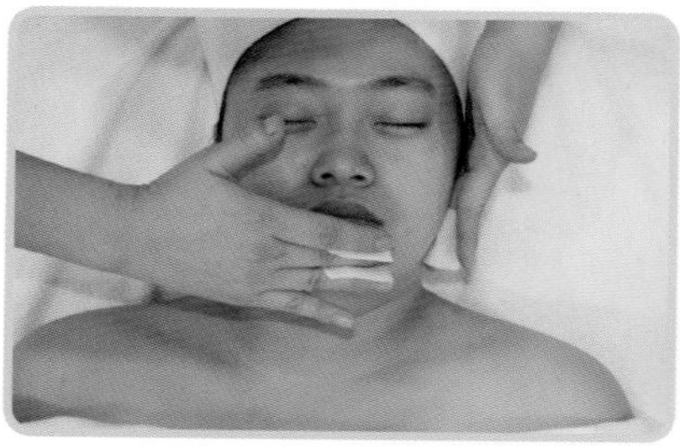
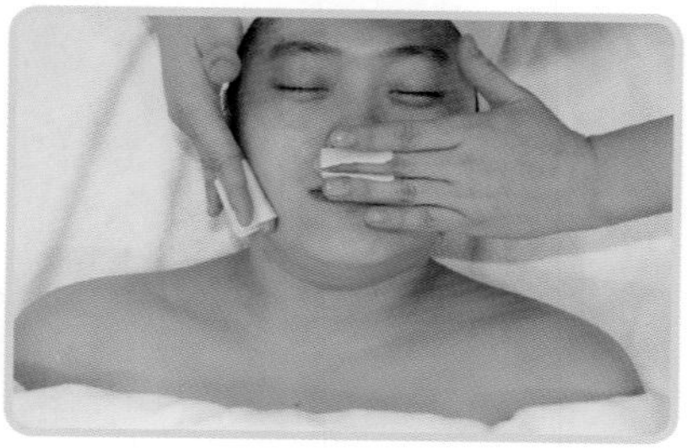
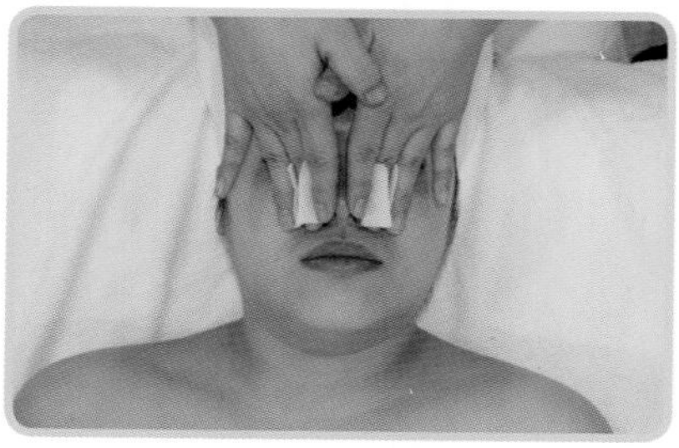
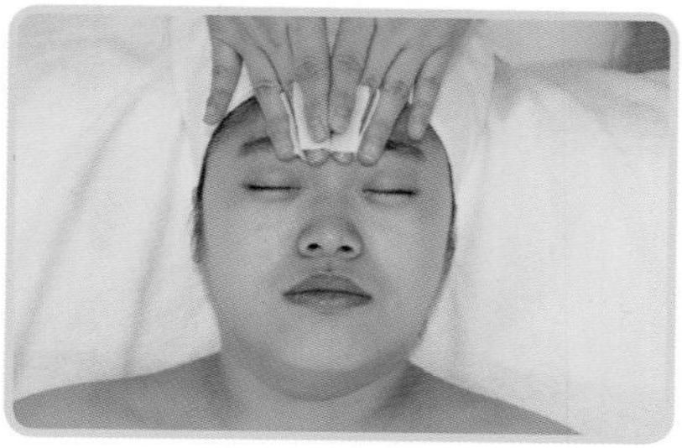
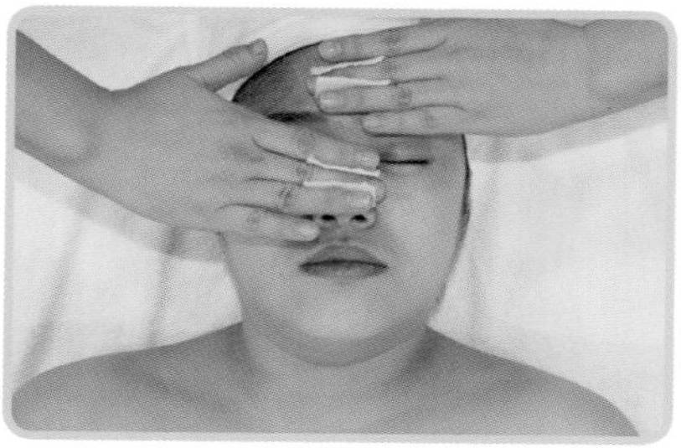
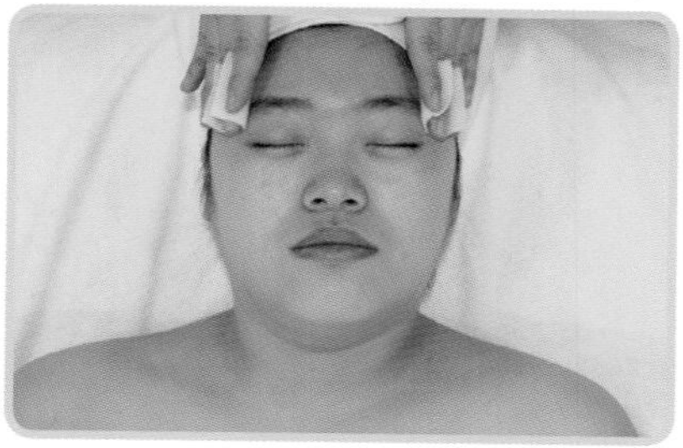

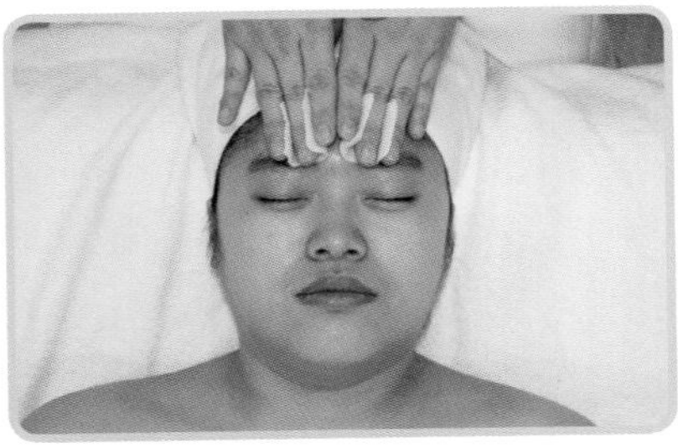
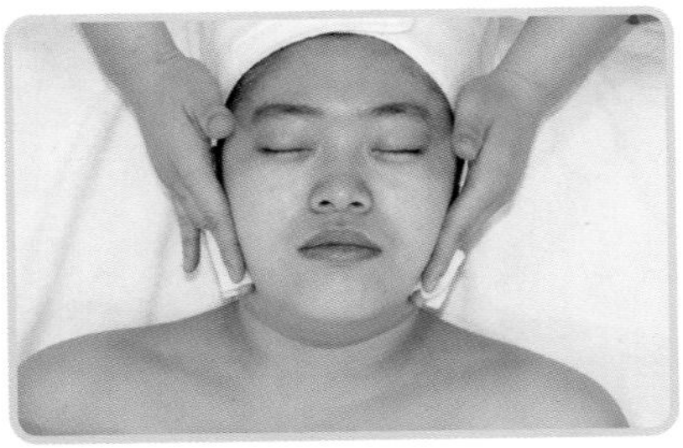
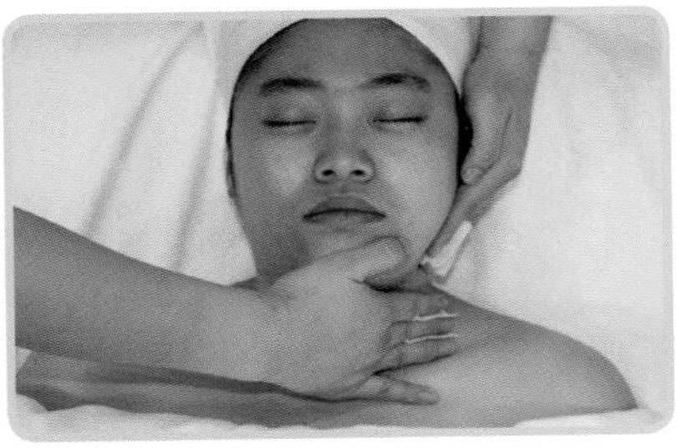
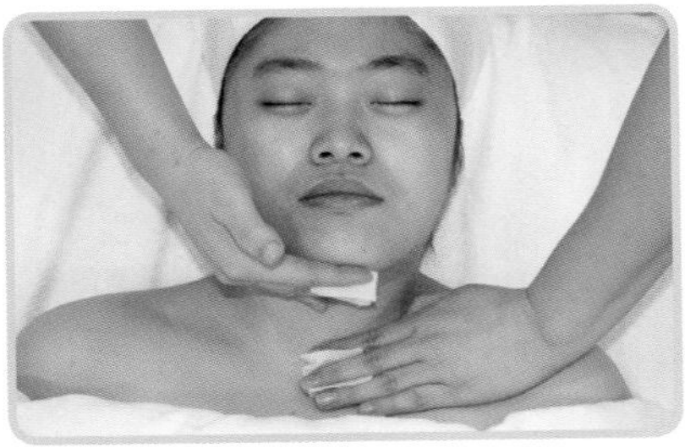
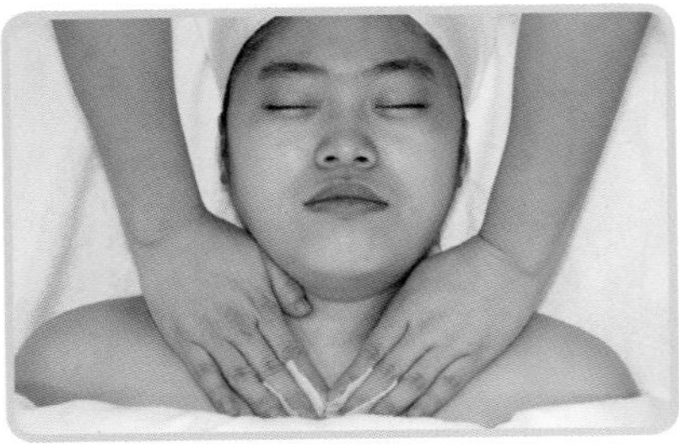
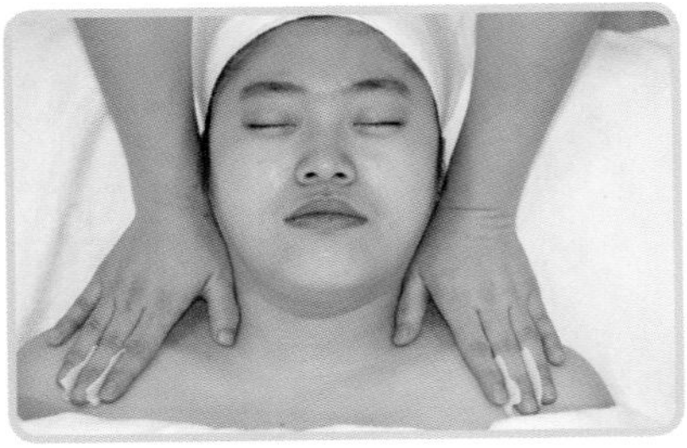

▶ 효소 딥클렌징

1. 준비하기

효소를 유리볼에 준비하고 물을 적당량 부어가며 팩 붓으로 잘 섞는다.

2. 도포하기

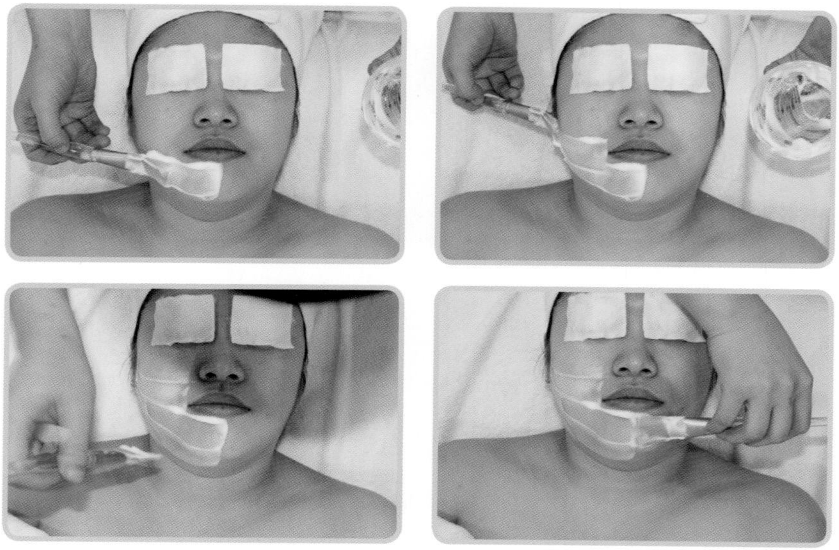

붓 방향을 안에서 바깥쪽으로 피부결에 따라 골고루 턱선까지 발라준다.

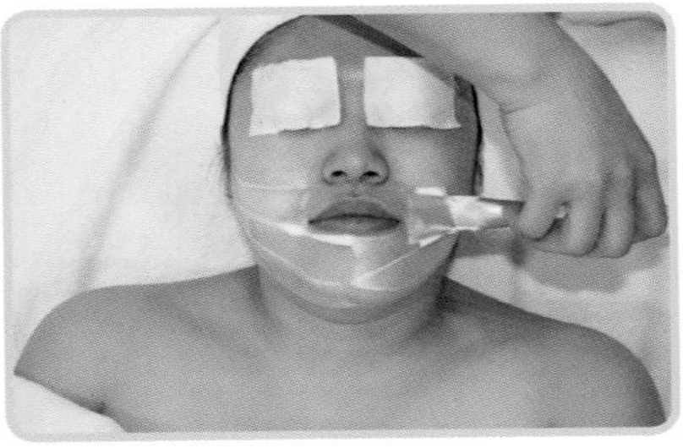
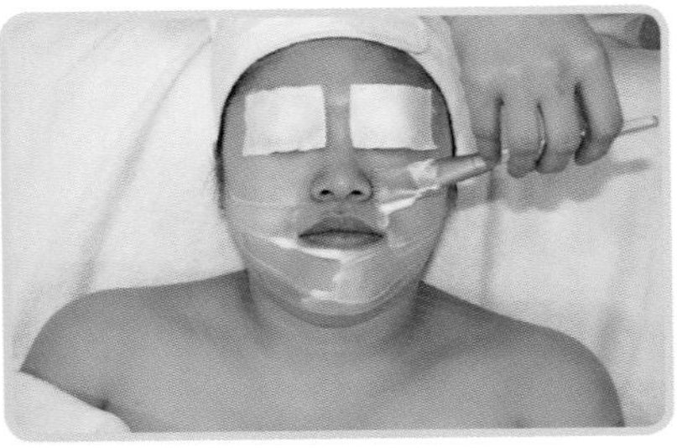
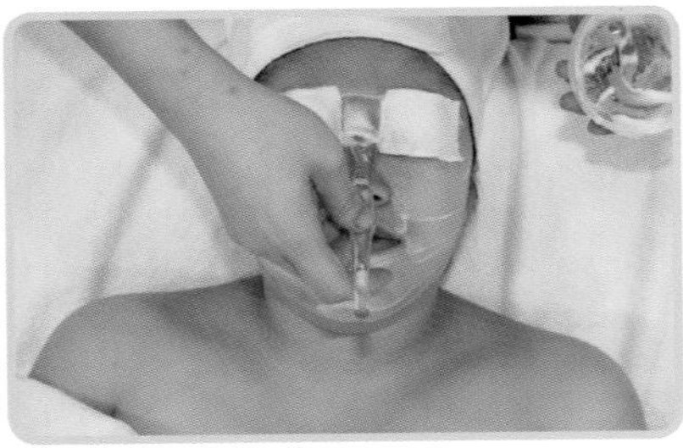
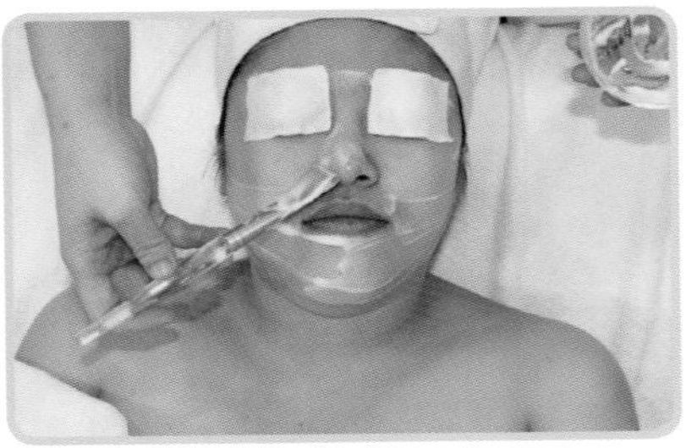
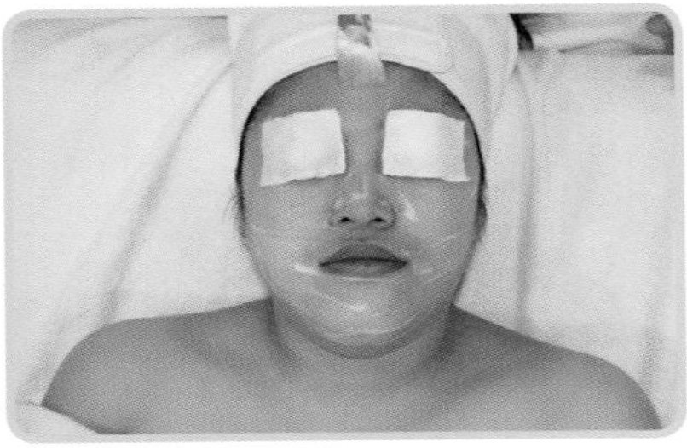
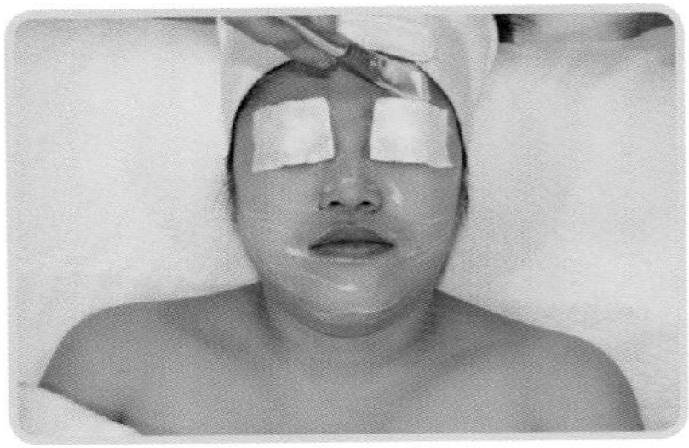
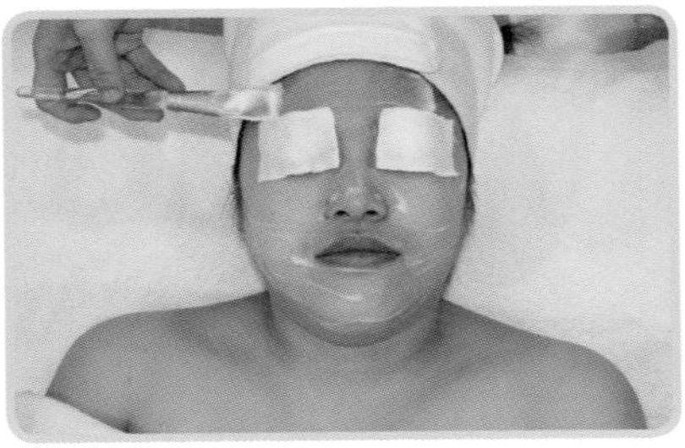
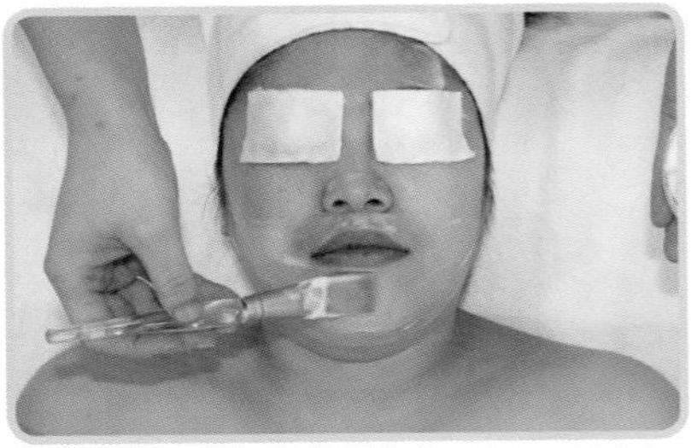

3. 온습포 올리기

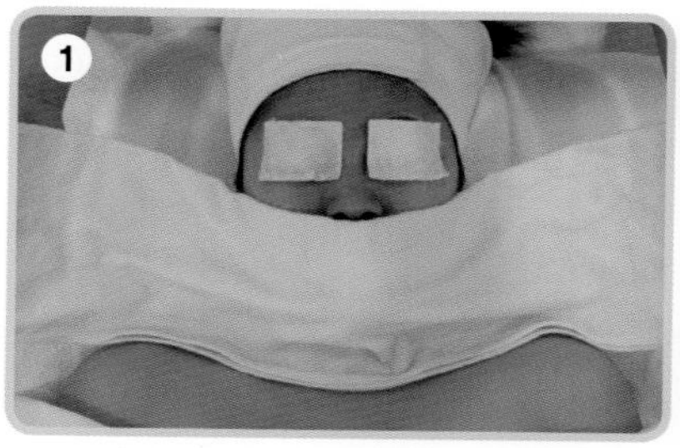

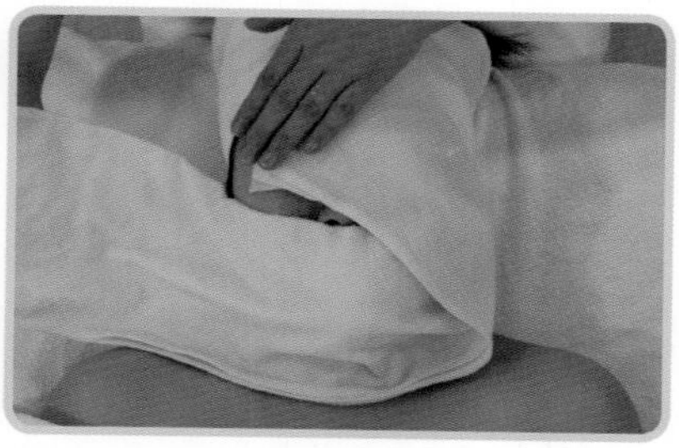

① 얼굴에 골고루 도포한 뒤 온습포를 가져와서 얼굴에 올려놓는다.

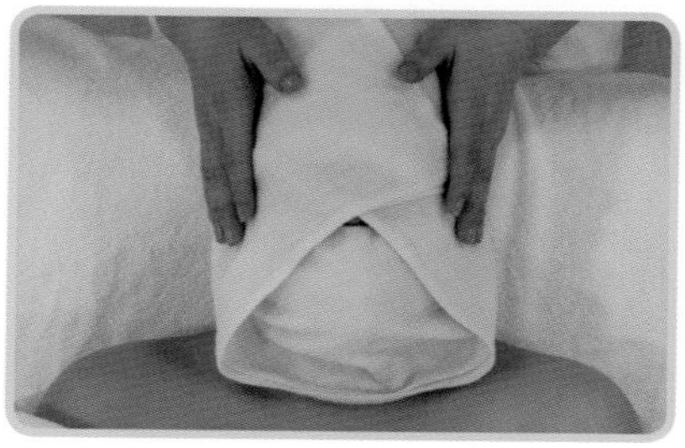
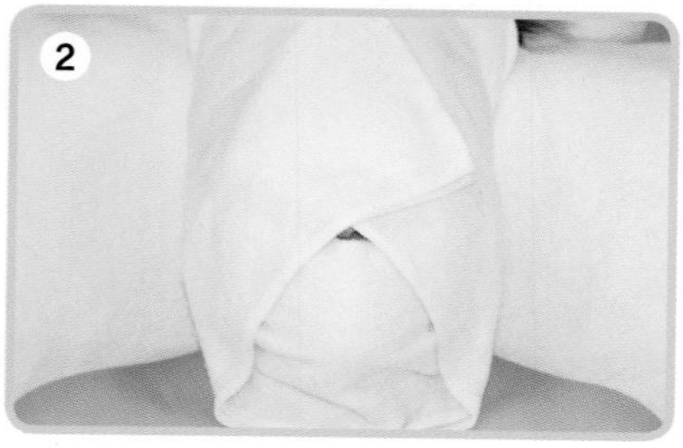

② 온습포를 올려놓고 1~2분 정도 기다린다.

4. 해면으로 닦아내기

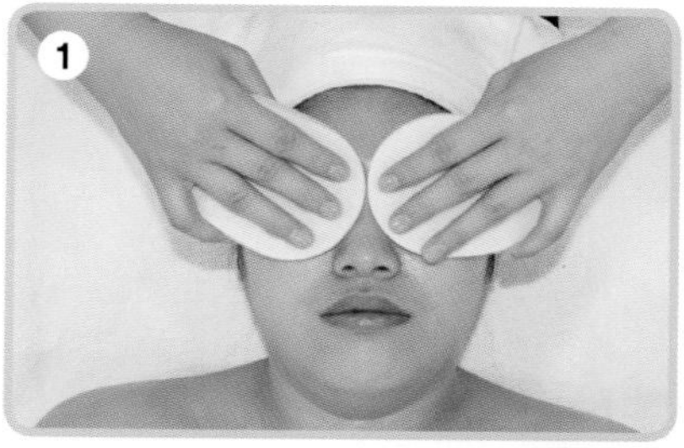

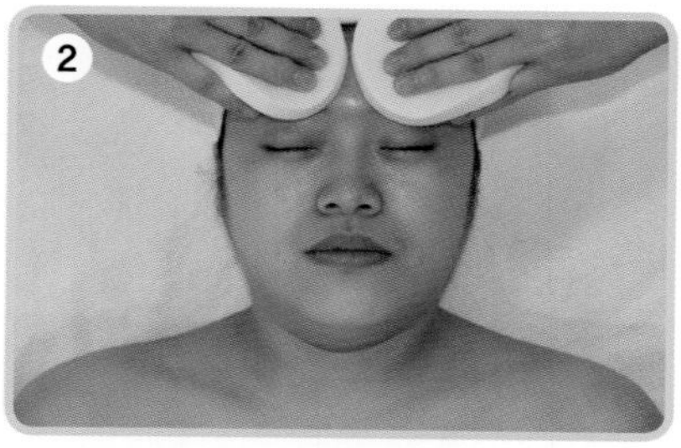

① 온습포를 걷어내고 해면으로 닦아낸다. 양쪽 눈 안쪽에서 눈꼬리 방향으로 닦는다.
② 눈썹 앞머리에서 관자놀이까지 닦는다.

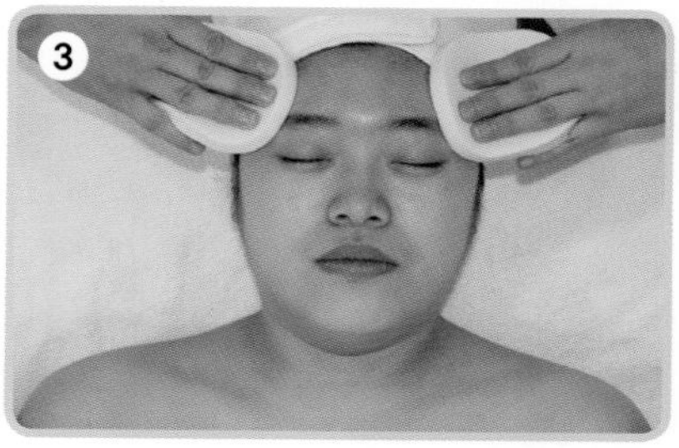

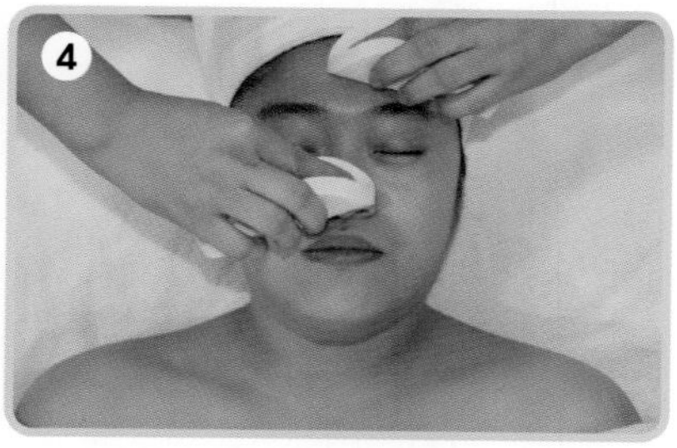

③ 이마 윗부분을 헤어라인을 타고 가며 관자놀이까지 닦는다.
④ 콧등과 코 벽을 아래로 닦는다.

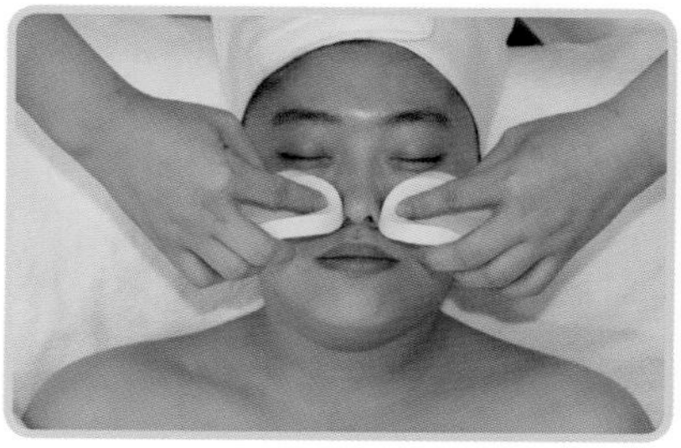
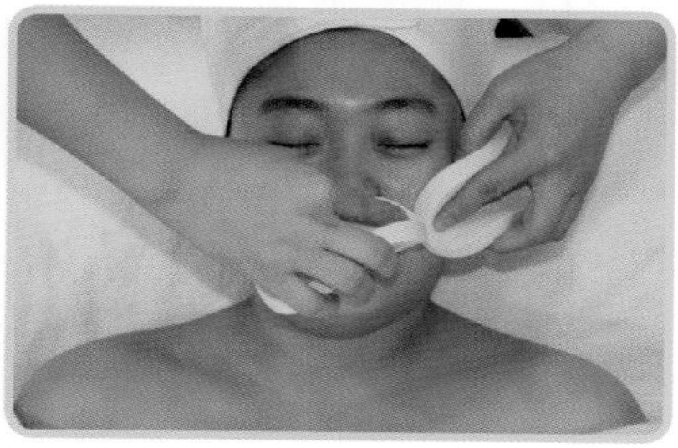

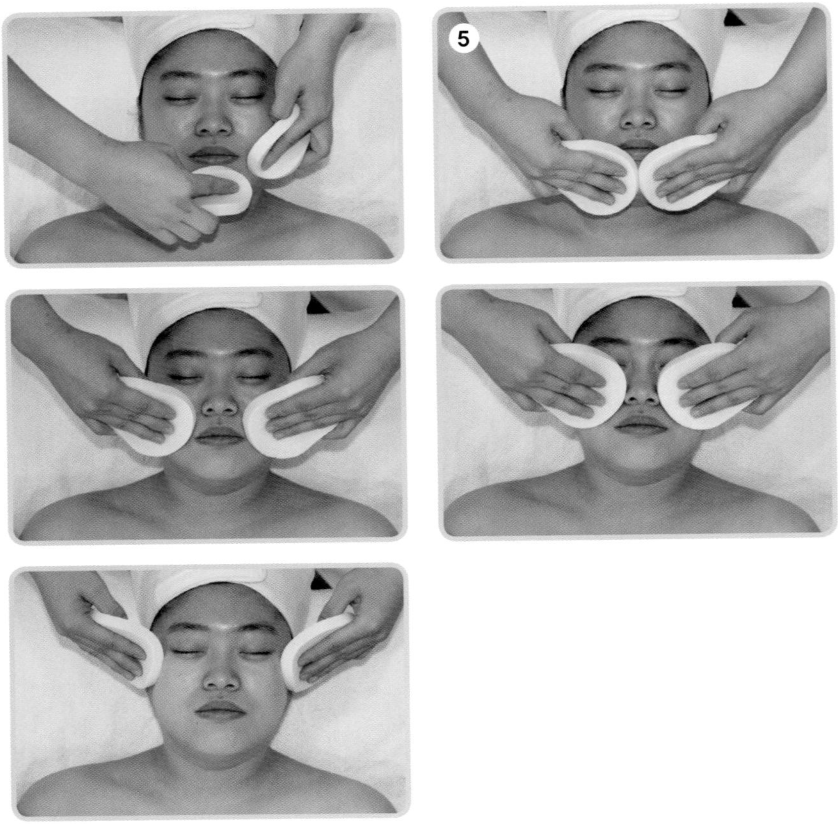

⑤ 볼을 3등분(턱 중앙에서 귀밑, 입술 옆에서 귀 앞, 코 옆에서 관자놀이까지)으로 나누어 닦는다.

5. 온습포로 닦아내기

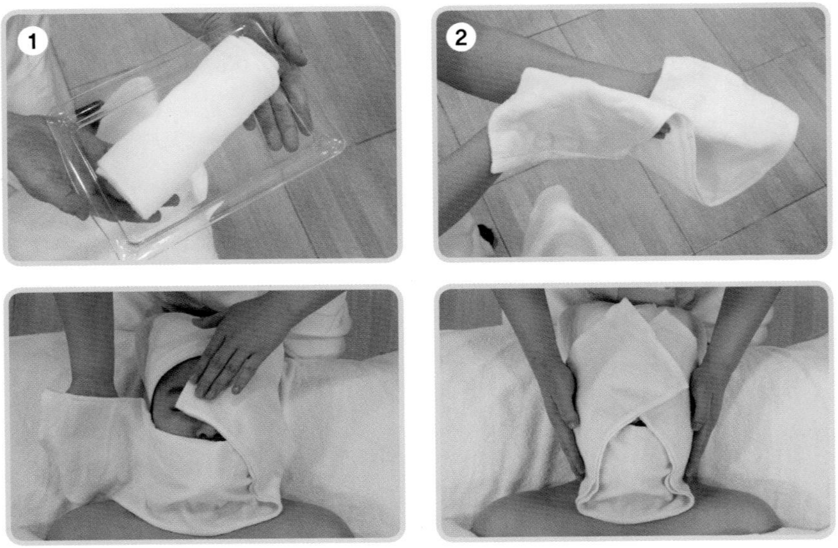

❶ 온장고로 이동할 때는 쟁반을 들고 가며, 온습포를 꺼낼 때에는 시험장에 배치되어 있는 집게를 사용하여 꺼낸 후 쟁반에 담아서 가져온다.

❷ 온습포의 온도를 체크하고 접힌 부분이 코로 향하도록 잡아서 코 밑에 얹은 후 전체를 감싸준다.

Tip 이때 절대로 지압을 해서는 안 된다. → 안마유발행위로 간주하여 0점 처리된다.

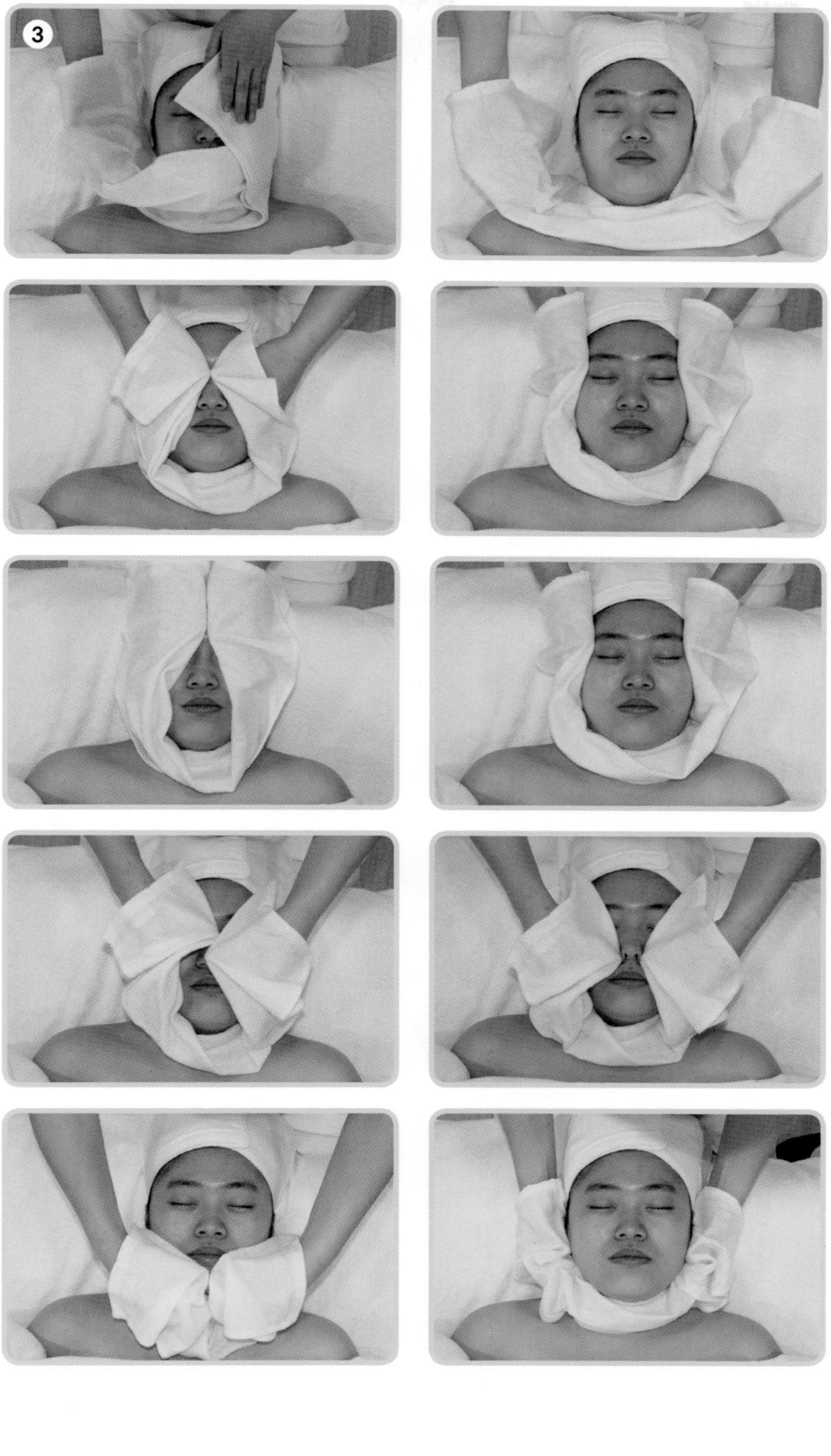

③ 습포 안으로 손을 넣어 눈 – 이마 – 코 – 인중 – 턱 – 볼 부위 순으로 닦아준다.

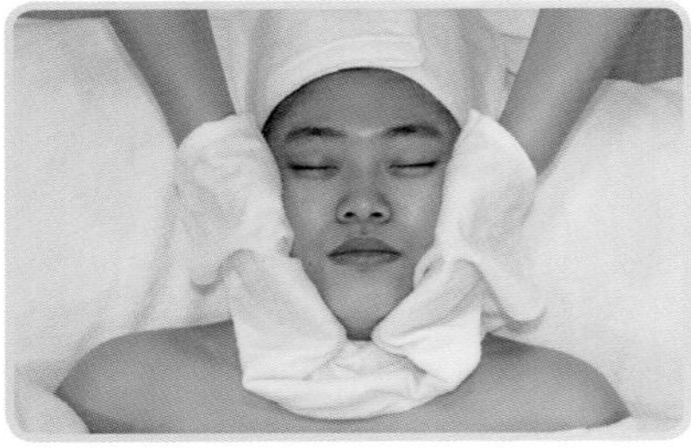

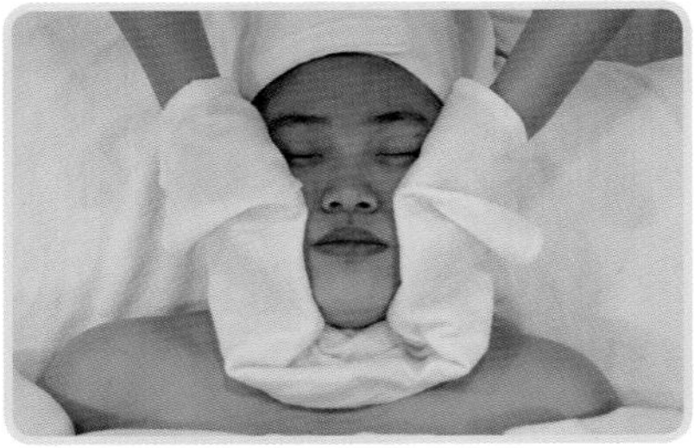

6. 토너 정리하기

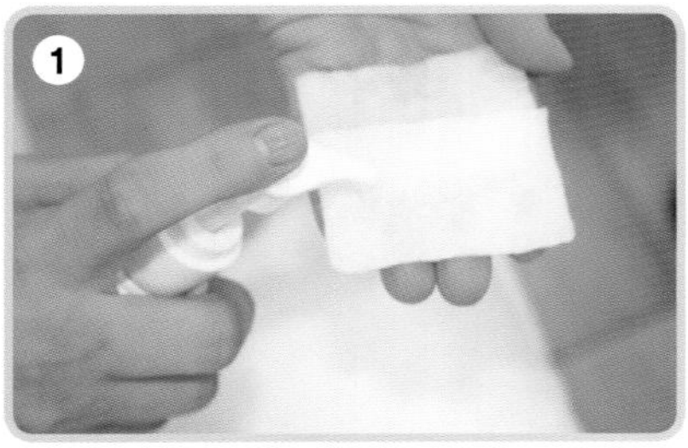

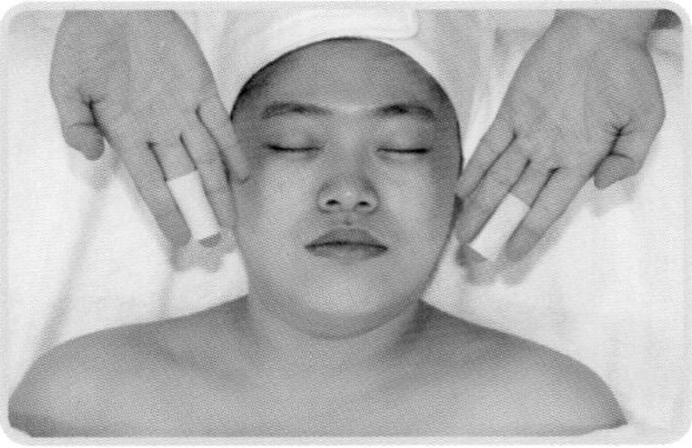

❶ 토너를 화장솜 두 개에 묻힌다.

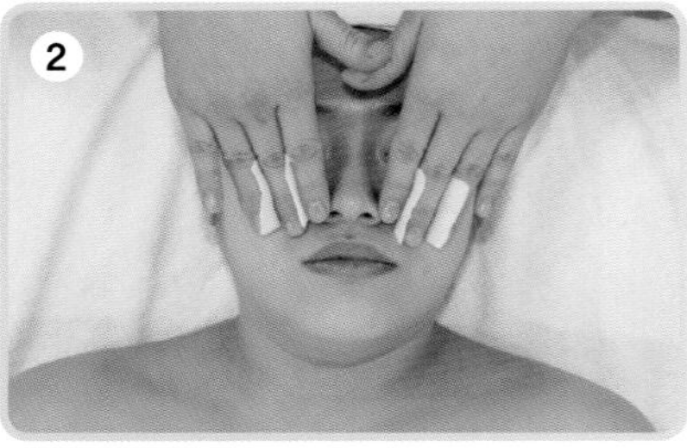

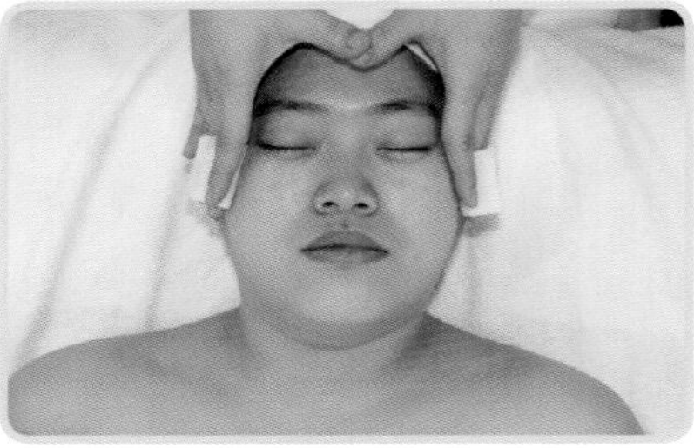

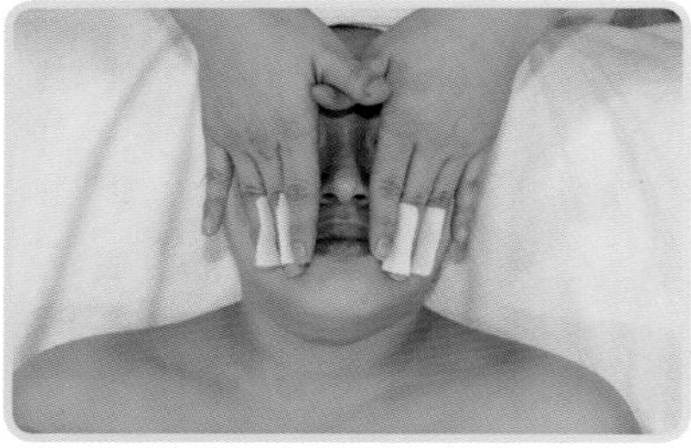

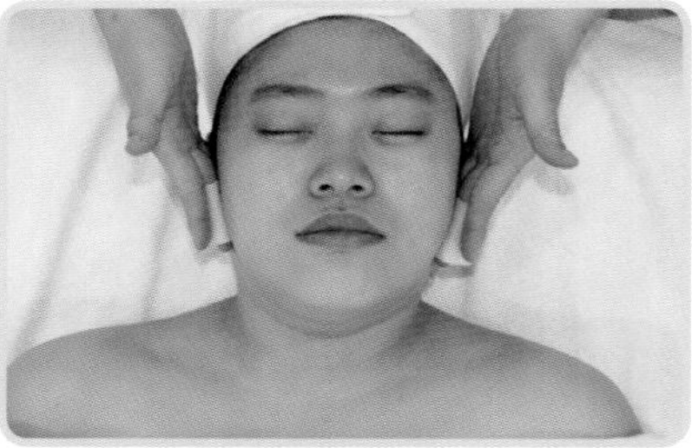

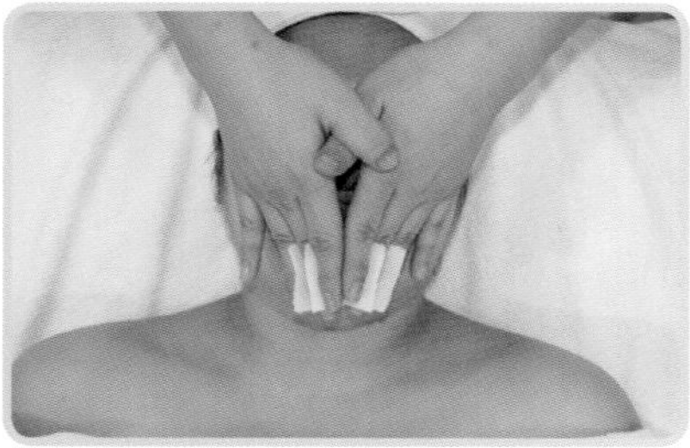

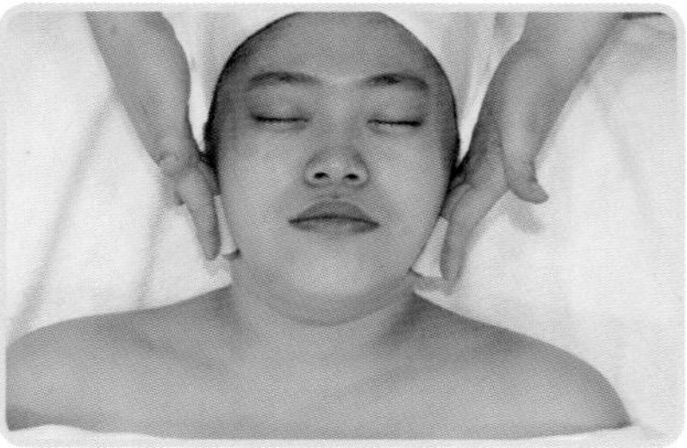

❷ 양손을 이용하여 볼 – 턱 – 인중 – 코벽을 타고 올라왔다가 콧등 – 이마 – 관자놀이를 타고 내려가 손을 교차시키며 목을 위를 향하여 닦고 데콜테를 마지막으로 토너를 정리한다.

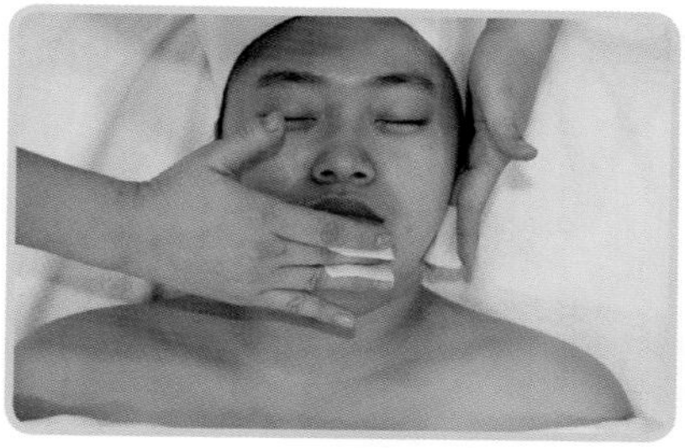
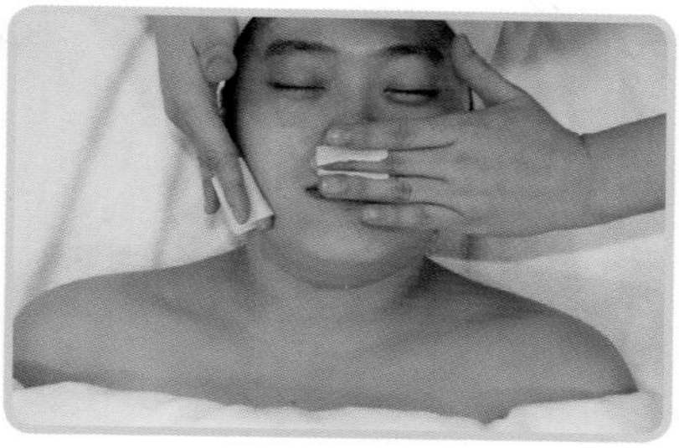
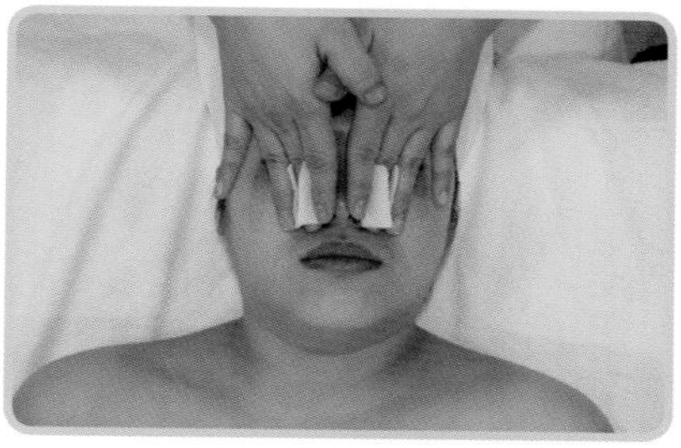
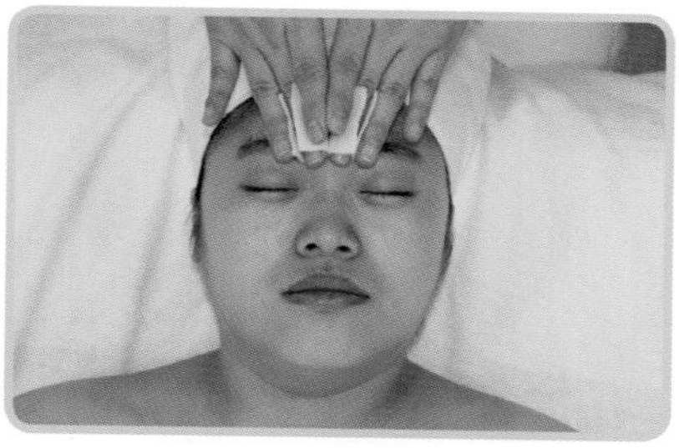
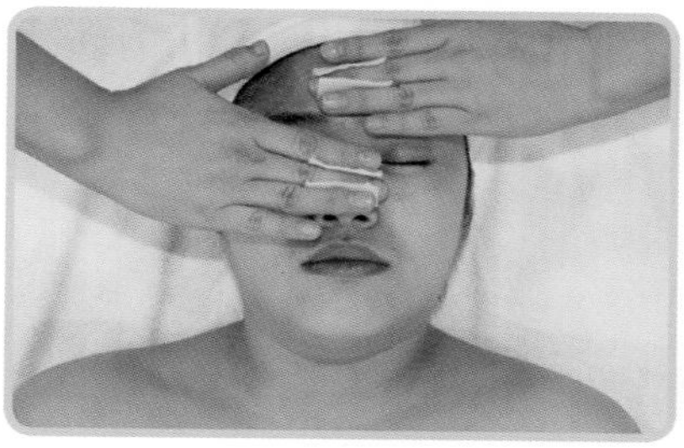
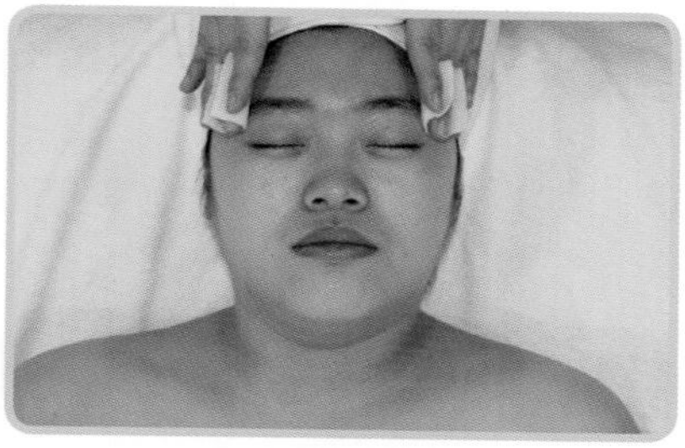
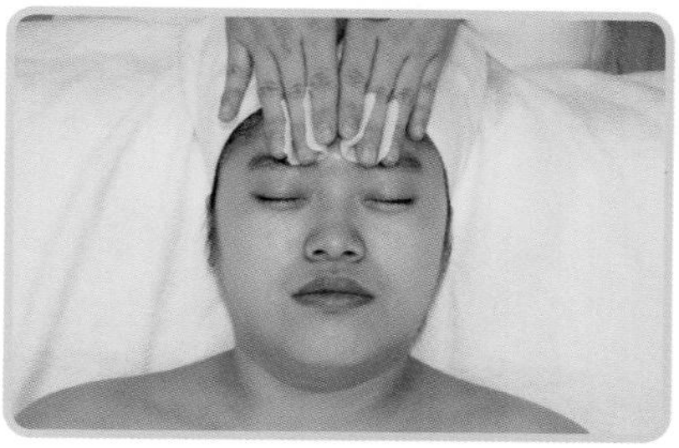
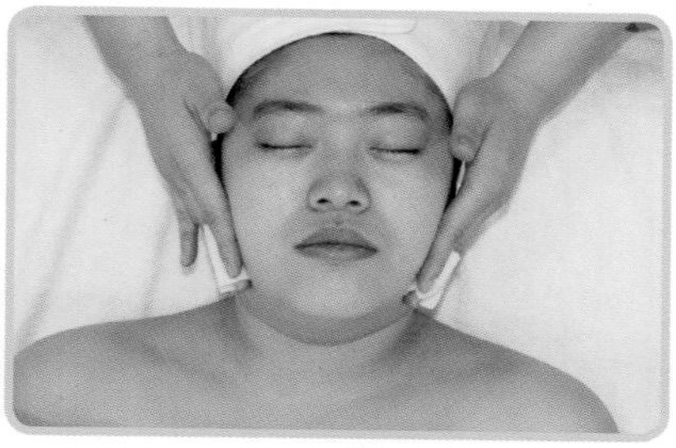
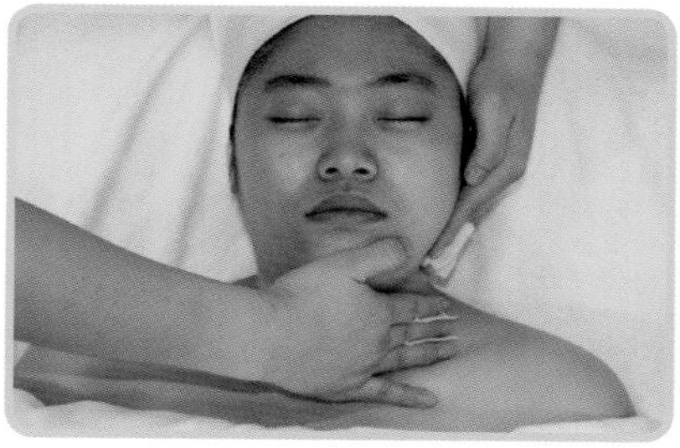
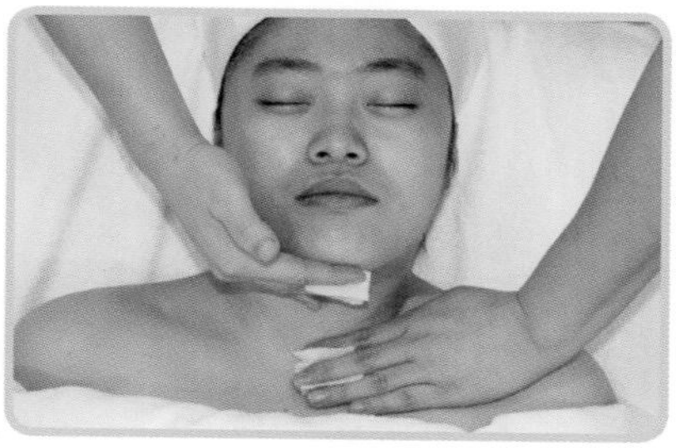

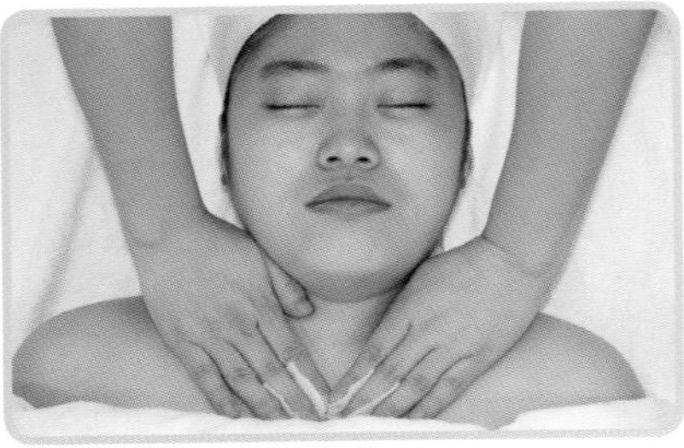
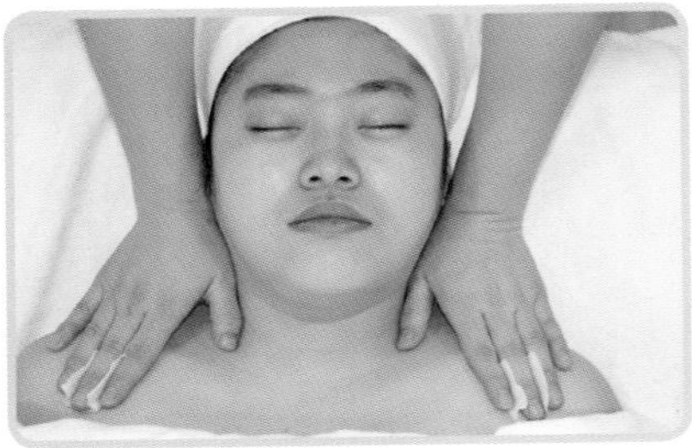

▶ 고마쥐 딥클렌징

1. 준비하기

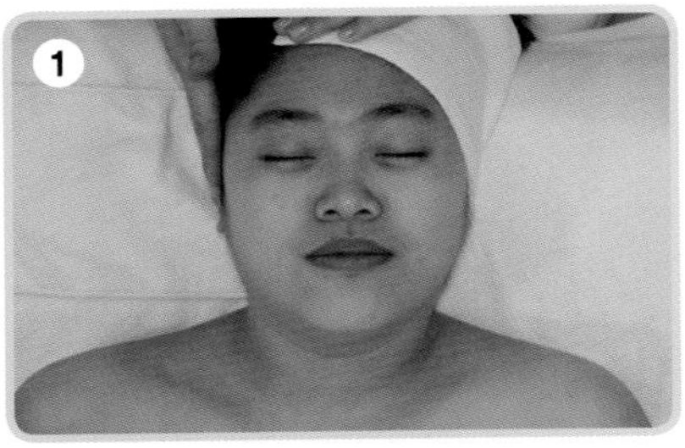
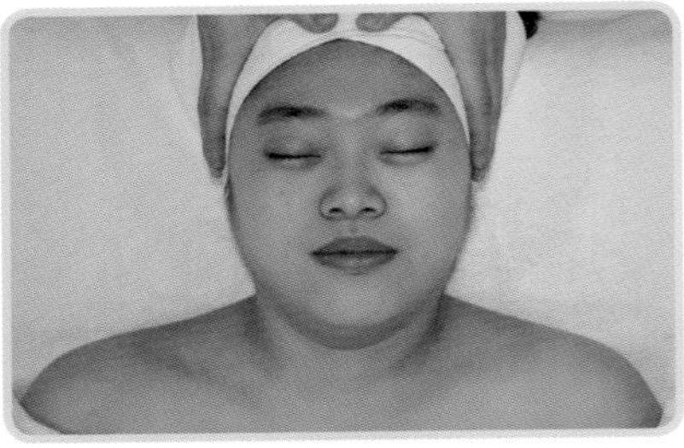

❶ 터번으로 귀를 감싼다.

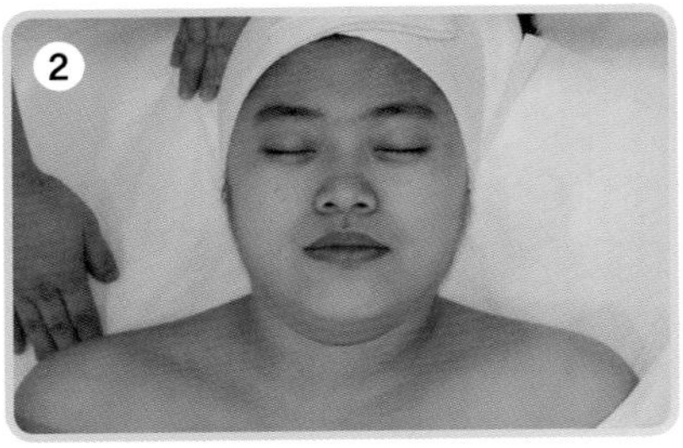
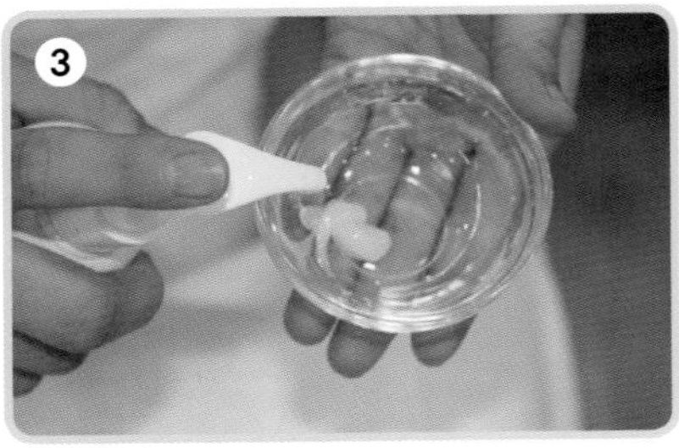

❷ 목 옆 양쪽에 티슈를 깐다.
❸ 고마쥐를 유리볼에 준비한다.

Tip 다른 유리볼에 물을 함께 준비한다.

2. 도포하기

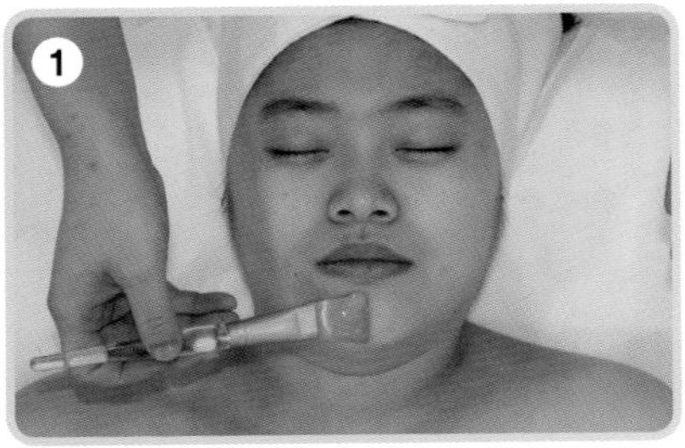
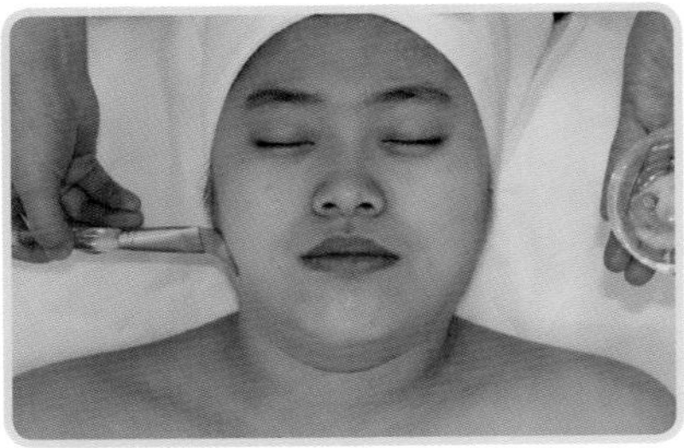

❶ 도포 후, 밀어내는데 오른쪽 볼과 이마 부위만 하기 때문에 바르는 부위 순서를 위 아래같이 진행한다.
오른쪽 볼과 턱 → 이마 → 코 → 왼쪽 볼(모델 기준) 순으로 피부결에 따라 바른다.

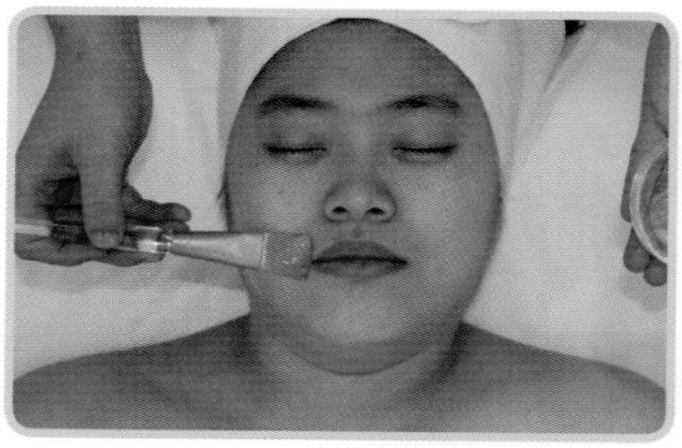
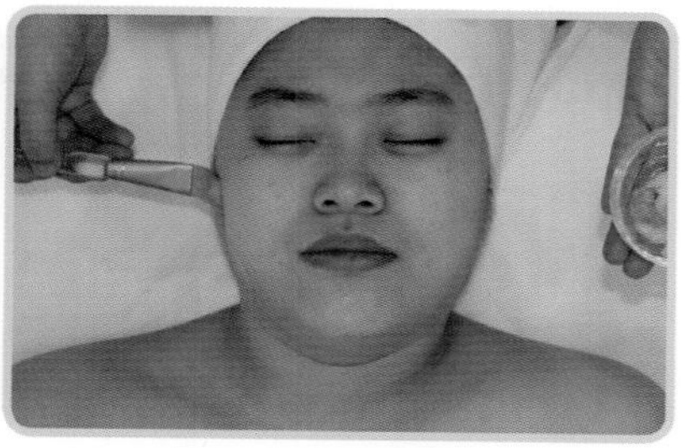
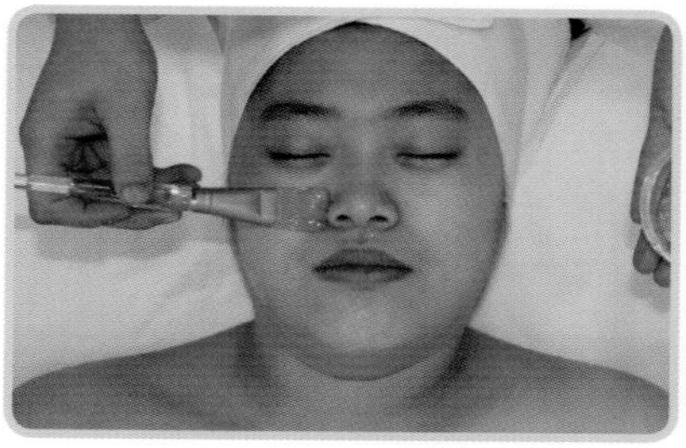
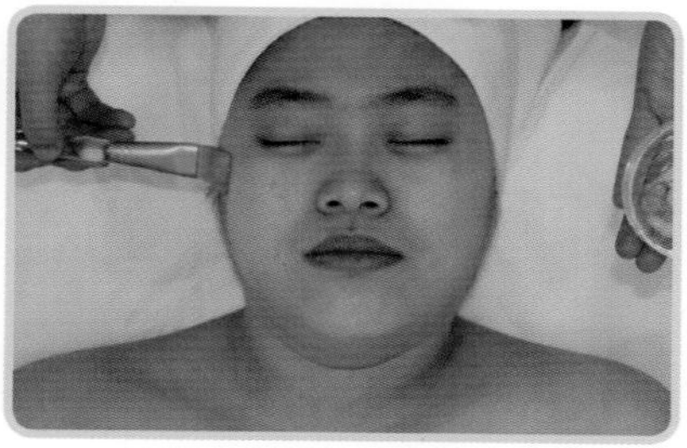
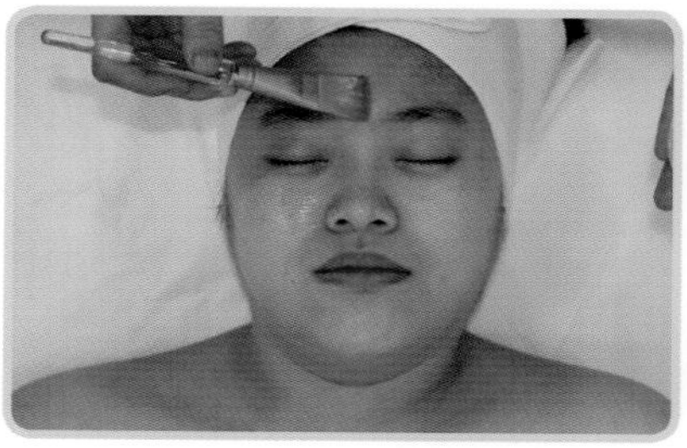
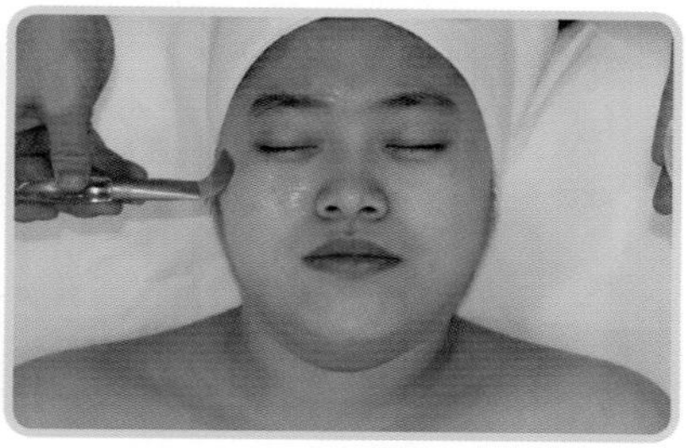
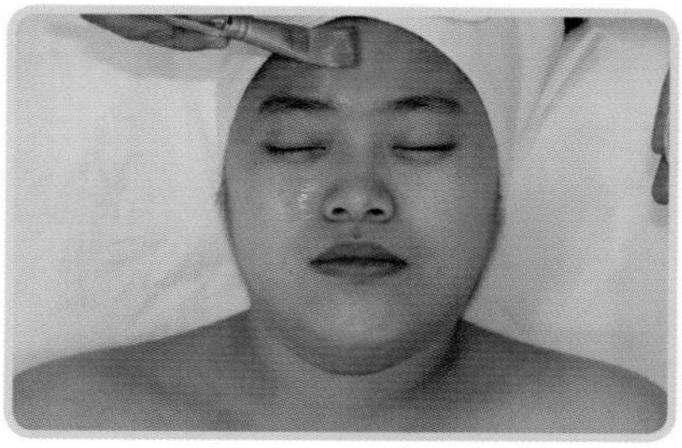
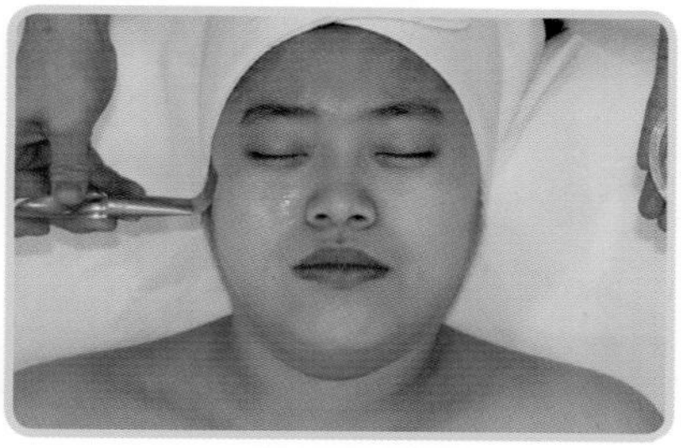
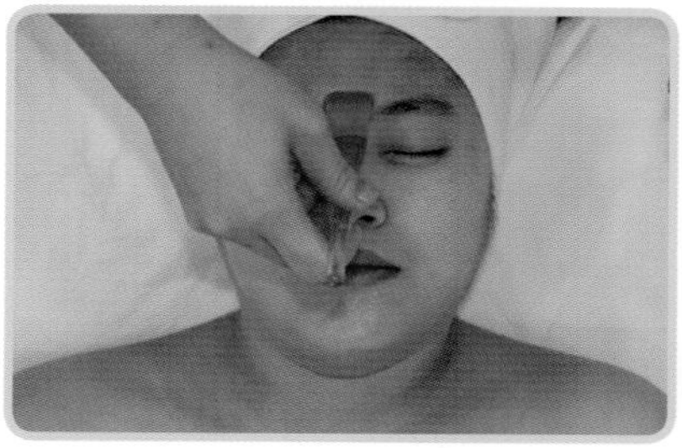
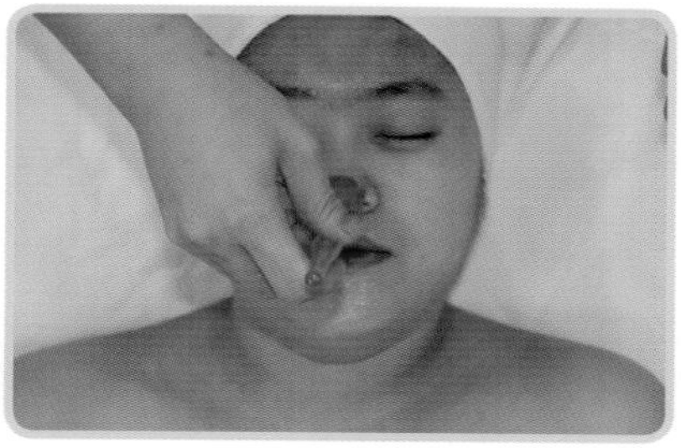

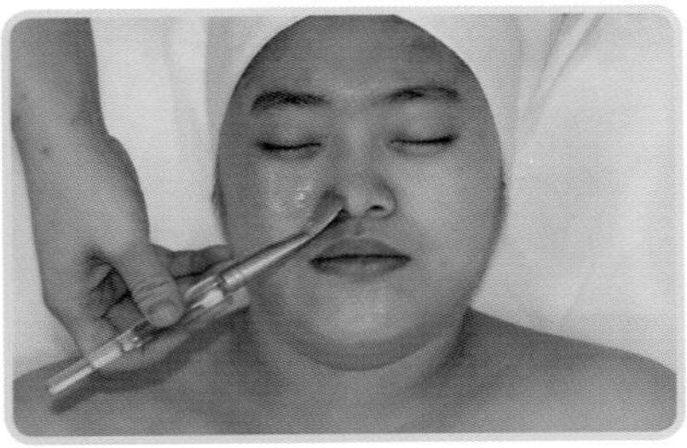
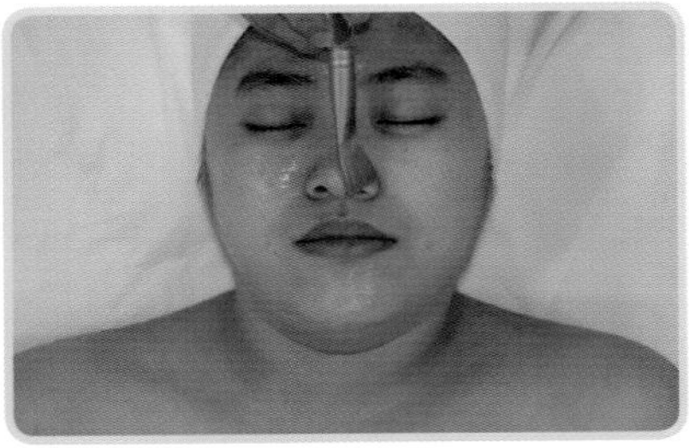
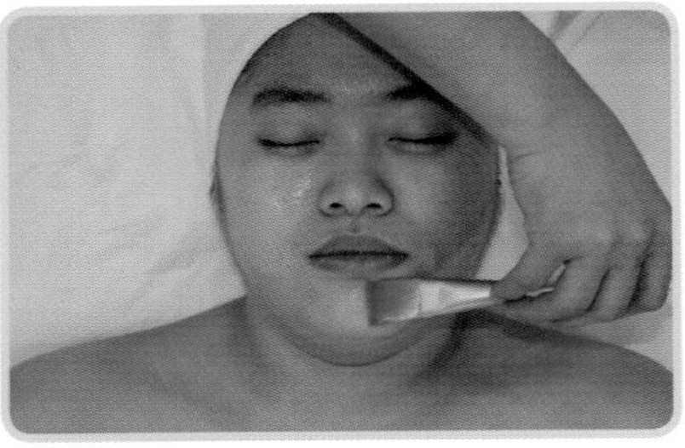
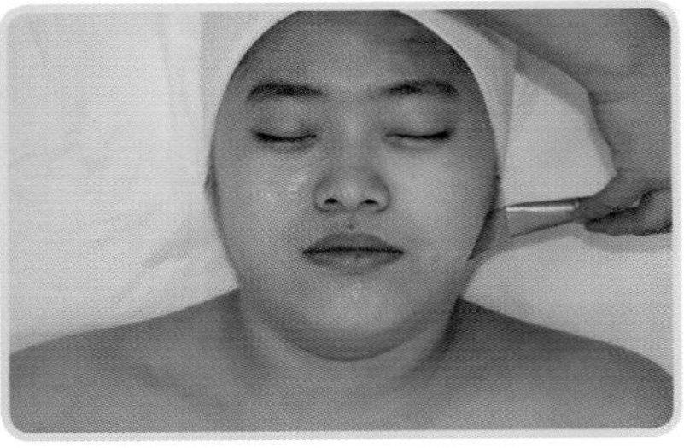
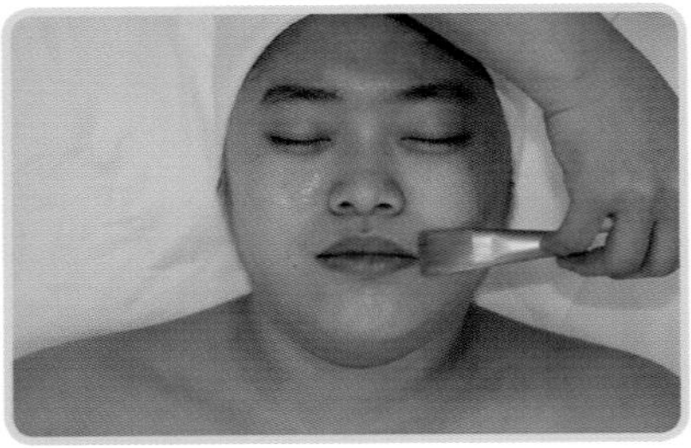
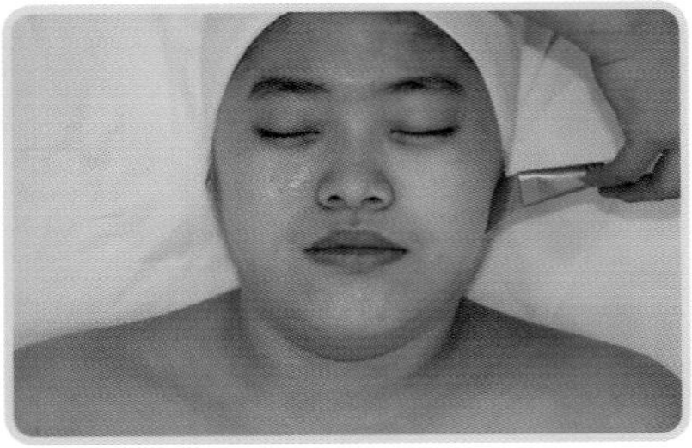
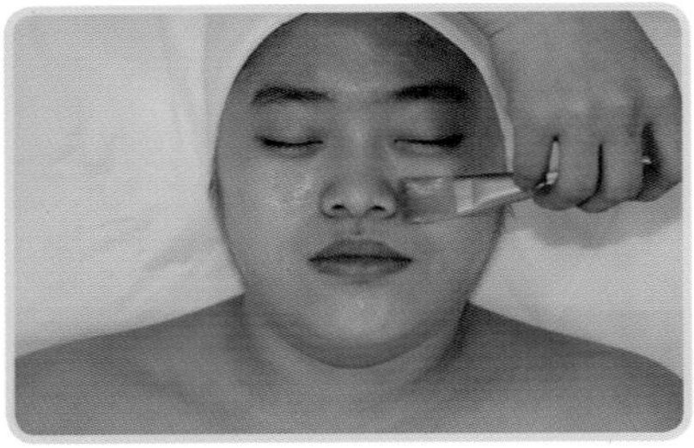
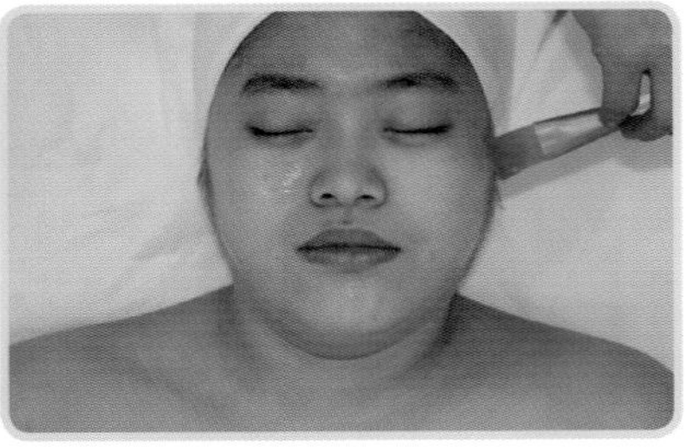
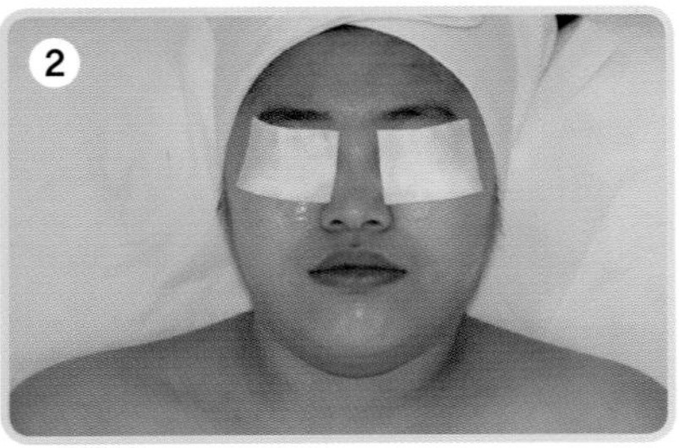

❷ 고마쥐가 마를 동안 잠시 기다린다.

Tip 너무 많은 양을 발라 두껍게 도포하면 빨리 마르지 않아 밀리지 않는다. 그러므로 두껍게 도포하지 않는다.

3. 밀어내기

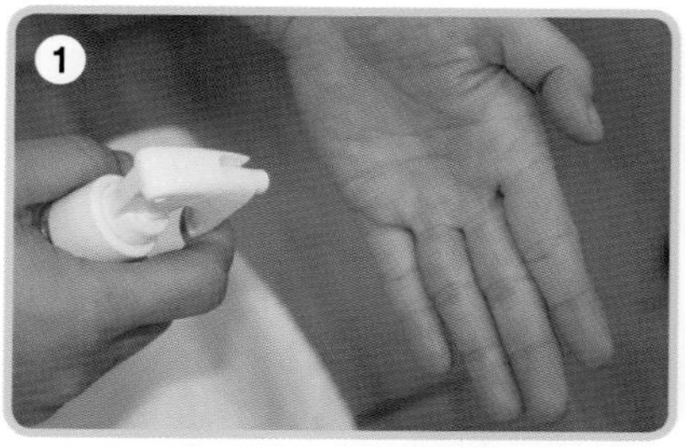

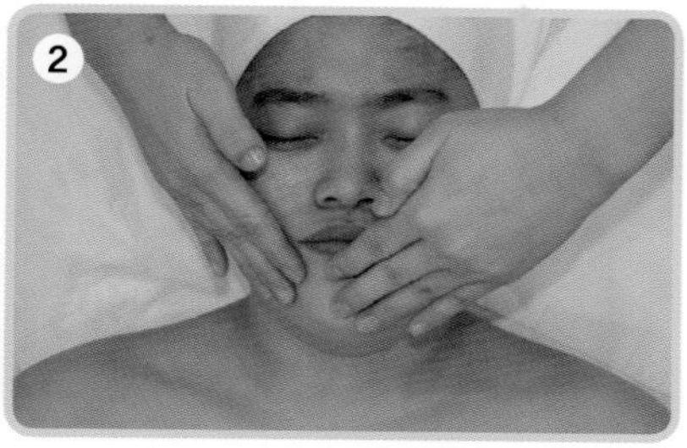

❶ 손을 소독한다.

❷ 오른쪽 볼을 한 손은 텐션을 주고, 다른 한 손으로 바깥 방향으로 밀어낸다. 고마쥐 가루는 목 옆에 깔아놓은 티슈 쪽으로 털어낸다.

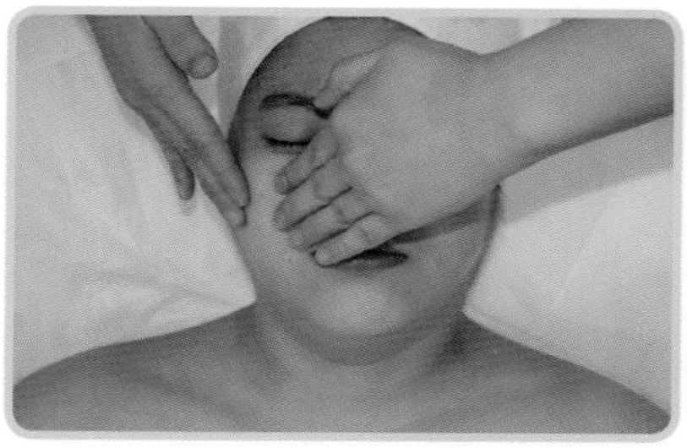

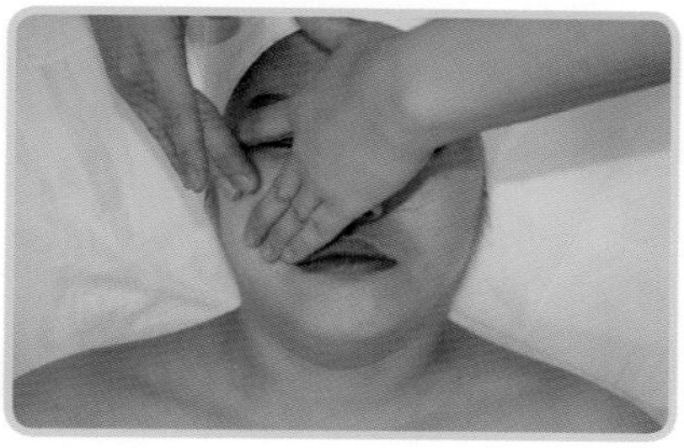

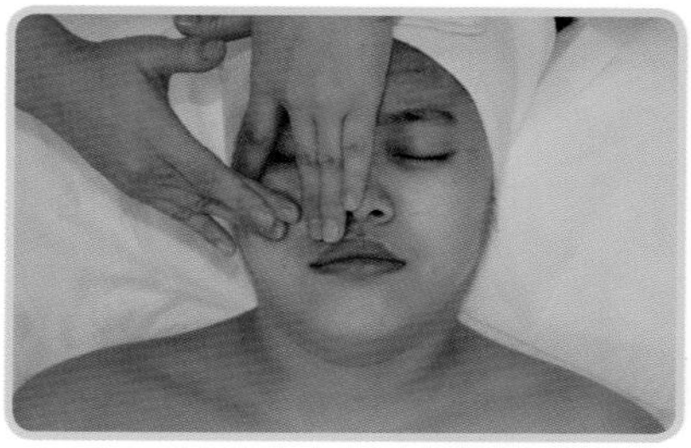

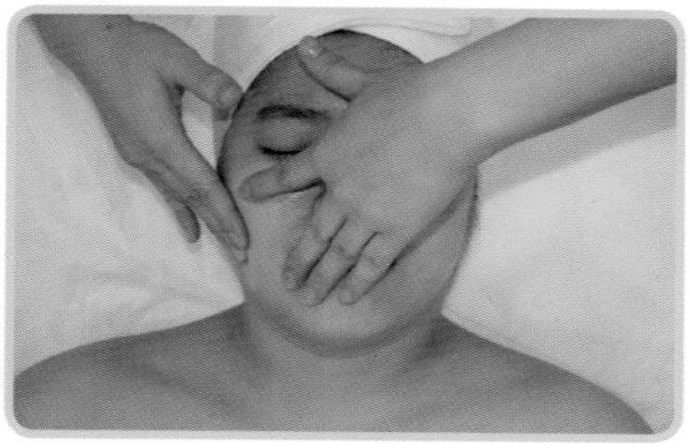

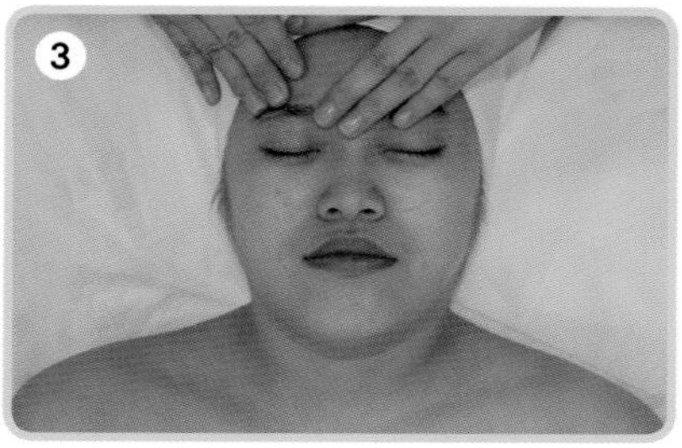

❸ 이마를 한 손은 검지와 중지를 벌려 텐션을 주고, 다른 한손으로 바깥 방향으로 밀어낸다. 고마쥐 가루는 티슈 쪽으로 털어낸다.

4. 얼굴 전체 러빙하기

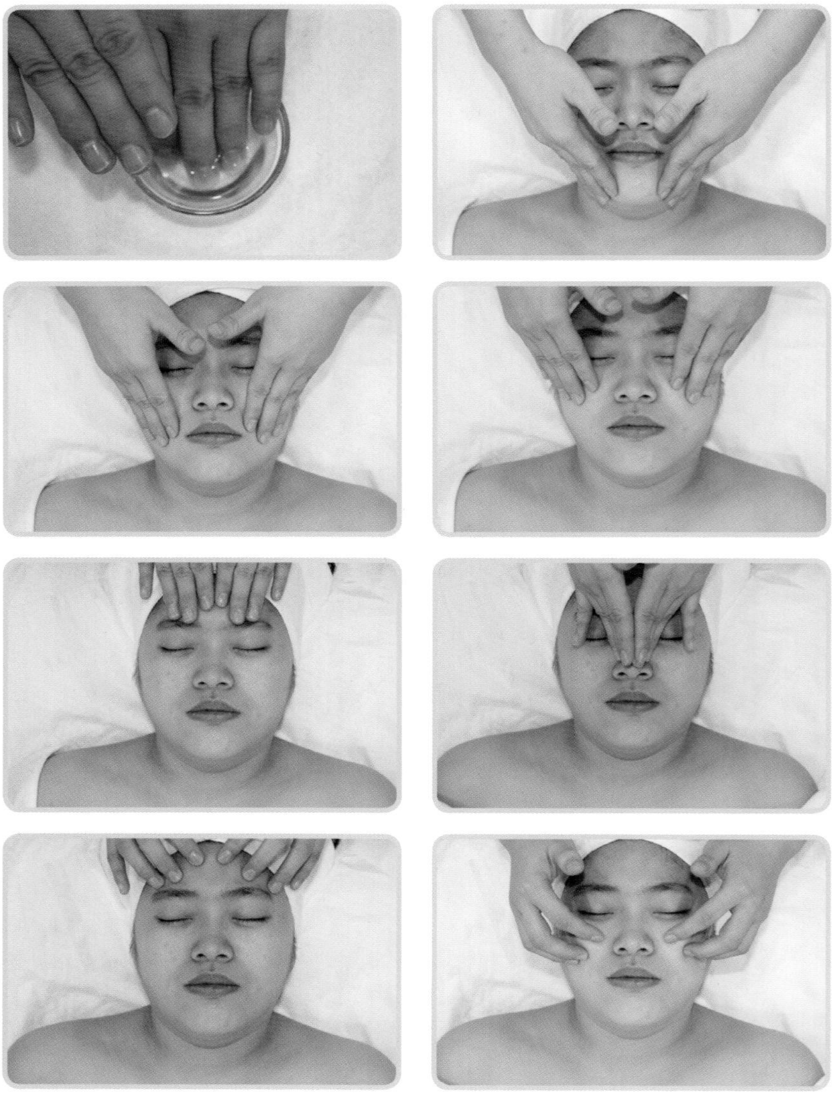

준비해 놓은 유리볼의 물에 손가락을 적시고 얼굴 전체를 러빙한다.

5. 해면으로 닦아내기

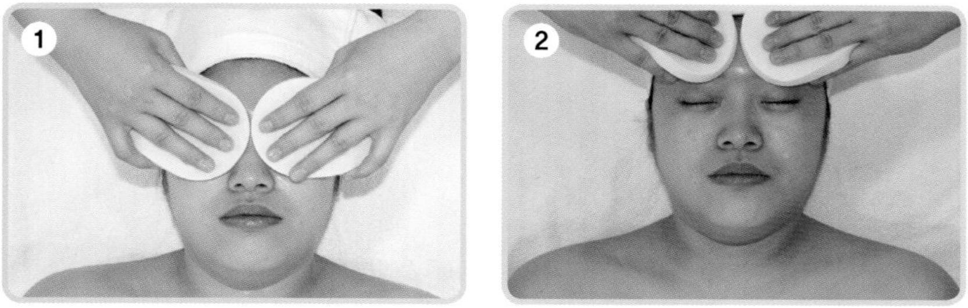

❶ 양쪽 눈 안쪽에서 눈꼬리 방향으로 닦는다.
❷ 눈썹 앞머리에서 관자놀이까지 닦는다.

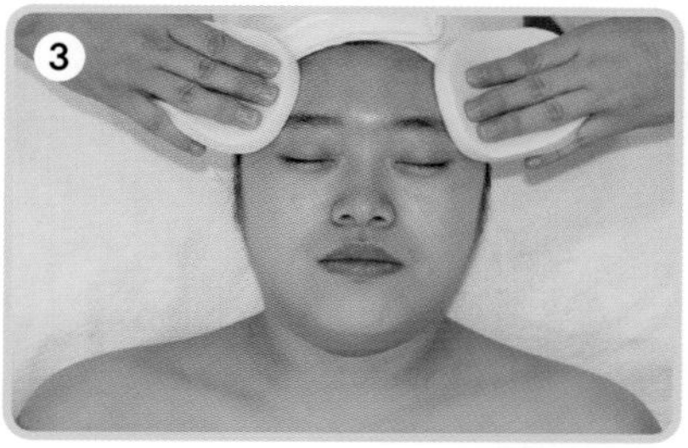

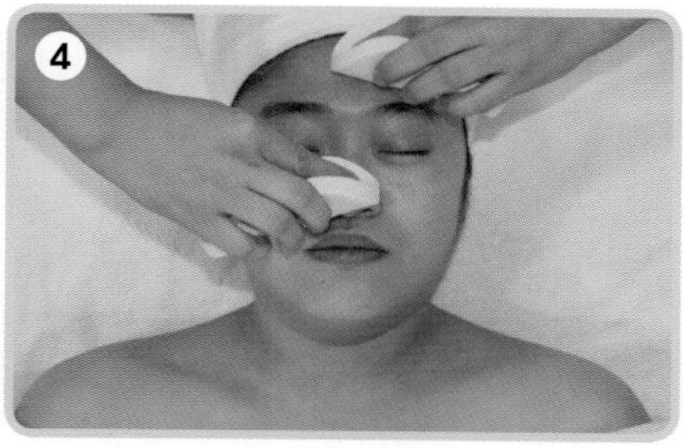

③ 이마 윗부분을 헤어라인을 타고 가며 관자놀이까지 닦는다.
④ 콧등과 코벽을 아래로 닦는다.

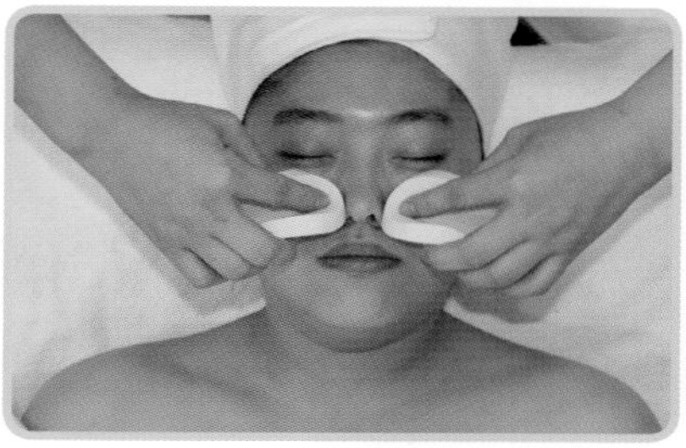

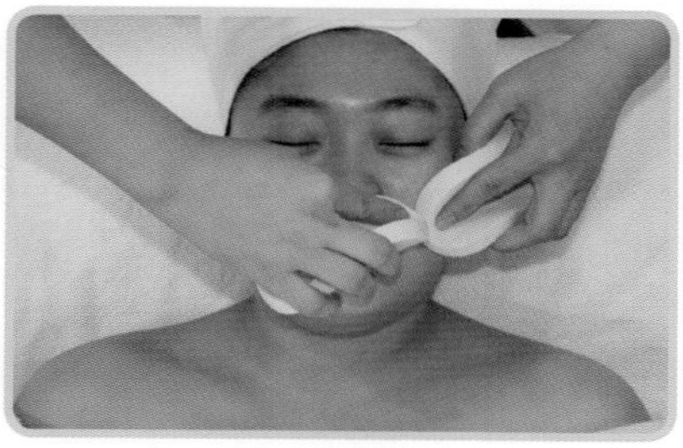

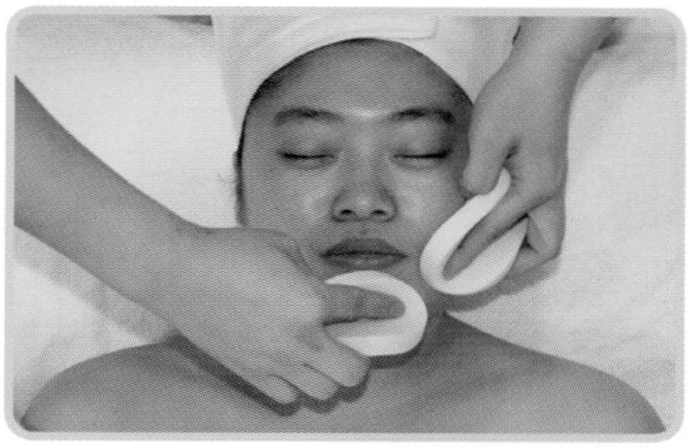

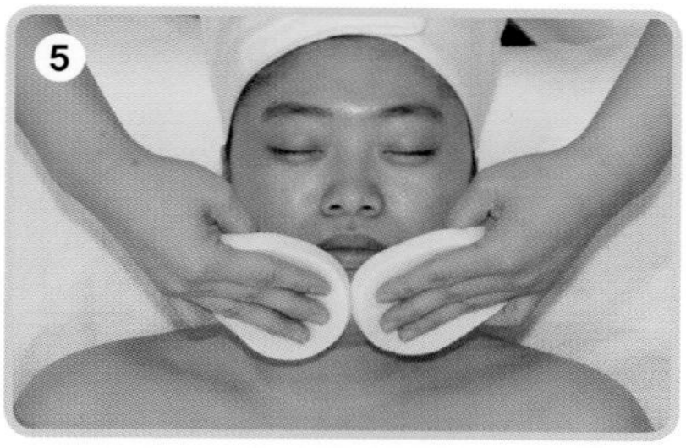

⑤ 볼을 3등분(턱 중앙에서 귀밑, 입술 옆에서 귀 앞, 코 옆에서 관자놀이까지)으로 나누어 닦는다.

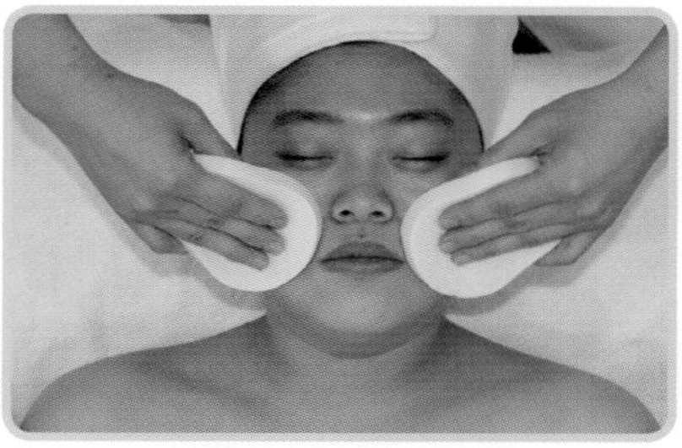

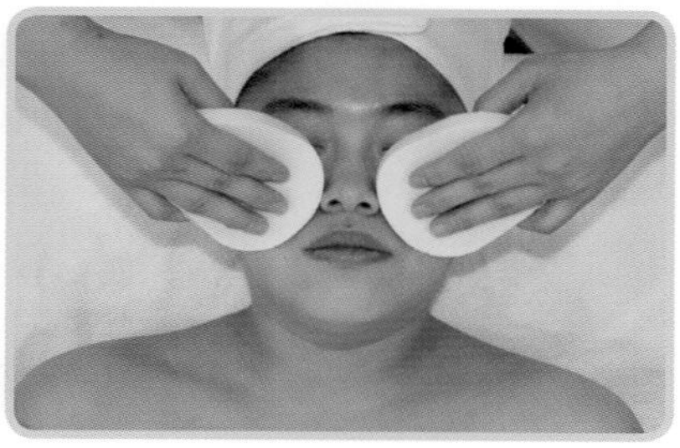

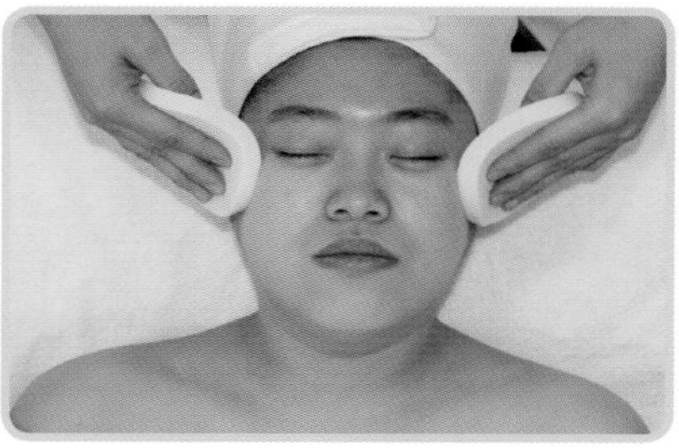

6. 온습포로 닦아내기

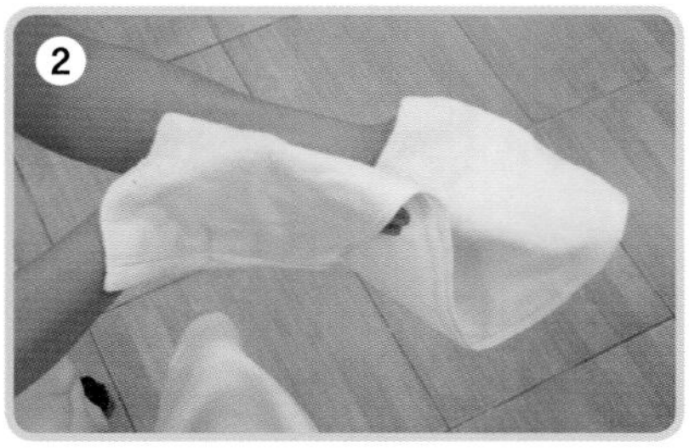

❶ 온장고로 이동할 때는 쟁반을 들고 가며, 온습포를 꺼낼 때에는 시험장에 배치되어 있는 집게를 사용하여 꺼낸 후 쟁반에 담아서 가져온다.

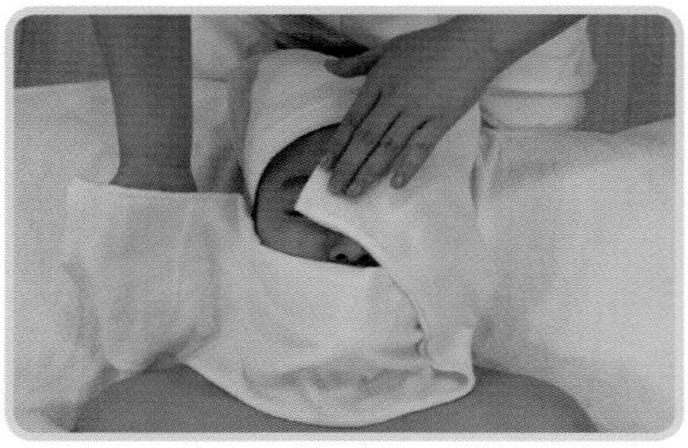

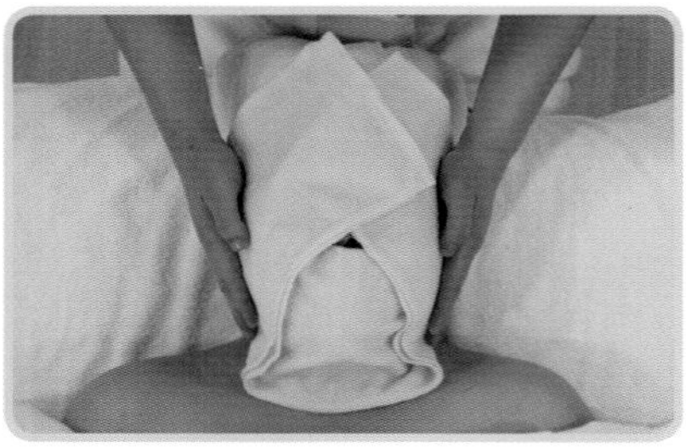

❷ 온습포의 온도를 체크하고 접힌 부분이 코로 향하도록 잡아서 코 밑에 얹은 후 전체를 감싸준다.

Tip 이때 절대로 지압을 해서는 안 된다. → 안마유발행위로 간주하여 0점 처리된다.

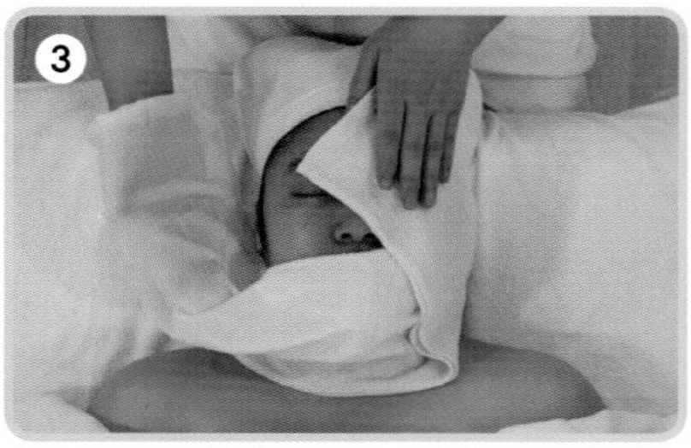

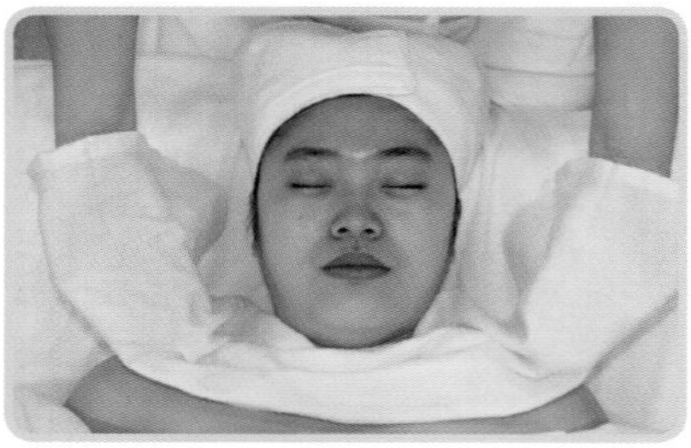

❸ 습포 안으로 손을 넣어 눈 – 이마 – 코 – 인중 – 턱 – 볼 부위 순으로 닦아준다.

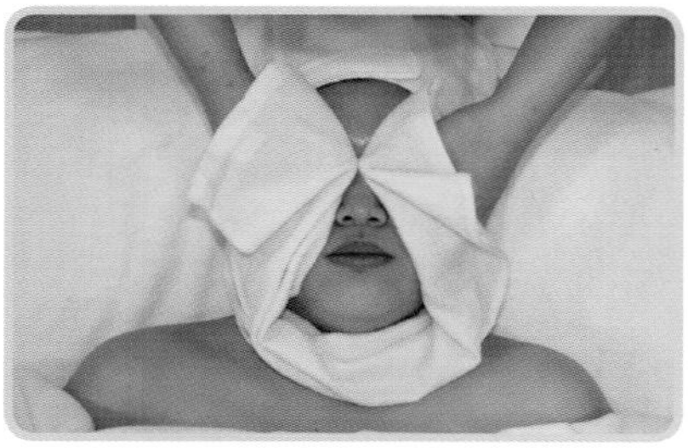

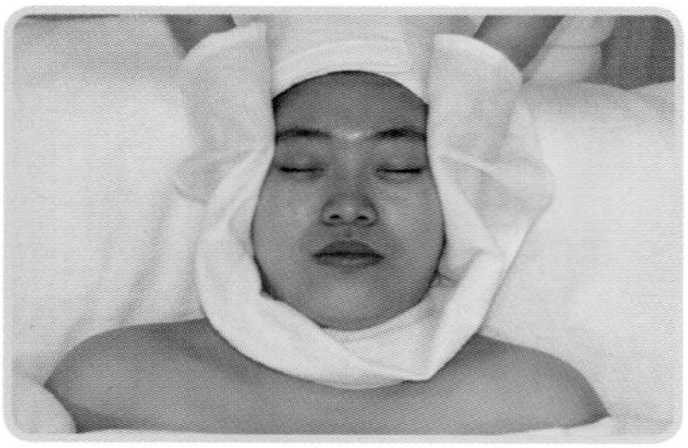

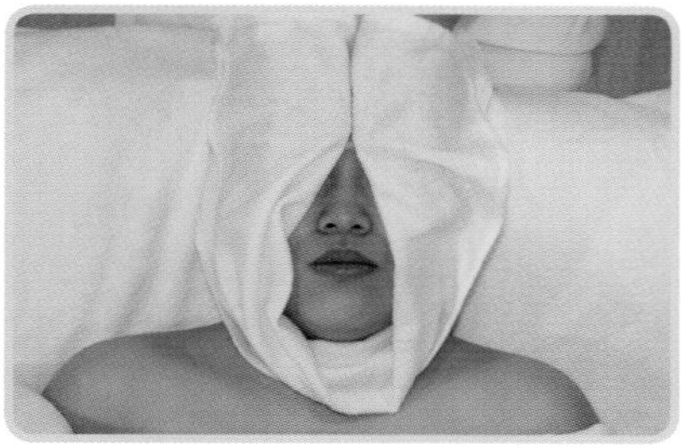

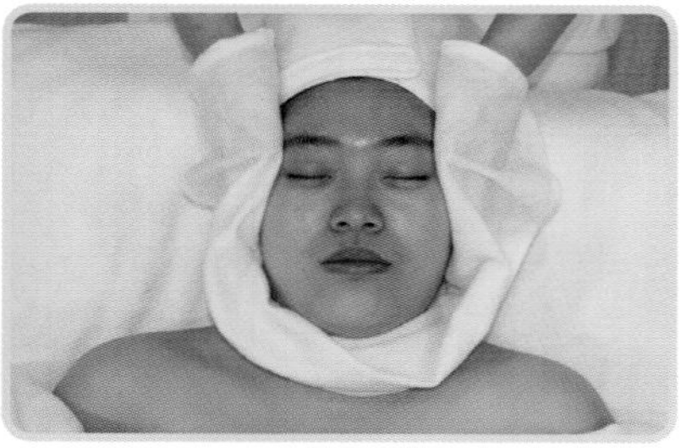

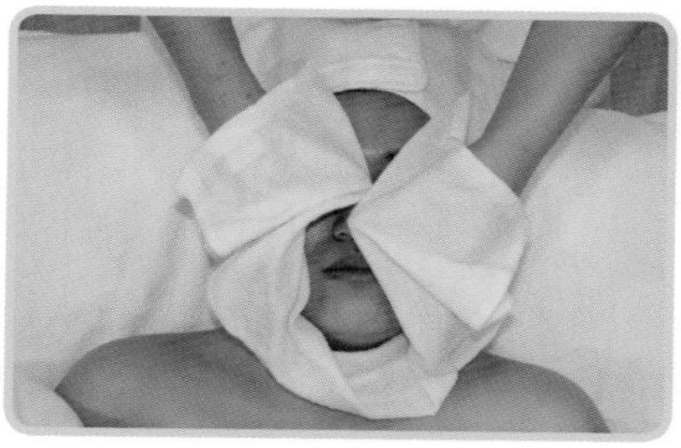
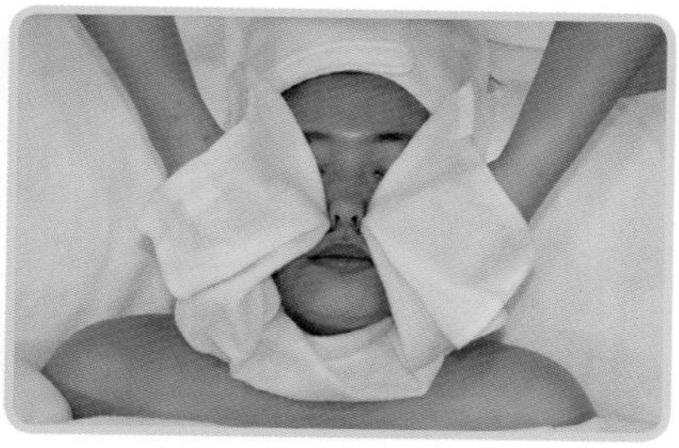
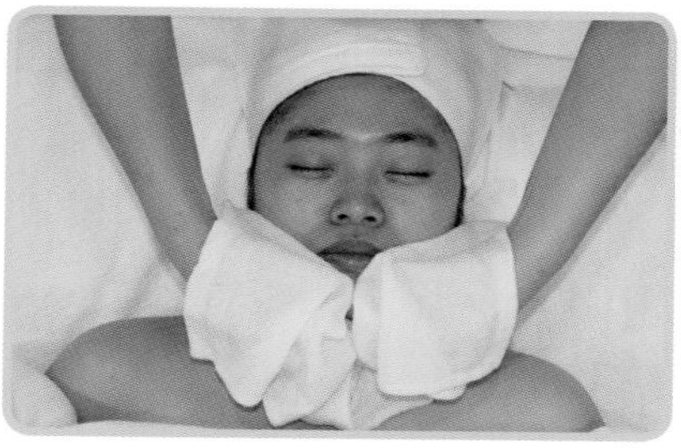
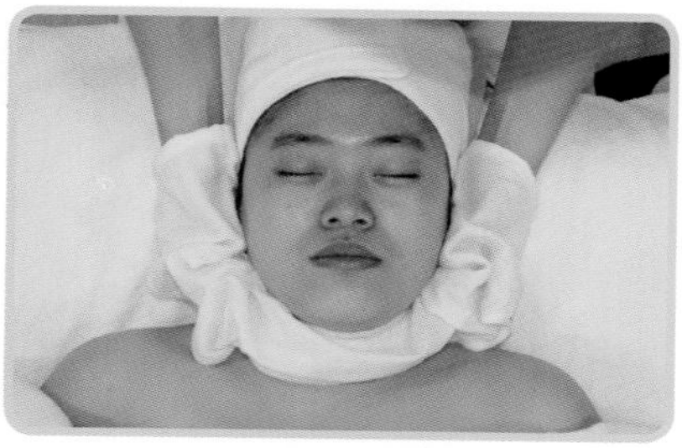
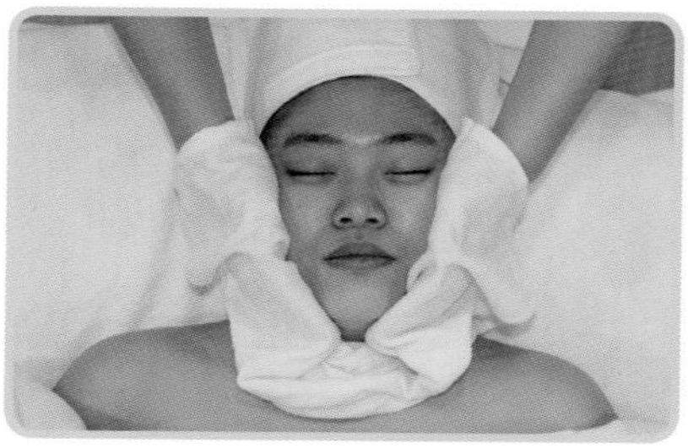
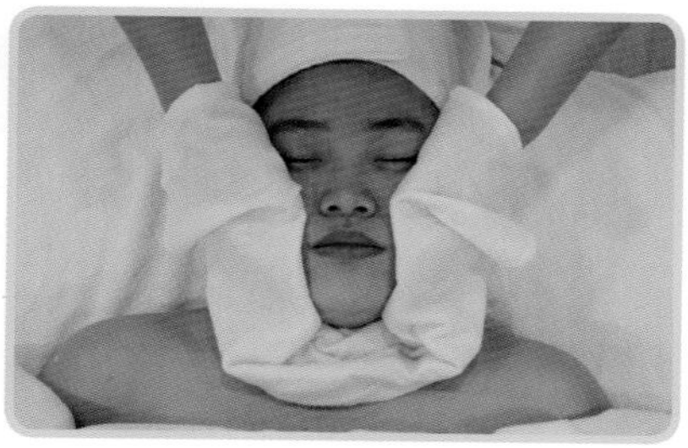

7. 토너 정리하기

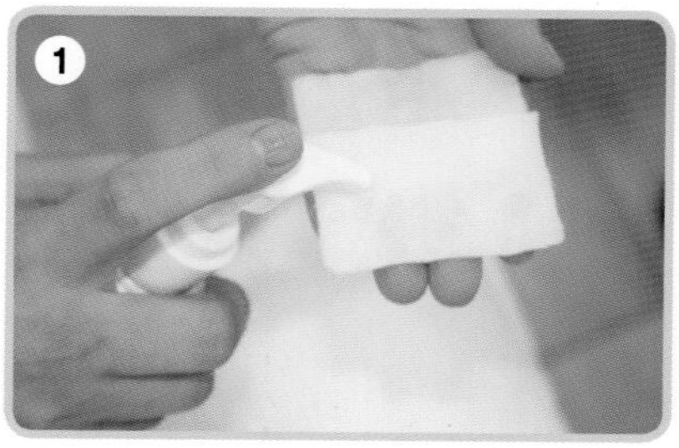

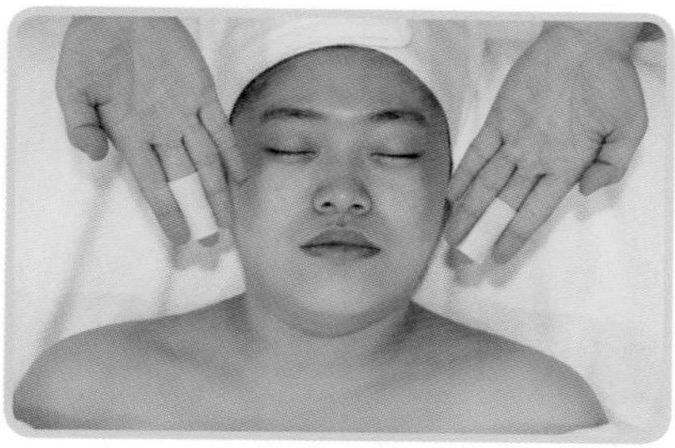

❶ 토너를 화장솜 두 개에 묻힌다.

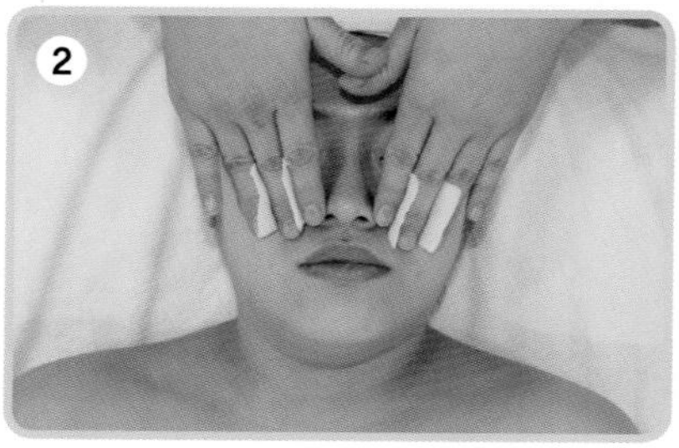

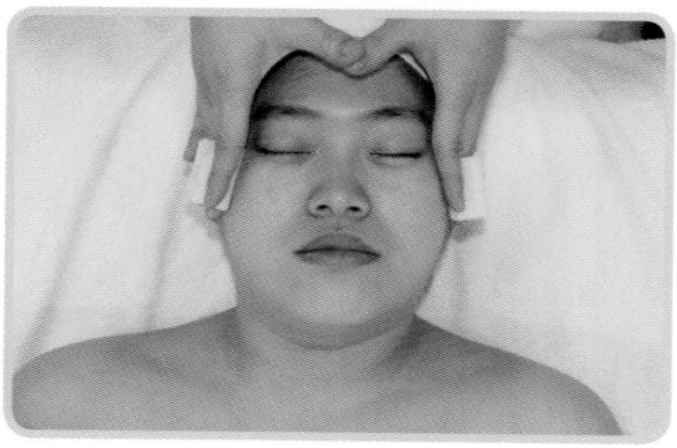

❷ 양손을 이용하여 볼 – 턱 – 인중 – 코벽을 타고 올라왔다가 콧등 – 이마 – 관자놀이를 타고 내려가 손을 교차시키며 목을 위를 향하여 닦는다. 데콜테를 마지막으로 하여 토너를 정리한다.

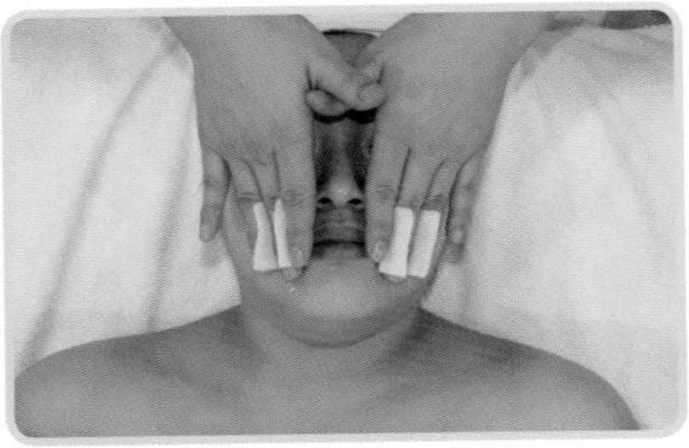
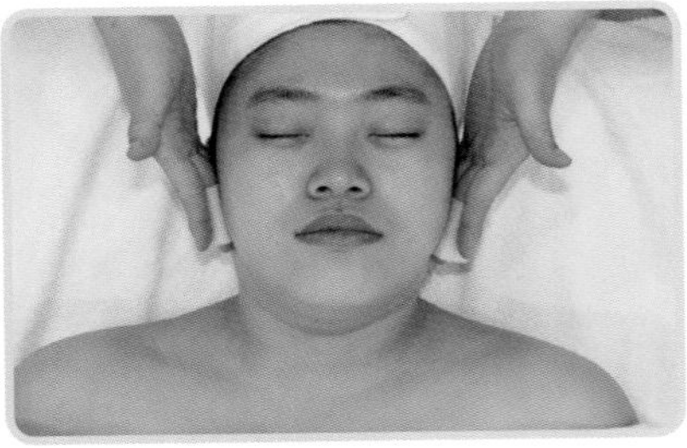
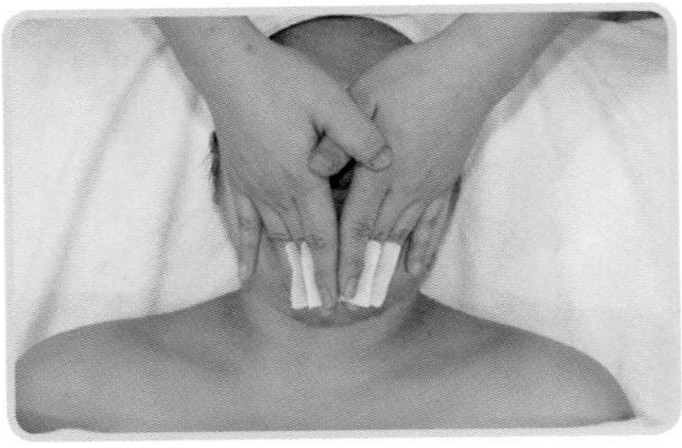
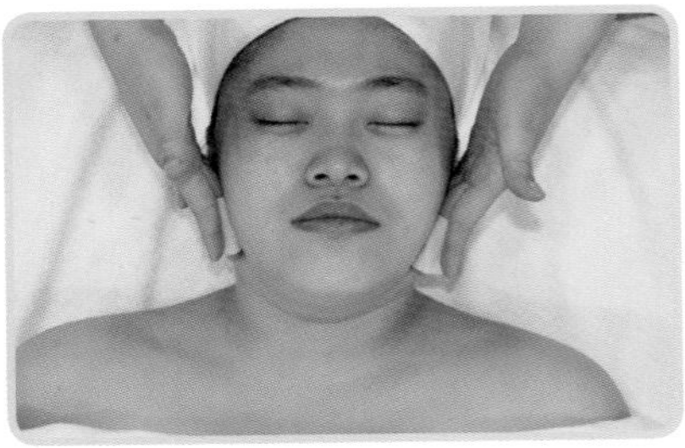
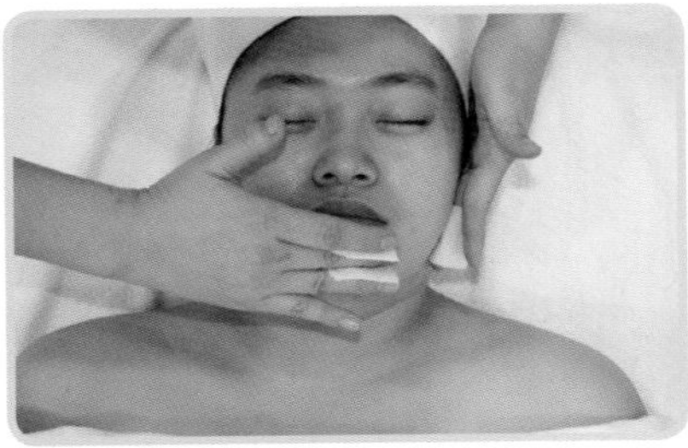
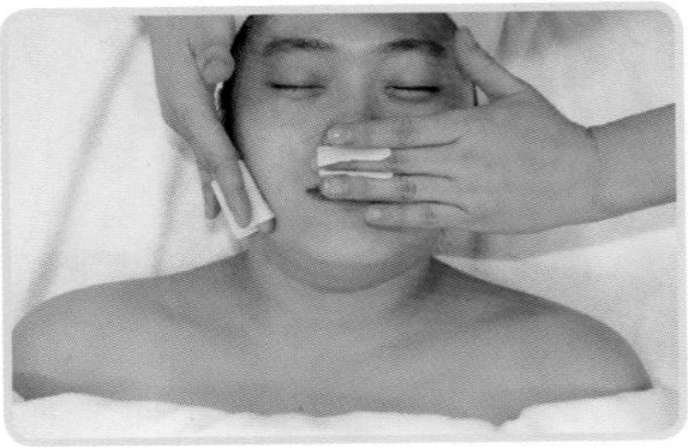
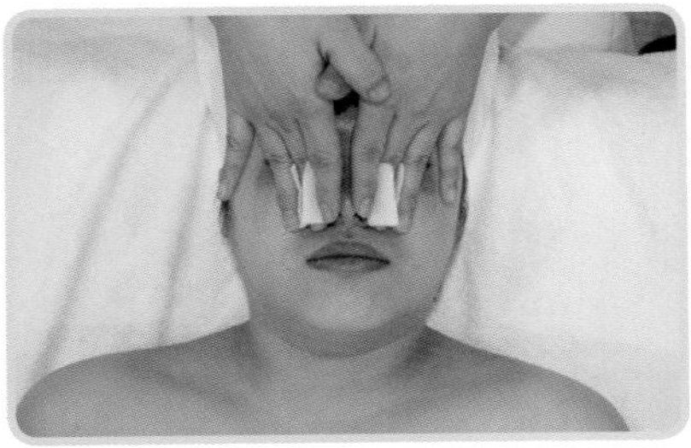
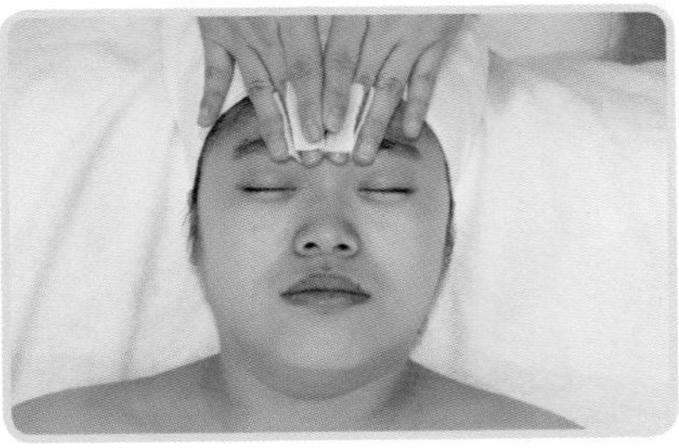
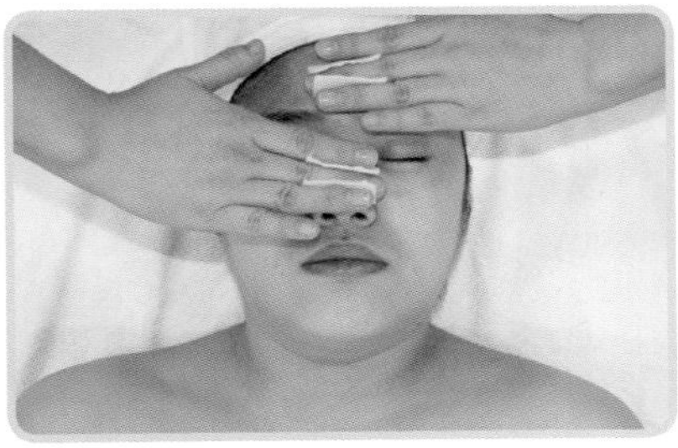
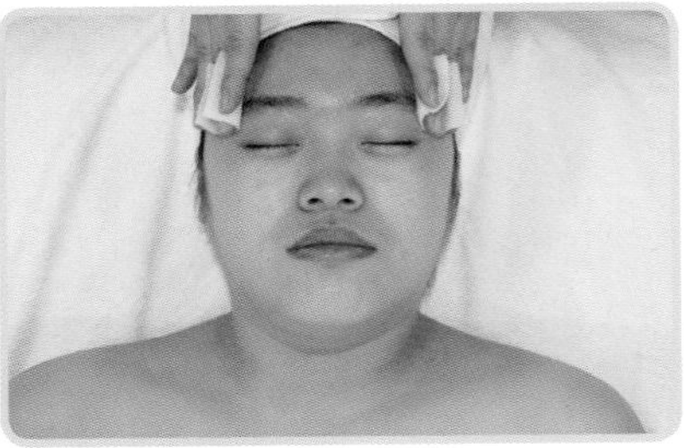

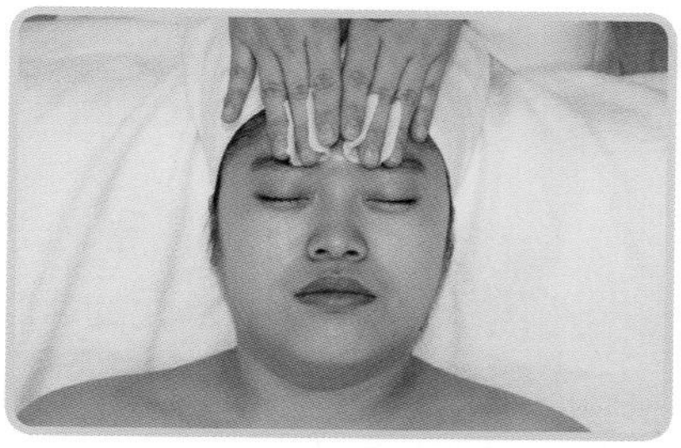
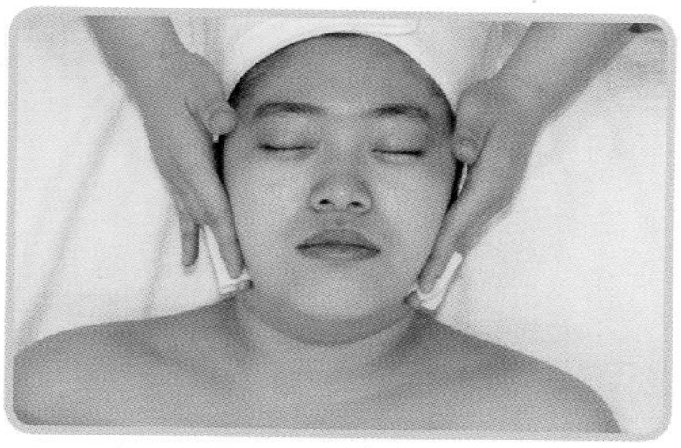
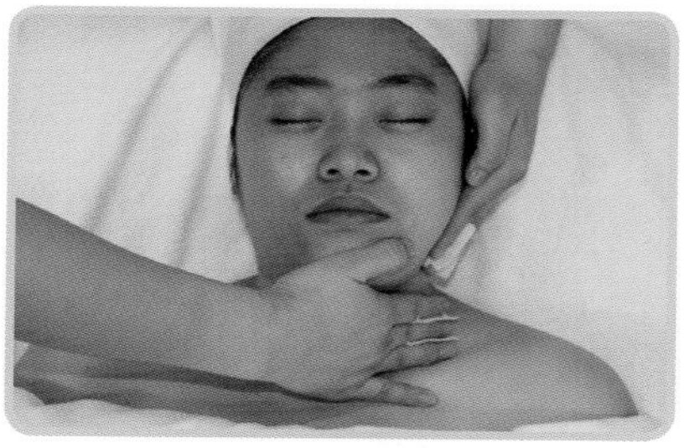
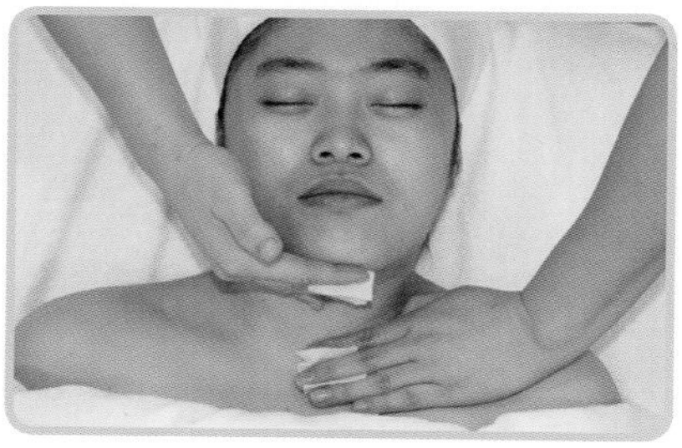
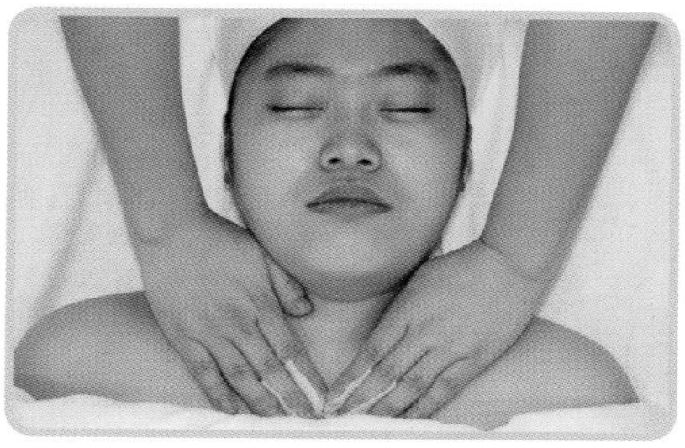
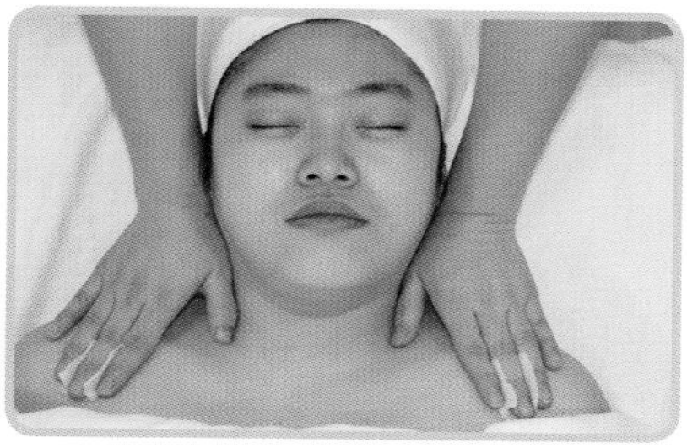

▶ AHA 딥클렌징

1. 준비하기

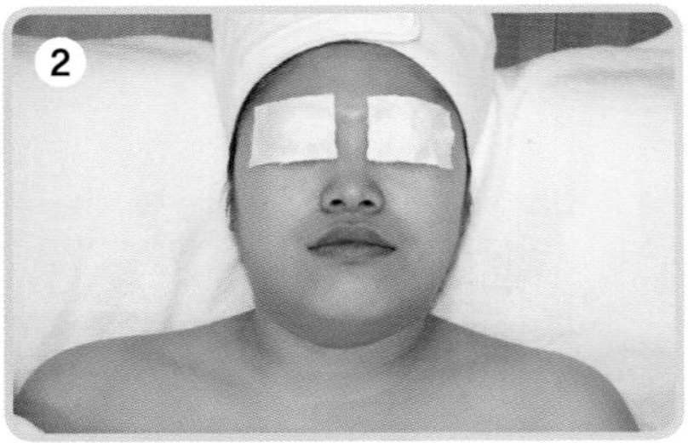

① AHA를 유리볼에 준비한다.
② 아이패드를 먼저 올린다.

2. 도포하기

● T존 바르는 순서

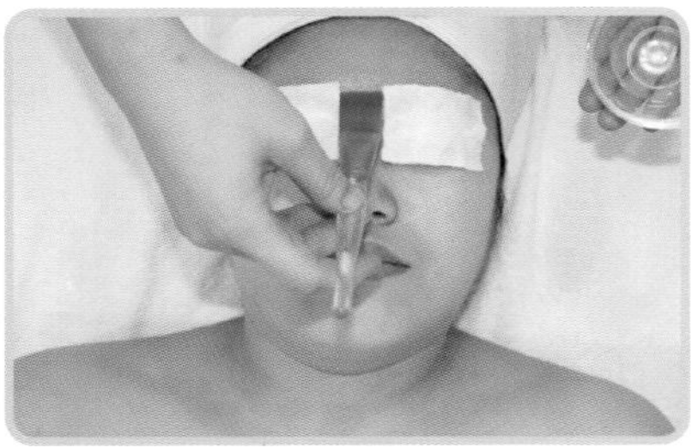

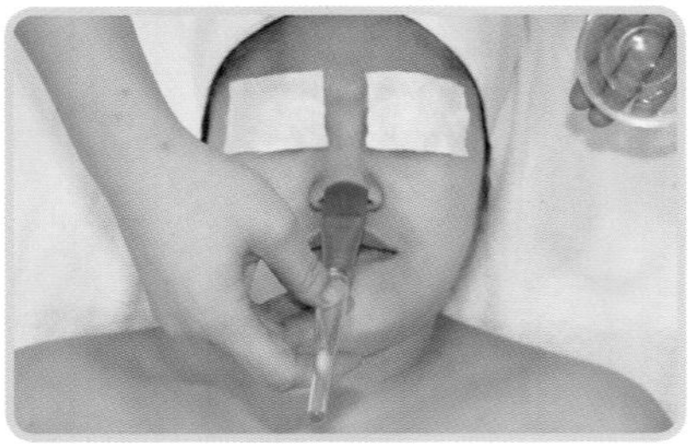

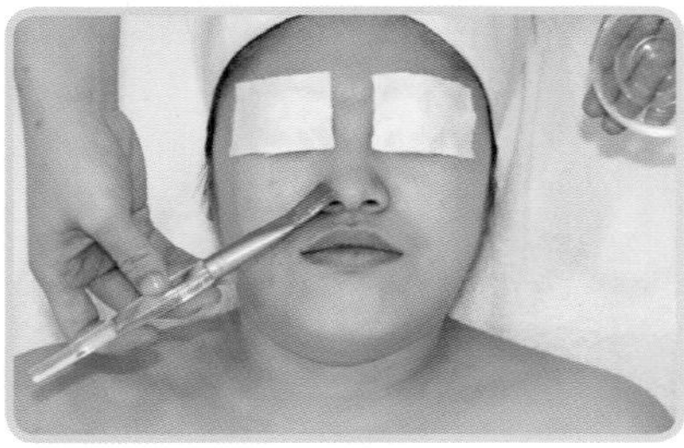

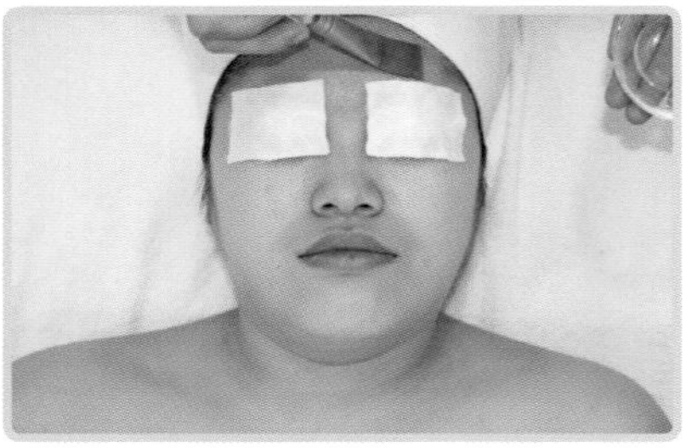

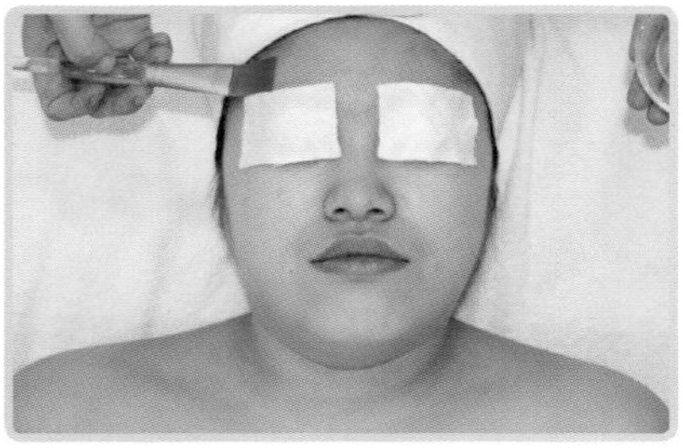

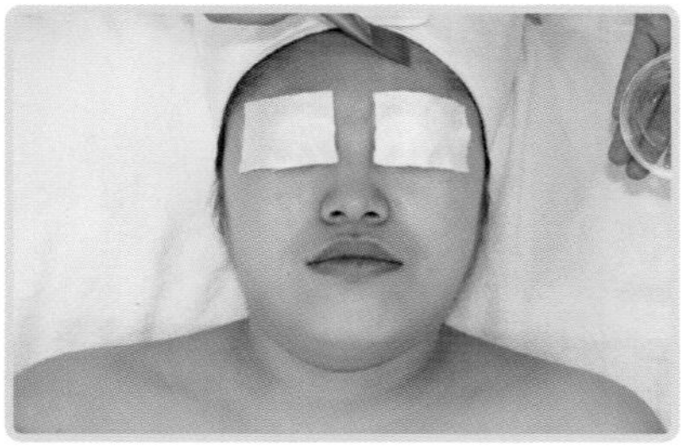

붓 방향을 안에서 바깥쪽으로 바르는데 피부결에 따라 골고루 턱선까지 발라준다.
피지분비가 많은 T존 → U존 바깥쪽 → 볼 순으로 바르는 것이 좋다.

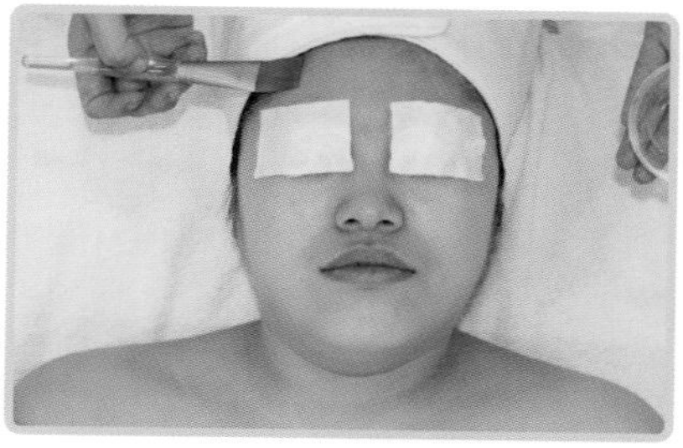

● U존 바르는 순서

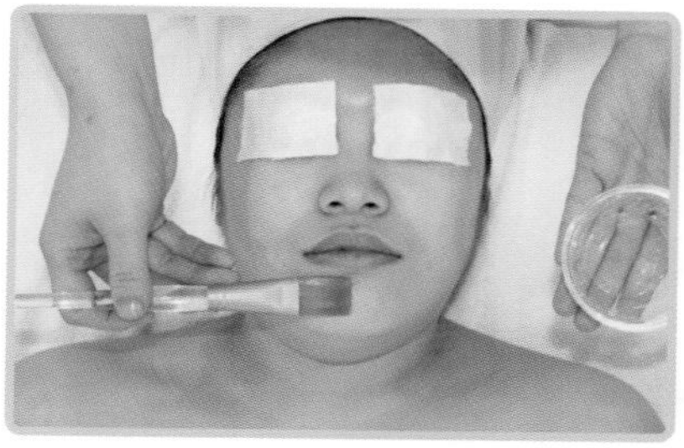

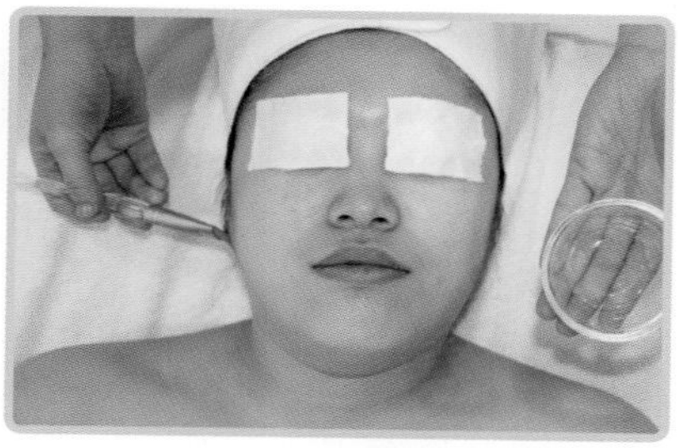

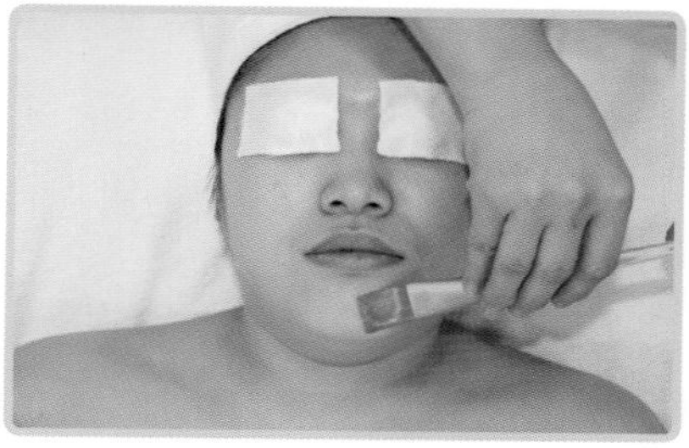

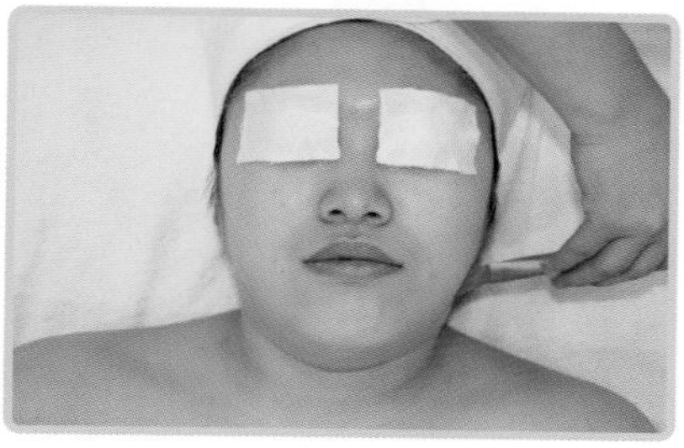

● 볼 바르는 순서

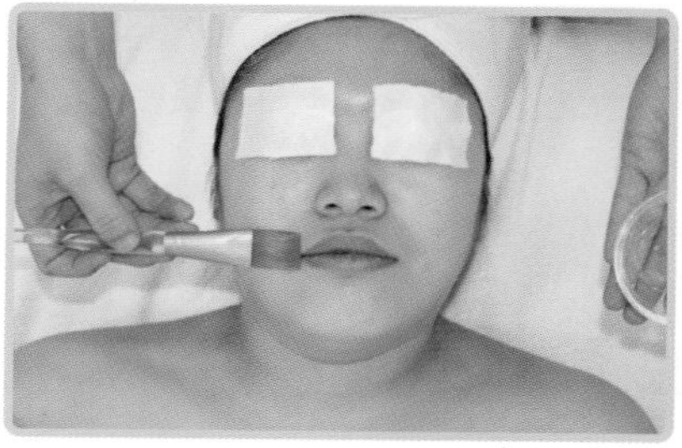

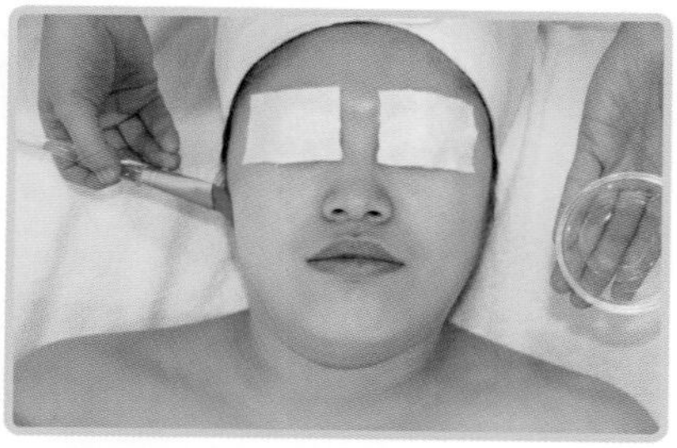

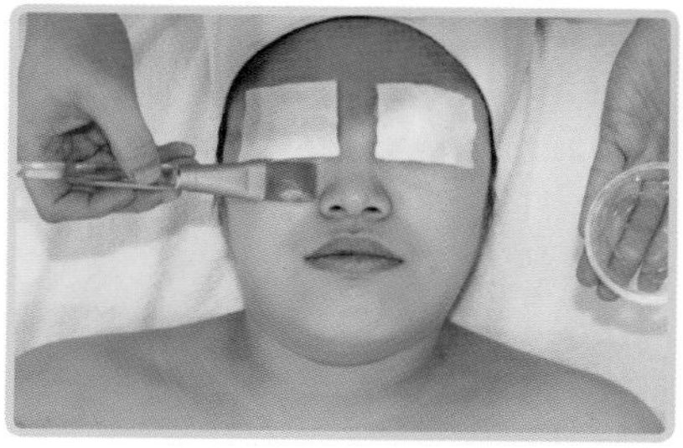

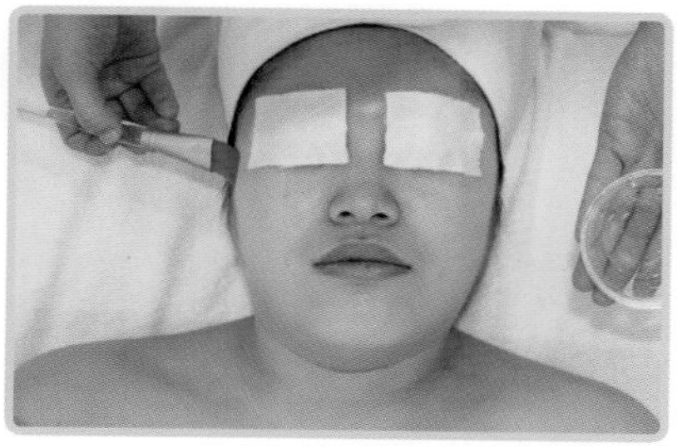

3. 해면으로 닦아내기

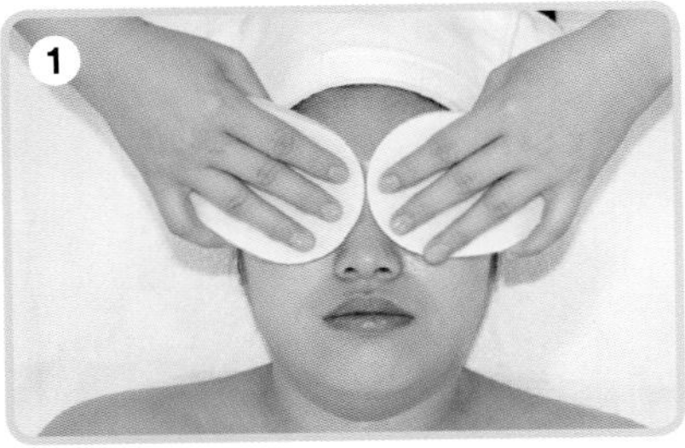

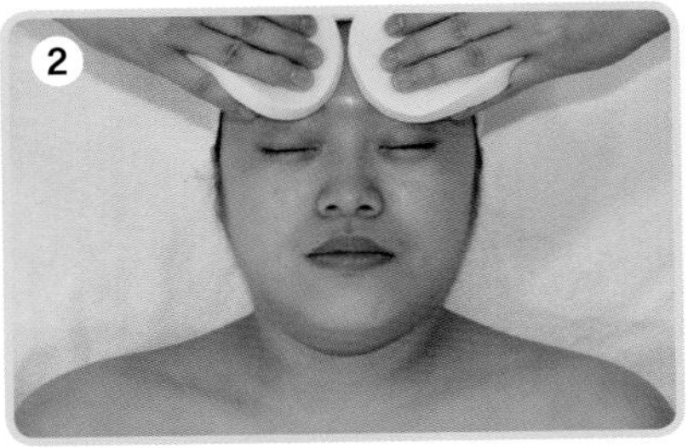

❶ 양쪽 눈 안쪽에서 눈꼬리 방향으로 닦는다.
❷ 눈썹 앞머리에서 관자놀이까지 닦는다.

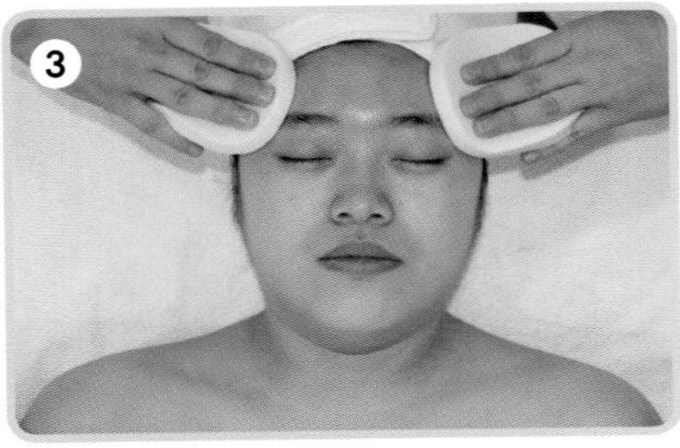

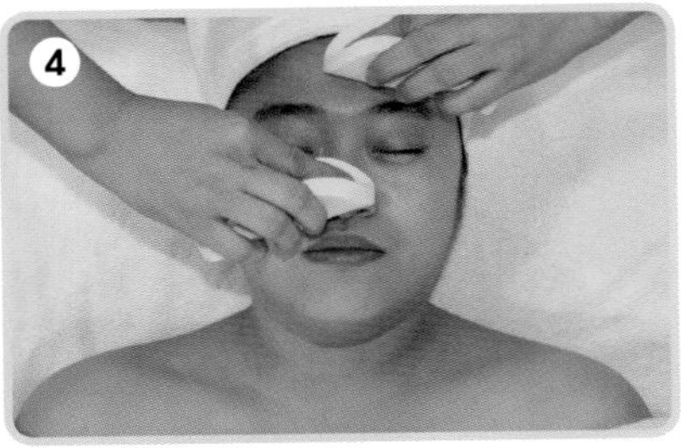

❸ 이마 윗부분을 헤어라인을 타고 가며 관자놀이까지 닦는다.
❹ 콧등과 코벽을 아래로 닦는다.

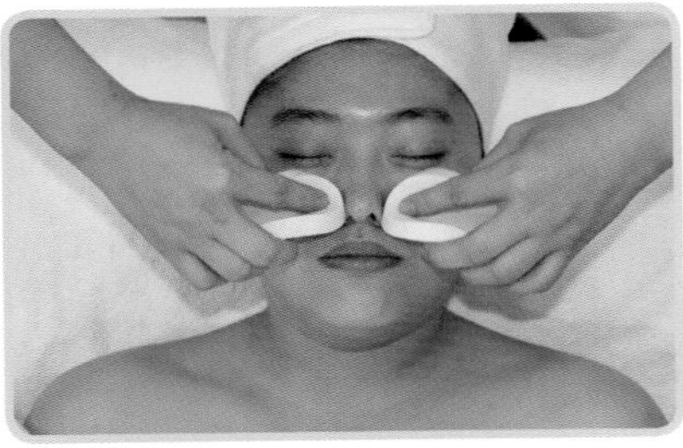

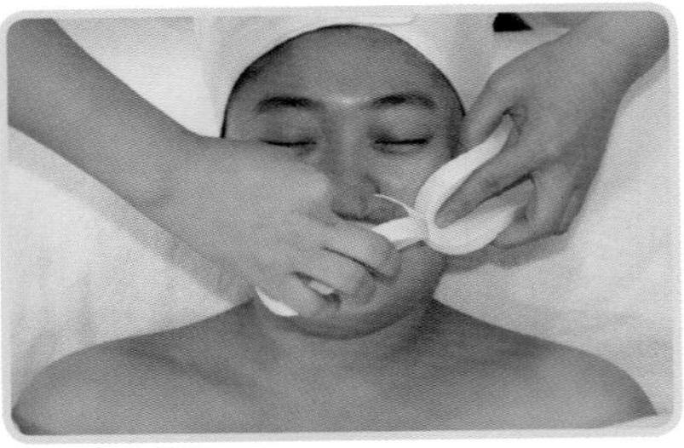

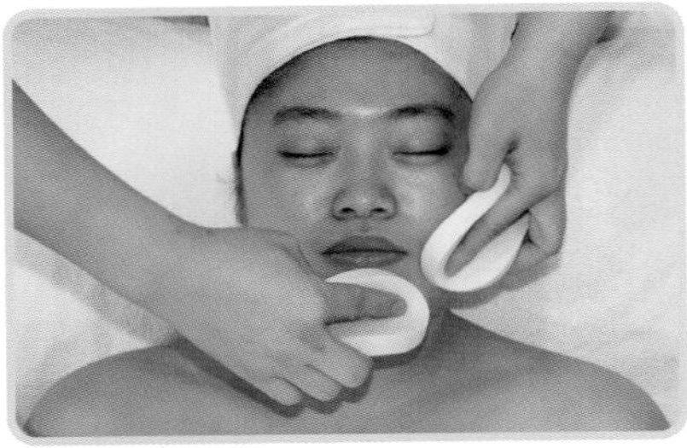

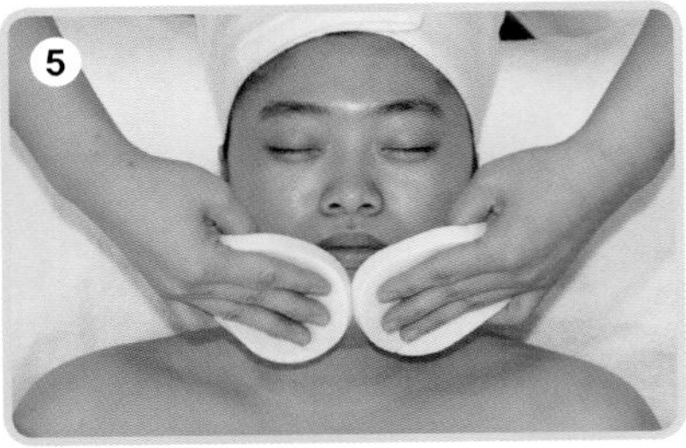

❺ 볼을 3등분(턱 중앙에서 귀밑, 입술 옆에서 귀 앞, 코 옆에서 관자놀이까지)으로 나누어 닦는다.

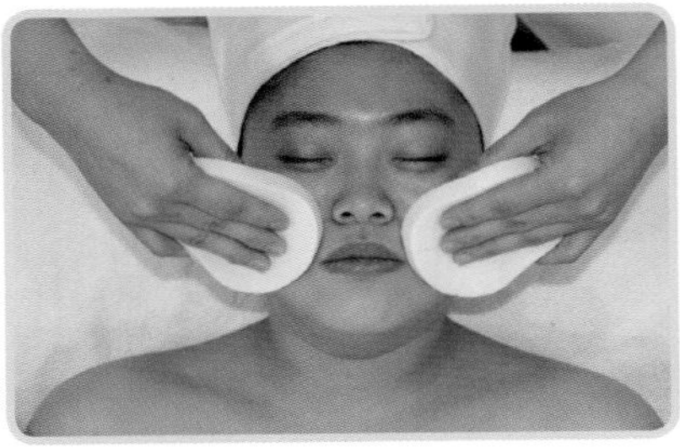

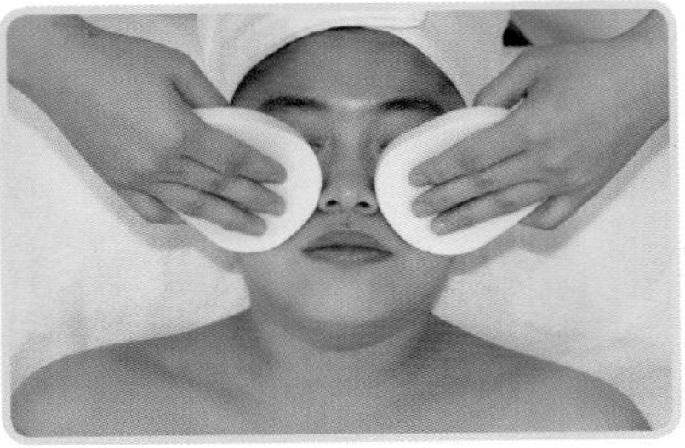

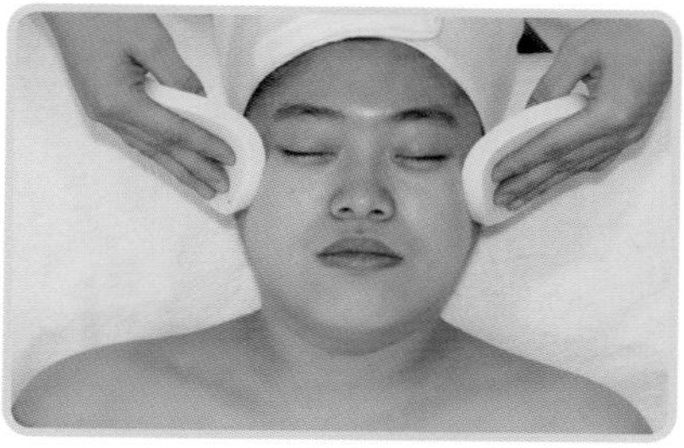

4. 냉습포로 닦아내기

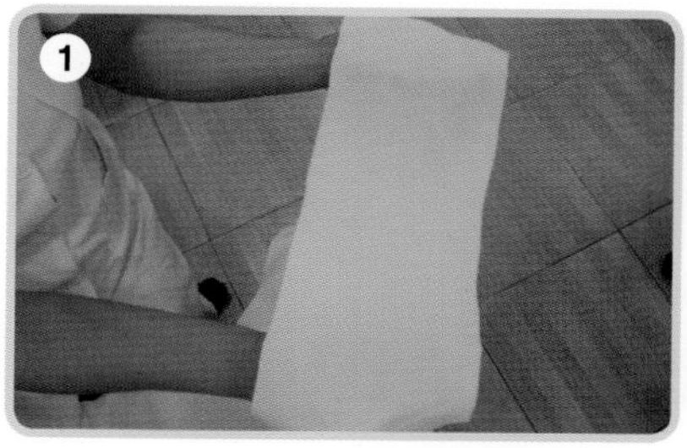

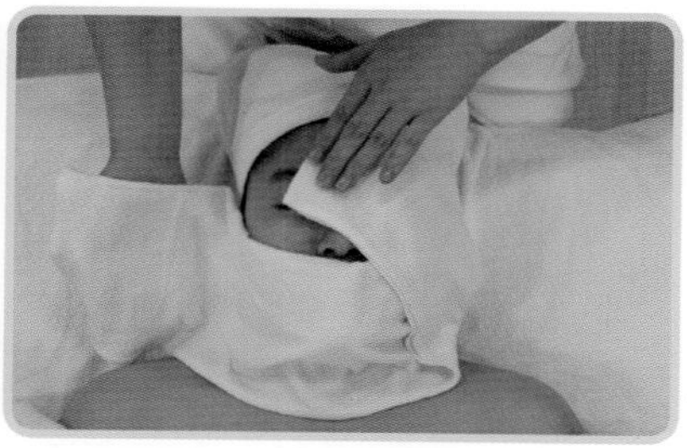

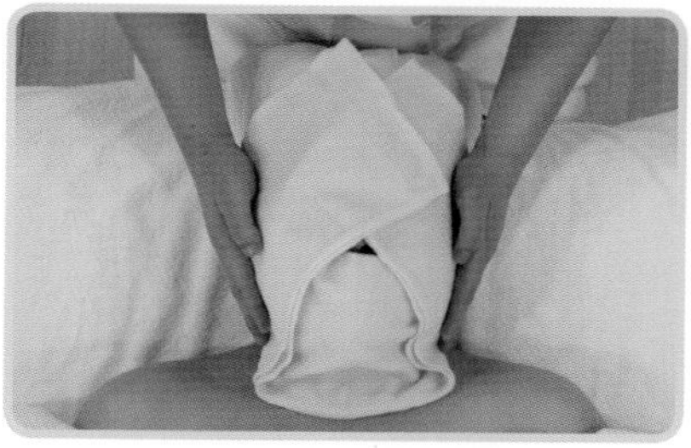

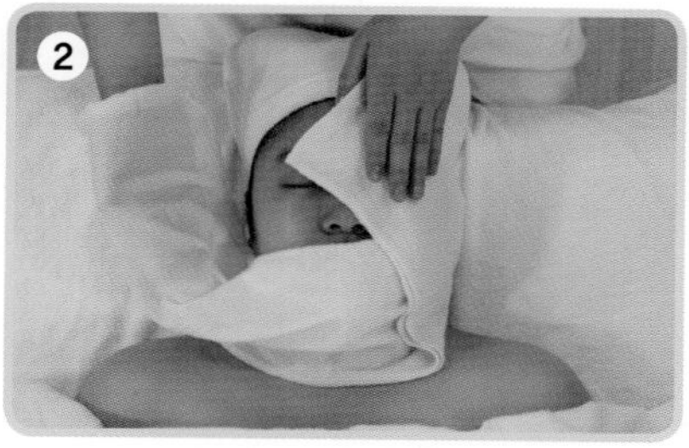

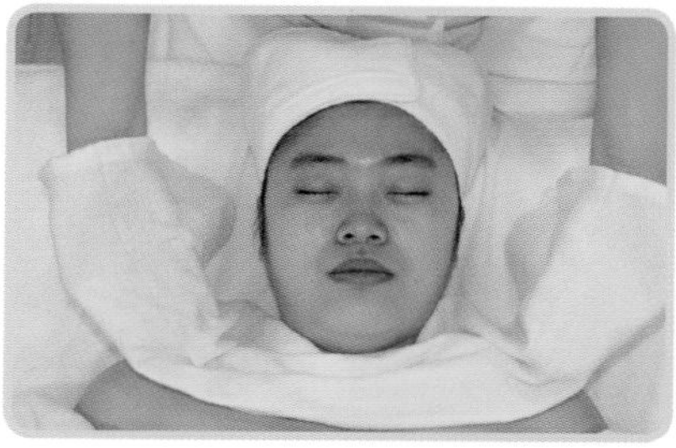

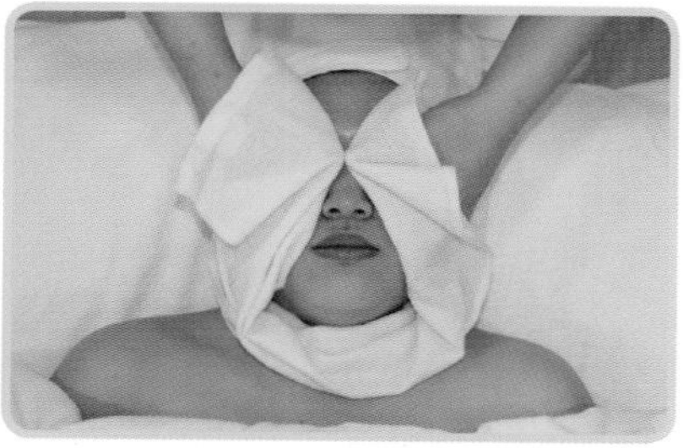

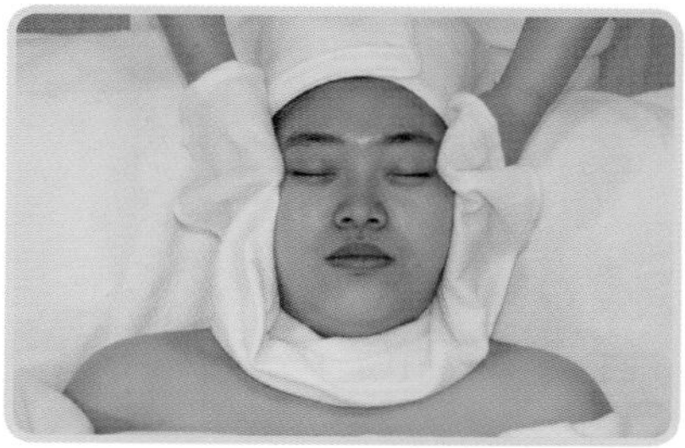

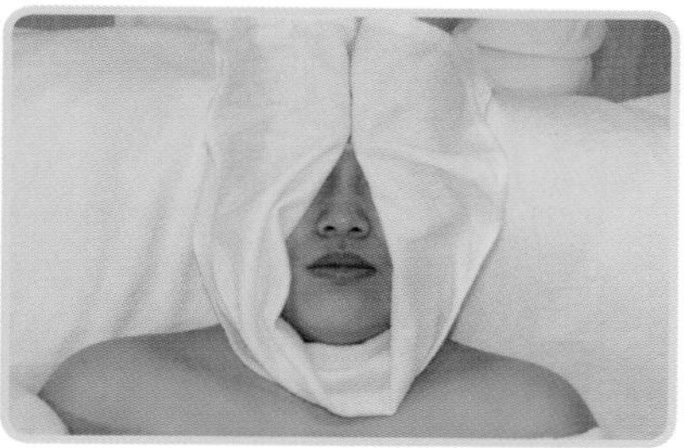

❶ 냉습포를 접힌 부분이 코로 향하도록 잡아서 코밑에 얹은 후 전체를 감싸준다.

Tip 이때 절대로 지압을 해서는 안 된다. → 안마유발행위로 간주하여 0점 처리된다.

❷ 습포 안으로 손을 넣어 눈 – 이마 – 코 – 인중 – 턱 – 볼 부위 순으로 닦아준다.

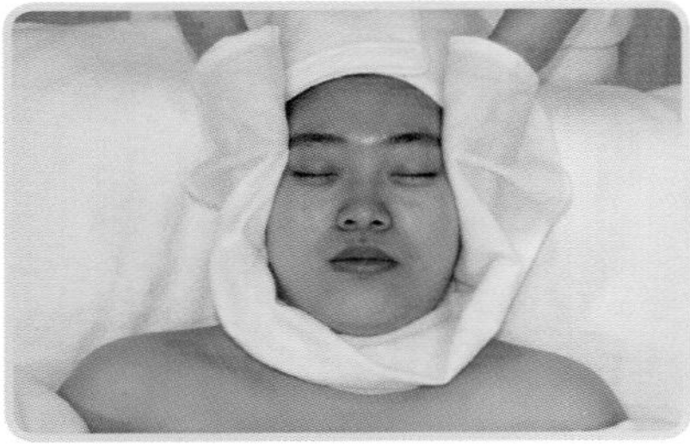
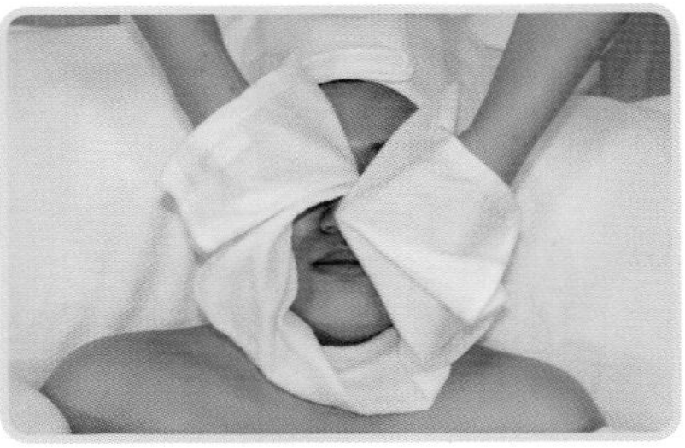
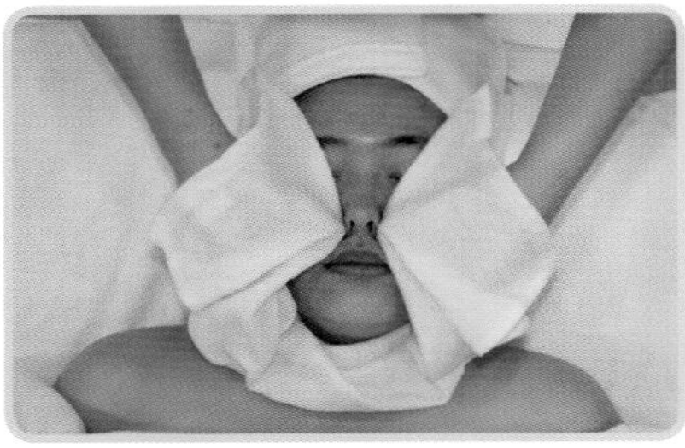
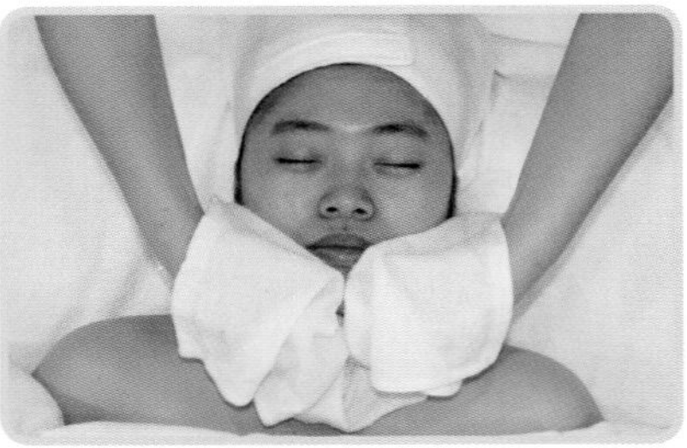
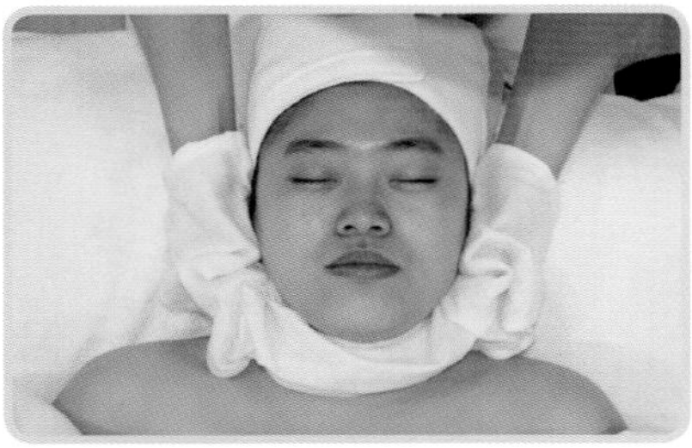
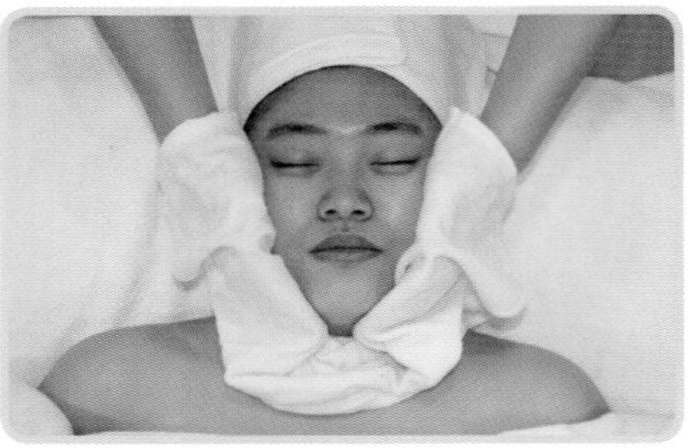
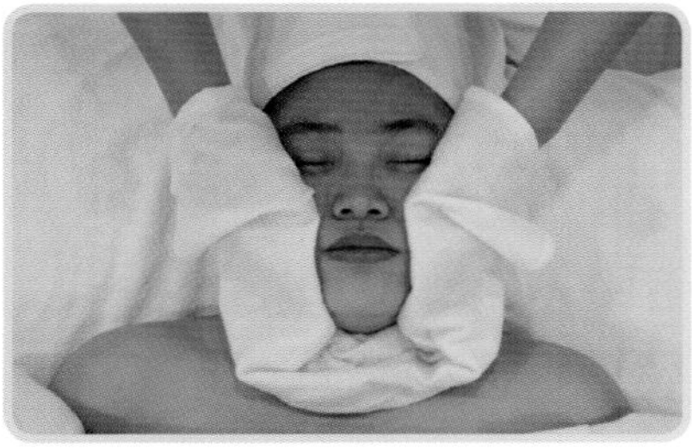

5. 토너 정리하기

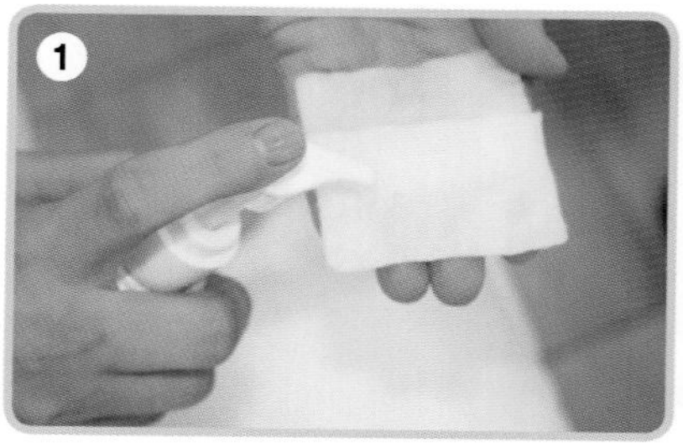
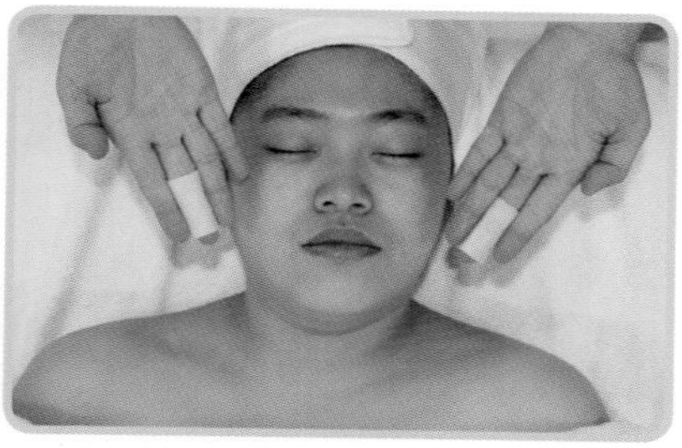

❶ 토너를 화장솜 두 개에 묻힌다.

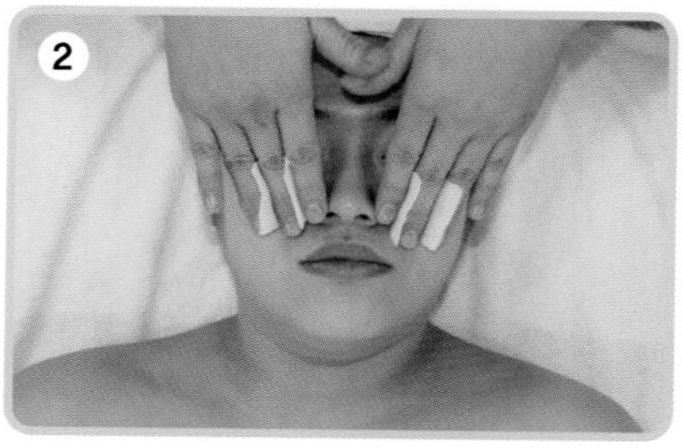
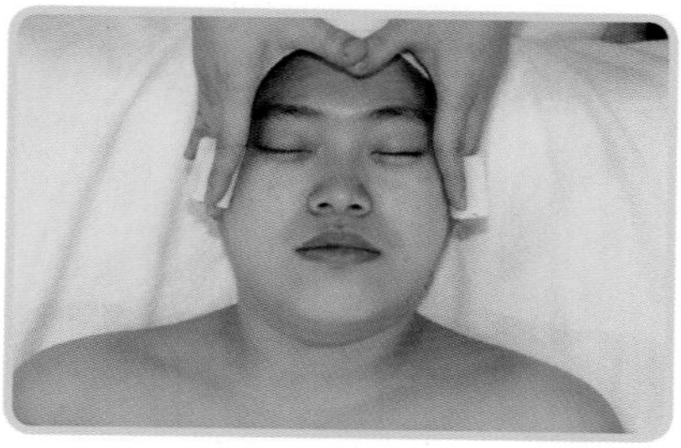
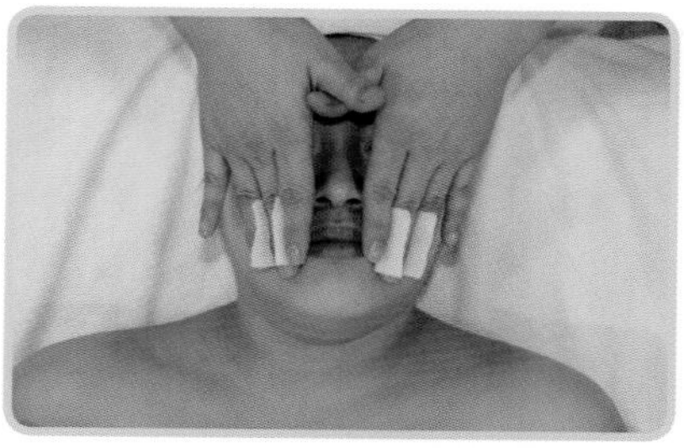
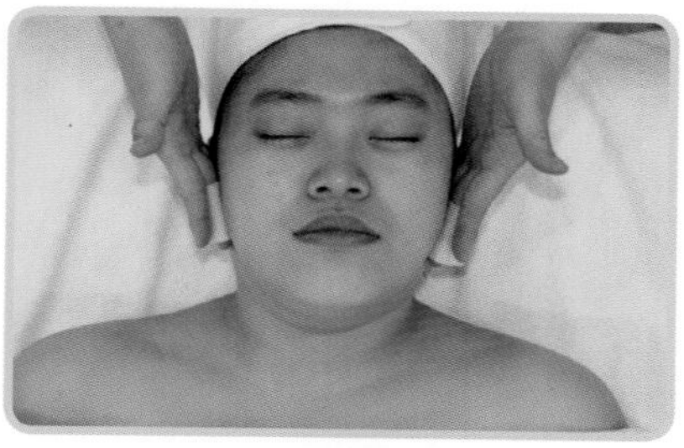
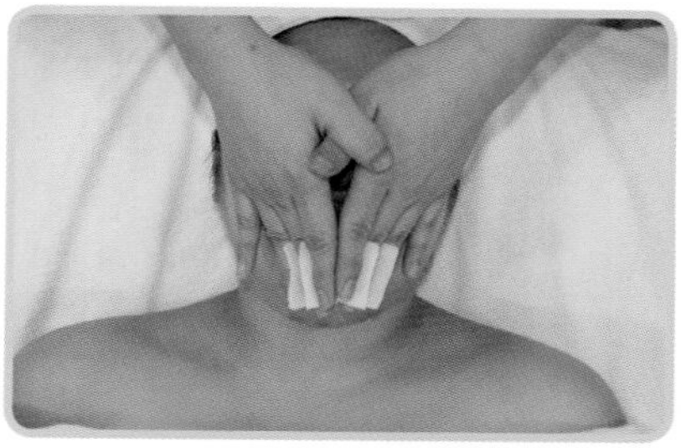
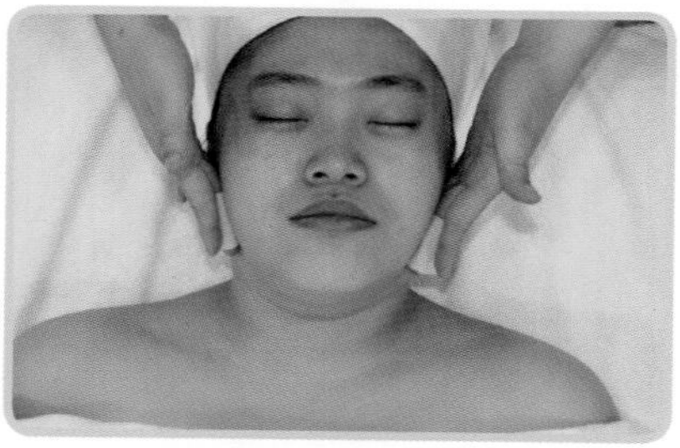
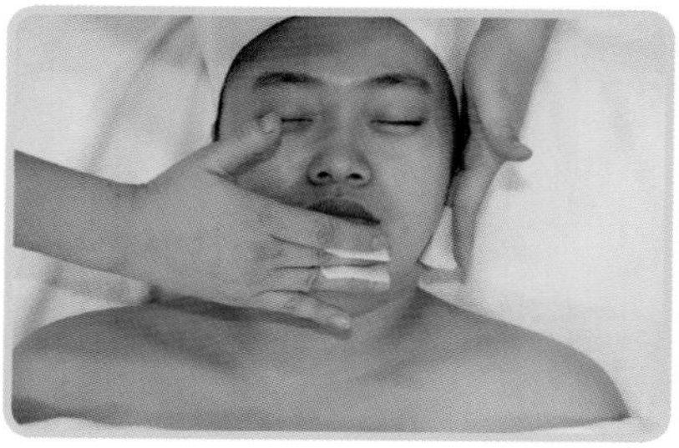
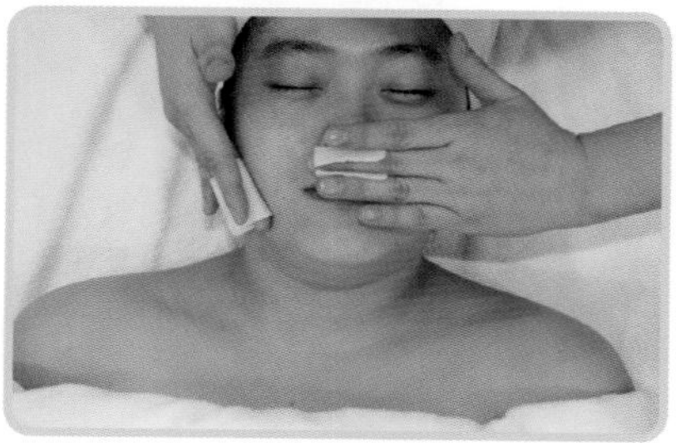

❷ 양손을 이용하여 볼 – 턱 – 인중 – 코벽을 타고 올라왔다가 콧등 – 이마 – 관자놀이를 타고 내려가 손을 교차시키며 목을 위를 향하여 닦고 데콜테를 마지막으로 토너를 정리한다.

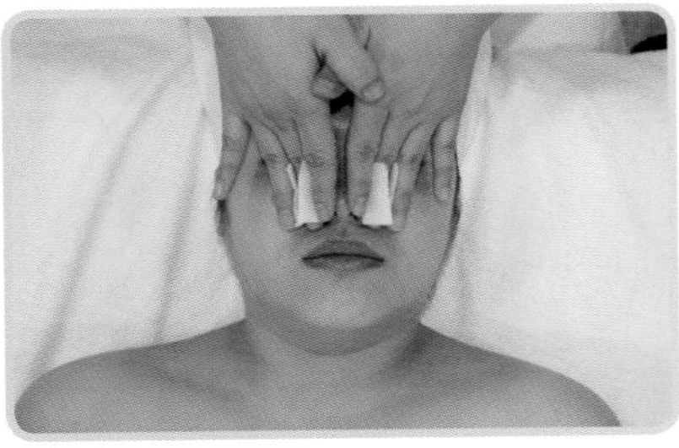
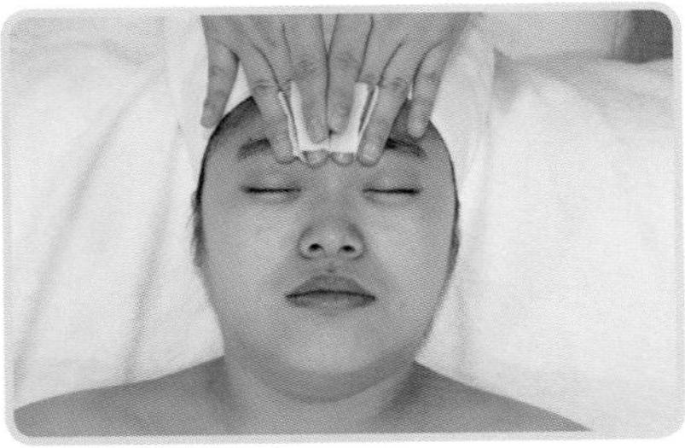
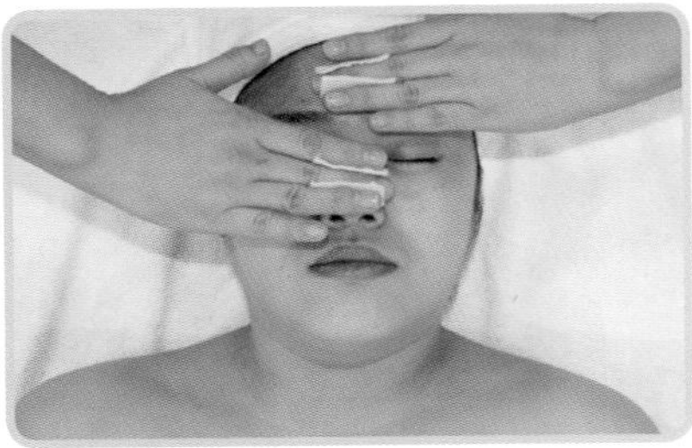
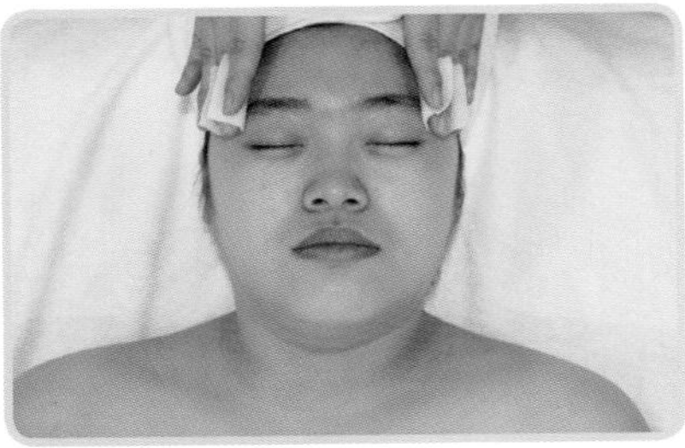
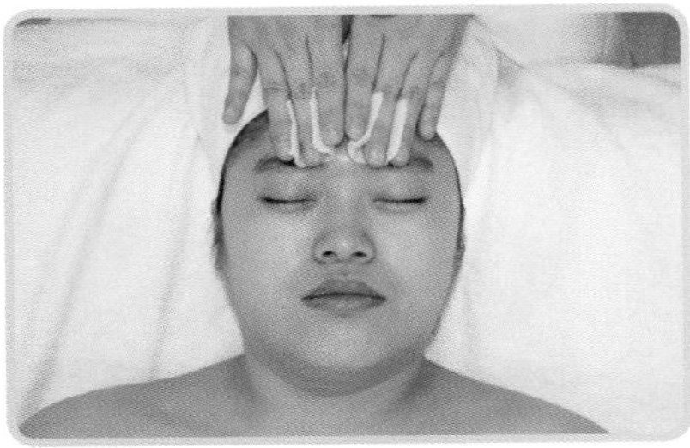
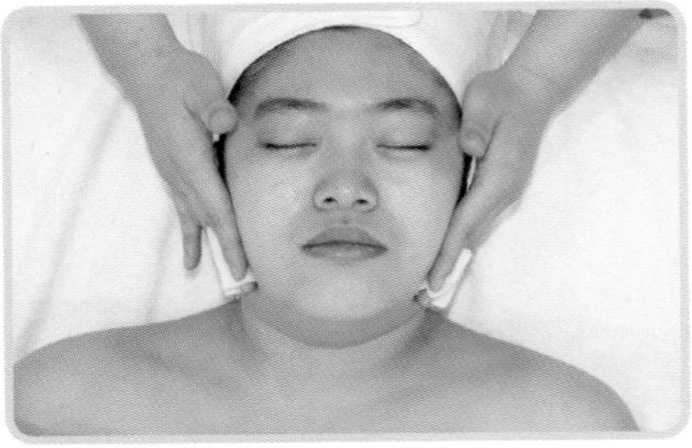
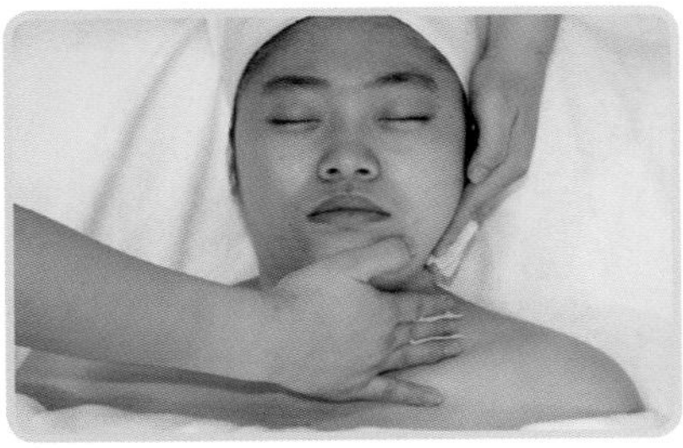
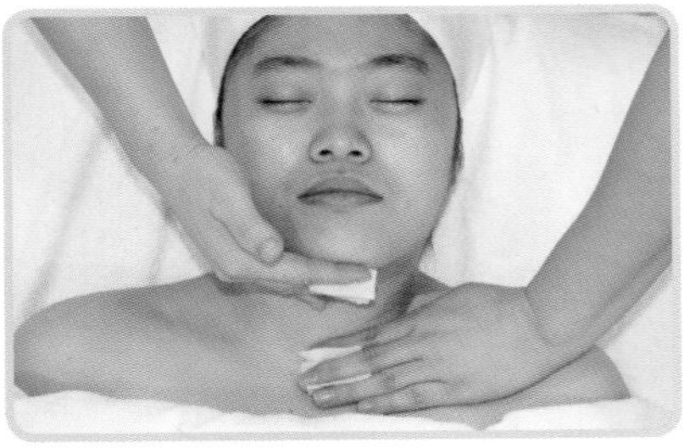
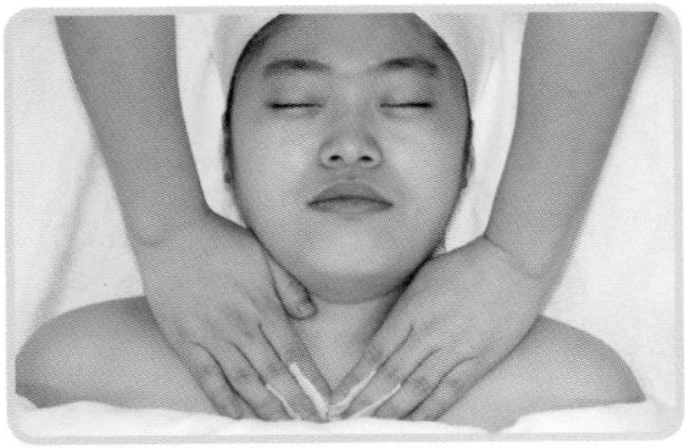
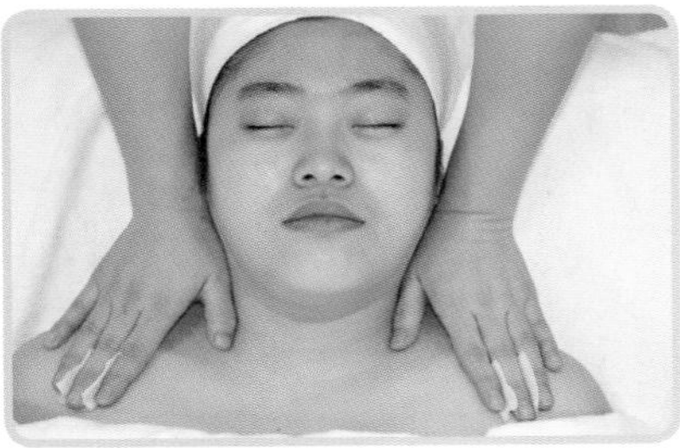

Chapter 6

매뉴얼테크닉(손을 이용한 피부관리)

15분

사전 체크사항

준 비 물 마사지크림 혹은 오일, 해면, 습포, 토너

작업순서 크림이나 오일 준비하기 → 도포하기 → 매뉴얼테크닉(손을 이용한 피부관리) → 닦아내기(해면 → 온습포) → 토너정리

1. 준비하기

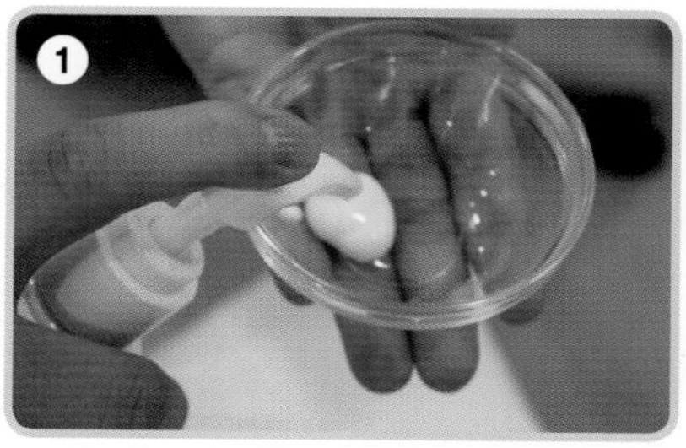

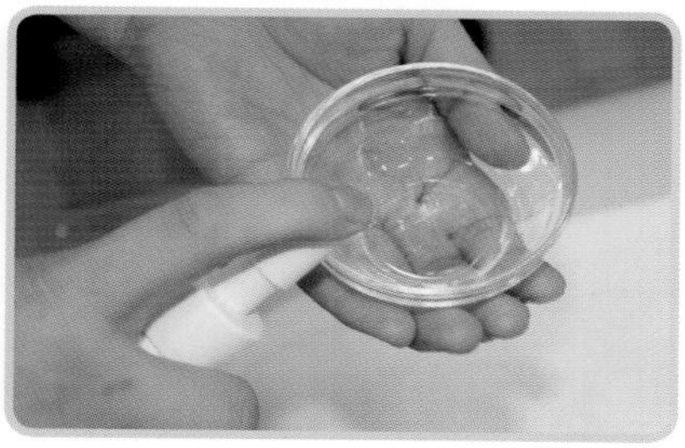

❶ 유리볼에 적당량의 크림이나 오일을 준비한다.

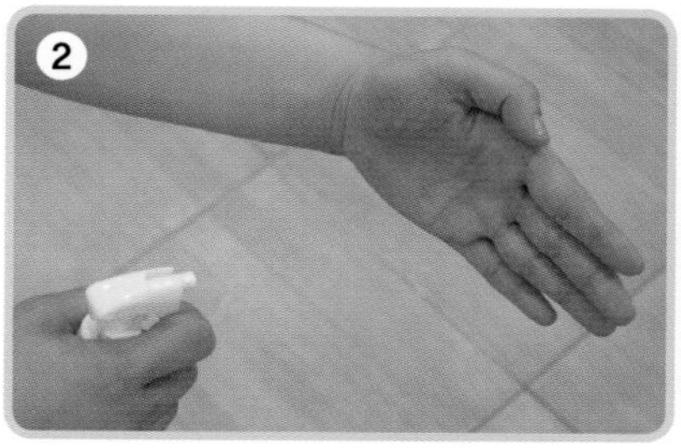

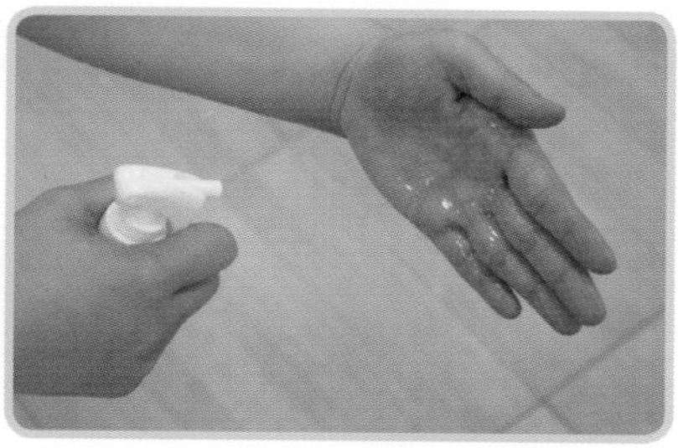
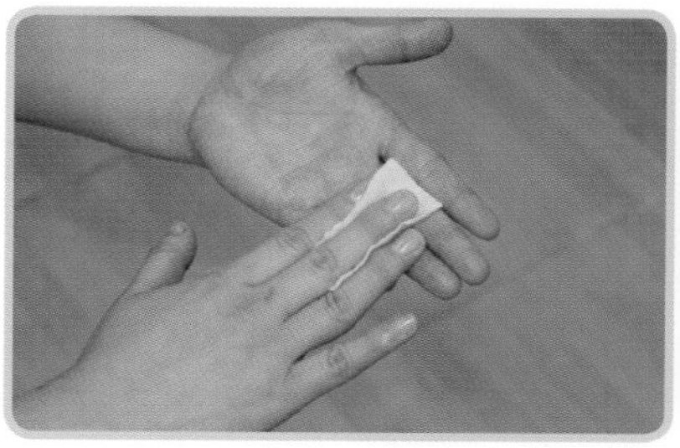
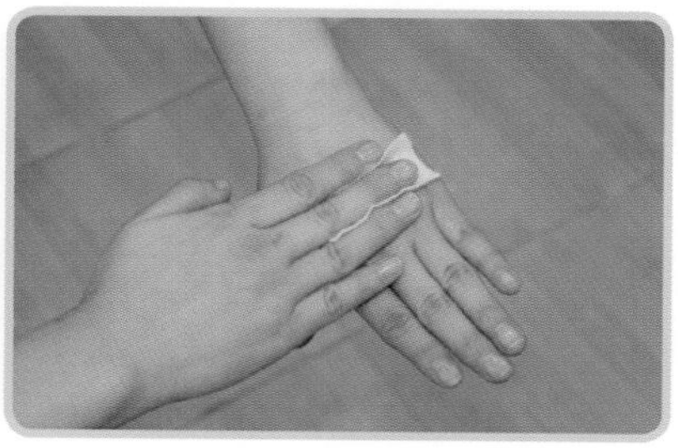

❷ 알코올을 손 전체에 골고루 뿌려 소독하거나 알코올솜으로 손 전체를 골고루 소독한다.

2. 도포하기

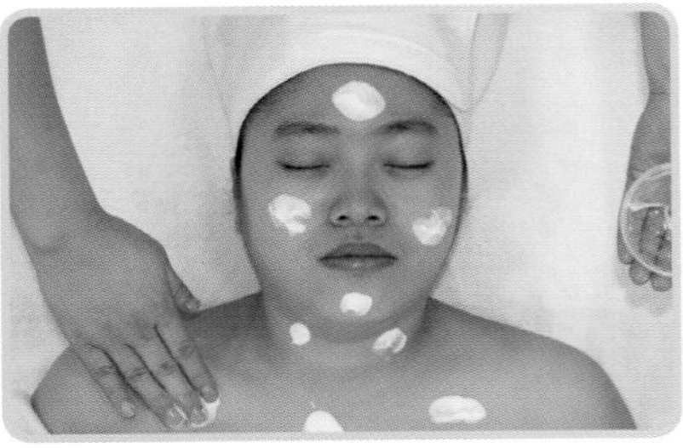

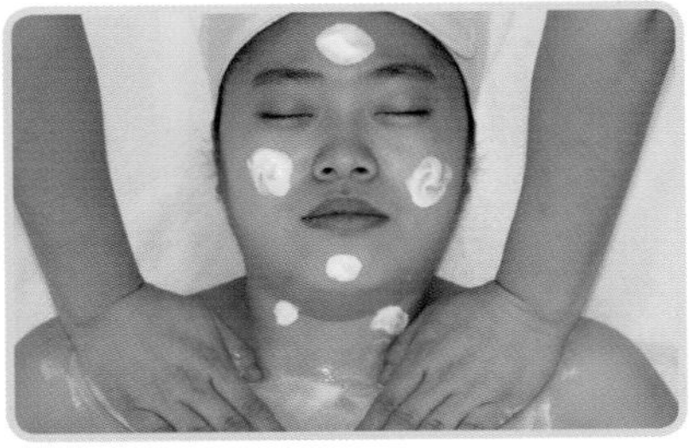

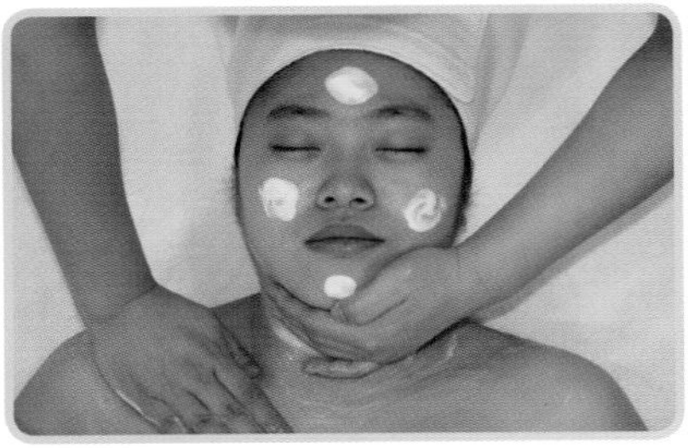

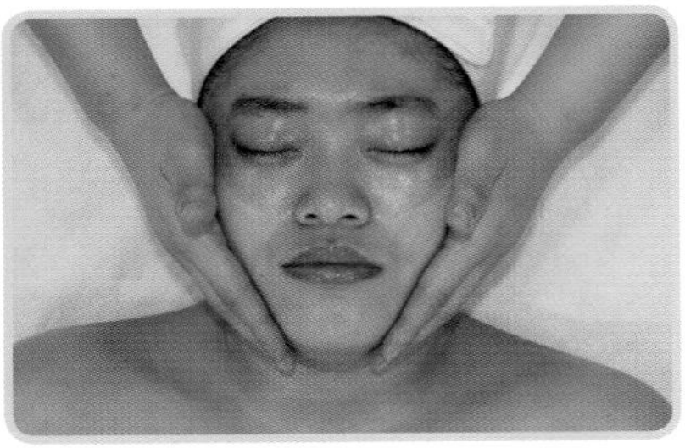

크림이나 오일을 적당량 손에 덜어 얼굴과 데콜테에 골고루 도포한다.

3. 매뉴얼테크닉

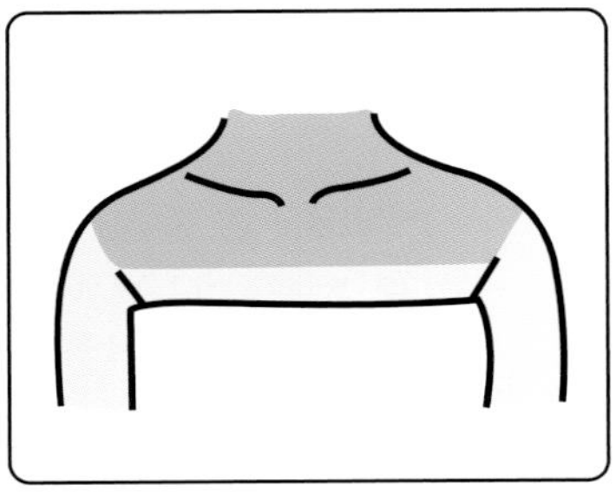

매뉴얼테크닉 관리 범위

① 매뉴얼테크닉

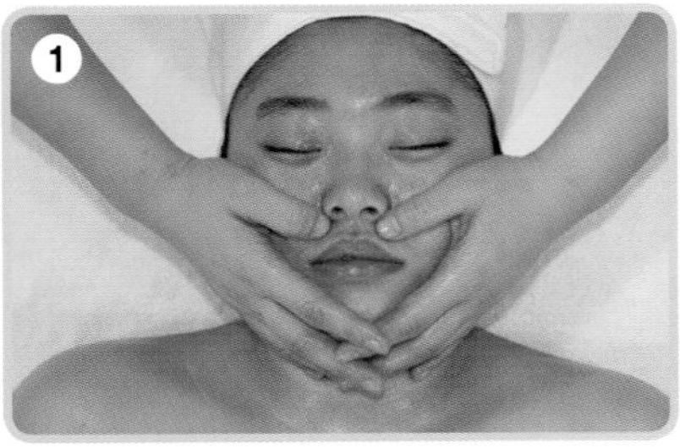

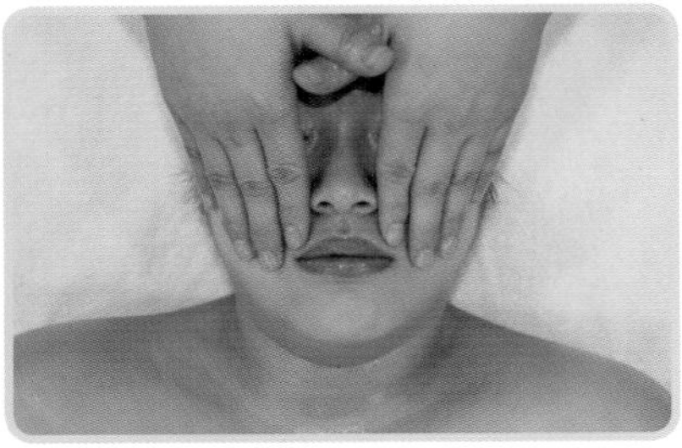

❶ 턱에 양손을 깍지 끼고 코벽을 타고 올라와 이마를 지긋이 감싸고 관자놀이를 타고 내려온다.

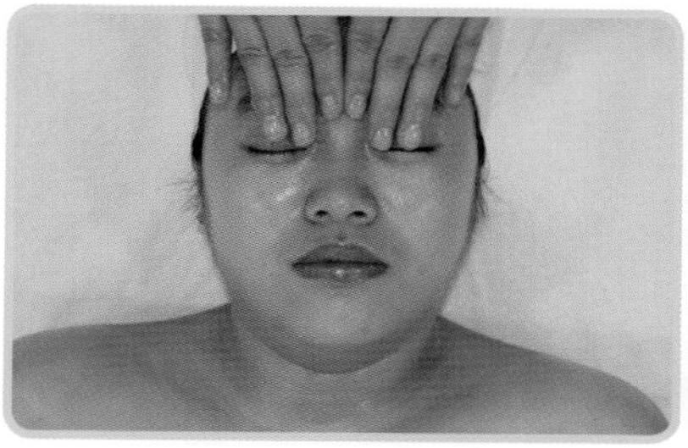
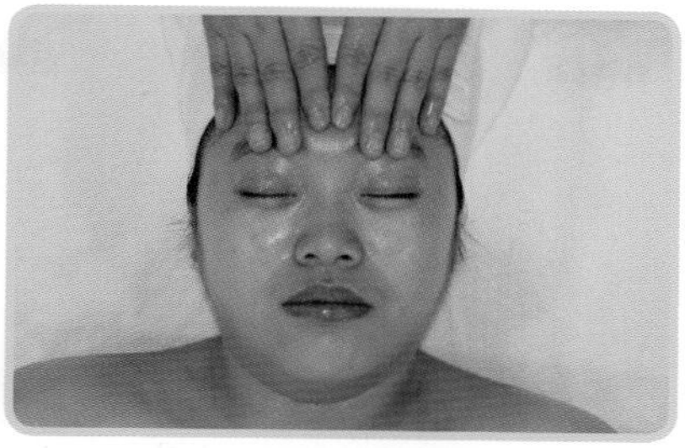
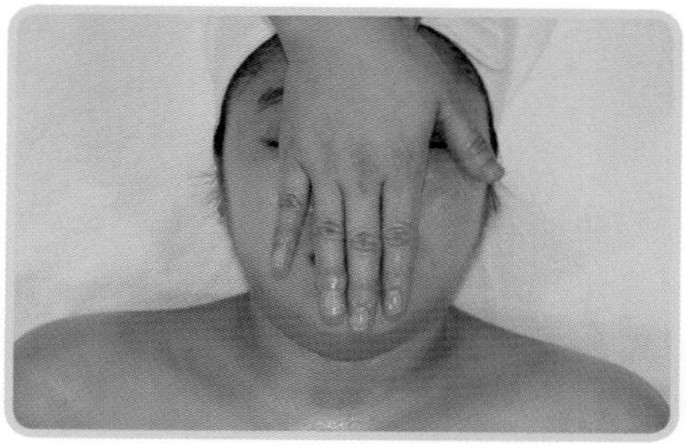
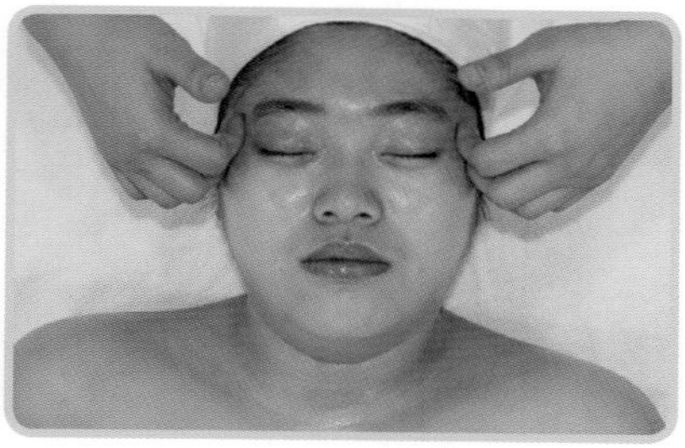
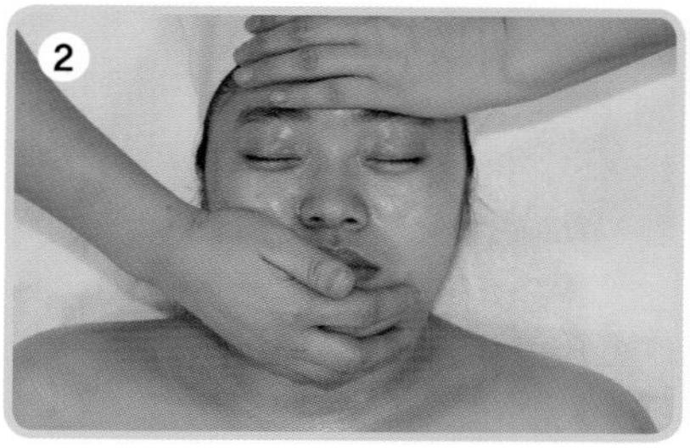

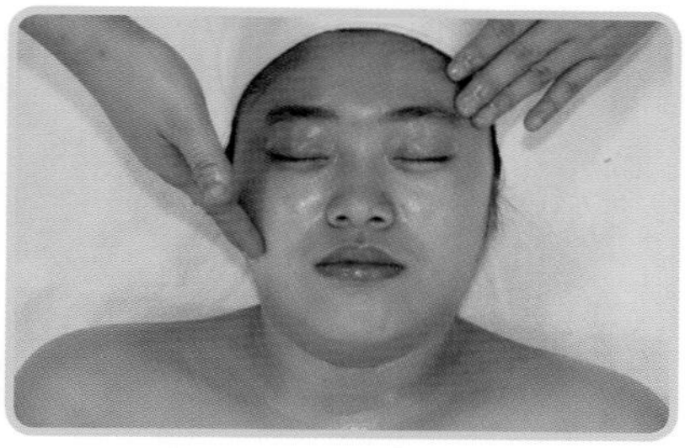

❷ 양 손을 번갈아 지긋이 이마와 턱을 감싸 준다.

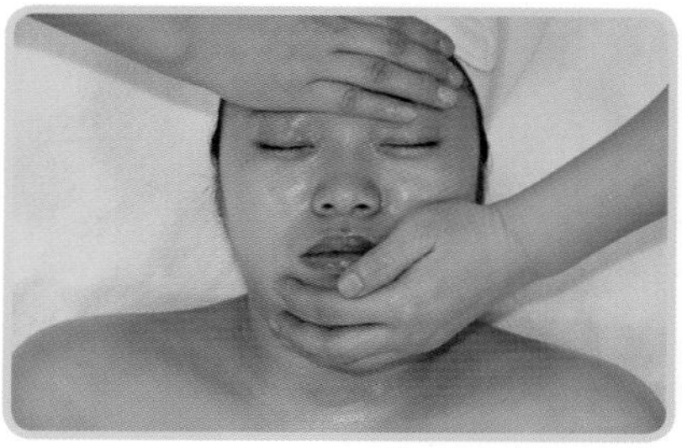
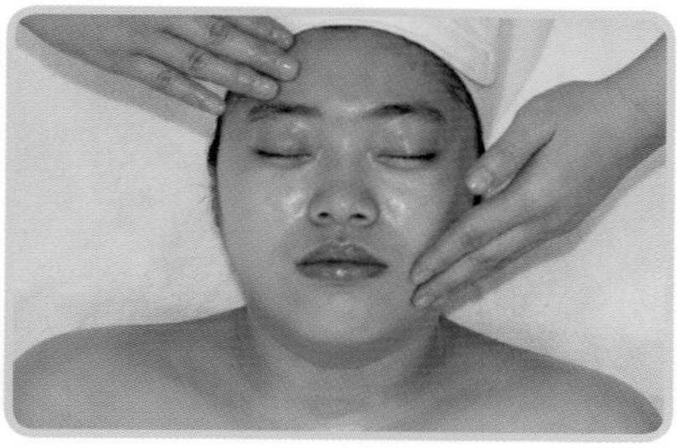
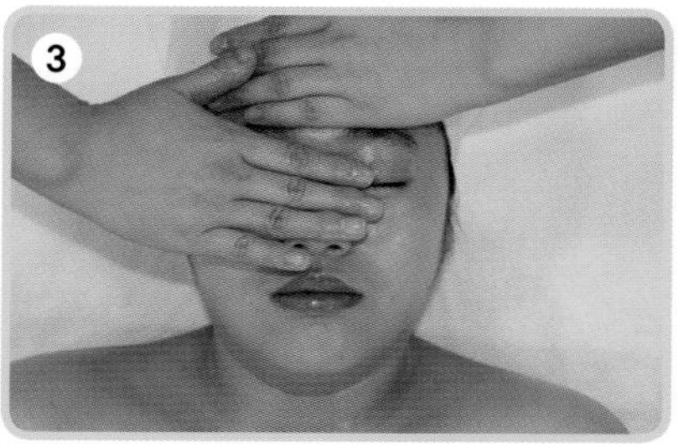

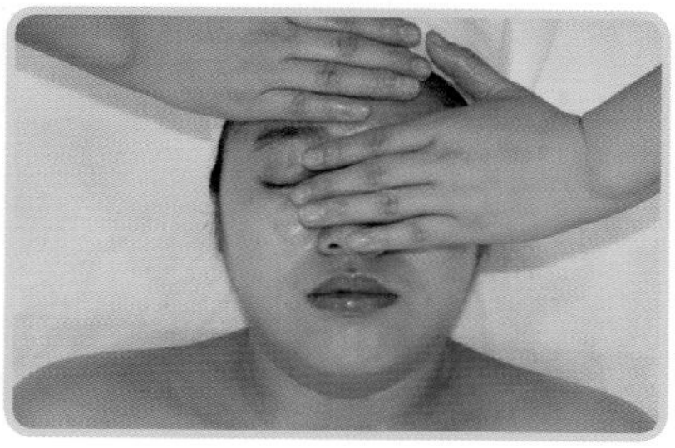

❸ 이마를 세로로 쓰다듬는다. 양 손은 교차시키며 이마를 세로로 올리며 쓸어준다.

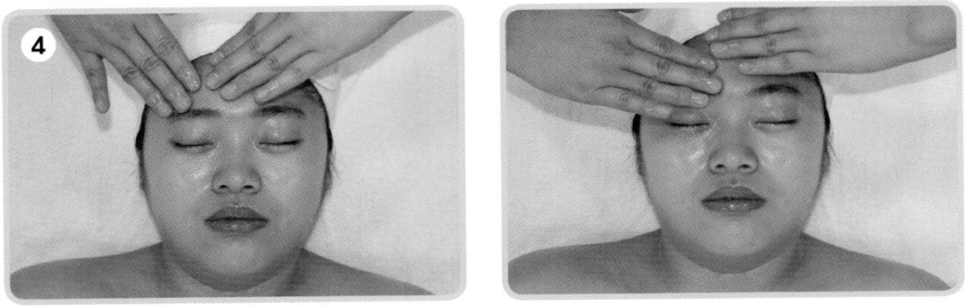

④ 양 손을 번갈아 이마를 나선형으로 그리듯이 둥글려가며 문지르기 한다.

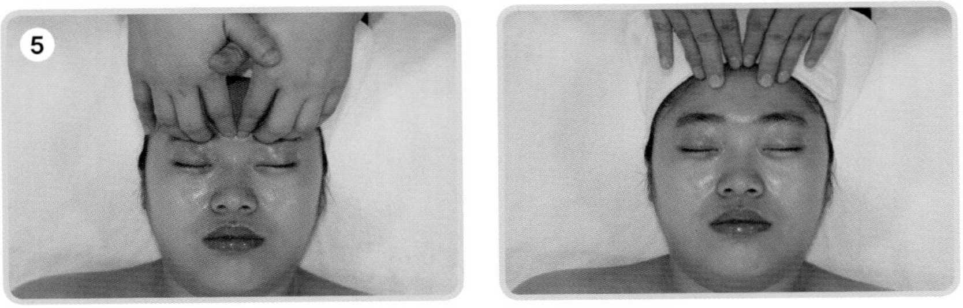

⑤ 양손을 깍지 끼고 양손의 네 손가락으로 눈썹 위에서부터 이마 끝까지 올렸다 내렸다 하며 쓸어준다.

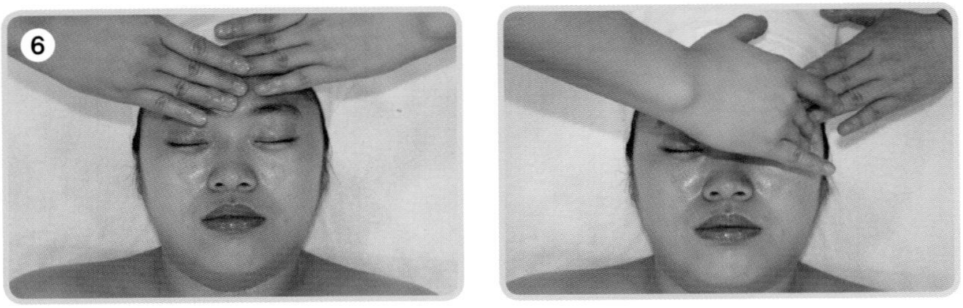

⑥ 양손의 중지와 약지를 이용하여 이마를 지그재그로 문지른다. 이마는 한 번 더 쓸어준다.

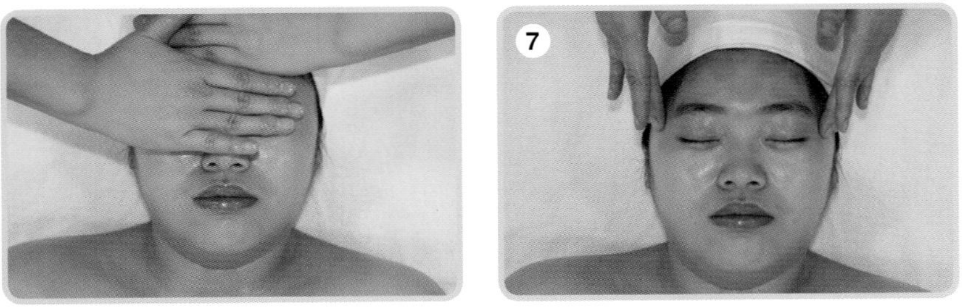

⑦ 양손의 중지와 약지로 관자놀이를 올렸다 내렸다 한다.

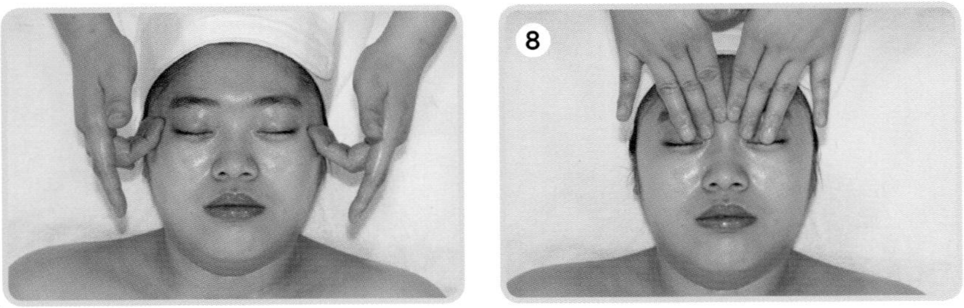

⑧ 양손의 검지와 중지로 눈썹 방향대로 눈썹을 쓸어주며 관자놀이를 지나 광대뼈 밑을 돌아 눈 주변 원을 크게 그린다.

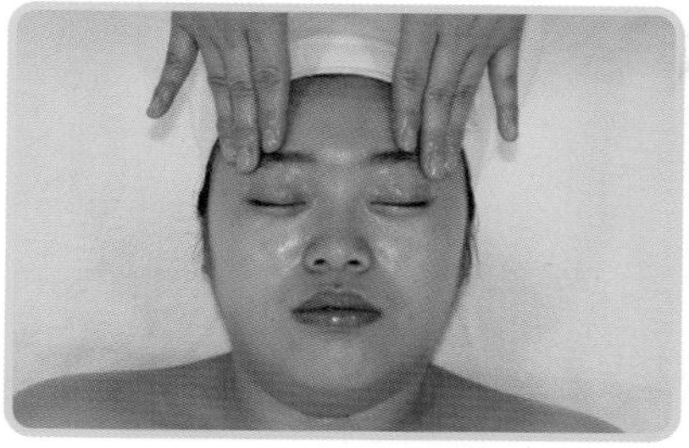

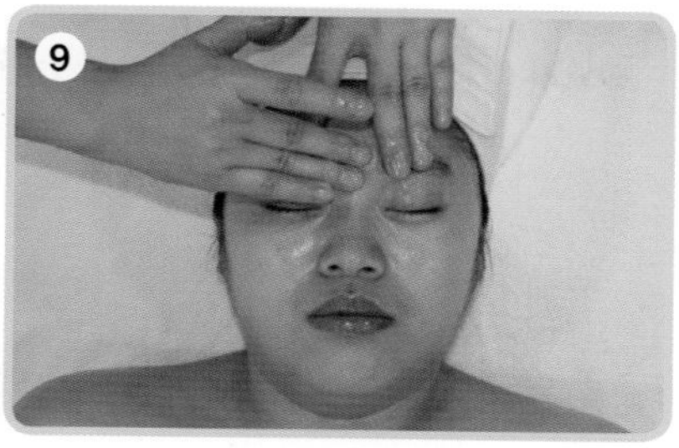

⑨ 왼손의 중지와 검지를 벌려주고 오른손의 중지와 약지를 붙여서 나선형 그리듯이 미간 부위부터 이마 중앙을 둥글려준다.

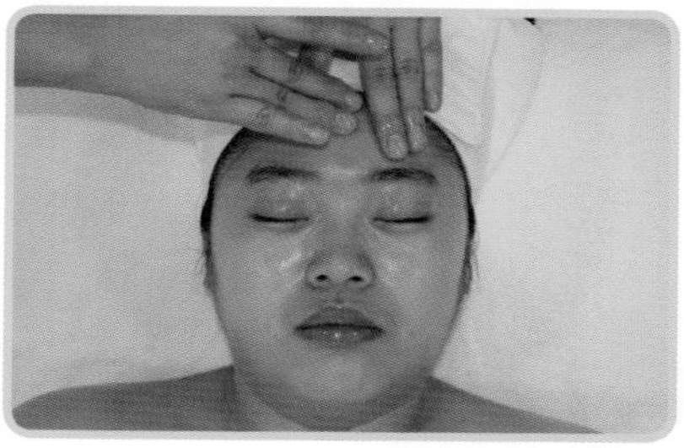

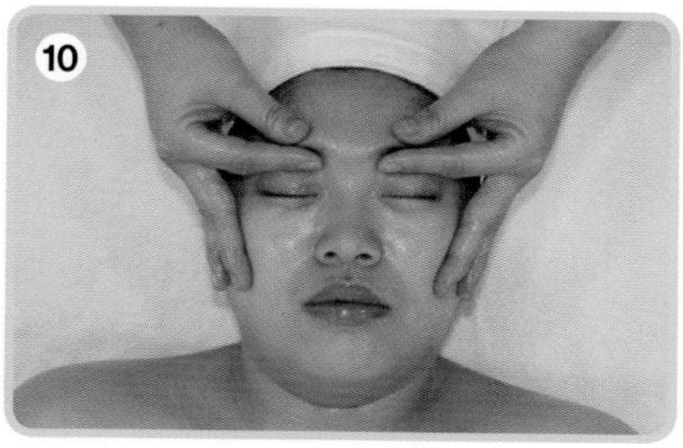

⑩ 양손의 엄지와 검지로 눈썹머리에서 눈썹꼬리 쪽으로 집어주는데 양쪽 동시에 한다.

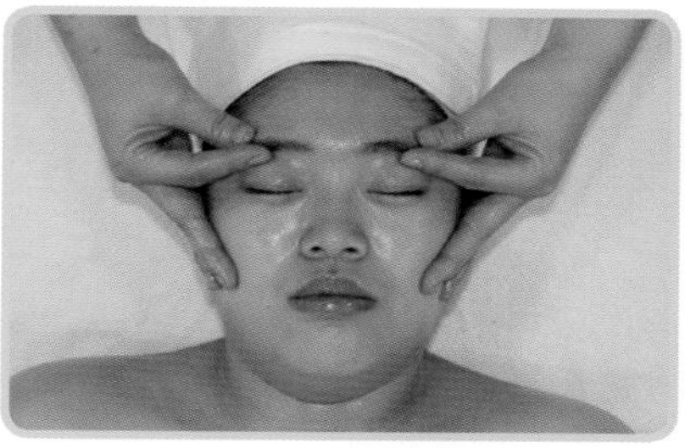

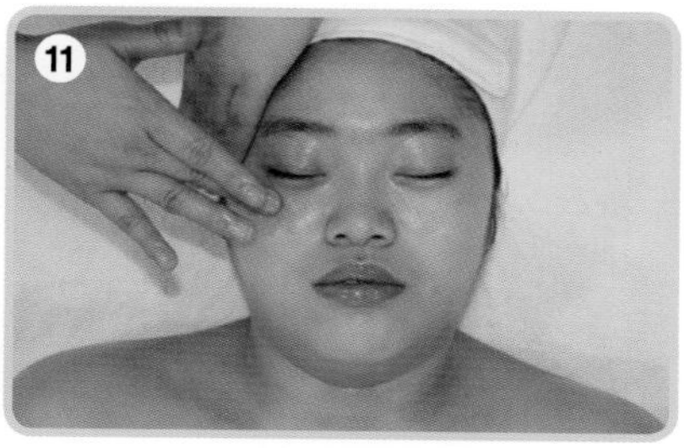

⑪ 양손 중지와 약지로 눈 밑에서 눈꼬리 쪽으로 번갈아 쓸어올리기를 하는데 오른쪽에서 왼쪽으로 한 쪽씩 해준다.

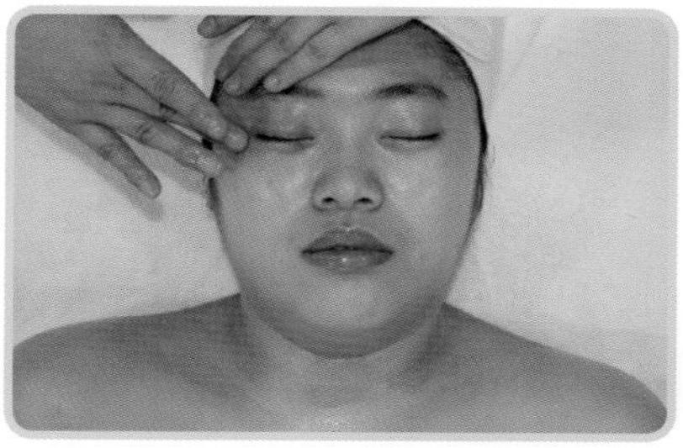

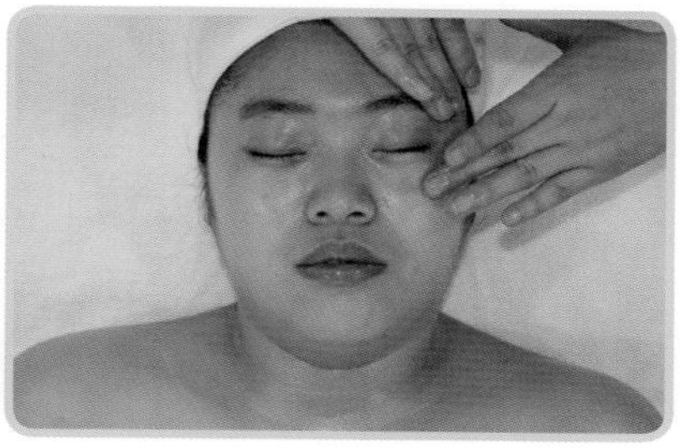

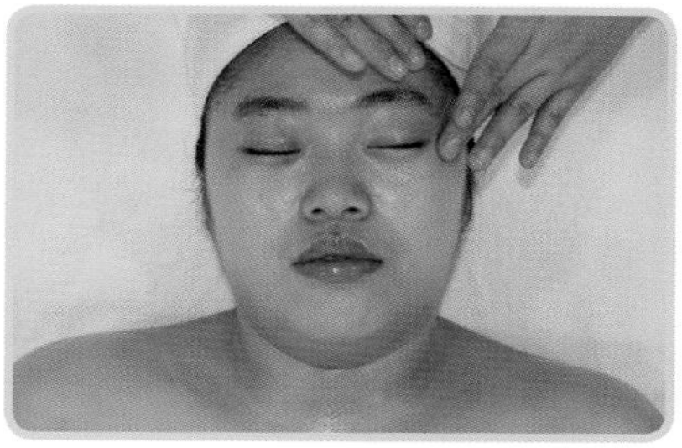

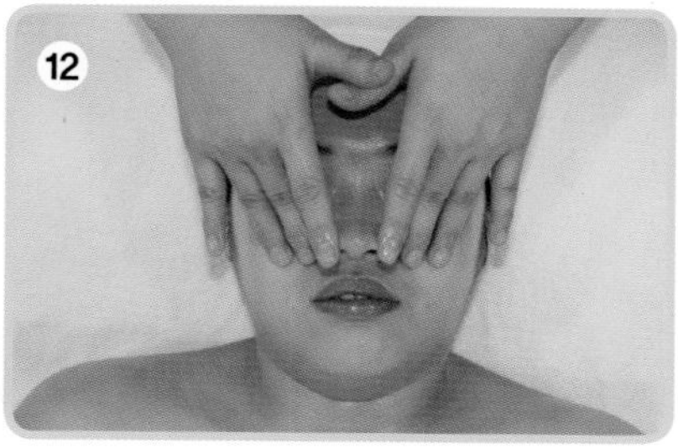

⑫ 양손을 깍지 끼고 중지와 약지로 양쪽 콧망울 옆을 굴려준다.

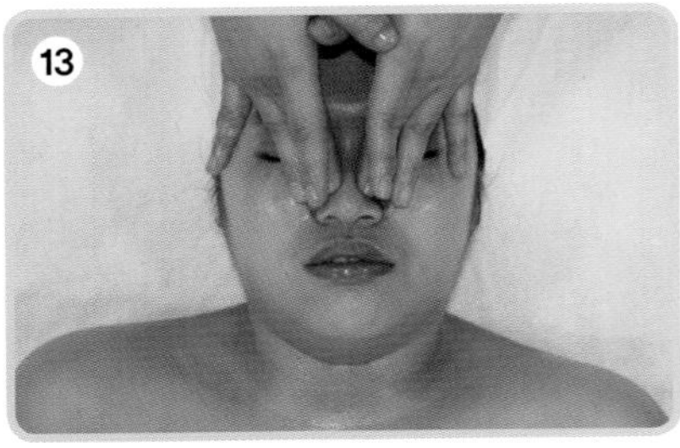

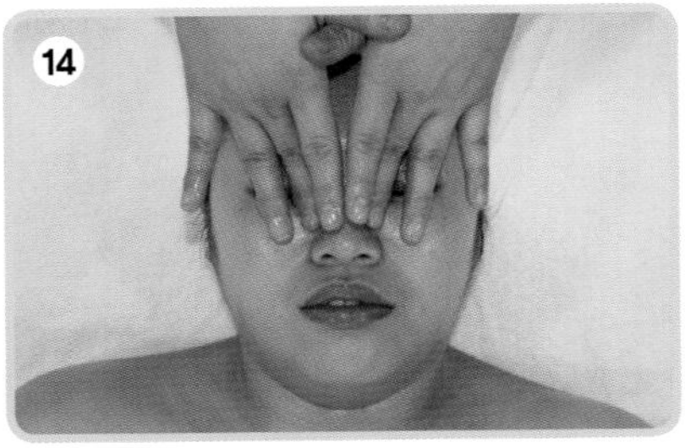

⑬ 중지로 콧망울을 굴려준다.
⑭ 양손을 깍지 끼고 중지를 이용하여 양쪽 콧망울 옆에서 코벽을 타고 이마 중앙 끝까지 쓸어올리는 동작을 3회 한 후 콧등에서 이마 중앙 끝까지 쓸어올리는 동작을 3회 번갈아 해준다.

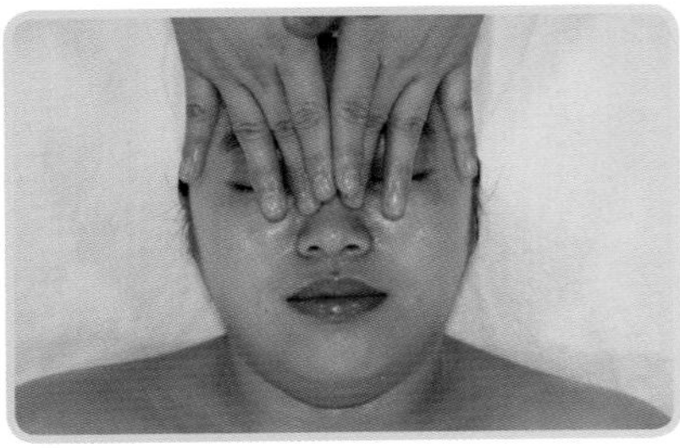

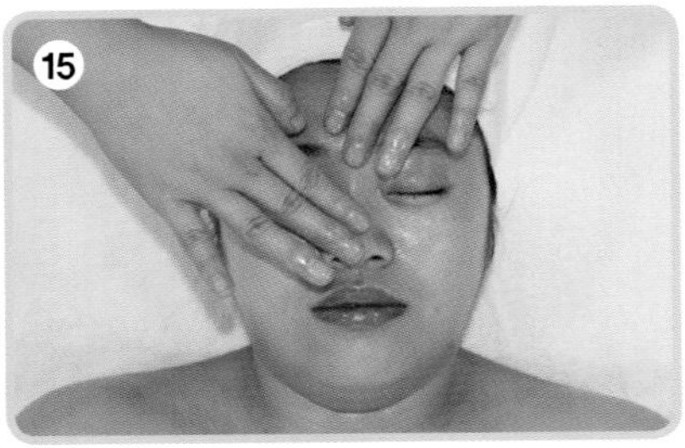

⑮ 양손의 검지와 중지를 붙여서 콧등에서 이마 중앙 끝까지, 콧망울 옆에서 이마까지를 양손 교대로 번갈아 쓸어올린다.

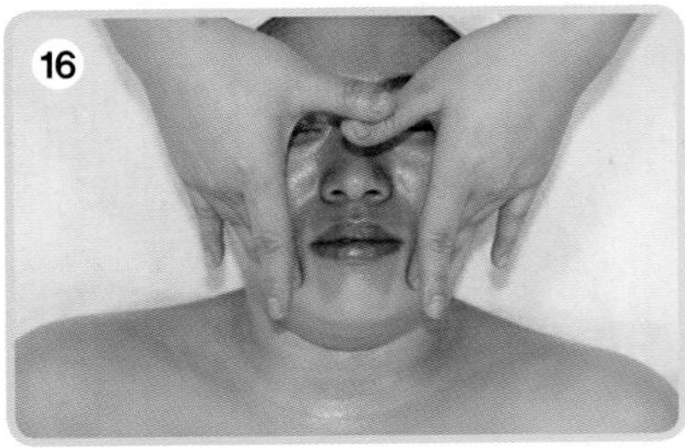

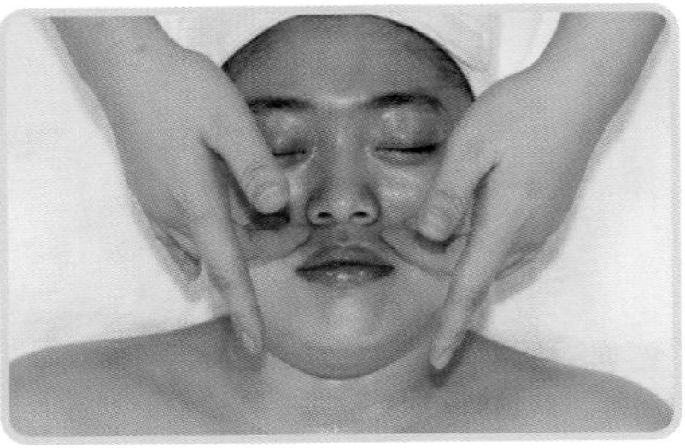

⑯ 양손의 중지와 약지를 이용하여 턱 밑에서 콧망울 옆까지 팔자주름 부위를 쓸어올린다.

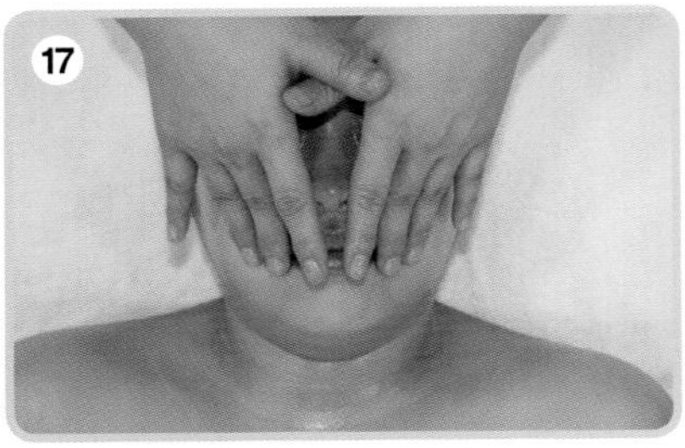

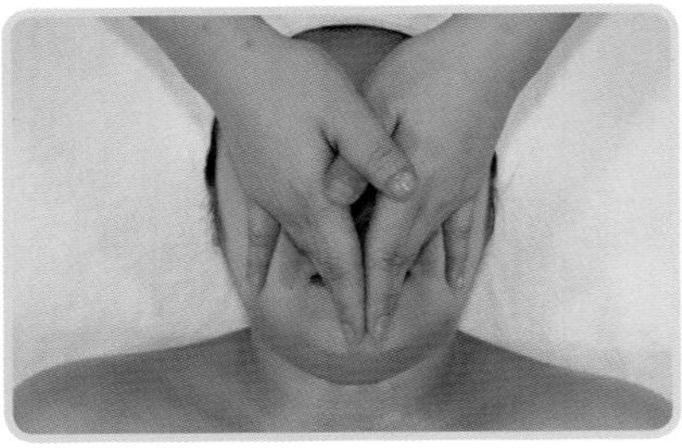

⑰ 양손의 중지와 약지로 입 주변 원을 그리며 입꼬리를 지그시 끌어올린다.

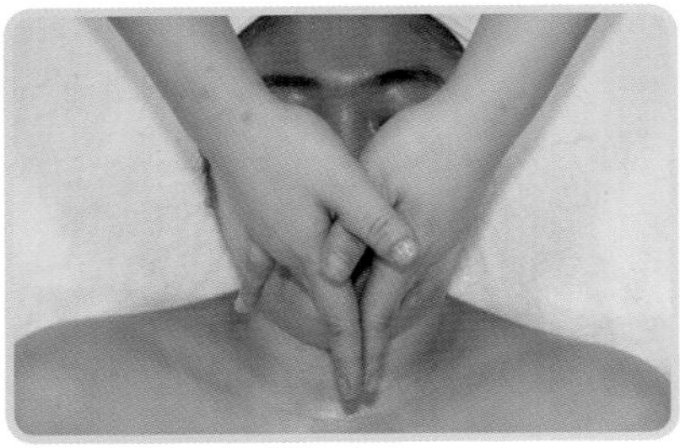

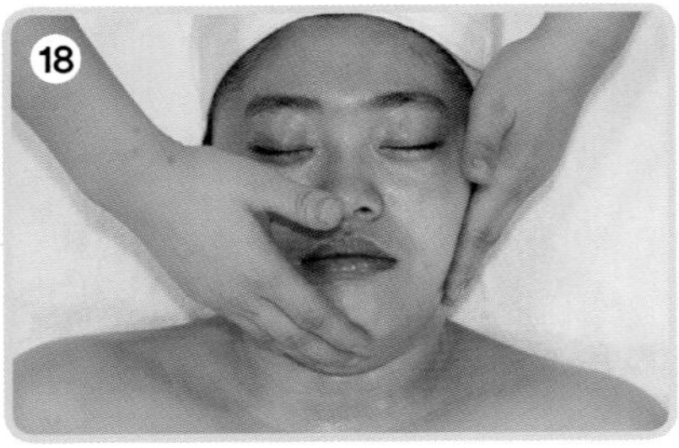

⑱ 입술을 검지와 중지 사이에 두고 쓸어주며 턱선을 잡아가며 쓰다듬기한다.

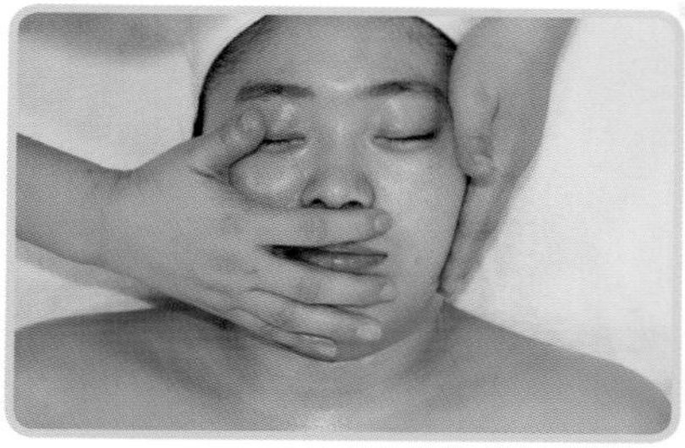
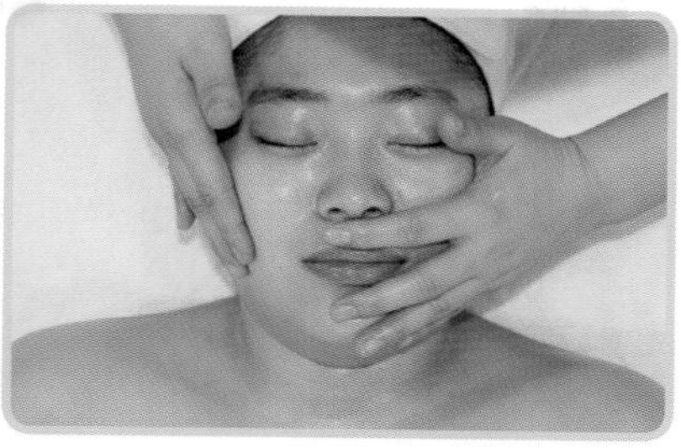

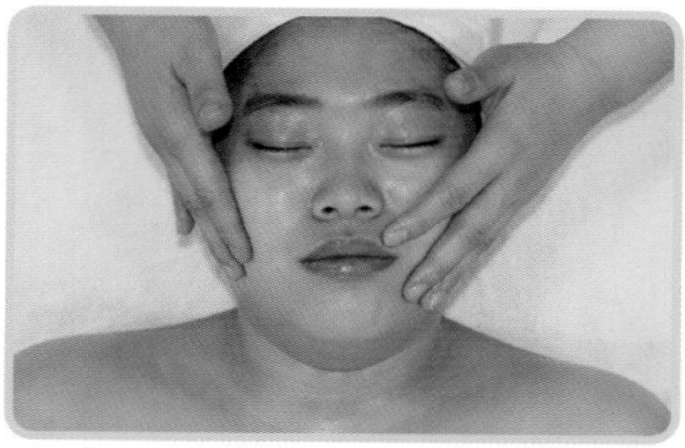
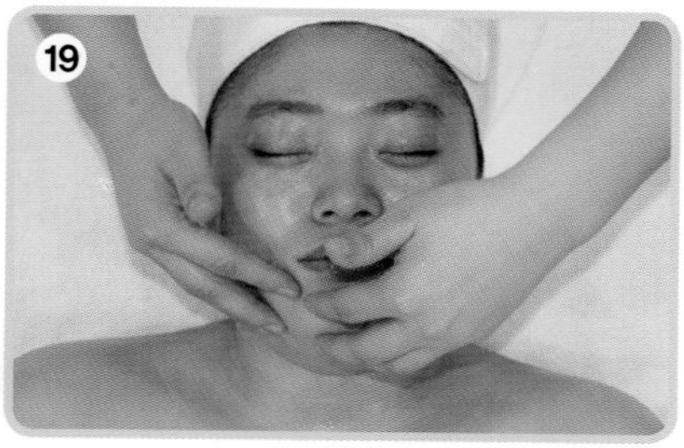

⑲ 양 손을 번갈아 나선형 그리듯이 턱 선을 둥글려준다.

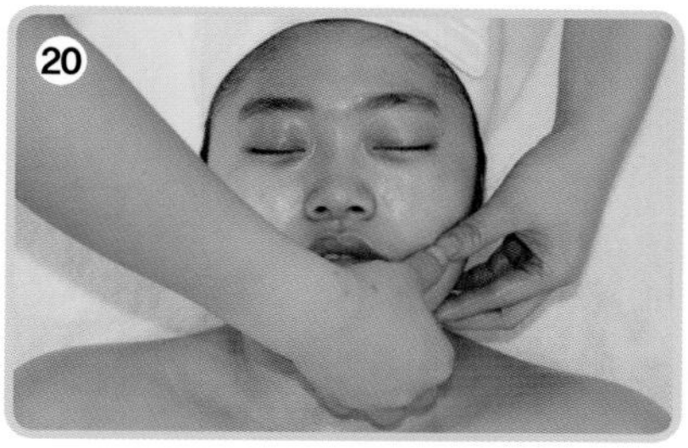

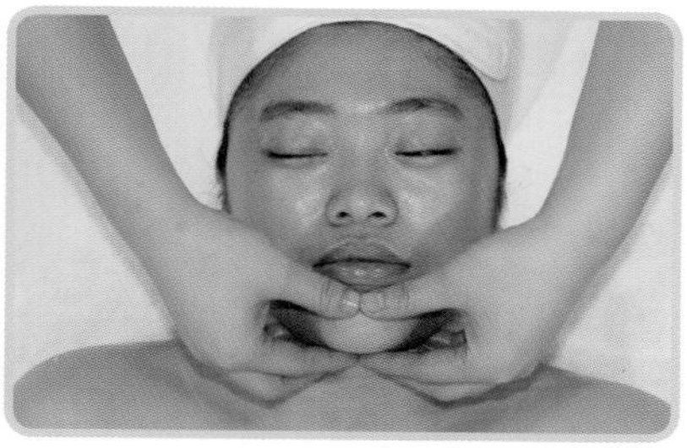

⑳ 양쪽 네 손가락은 턱 밑을 받치고 양쪽 엄지는 턱을 집어주듯이 턱선을 왔다 갔다 하며 부드럽게 반죽하기한다.

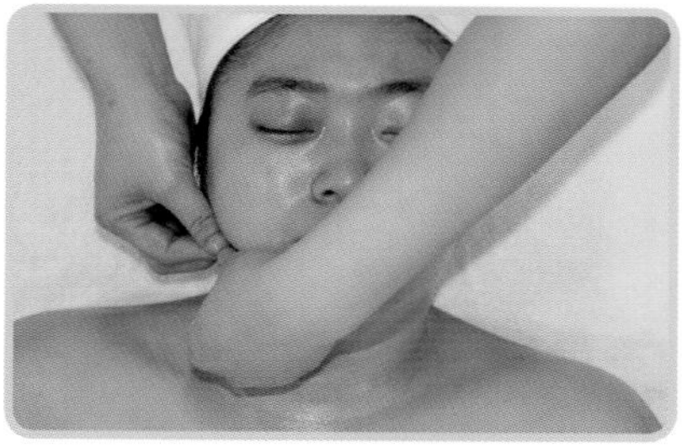
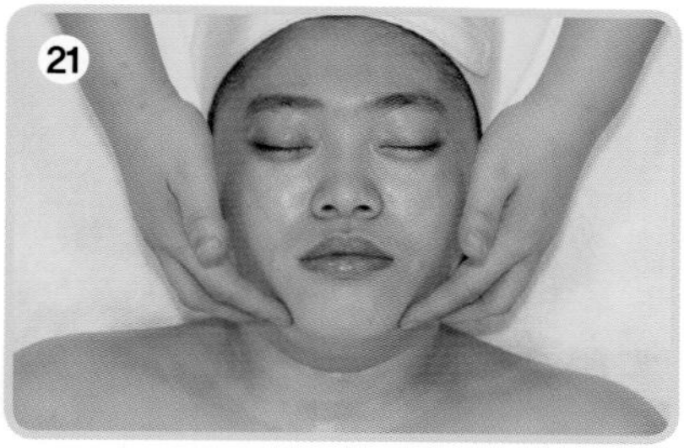

㉑ 양손 같이 동시에 턱선을 둥글려준다.

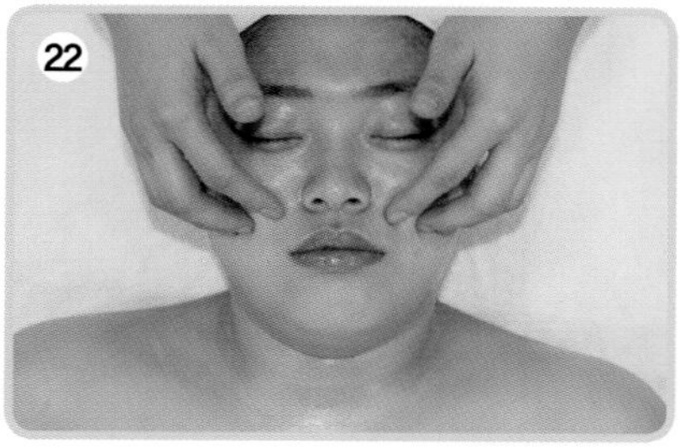

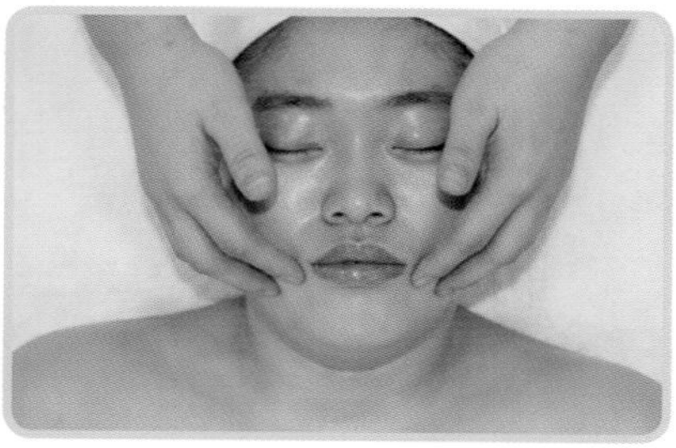

㉒ 양쪽 네 손가락으로 볼을 3등분(턱 중앙에서 귀 밑, 입술꼬리에서 귀 앞, 코 옆에서 관자놀이까지)으로 나선 모양으로 둥글게 굴려가며 양쪽 볼을 둥글리기 한다.

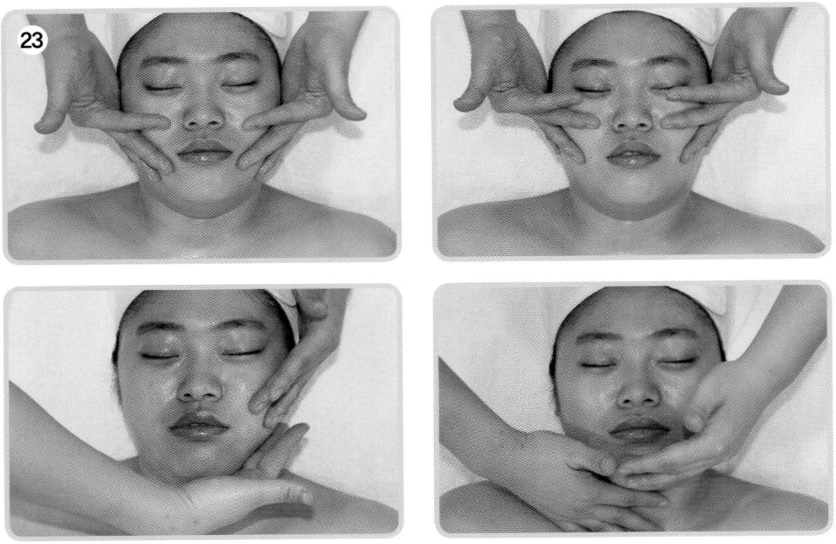

㉓ 볼 바이브레이션 한 쪽 볼씩 양손으로 떨어주고, 양볼 동시에 떨어주기도 한다.

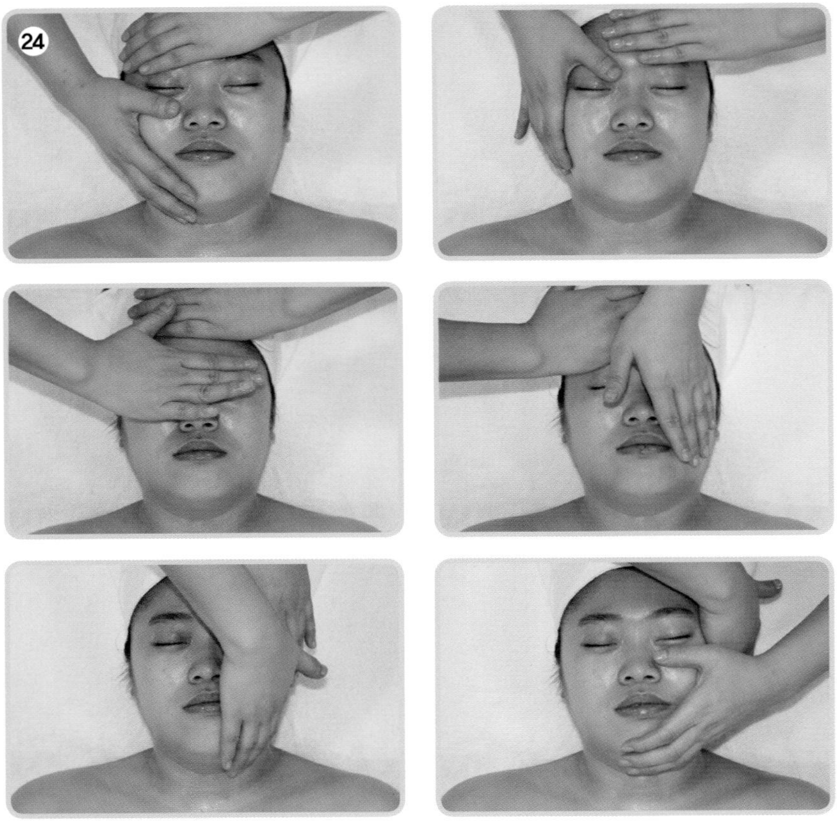

㉔ 양손을 교대로 하여 피부결 방향대로 쓸어준다. 오른쪽 턱 → 오른쪽 볼 → 이마 → 왼쪽 볼 → 왼쪽 턱 순으로 얼굴을 부드럽게 감싸며 쓰다듬기 한다.

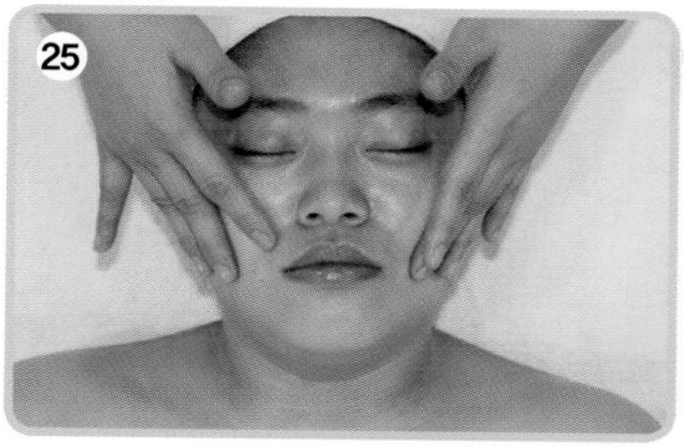

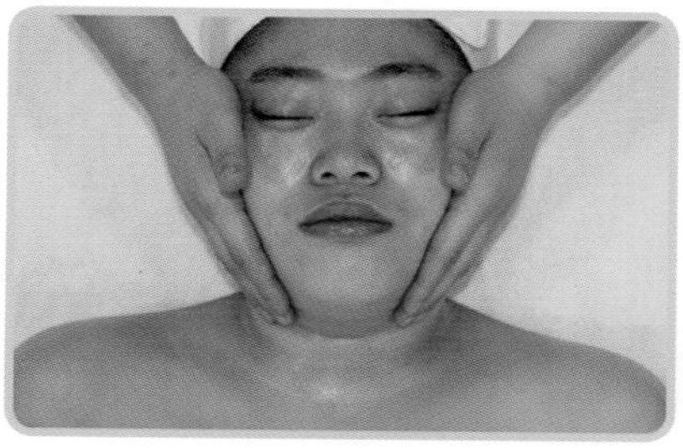

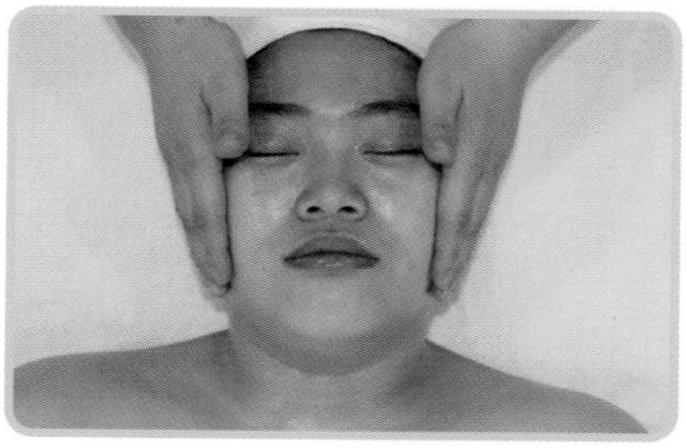

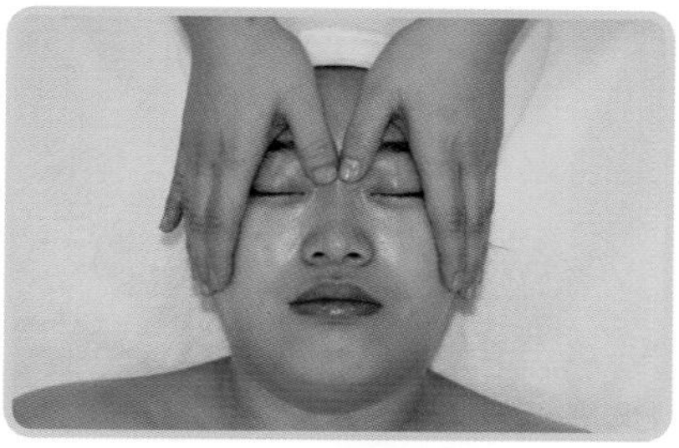

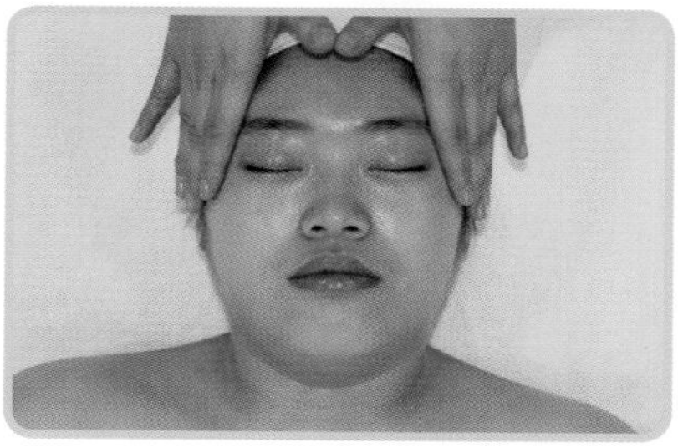

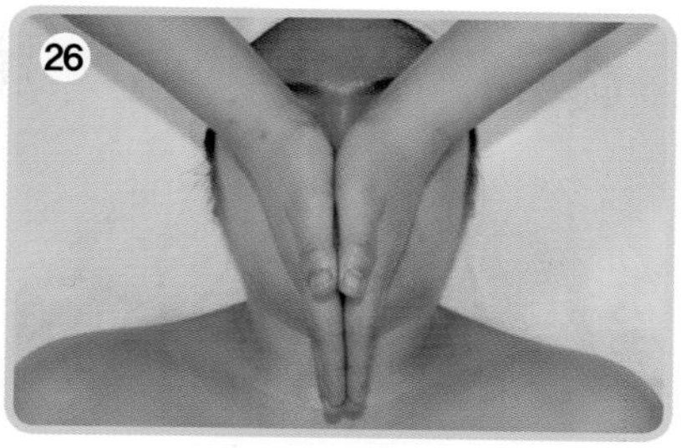

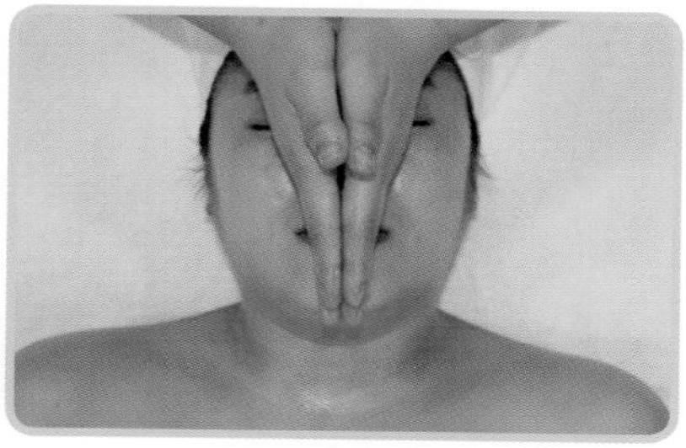

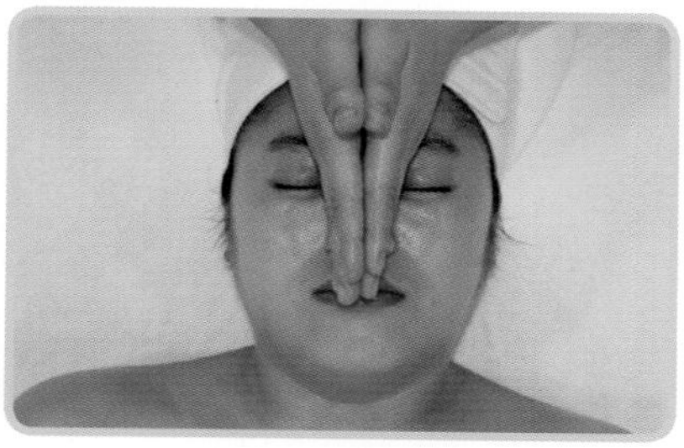

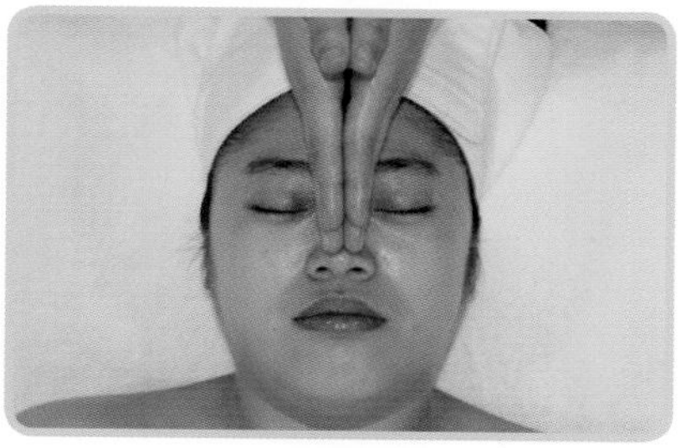

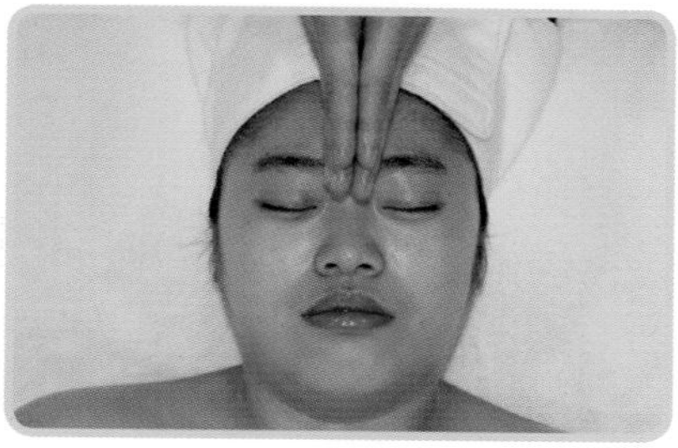

㉕ 피아노 치듯 얼굴 전체를 손끝으로 가볍게 두드리기 한다.

㉖ 턱에서부터 시작하여 이마까지 바깥 방향으로 펼쳐가며 얼굴 전체를 쓰다듬기 한다.

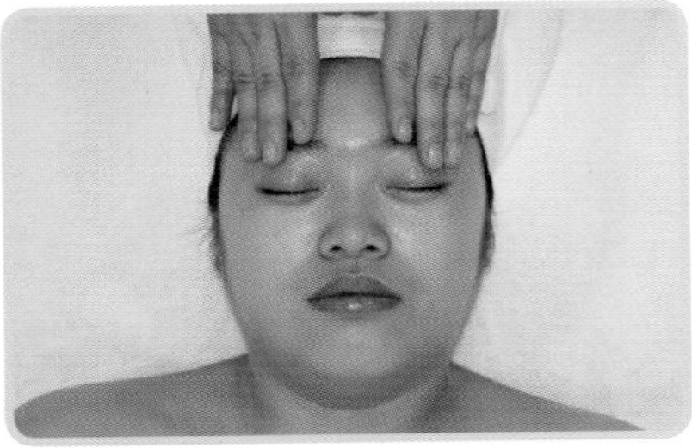
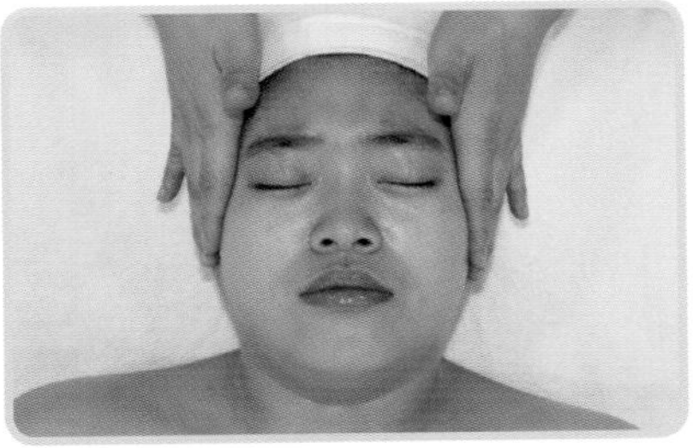
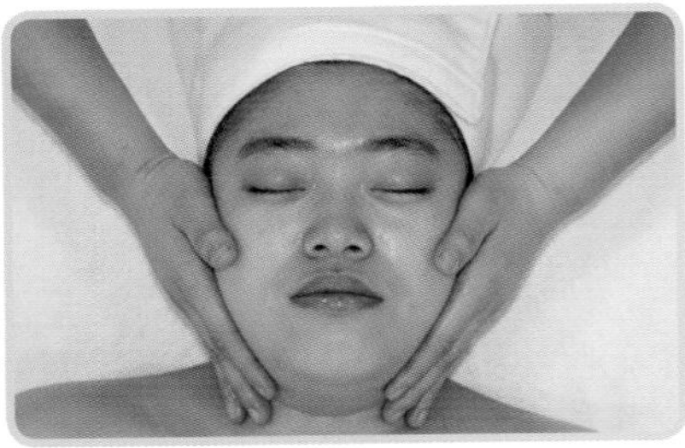
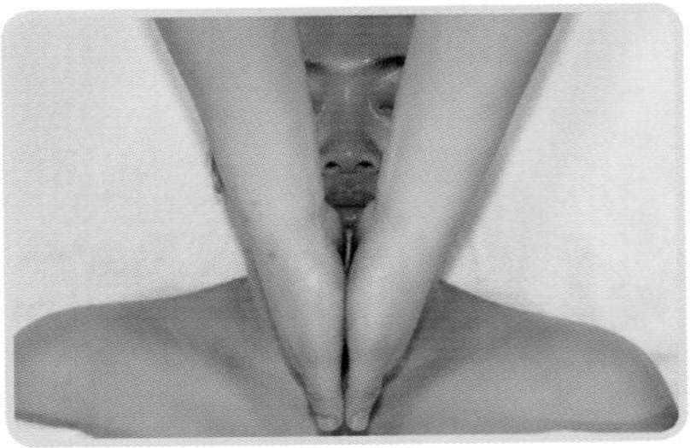
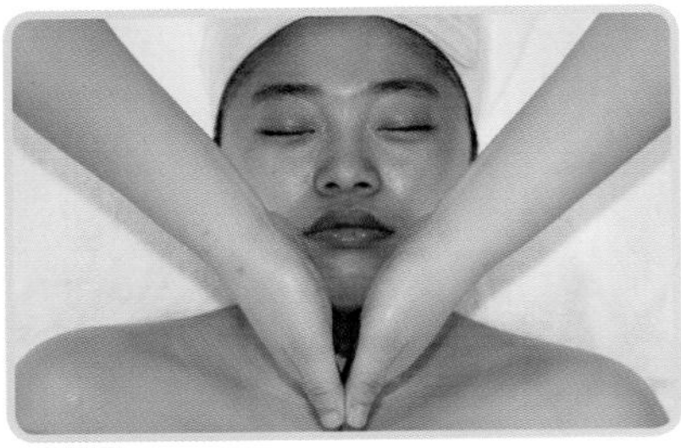
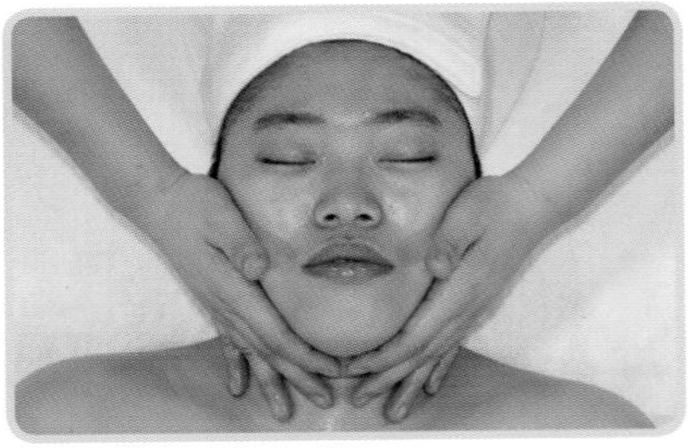
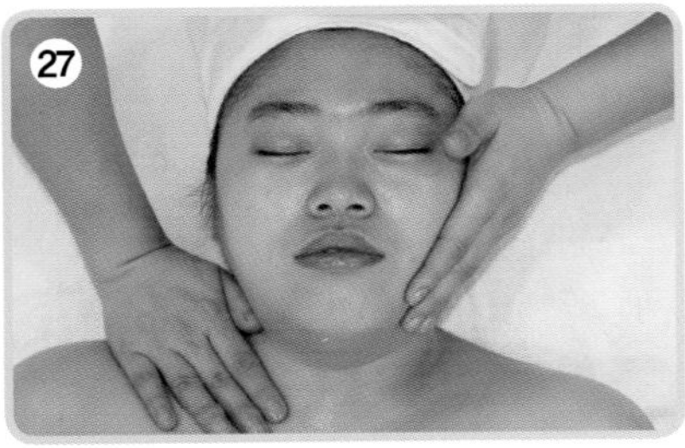

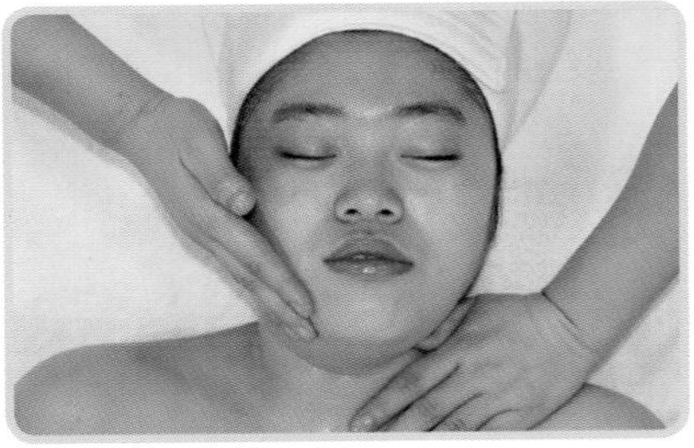

㉗ 목 중앙 – 양손을 교대로 내렸다가 목 옆선 쪽으로 끌어올리며 쓰다듬기 한다.

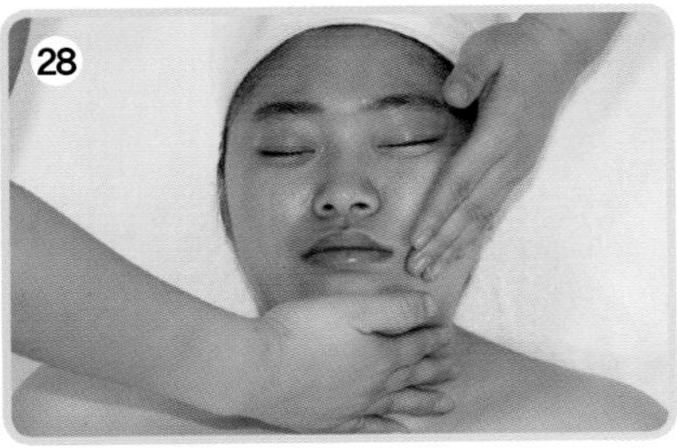

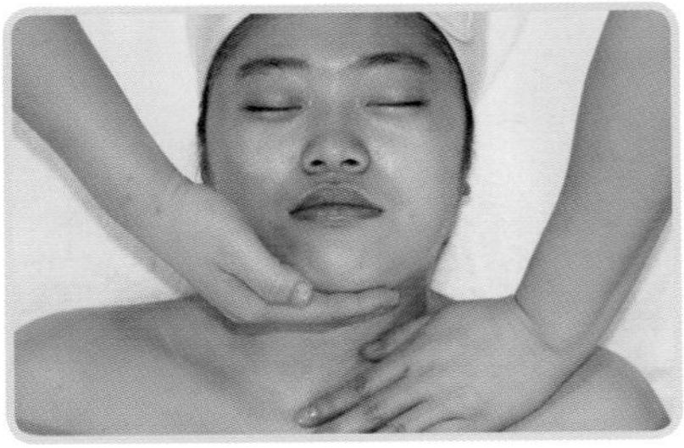

㉘ 양손을 교대로 턱 쪽으로 목을 쓸어올린다.

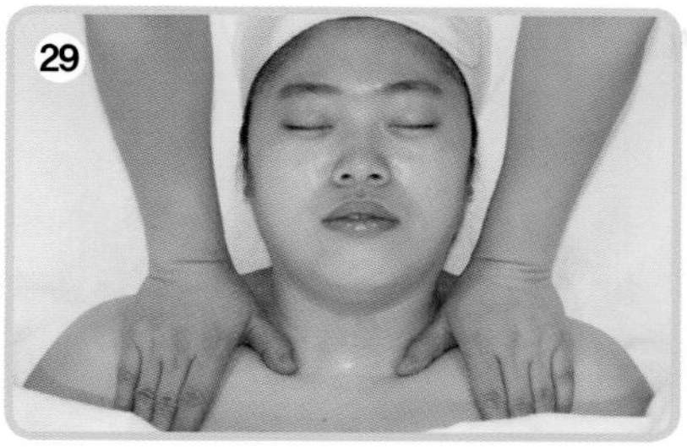

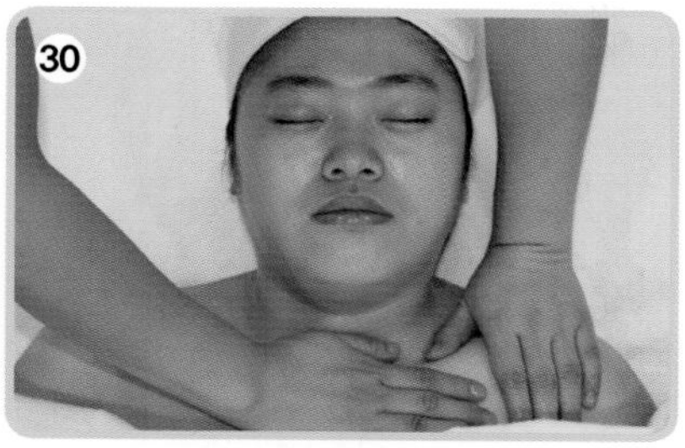

㉙ 쇄골 아래는 30cm 이상 넘어가지 않도록 주의한다.

㉚ 오른손, 왼손을 교대로 데콜테를 가로로 왔다 갔다 하며 쓰다듬기 한다.

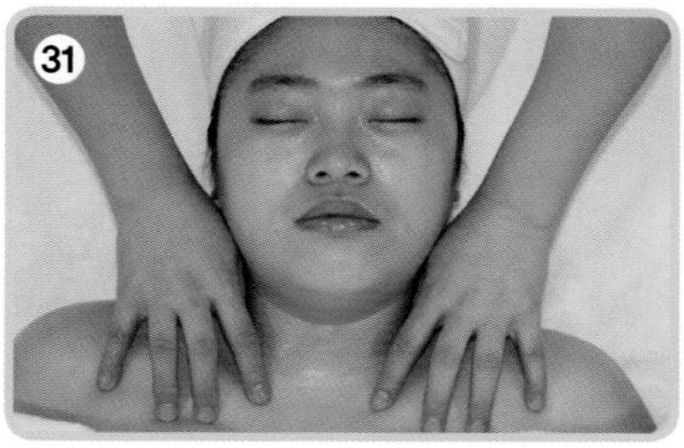

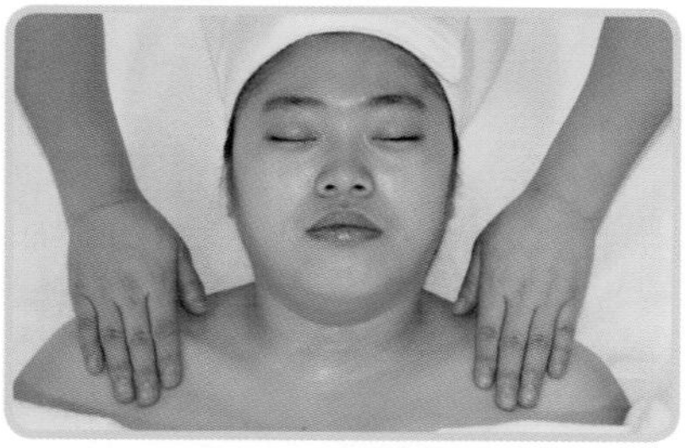

㉛ 양쪽 네 손가락을 넓게 펼쳐가며 원을 그리듯이 문지르기 한다.

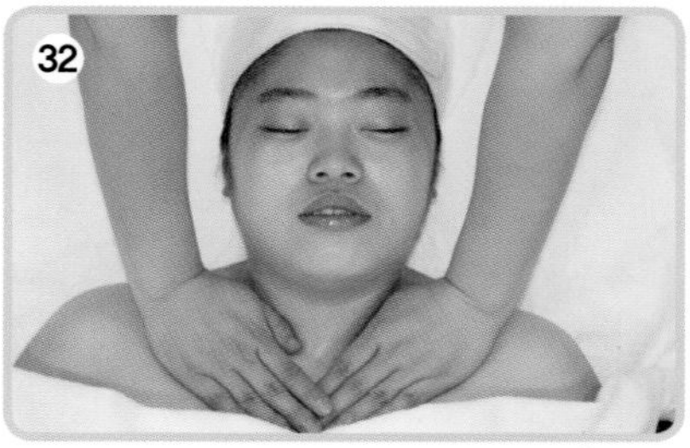

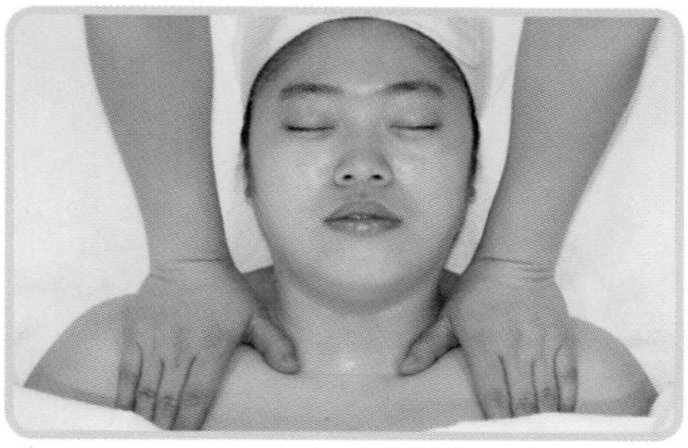

㉜ 오른손, 왼손을 교대로 데콜테를 가로로 왔다 갔다 하며 쓰다듬기로 마무리한다(2번 반복).

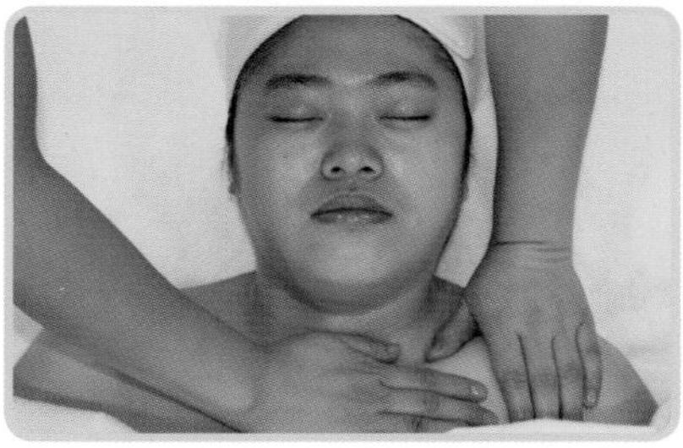

② 해면으로 닦아내기

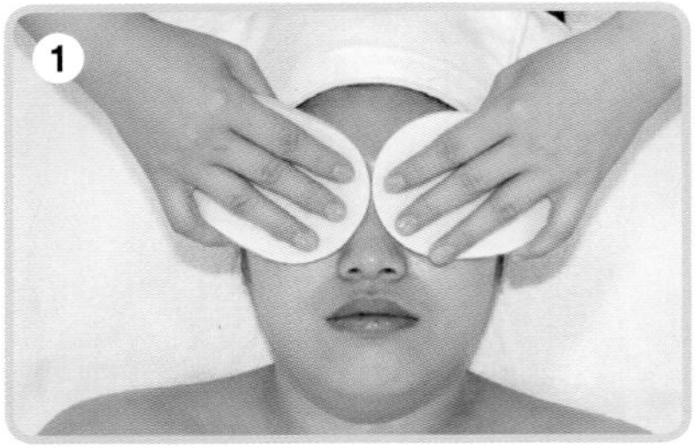

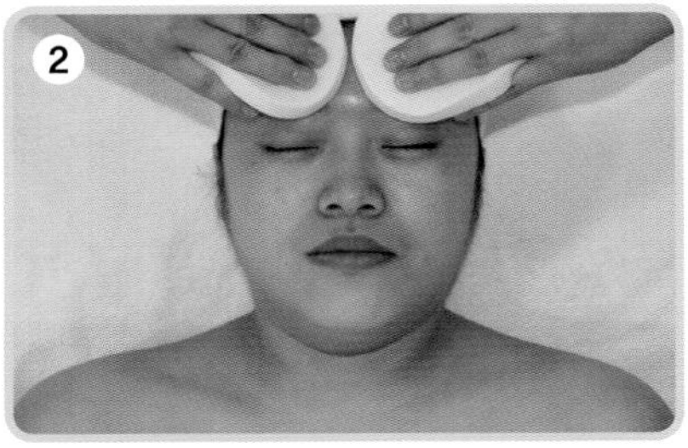

❶ 양쪽 눈 안쪽에서 눈꼬리 방향으로 닦는다.

❷ 눈썹 앞머리에서 관자놀이까지 닦는다.

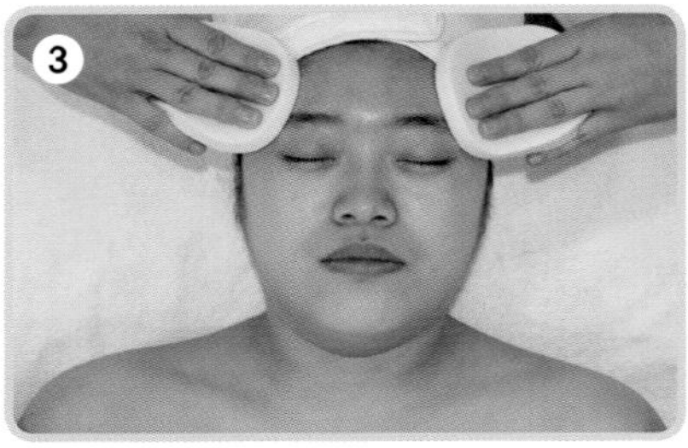

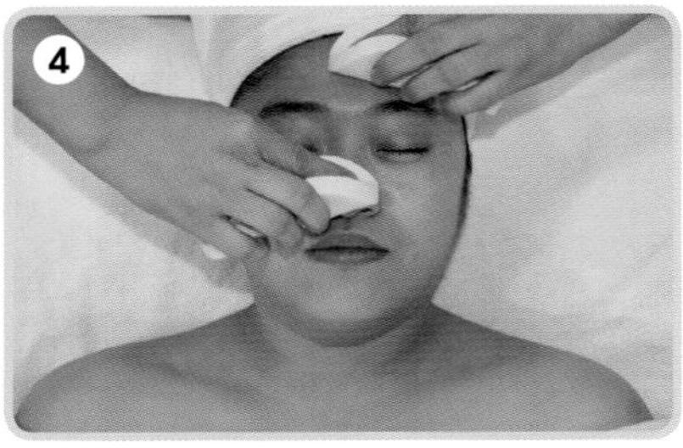

❸ 이마 윗부분을 헤어라인을 타고 가며 관자놀이까지 닦는다.

❹ 콧등과 코벽을 아래로 닦는다.

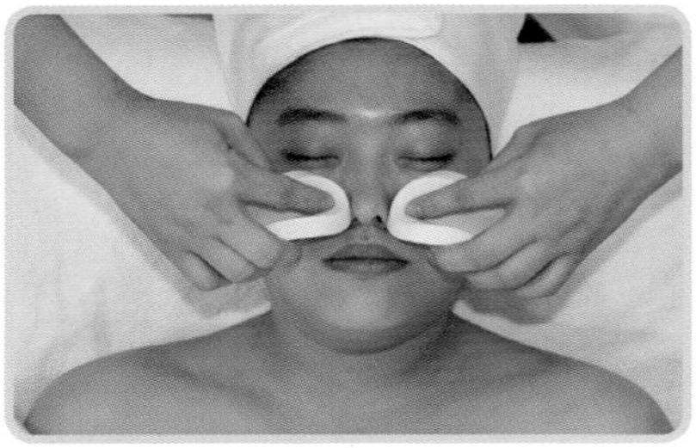

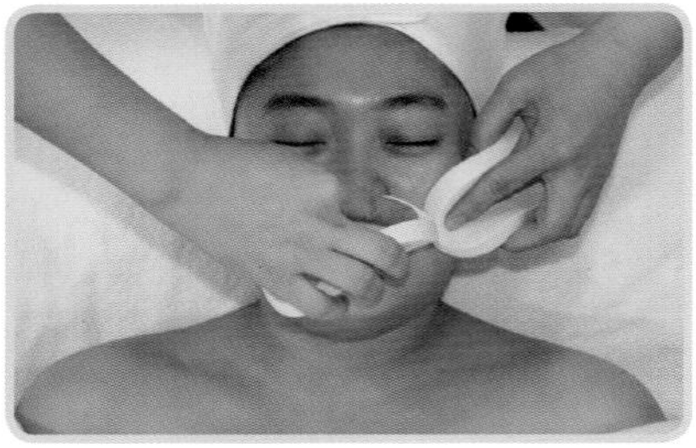

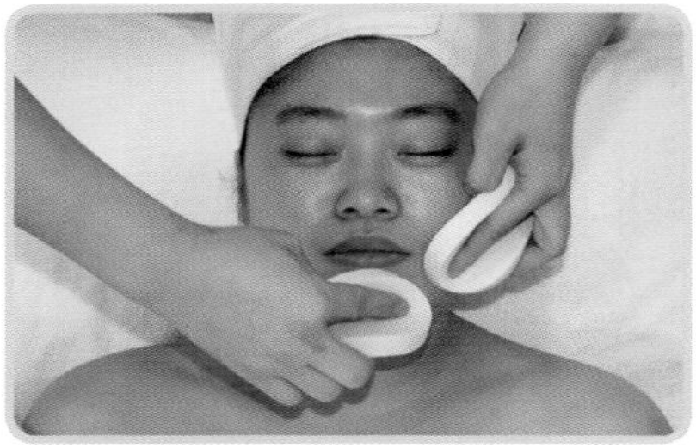

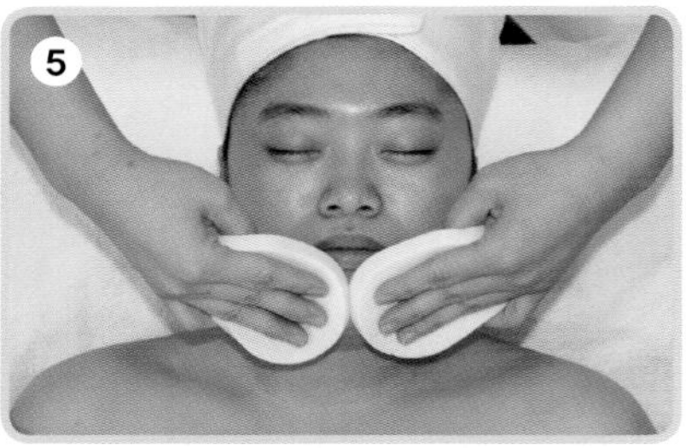

❺ 볼을 3등분(턱 중앙에서 귀 밑, 입술 옆에서 귀 앞, 코 옆에서 관자놀이까지)으로 나누어 닦는다.

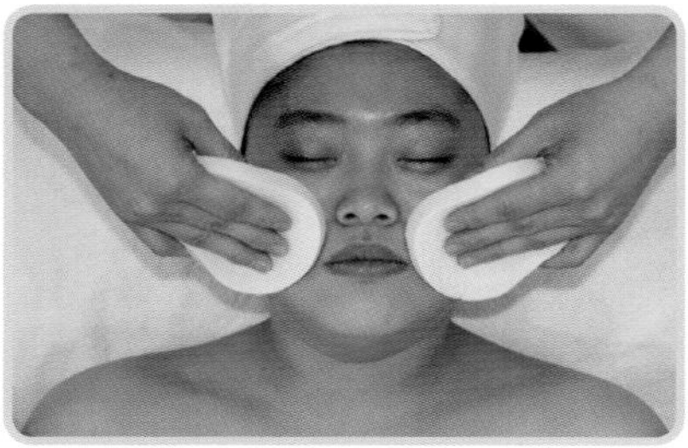

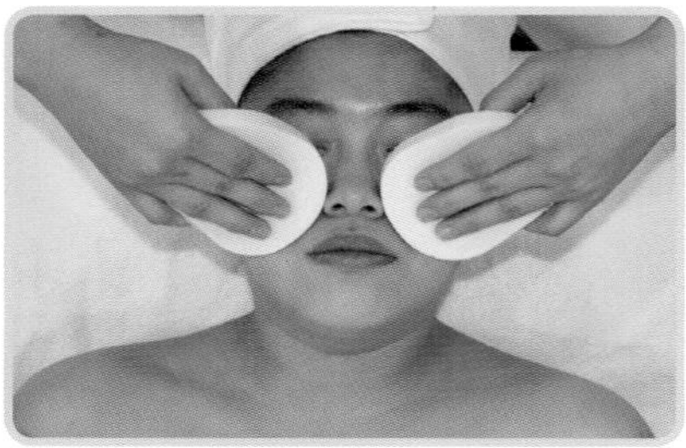

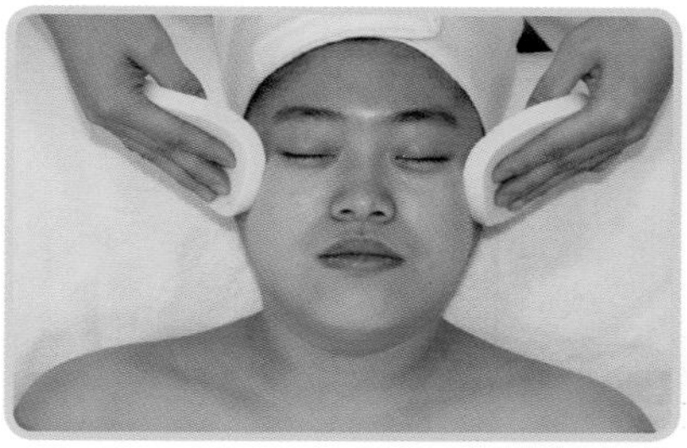

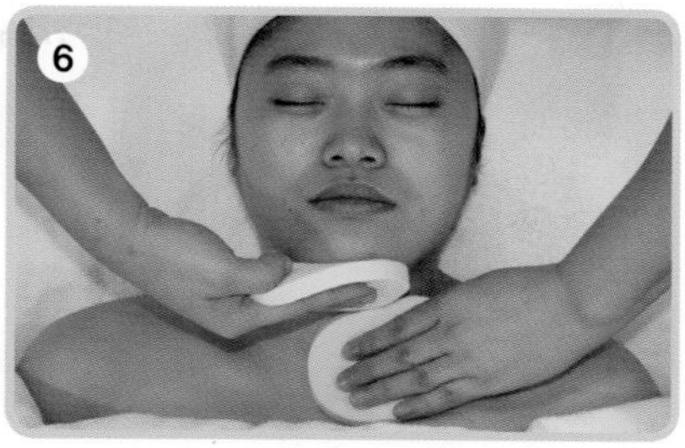

⑥ 목에서 턱 방향으로 위로 올려 가며 닦아준다.

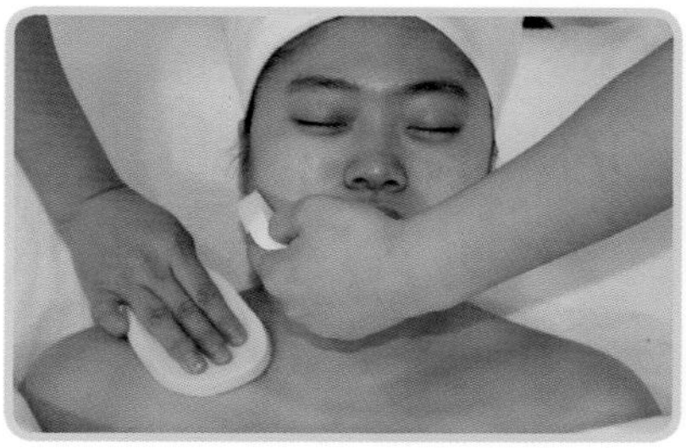

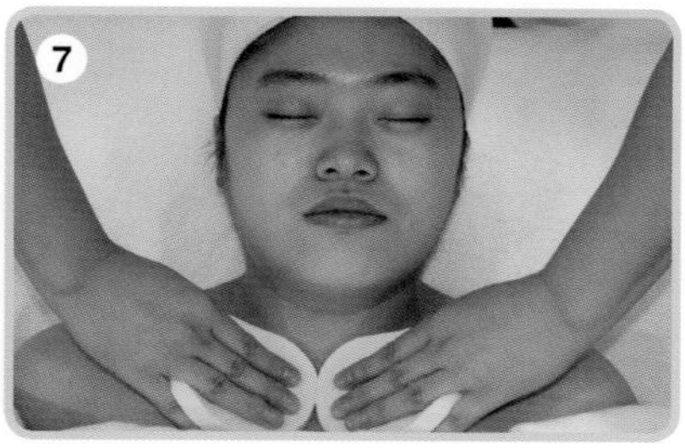

⑦ 데콜테 부위를 목 옆선까지 닦아준다.

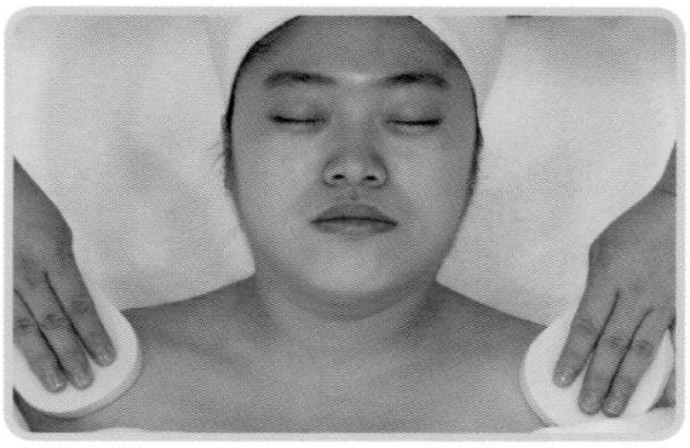

③ 온습포로 닦아내기

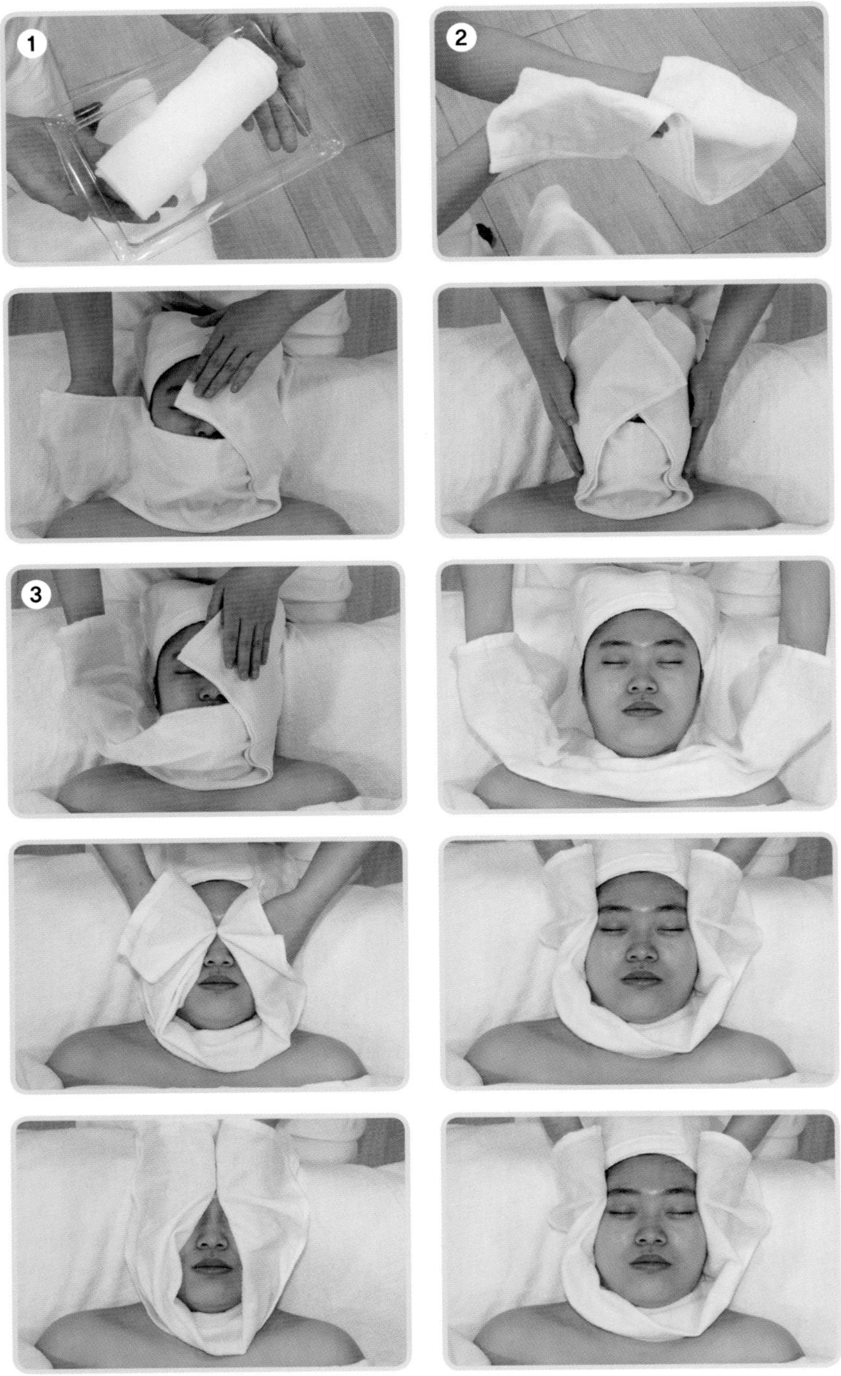

❶ 온장고로 이동할 때는 쟁반을 들고 가며 온습포를 꺼낼 때에는 시험장에 배치되어 있는 집게를 사용하여 꺼낸 후 쟁반에 담아서 가져온다.

❷ 온습포의 온도를 체크하고 접힌 부분이 코로 향하도록 잡아서 코밑에 얹은 후 전체를 감싸준다.

Tip 이때 절대로 지압을 해서는 안 된다. → 안마유발행위로 간주하여 0점 처리된다.

❸ 습포 안으로 손을 넣어 눈 – 이마 – 코 – 인중 – 턱 – 볼 부위 순으로 닦아준다.

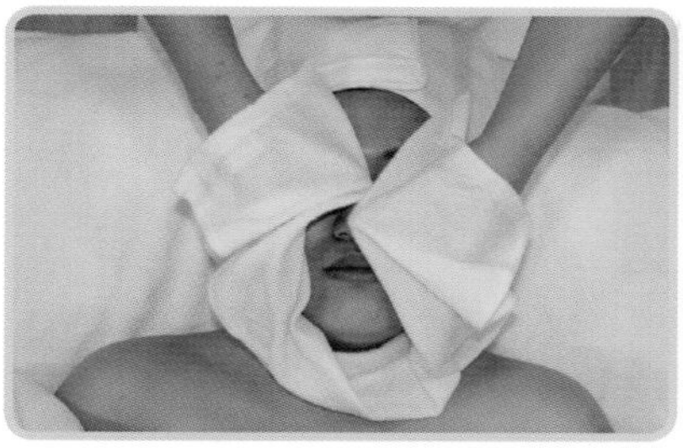
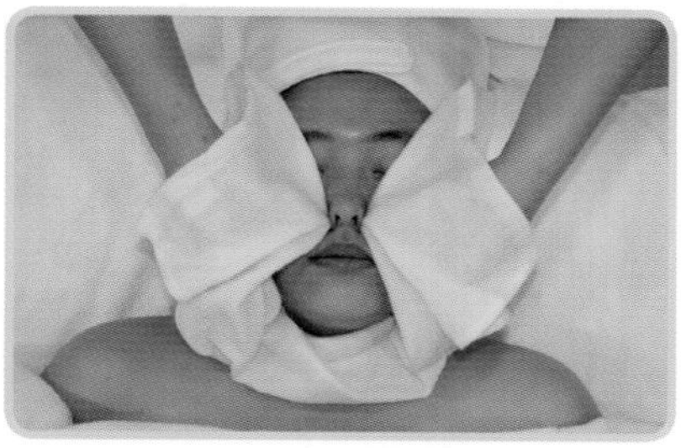
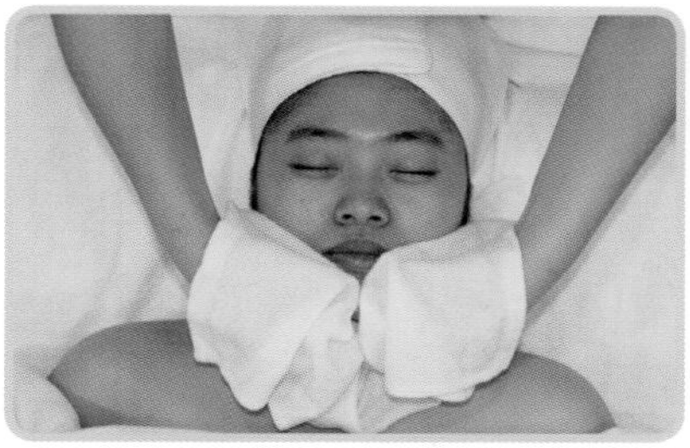
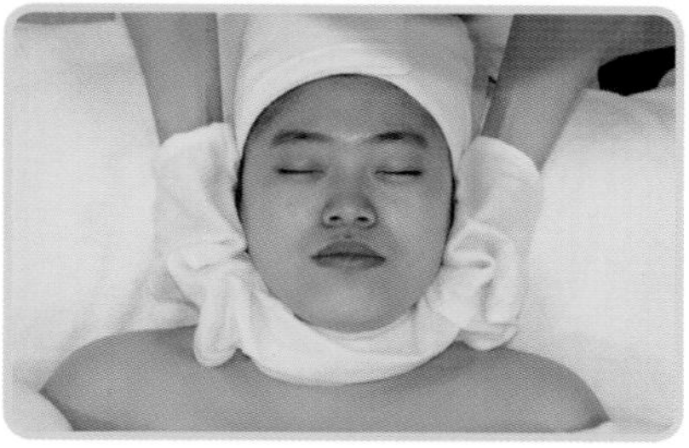
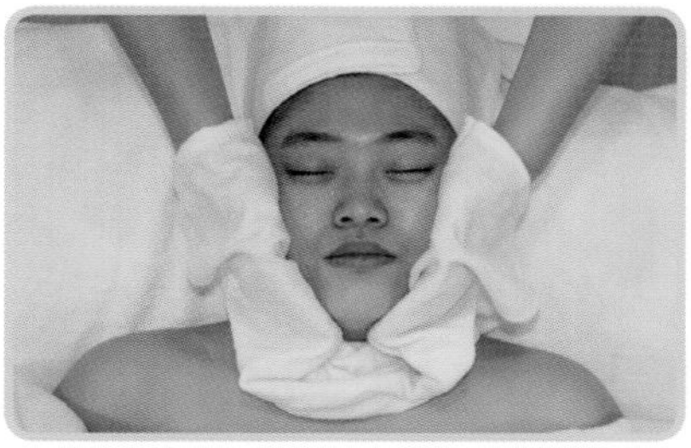
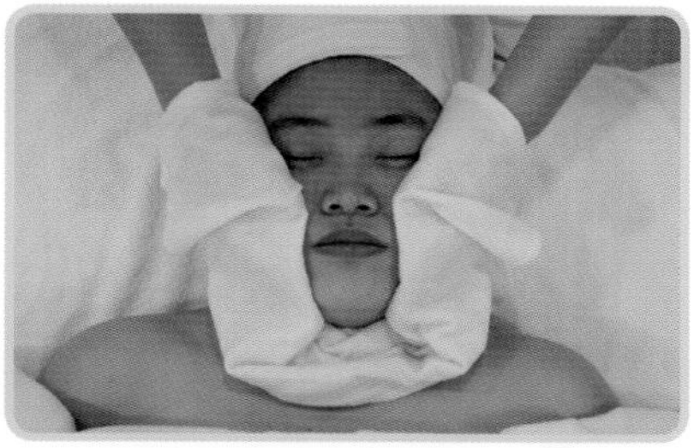
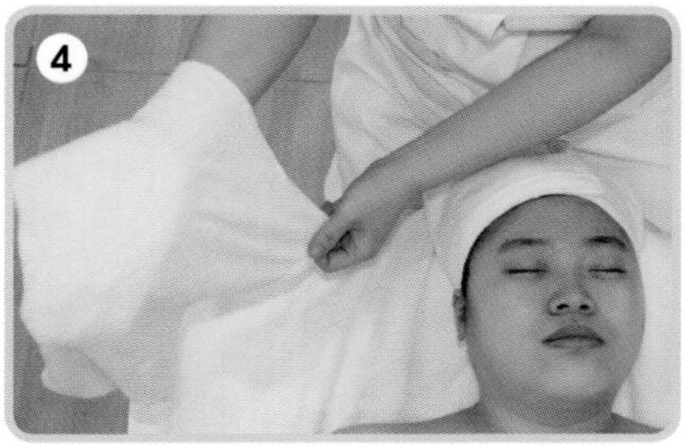

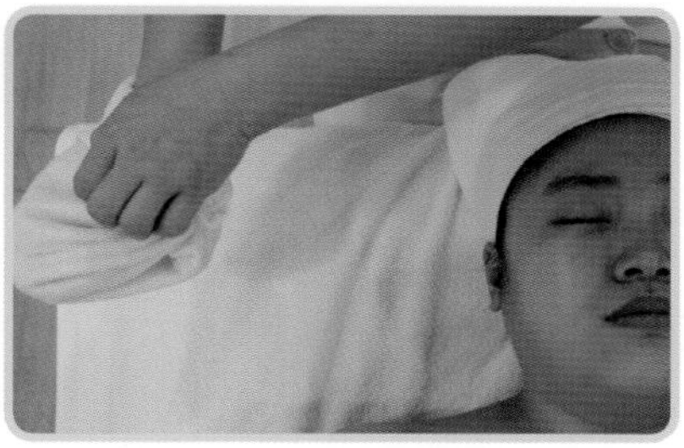

④ 목과 데콜테 부위는 습포를 다리미처럼 잡아 닦아준다.

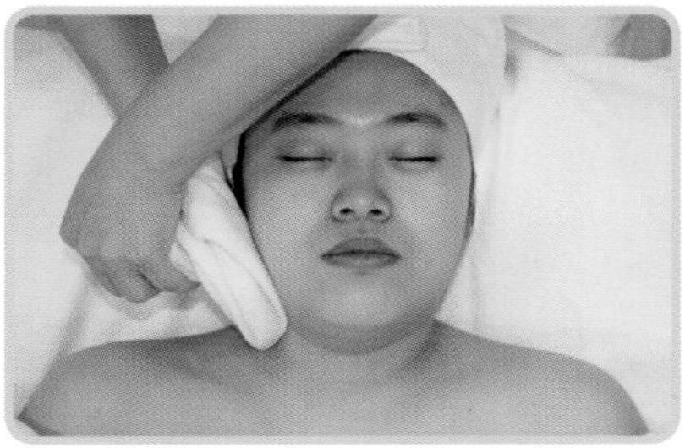
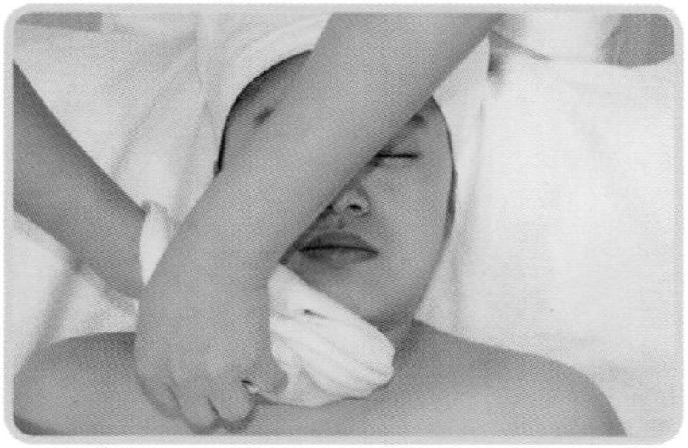

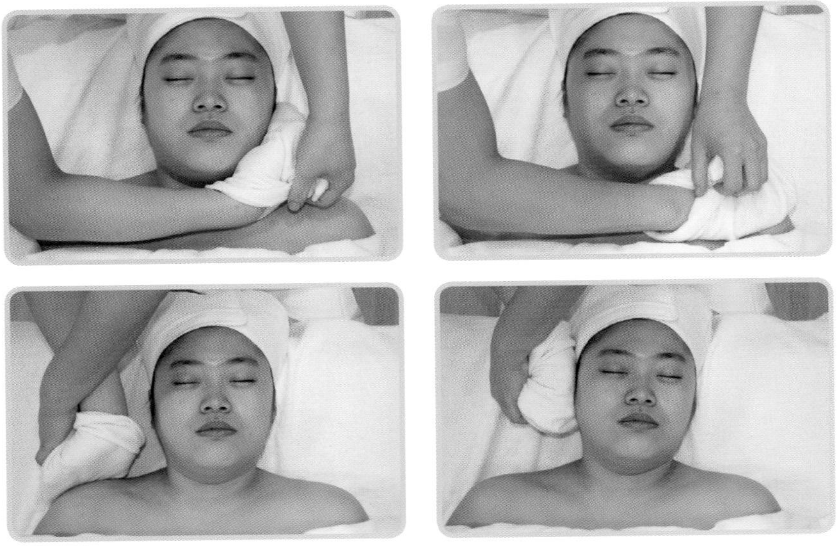

④ 토너 정리하기

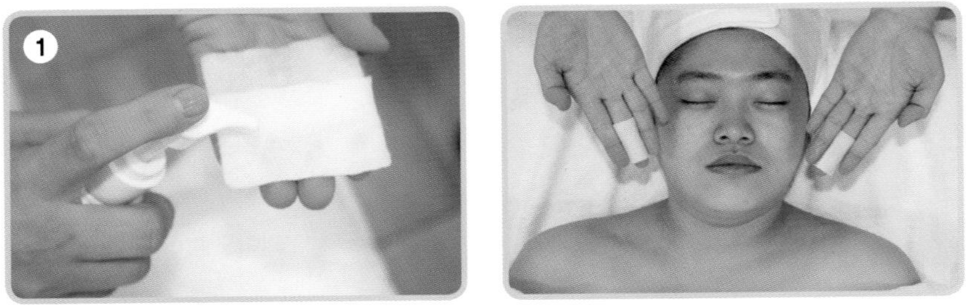

❶ 토너를 화장솜 두 개에 묻힌다.

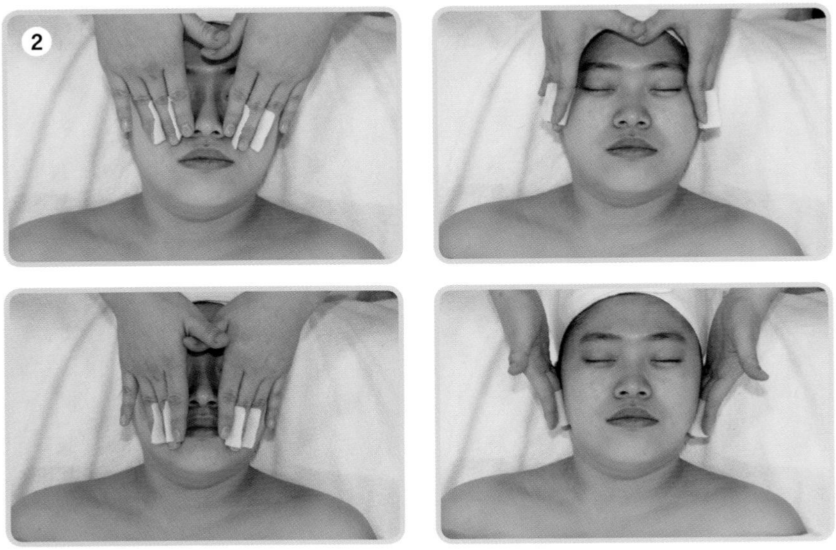

❷ 양손을 이용하여 볼 – 턱 – 인중 – 코벽을 타고 올라왔다가 콧등 – 이마 – 관자놀이를 타고 내려가 손을 교차시키며 목을 위를 향하여 닦고 데콜테를 마지막으로 토너를 정리한다.

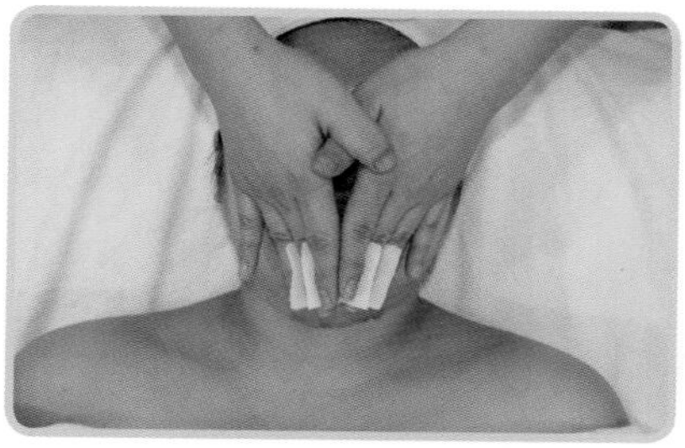
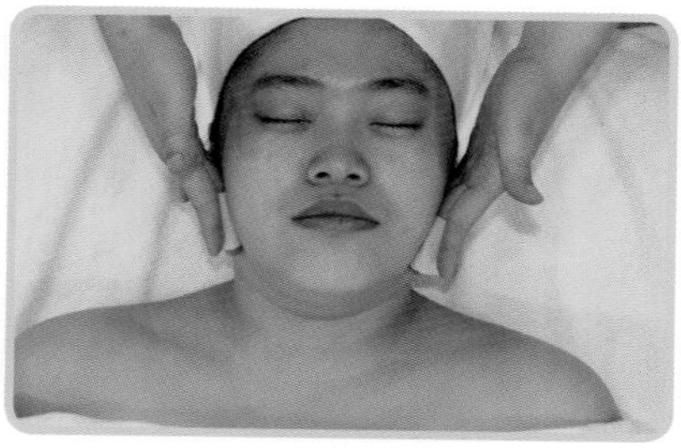
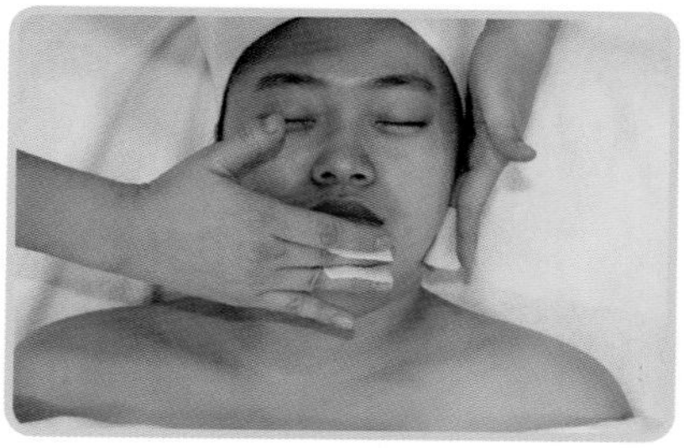
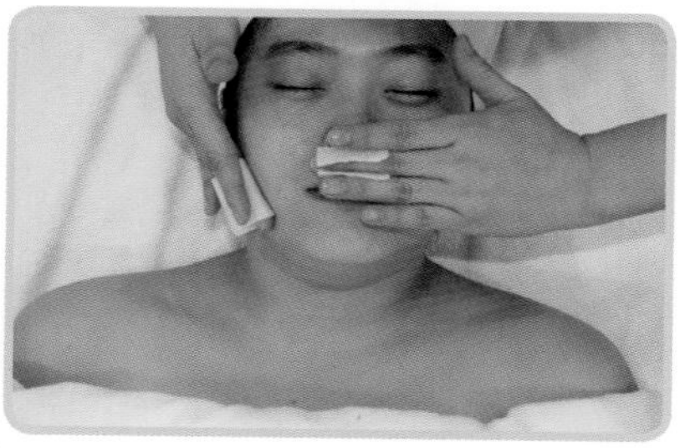
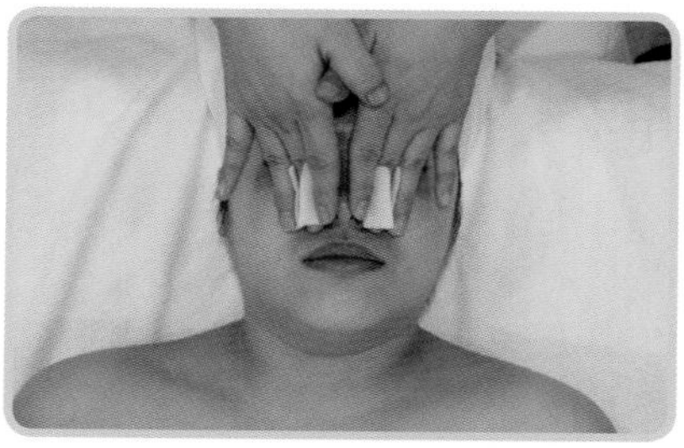
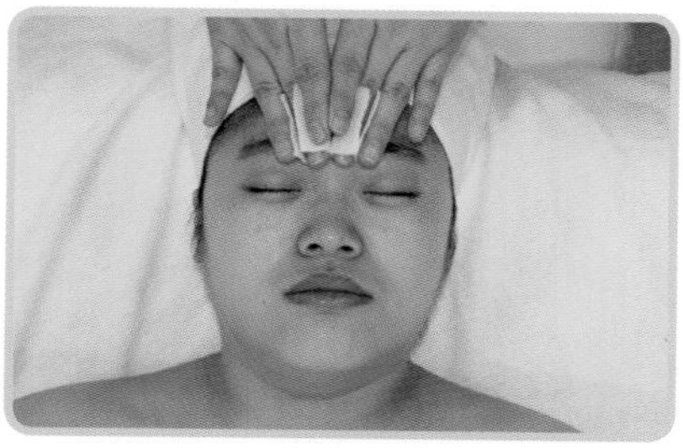
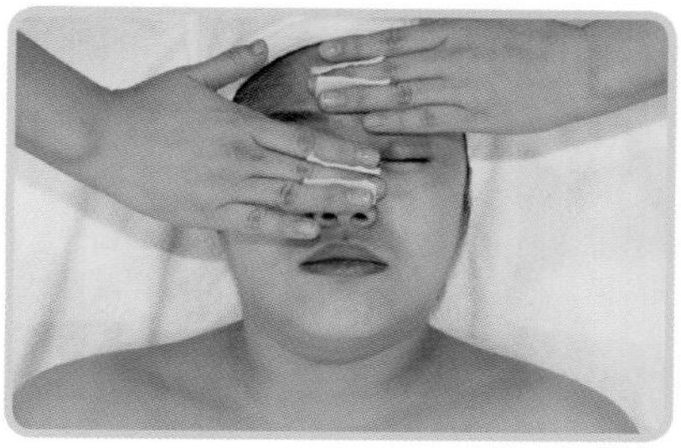
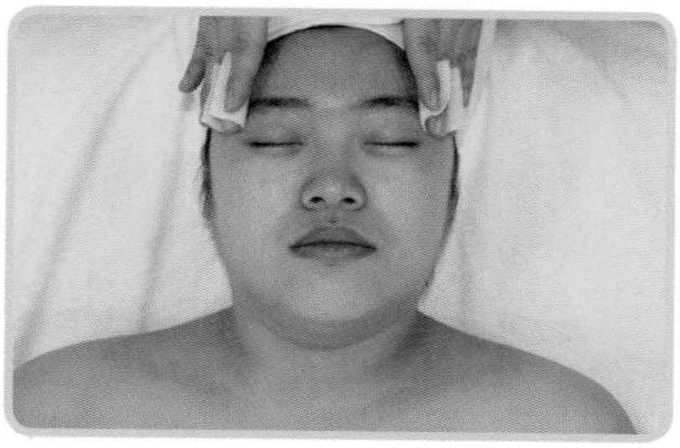
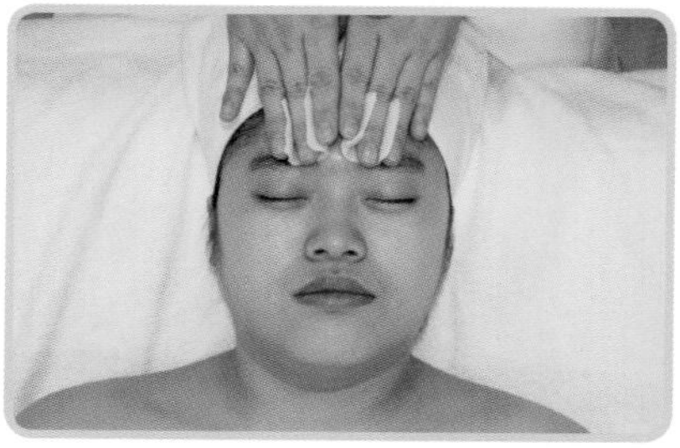
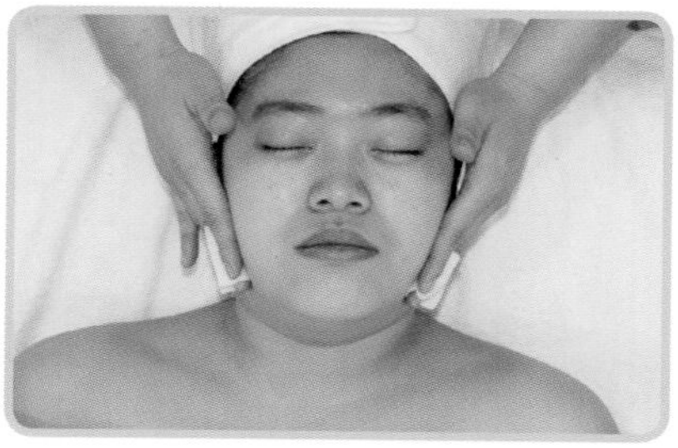

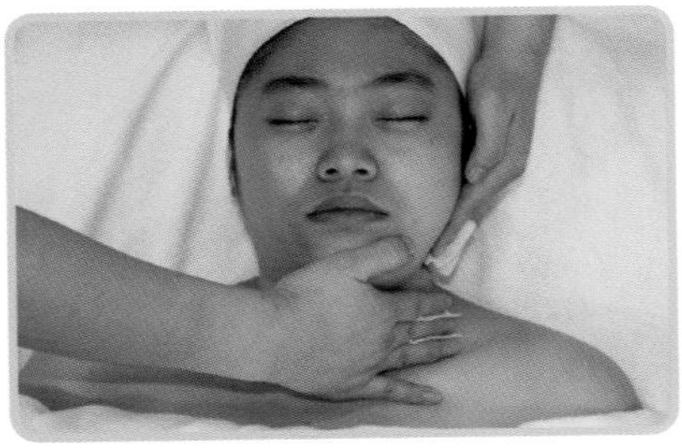

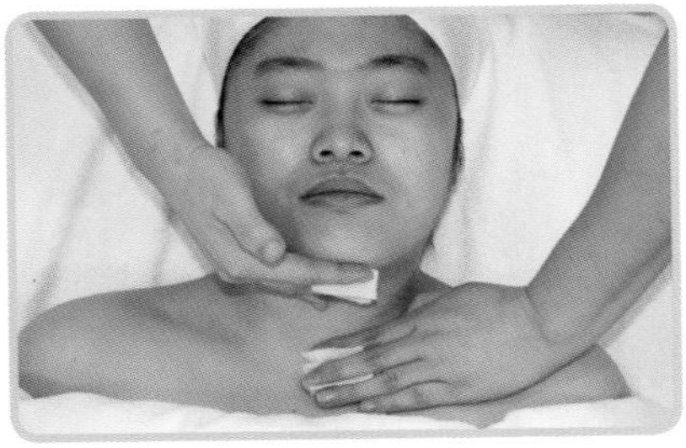

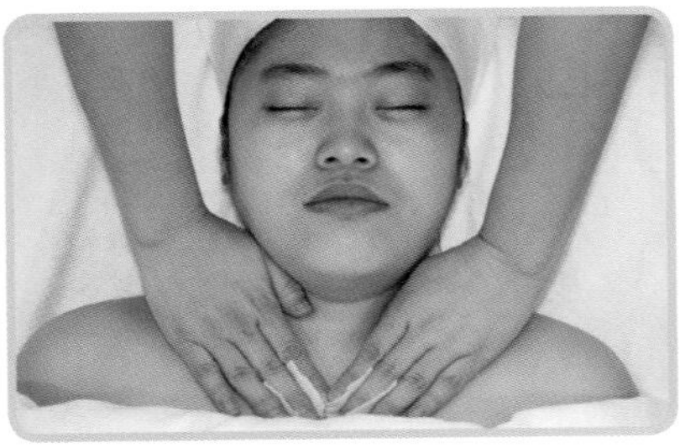

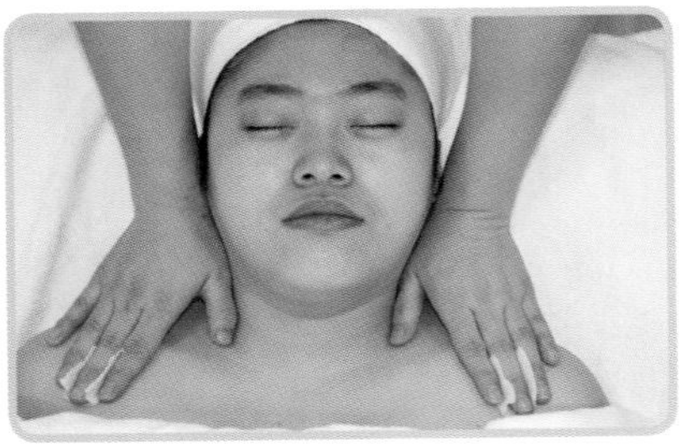

주의사항

- 손을 이용한 피부관리와 마사지의 차이 : 미용사(피부)의 피부관리는 마사지라는 용어를 사용하지 않는다. 시중의 마사지와 손을 이용한 피부관리(매뉴얼테크닉)는 목적하는 바가 분명히 다르다. 피부미용에서 말하는 손을 이용한 피부관리는 원칙적으로 화장품 등의 물질의 원활한 도포 및 그것을 돕기 위한 일련의 손 동작을 의미하며, 근육을 강하게 누르거나 마사지하여 일정 부위를 자극하거나 쾌감을 유도하는 일련의 마사지 법과는 분명한 차이가 있다.

- 매뉴얼테크닉–손을 이용한 피부관리 : 피부미용사의 업무를 행하기 위한 기본적인 동작과 시술을 보는 것이기 때문에 화려한 테크닉이나 특별한 시술법을 요구하지 않는다. 손을 이용한 피부관리는 기본 동작의 정확도, 연결성, 리드미컬한 움직임 등 기본 동작과 자세 등을 가장 중점으로 채점하는 것을 기본 방향으로 하고 있다.

Chapter 7

팩

10분

사전 체크사항

작업과제 팩을 위한 기본 전처리를 실시한 후 제시된 피부 타입에 적합한 제품을 선택하여 관리부위에 적당량을 도포하고 일정시간 경과 뒤 팩을 제거한 후 피부를 정돈한다.

준 비 물 크림팩 3종류(건성, 중성, 지성용), 아이크림, 면봉, 스파튤라, 팩붓, 유리볼, 미용솜, 해면, 습포, 토너

작업순서 크림팩 준비하기 → 손 소독하기 → 아이크림, 립크림 적용하기 → 팩 도포하기(U존 → T존 → 목 부위) → 아이패드, 립패드하기 → 닦아내기(해면 → 냉습포) → 토너정리

1. 준비하기

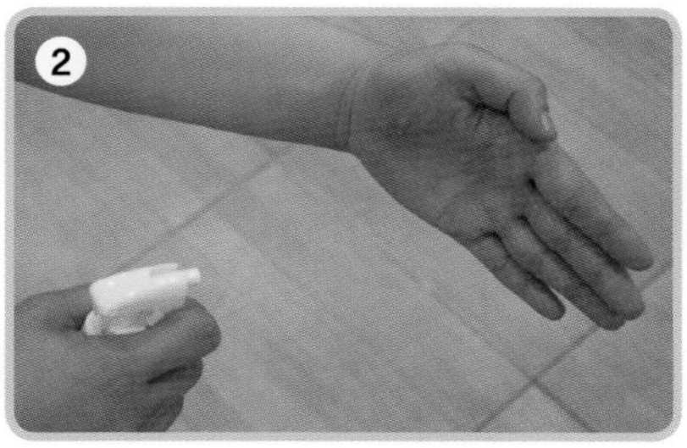

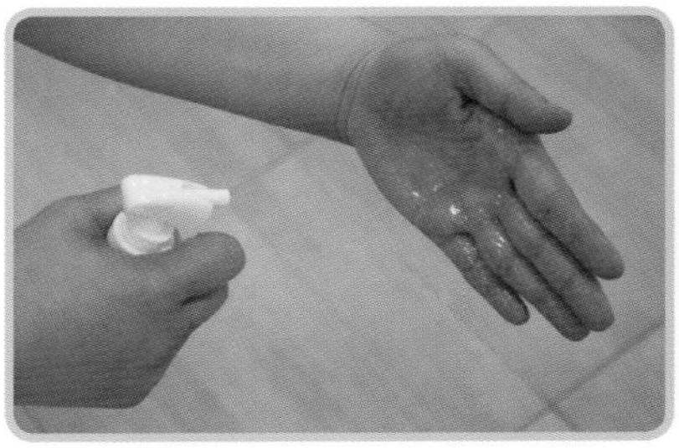

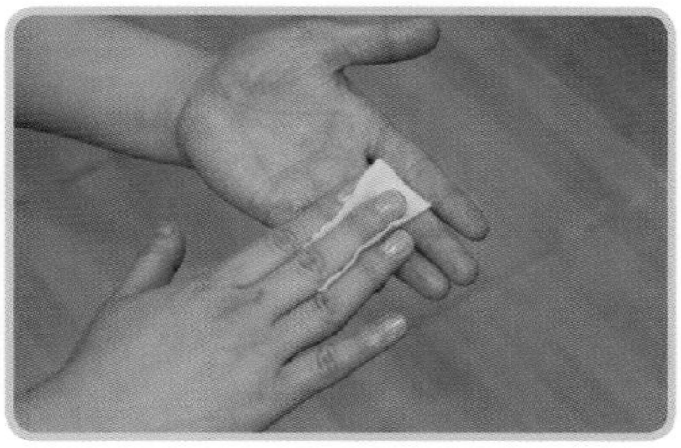

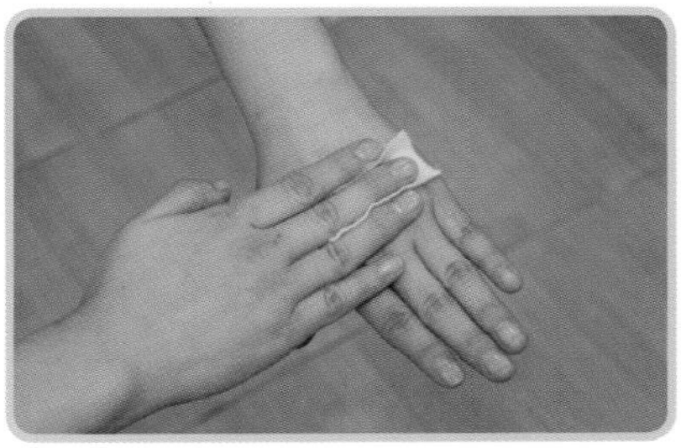

❶ 관리계획표 차트 작성 시 지정받은 피부타입에 맞게 크림팩을 유리볼에 덜어놓는다.

Tip T존, U존, 목 부위가 모두 다른 피부유형이 나올 경우 유리볼 3개에 각각 다른 팩을 따로 준비하여야 한다.

❷ 알코올을 손 전체에 골고루 뿌려 소독하거나 알코올 솜으로 손 전체를 골고루 소독한다.

2. 아이크림, 립크림 적용하기

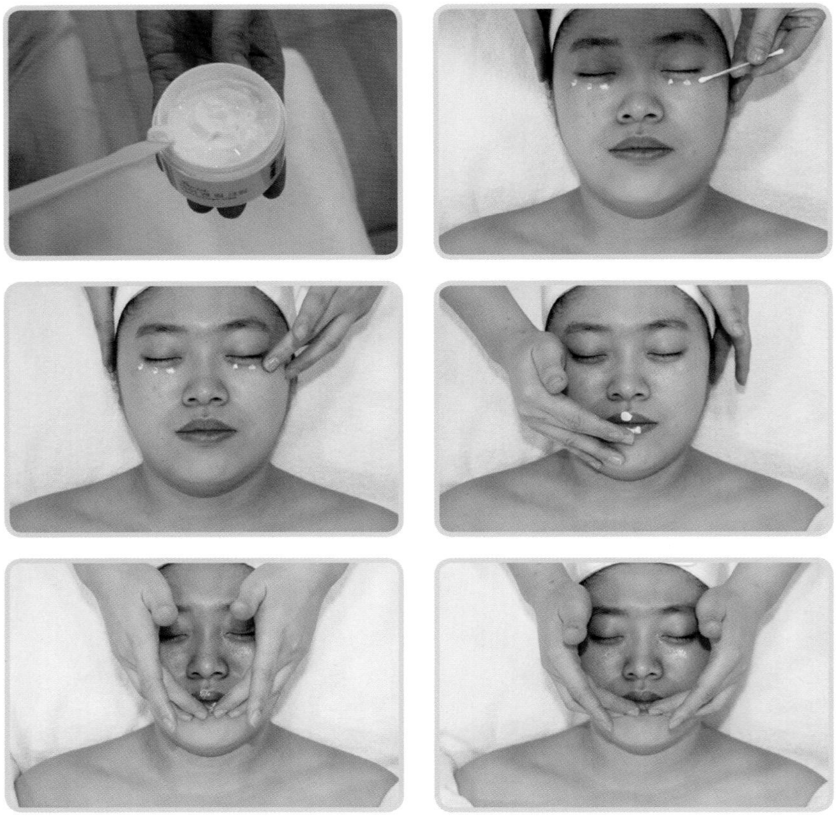

아이크림, 립크림을 눈 밑과 입술에 각각 펴 바른다.

3. 팩 도포하기

● U-zone 도포하기

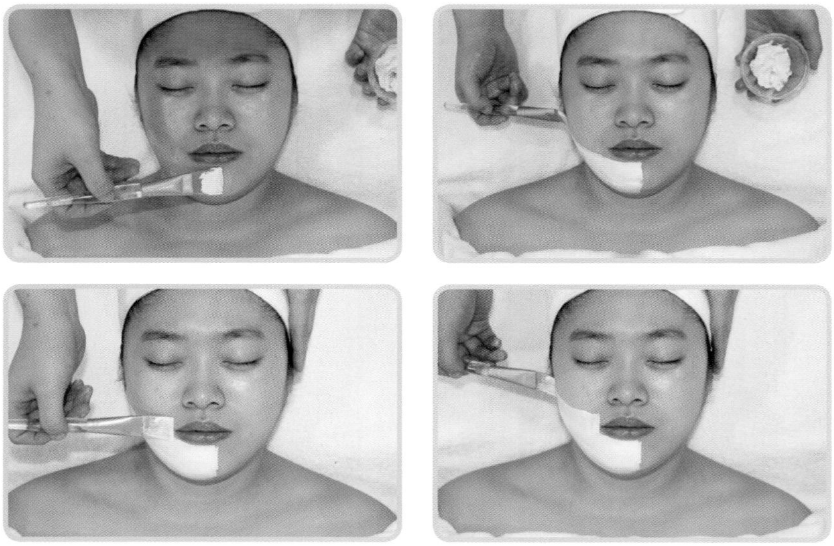

볼 부분을 3~4등분으로 나누어 피부결에 따라 붓을 이용하여 도포한다.

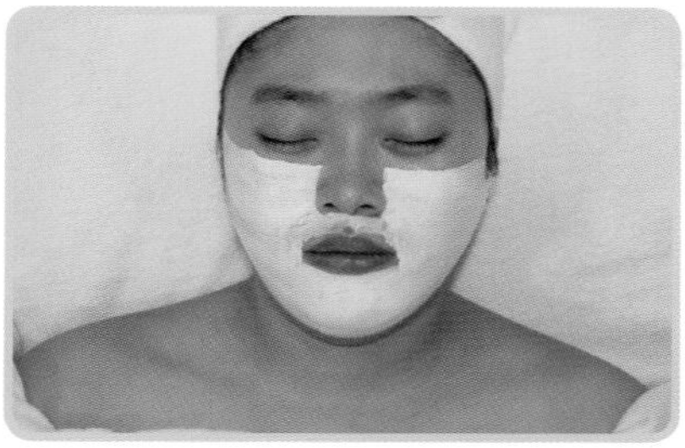

● T-zone 도포하기

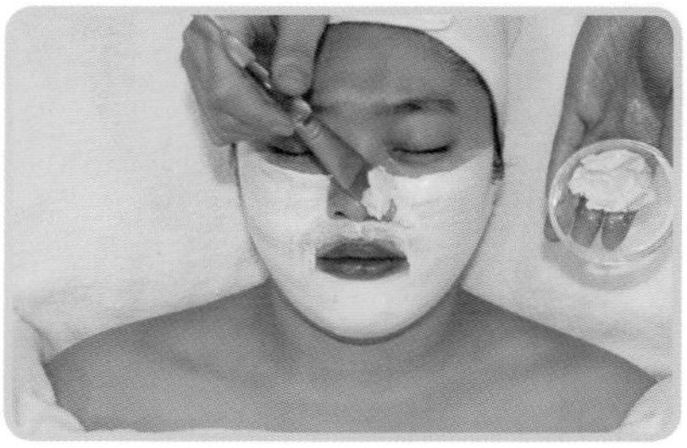

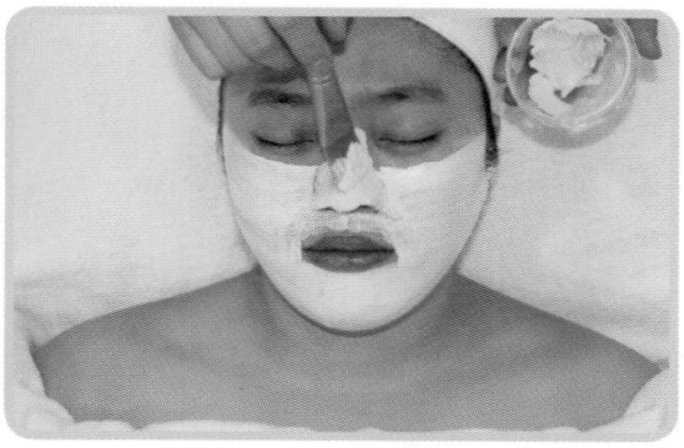

콧망울 → 코벽 → 콧등 → 관자놀이 → 이마 순으로 꼼꼼히 도포한다.

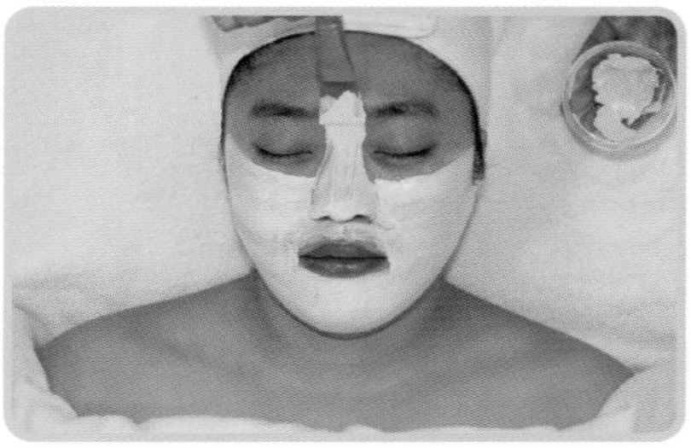

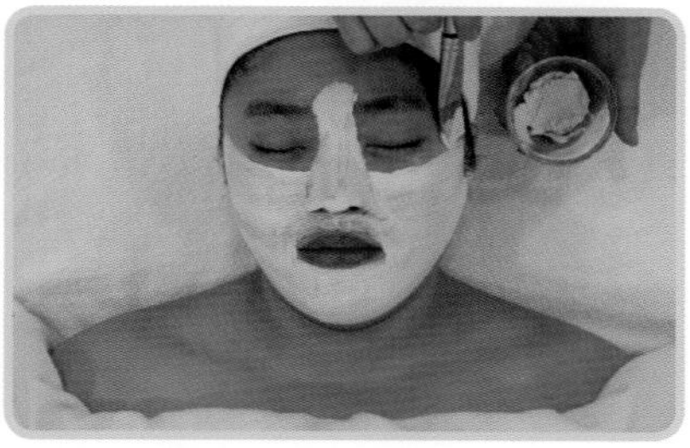

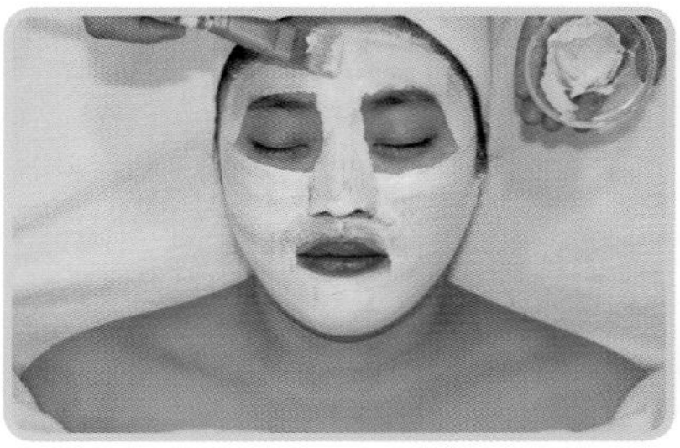

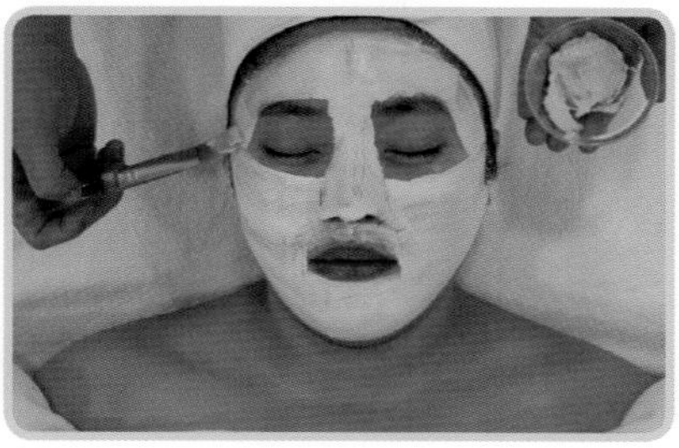

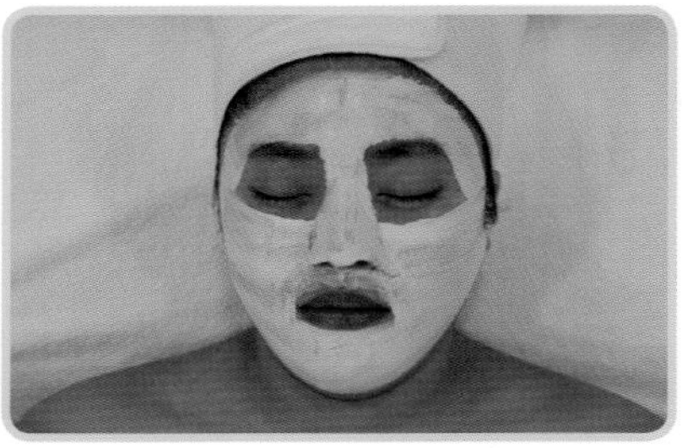

● 목 부위 도포하기

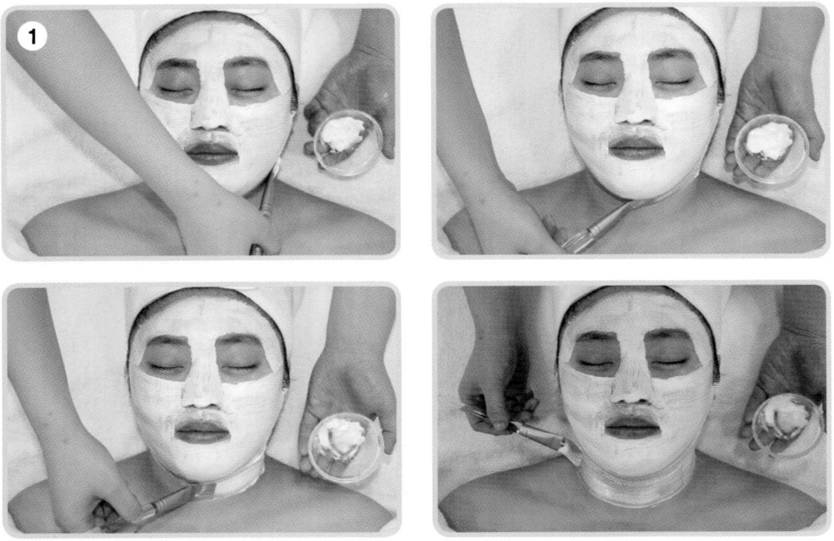

❶ 아래에서부터 가로 방향으로 목 부위에 도포한다.

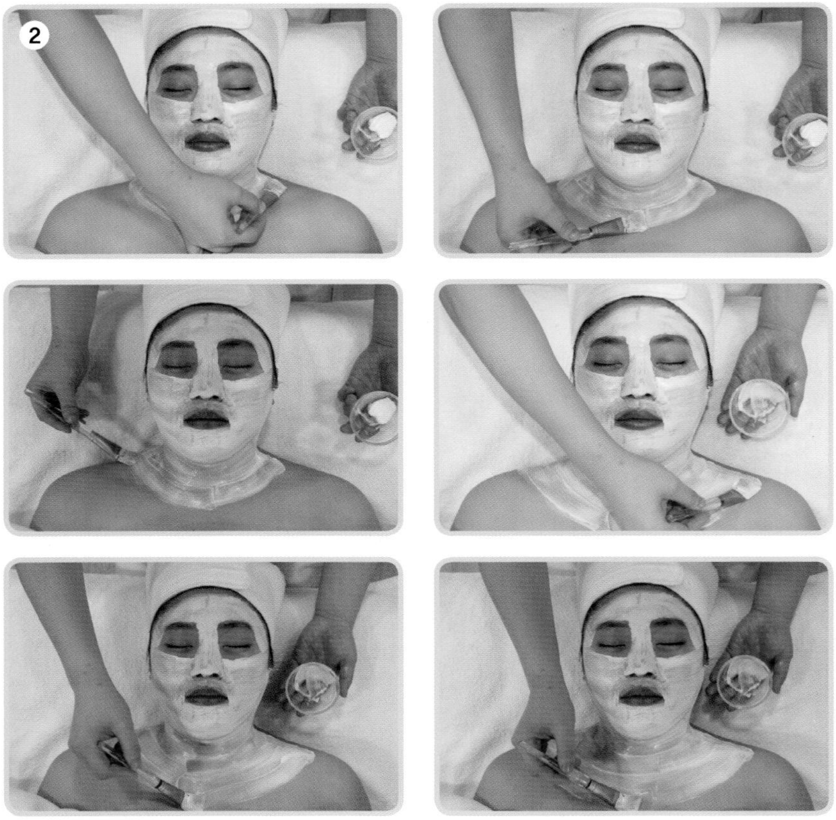

❷ 데콜테에 도포한다(쇄골 밑으로 3cm까지 도포).

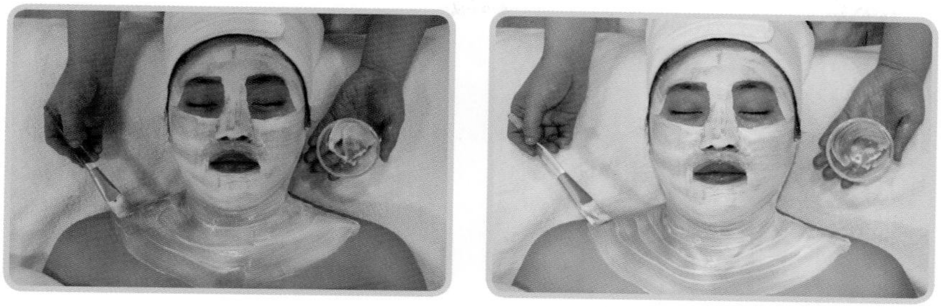

- **아이패드, 립패드하기**

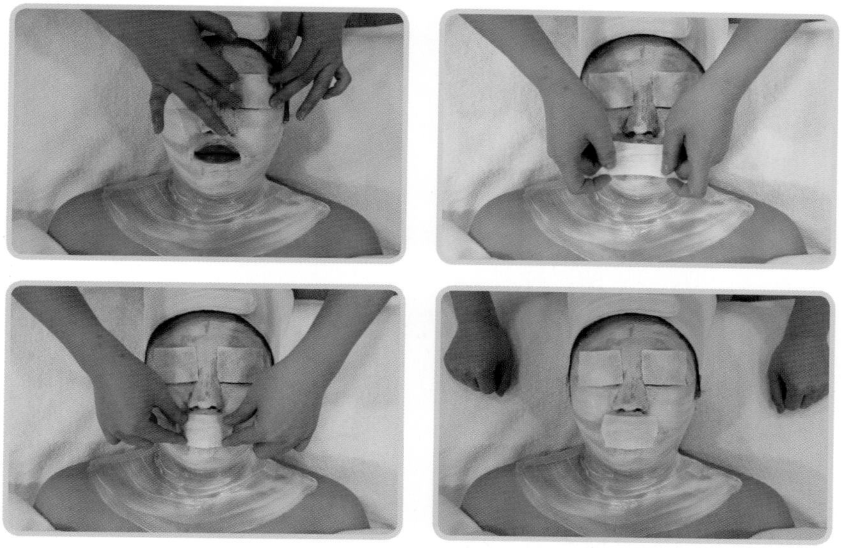

아이패드, 립패드 후 터번을 풀어 준다.

4. 해면으로 닦아내기

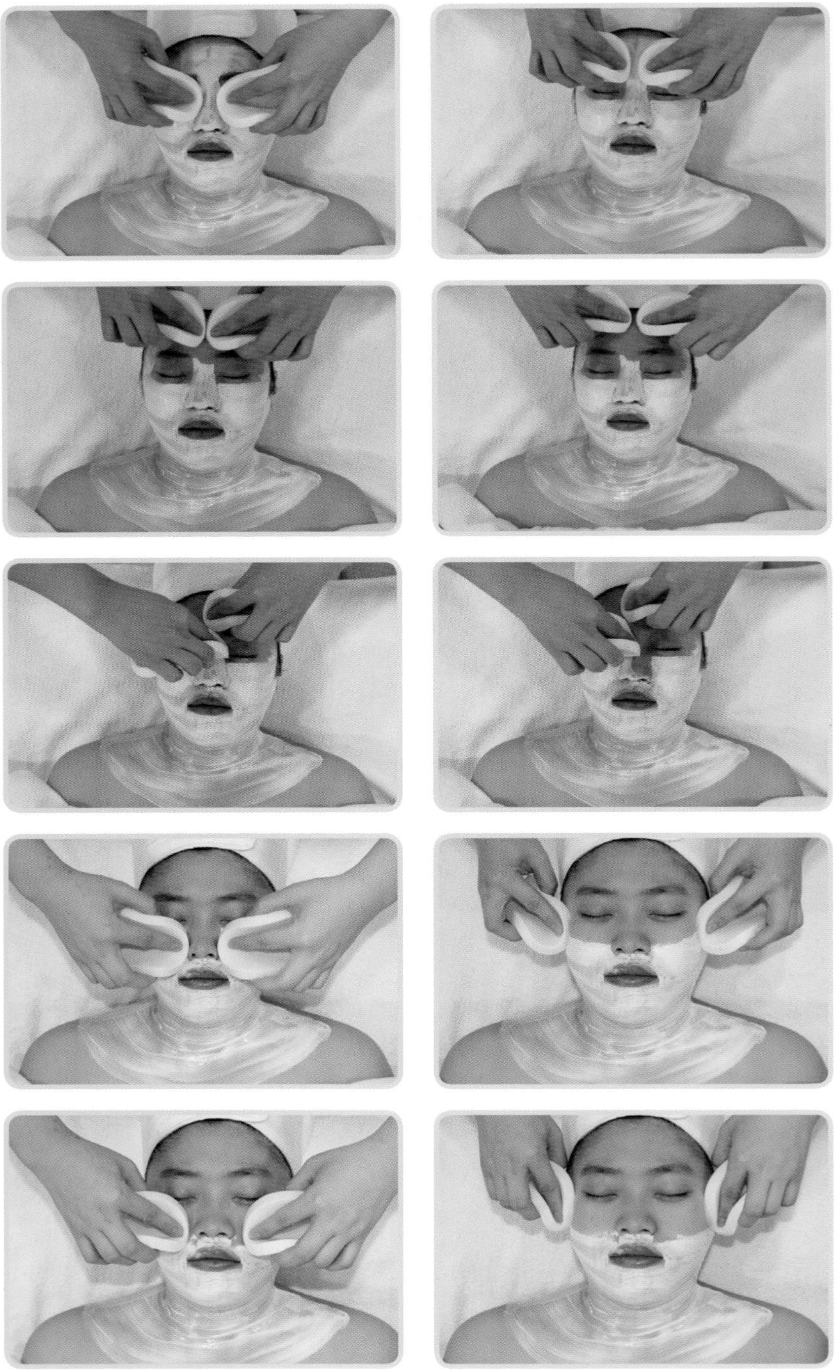

터번을 다시 씌우고 손을 소독한 후 아이패드 및 립패드를 제거하고 해면으로 닦아낸다.

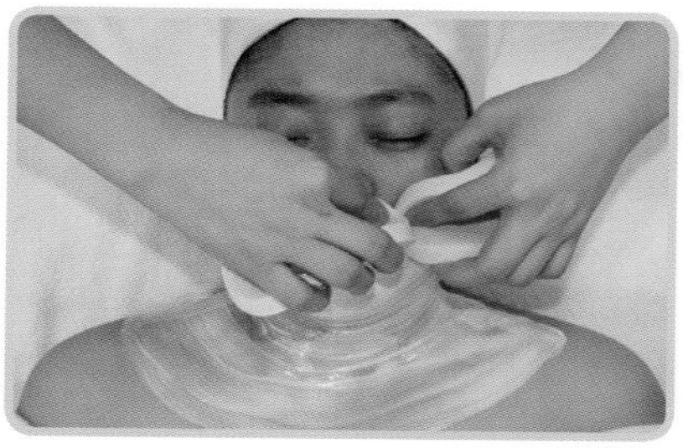
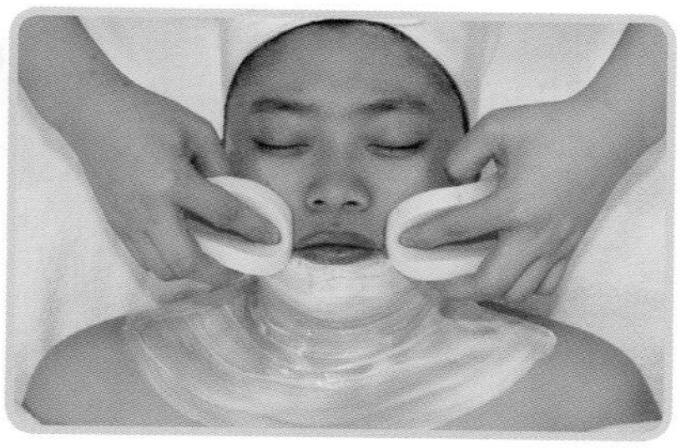
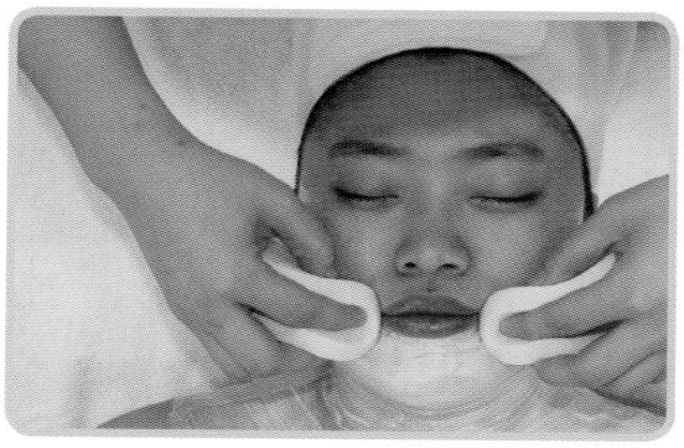
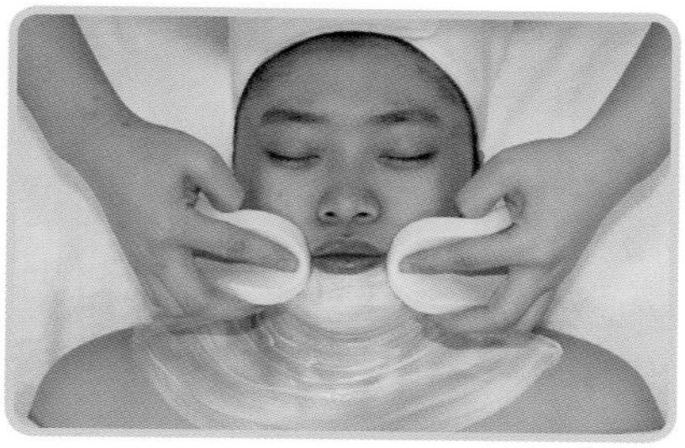
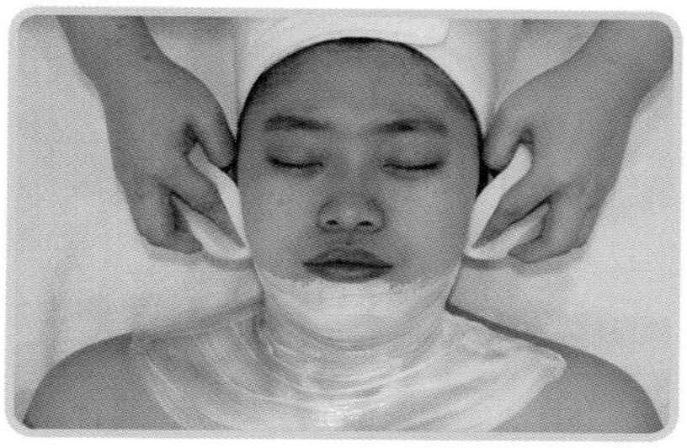
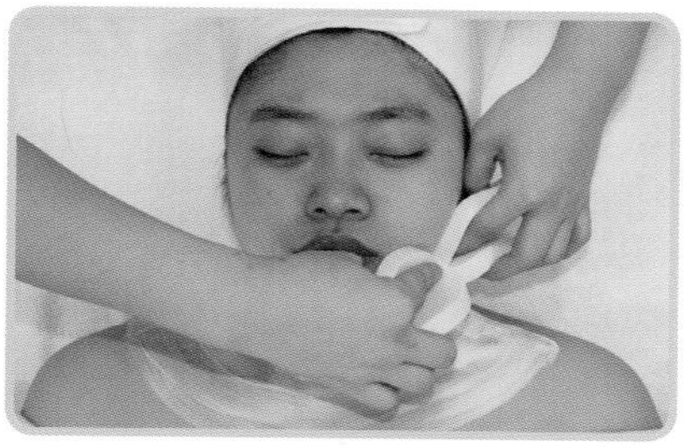
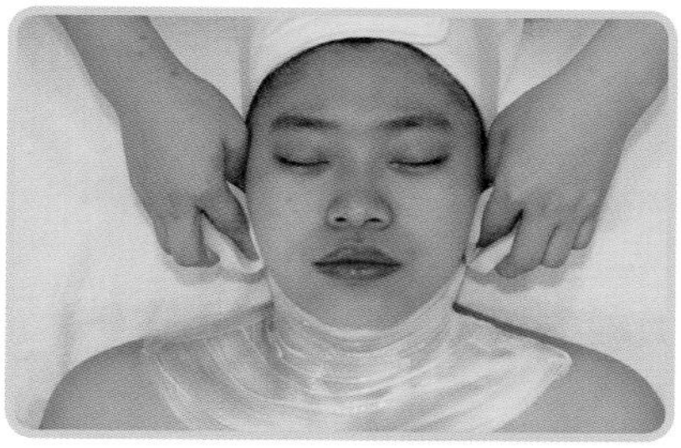
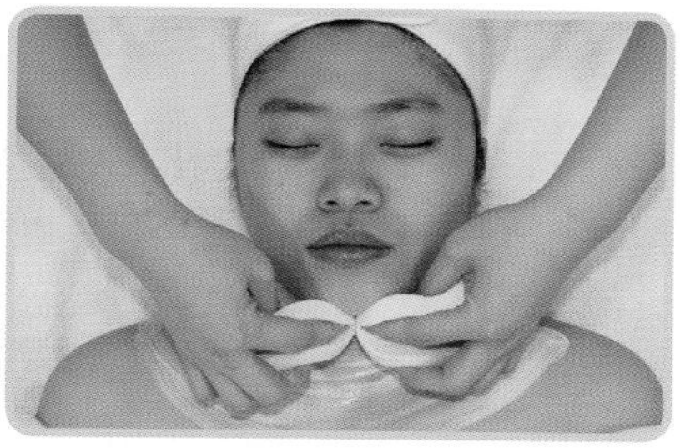
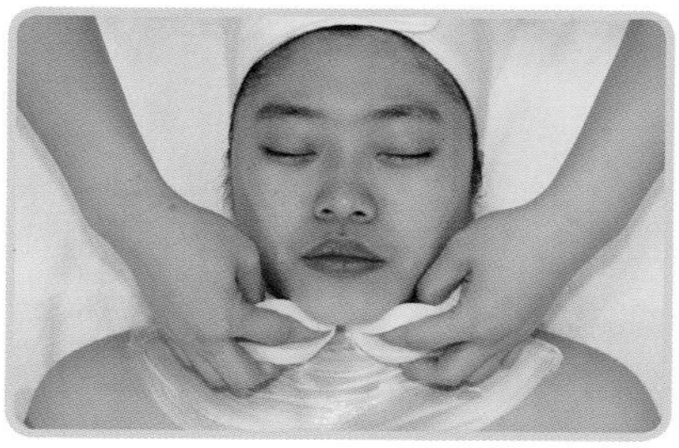
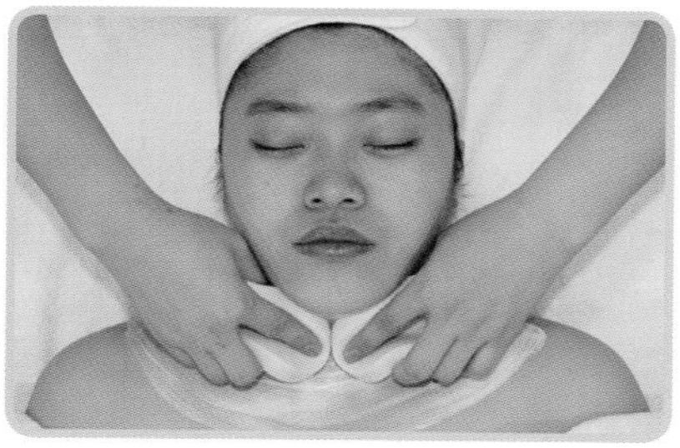

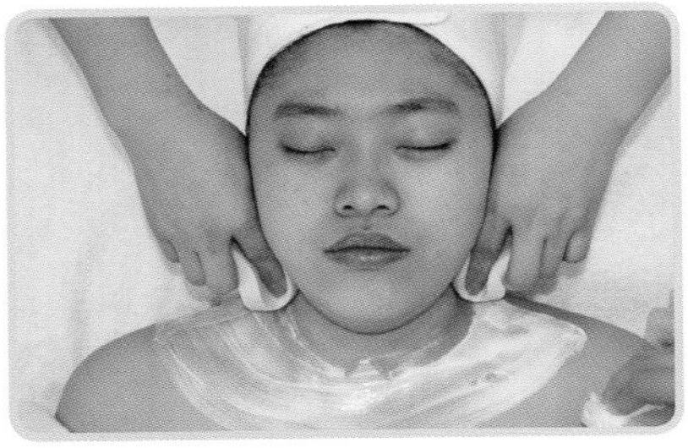
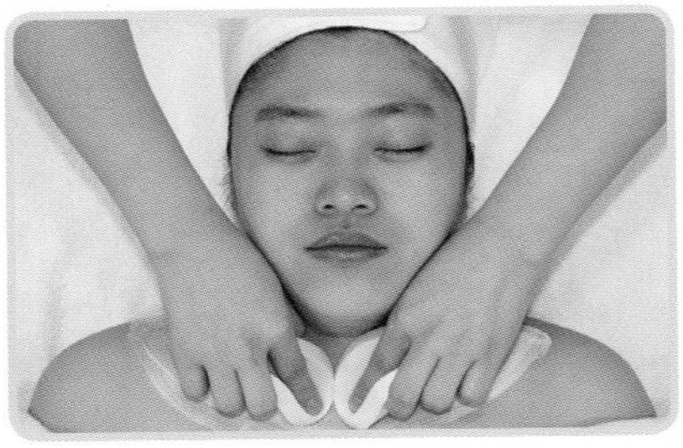
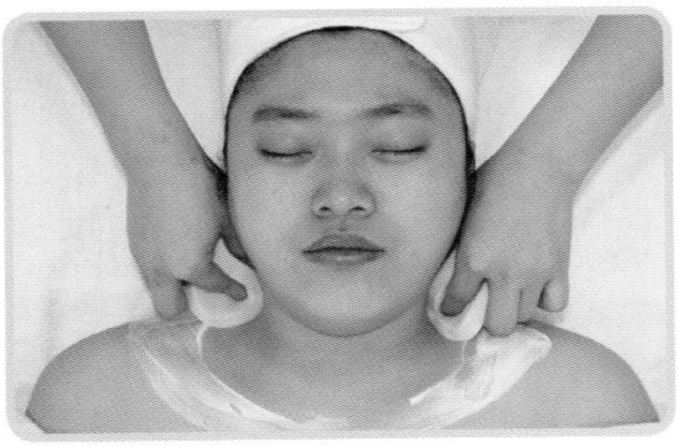
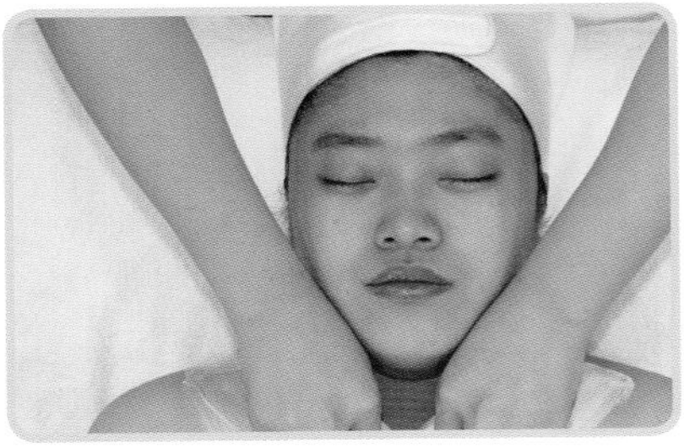
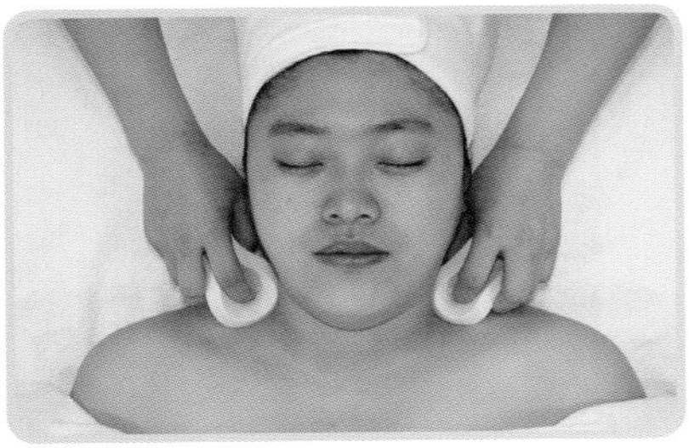

주의사항

팩 : 시험장에서 지정해주는 얼굴과 목 타입에 맞는 제품을 사용하면 된다. 얼굴에서 T존과 U존, 그리고 목 부위의 세 부위별로 타입을 제시(전체가 한 가지 타입이 될 수도 있고, 세 부위가 각각 다른 타입이 될 수도 있음)하여 팩을 도포하도록 되어 있다.

5. 냉습포로 닦아내기

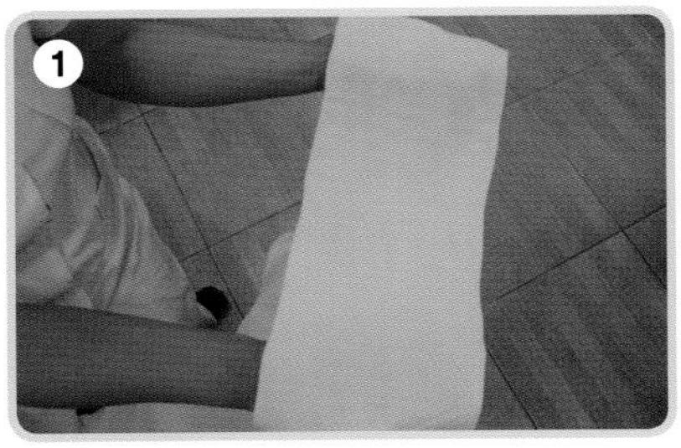
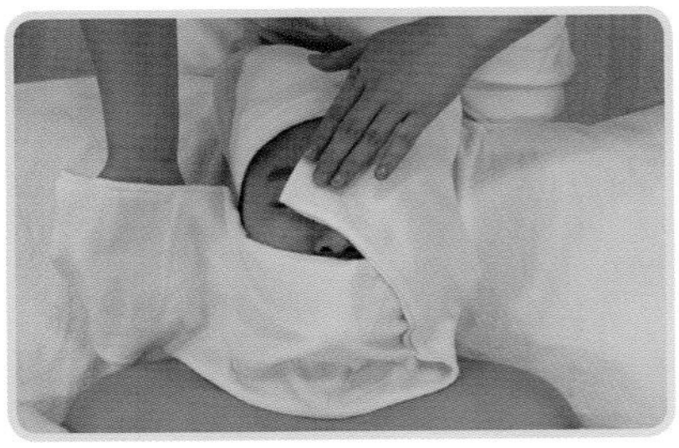
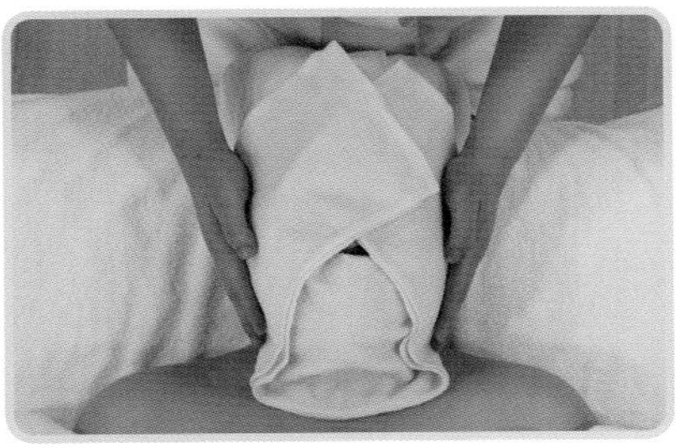
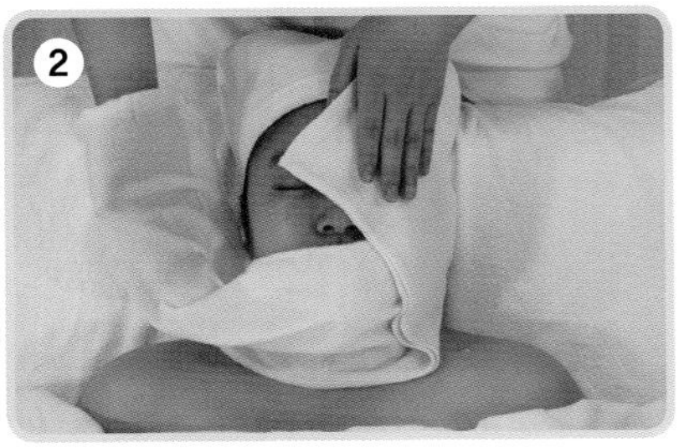

① 냉습포를 접힌 부분이 코로 향하도록 잡아서 코 밑에 얹은 후 전체를 감싸준다.

Tip 이때 절대로 지압을 해서는 안 된다. → 안마유발행위로 간주하여 0점 처리된다.

② 습포 안으로 손을 넣어 눈 – 이마 – 코 – 인중 – 턱 – 볼 부위 순으로 닦아준다.

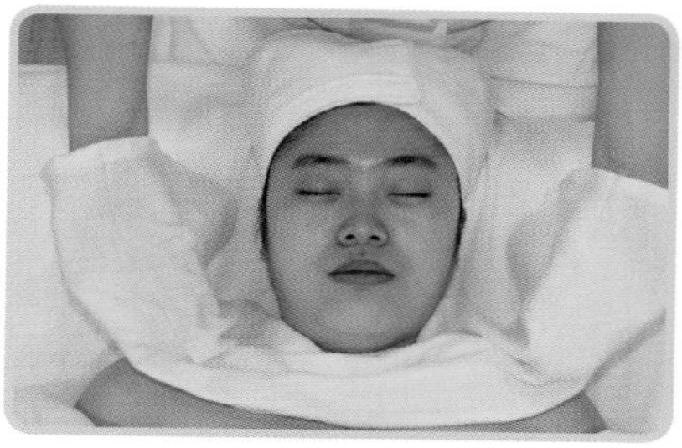
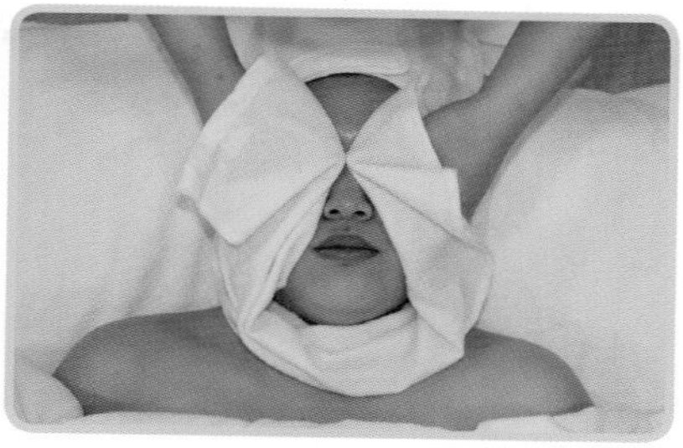
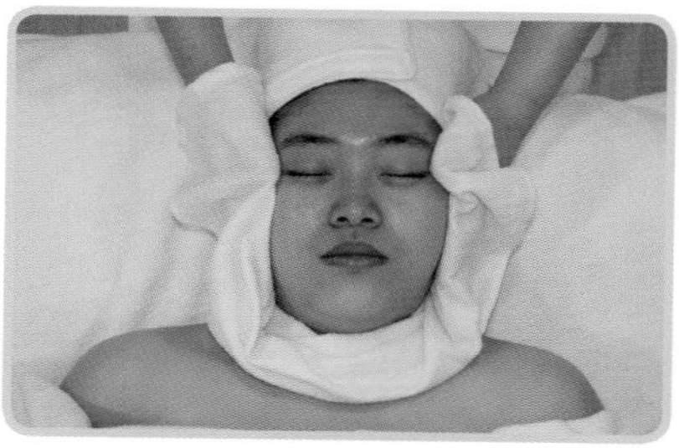
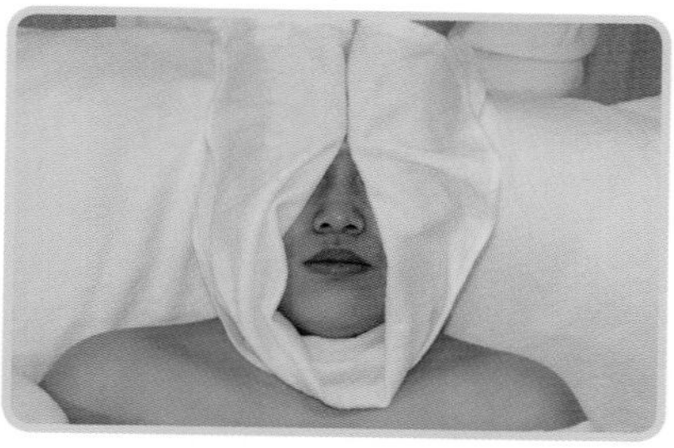
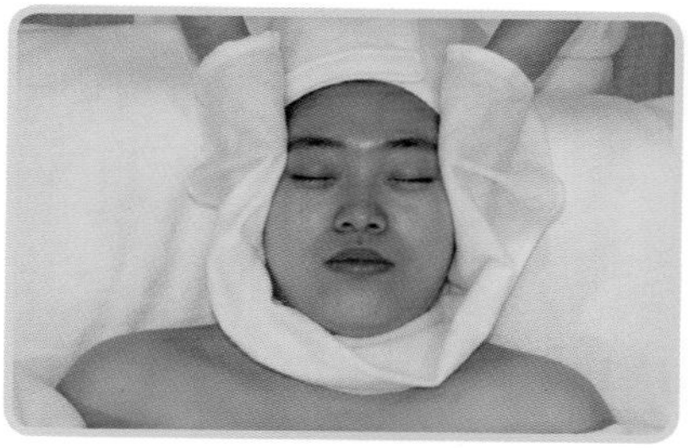
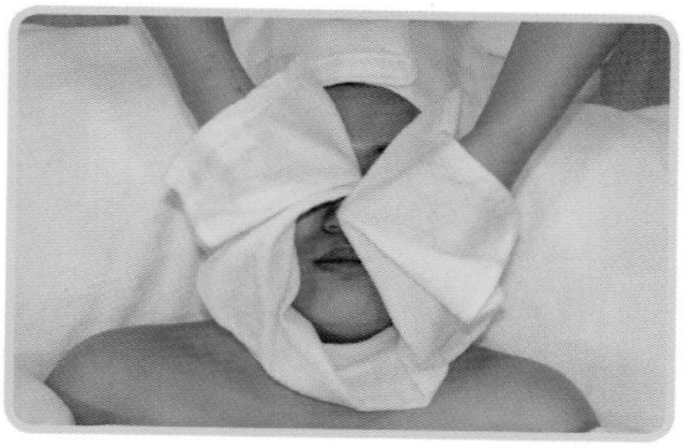
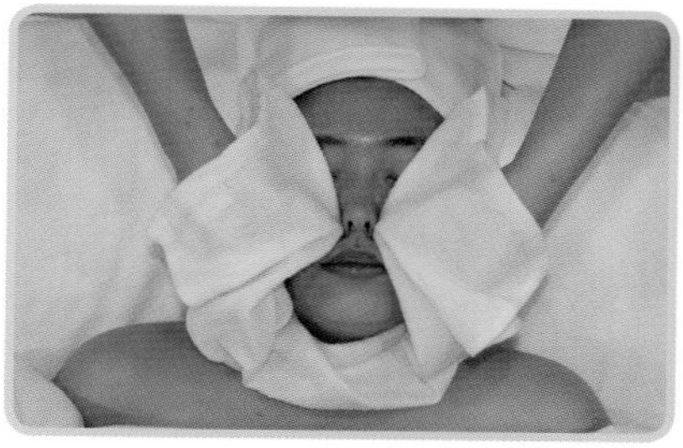
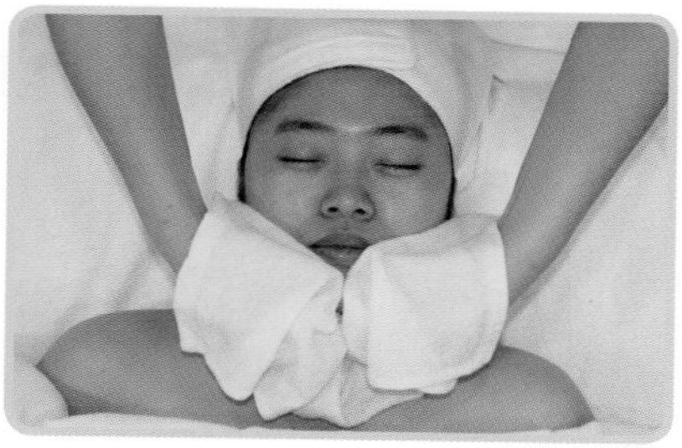
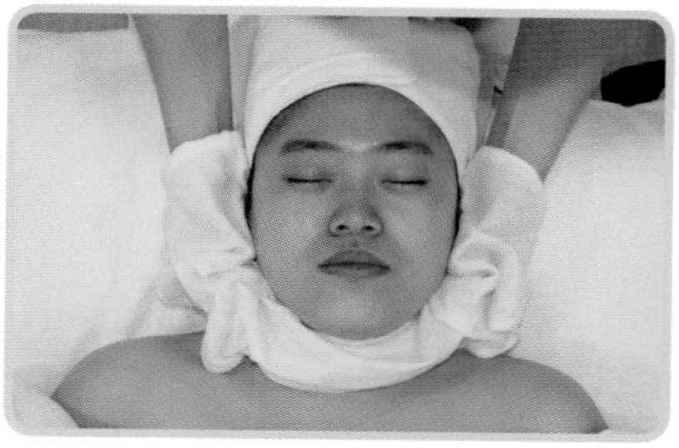
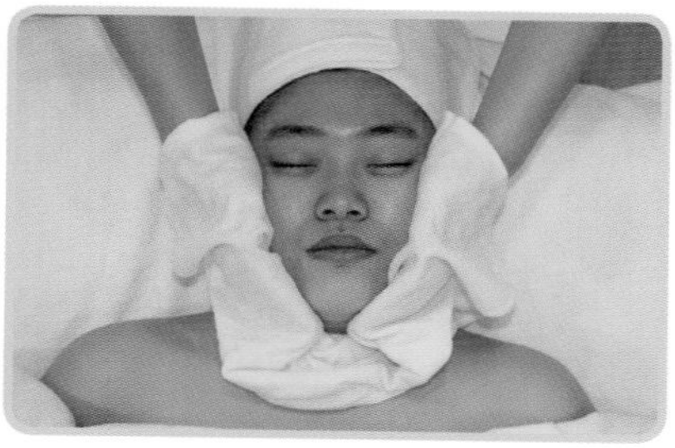

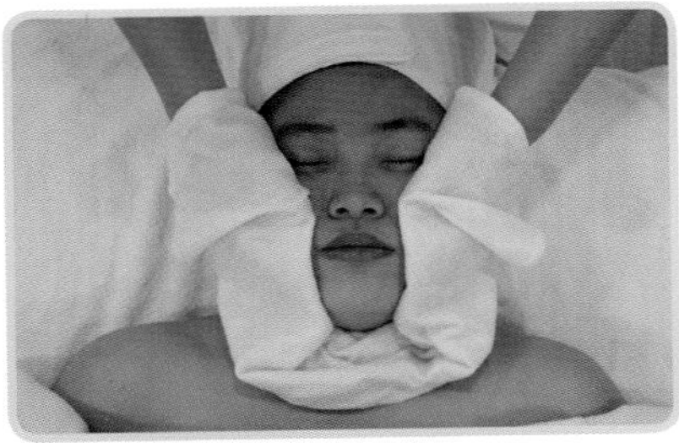

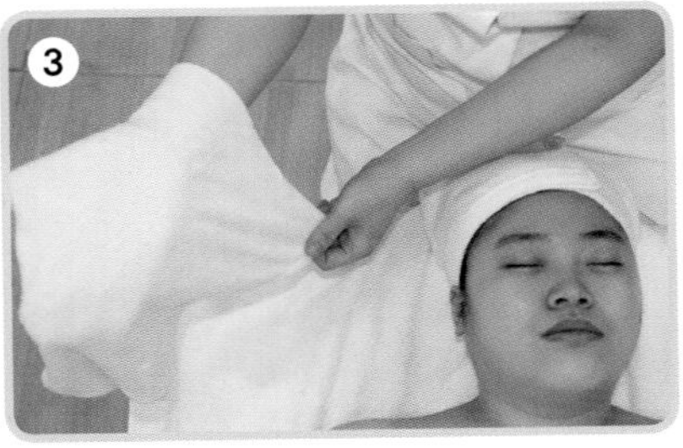

③ 목과 데콜테 부위는 습포를 다리미처럼 잡아 닦아준다.

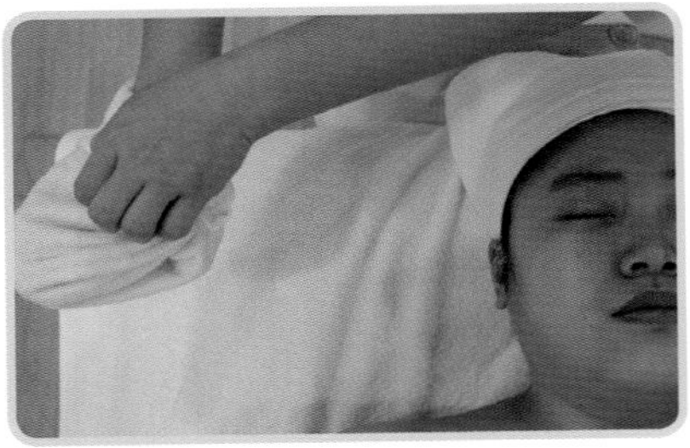

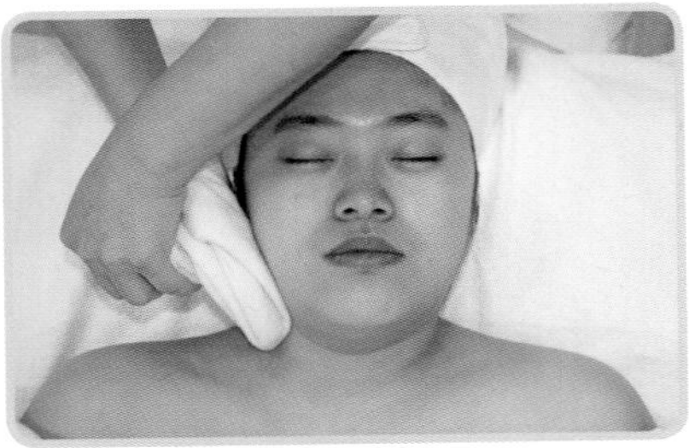

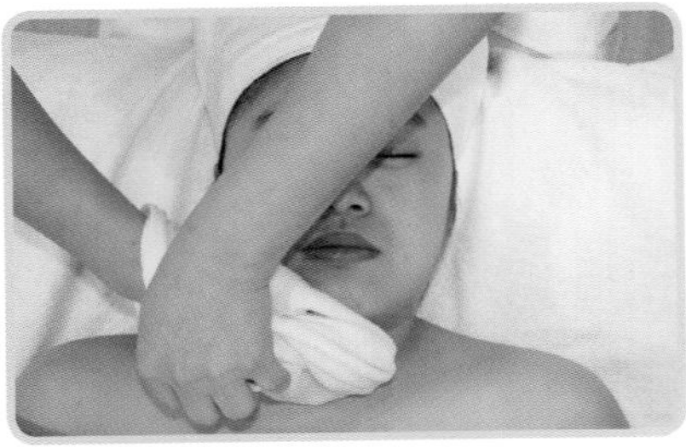

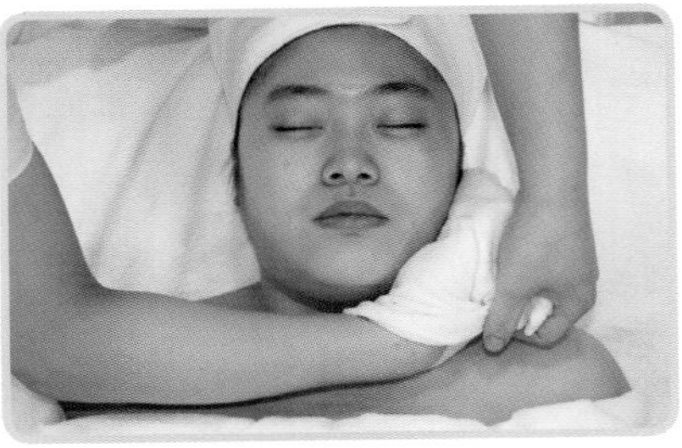

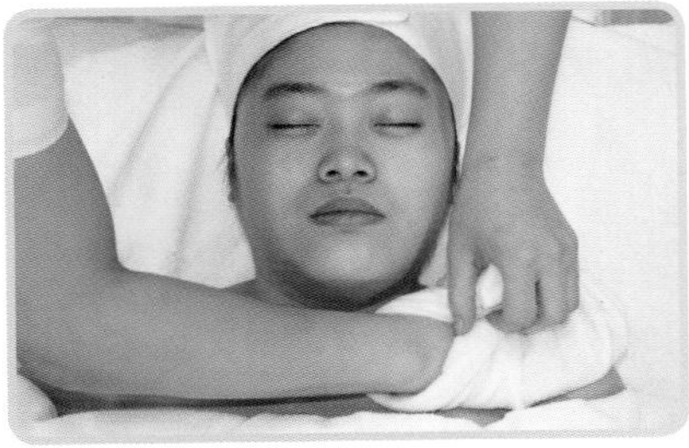

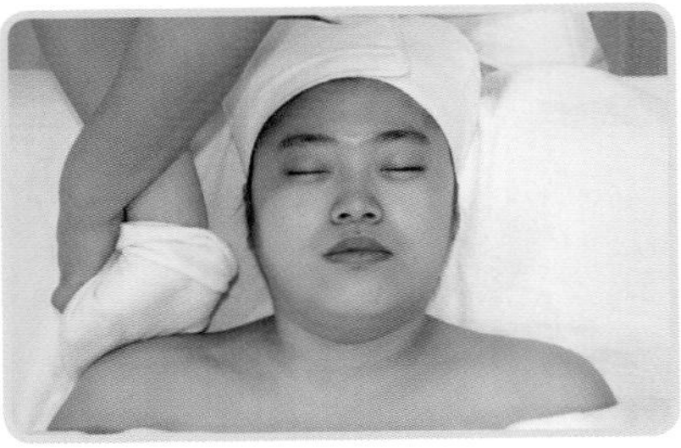

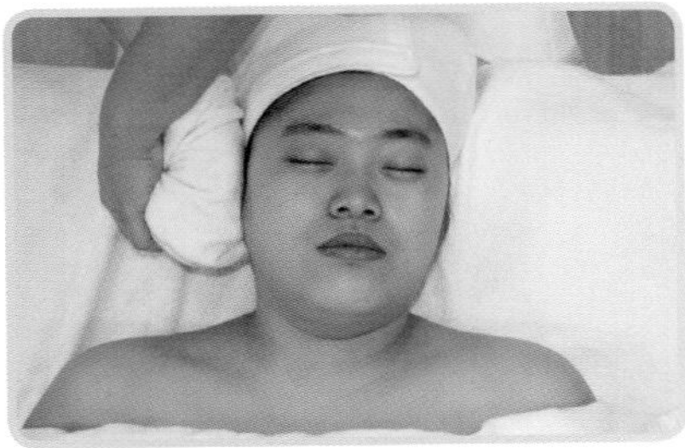

6. 토너 정리하기

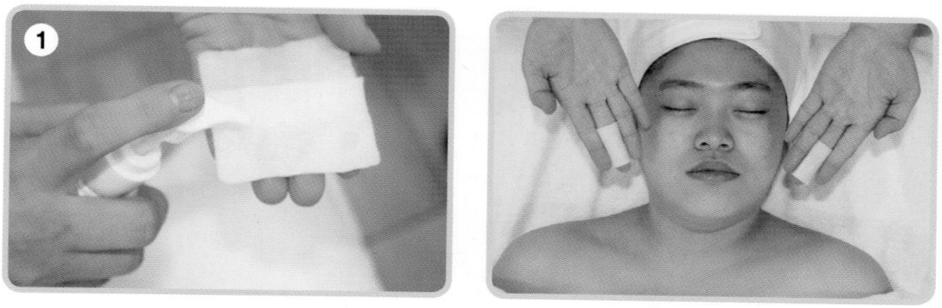

❶ 토너를 화장솜 두 개에 묻힌다.

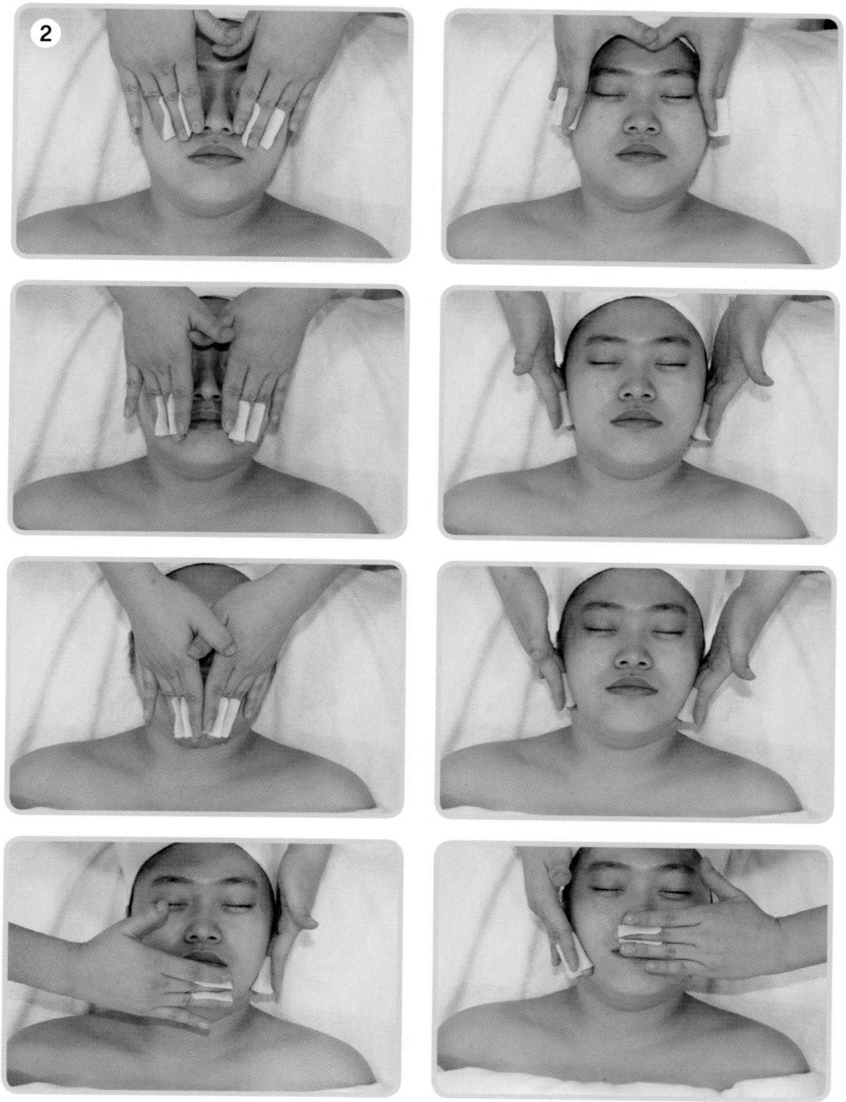

❷ 양손을 이용하여 볼 – 턱 – 인중 – 코벽을 타고 올라왔다가 콧등 – 이마 – 관자놀이를 타고 내려가 손을 교차시키며 목을 위를 향하여 닦고 데콜테를 마지막으로 토너를 정리한다.

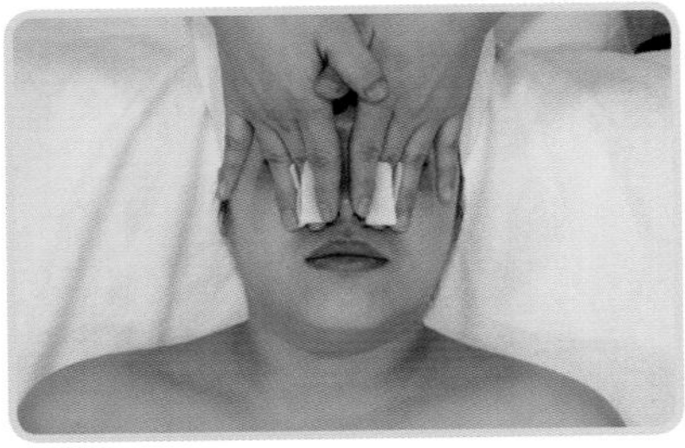
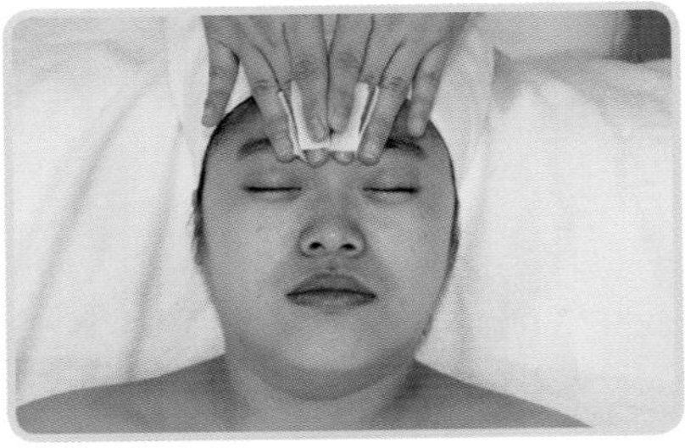
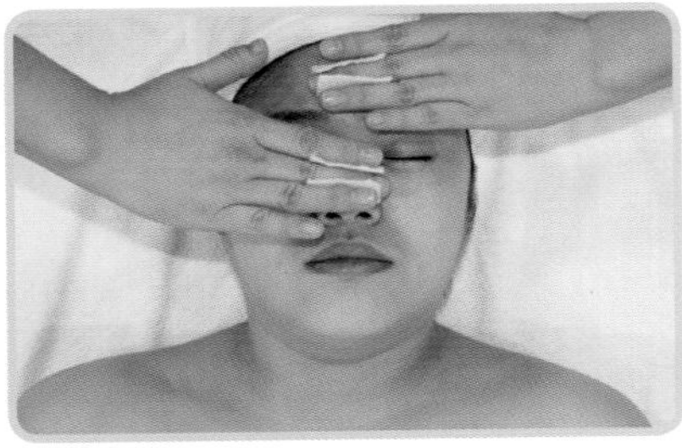
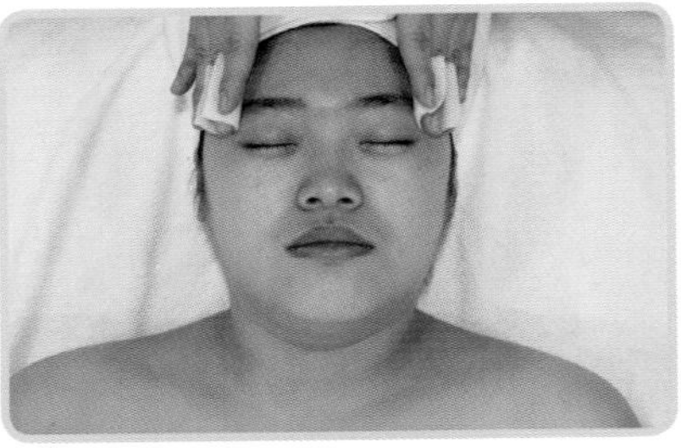
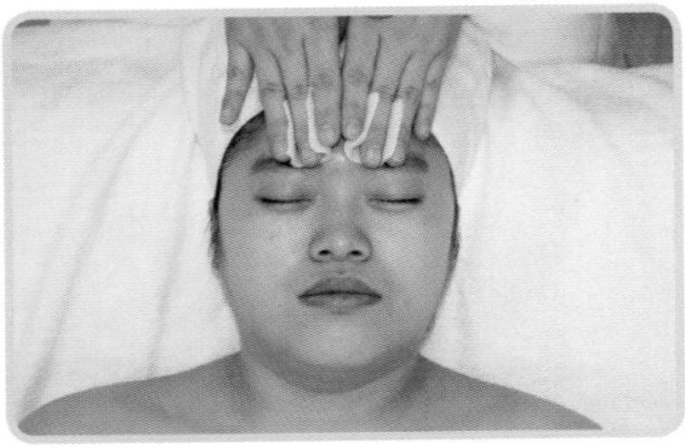
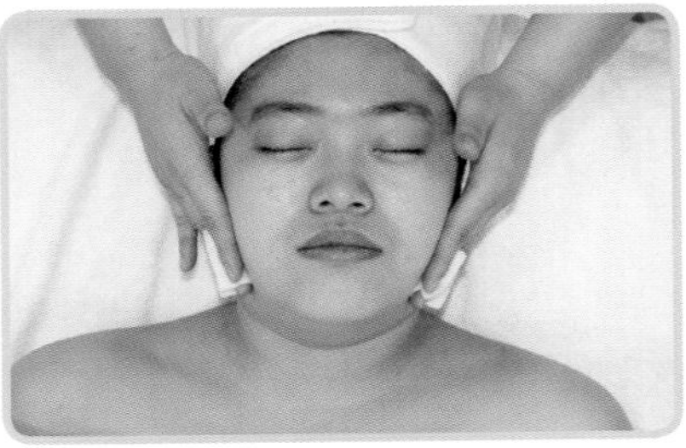
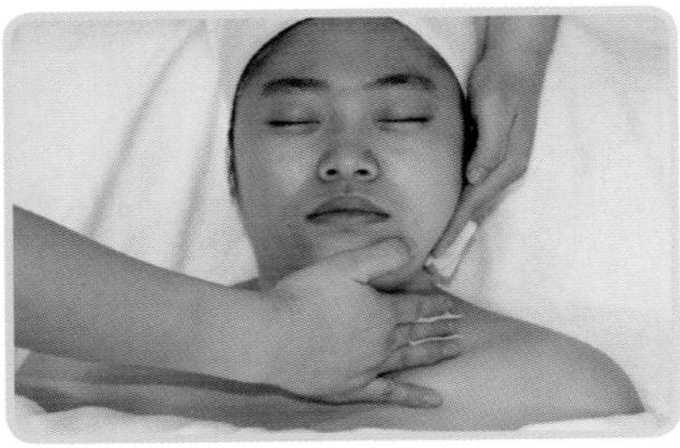
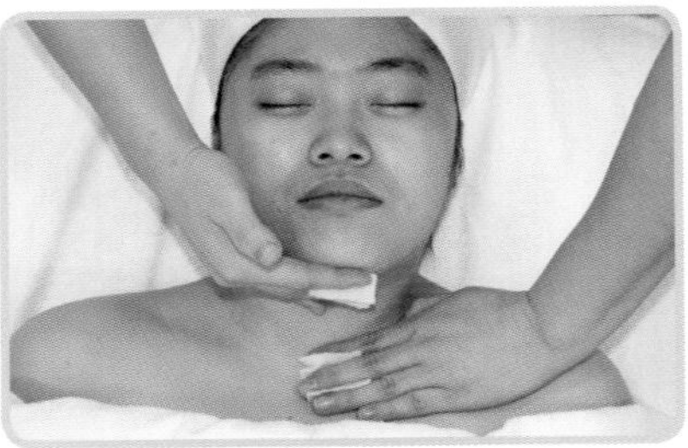
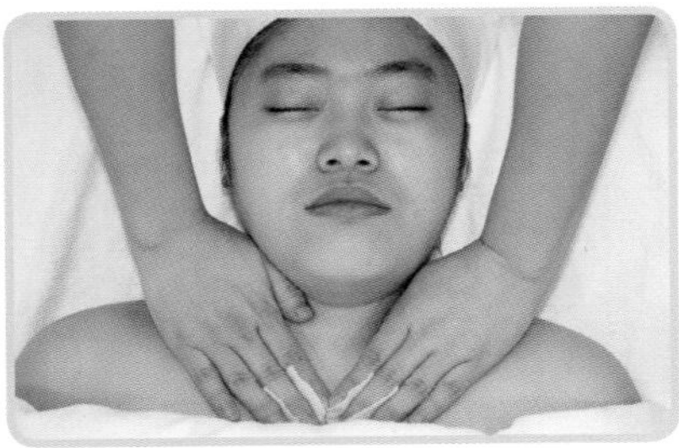
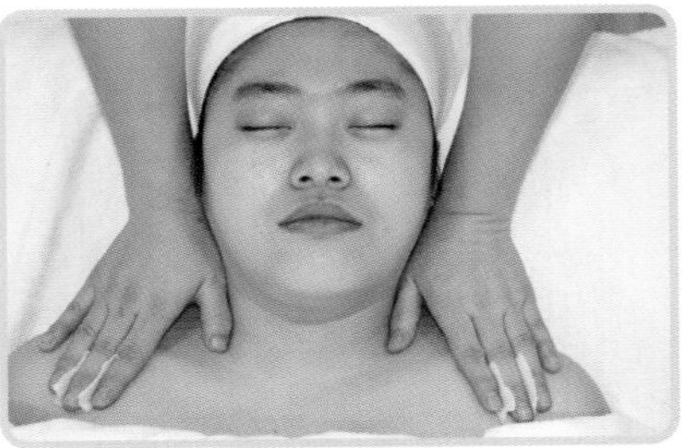

Chapter 8

마스크 및 마무리

20분

사전 체크사항

작업과제 마스크는 고무모델링마스크나 석고마스크를 하는데 시험장에서 지정하는 마스크로 얼굴에 적용한다. 마스크를 위한 기본 전처리를 실시한 후, 얼굴에서 목의 경계 부위까지(턱 하단 포함) 도포하는데 코와 입에 호흡을 할 수 있도록 도포한다.

준 비 물 고무모델링마스크, 석고마스크(시험장에서 지정되는 마스크 적용), 석고 베이스크림, 고무볼, 스파튤라, 아이크림, 면봉, 미용솜, 거즈, 티슈, 팩붓, 해면, 습포, 토너, 마무리크림

작업순서
- 고무모델링마스크 : 고무모델링마스크 분말과 물, 스파튤라 준비하기 → 손 소독하기 → 아이크림&립크림 바르기 → 아이패드 올리기 → 고무모델링마스크 적용하기 → 고무모델링마스크 제거하기 → 닦아내기(해면 → 냉습포) → 토너 정리하기 → 마무리하기(아이크림 → 립크림 → 영양크림 바르기)
- 석고마스크 : 석고마스크 분말과 물, 스파튤라, 거즈 준비하기 → 손 소독하기 → 아이크림&립크림 바르기 → 석고 베이스크림 바르기 → 아이패드와 거즈 올리기 → 석고마스크 적용하기 → 석고마스크 제거하기 → 닦아내기(해면 → 냉습포) → 토너 정리하기 → 마무리하기(아이크림 → 립크림 → 영양크림 바르기)

▶ 고무모델링마스크

1. 준비하기

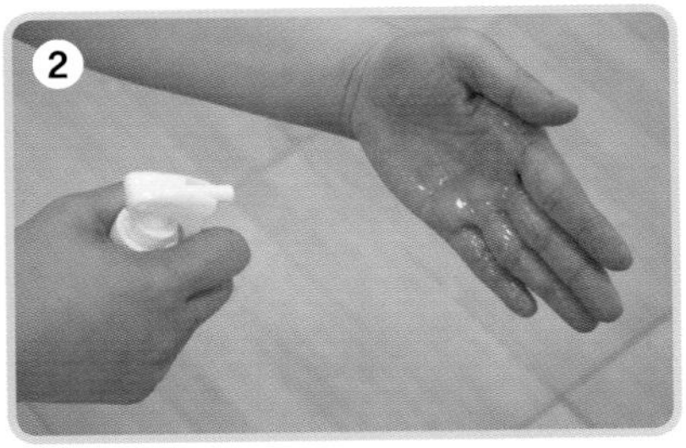

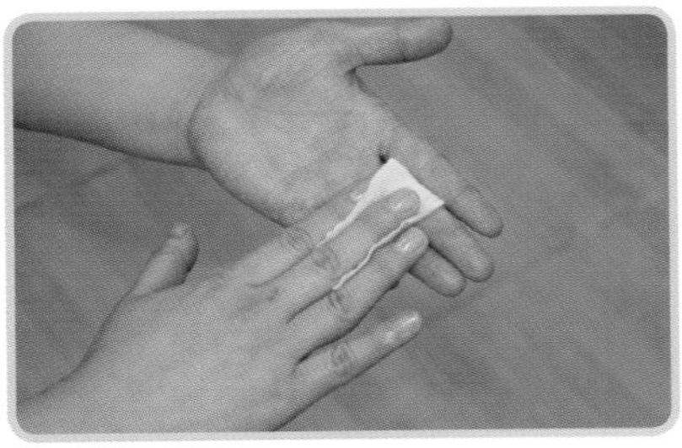
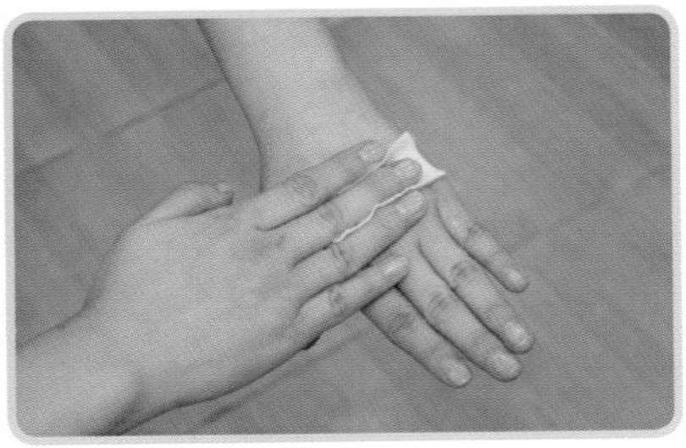

① 고무볼에 고무모델링마스크 분말을 준비하고 물과 스파튤라를 준비한다.
② 알코올을 손 전체에 골고루 뿌려 소독하거나 알코올솜으로 손 전체를 골고루 소독한다.

2. 아이크림 & 립크림 바르기

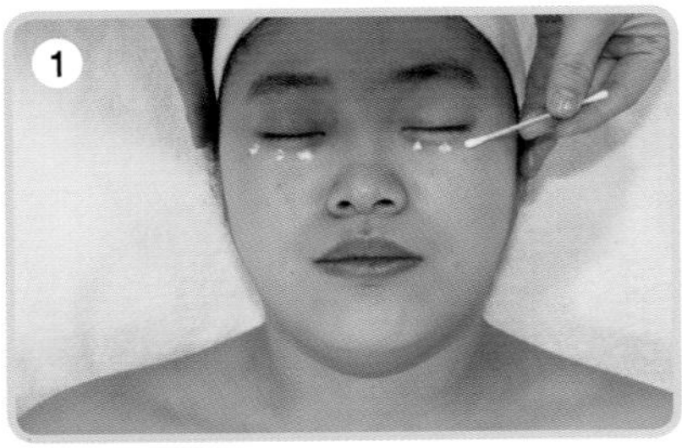

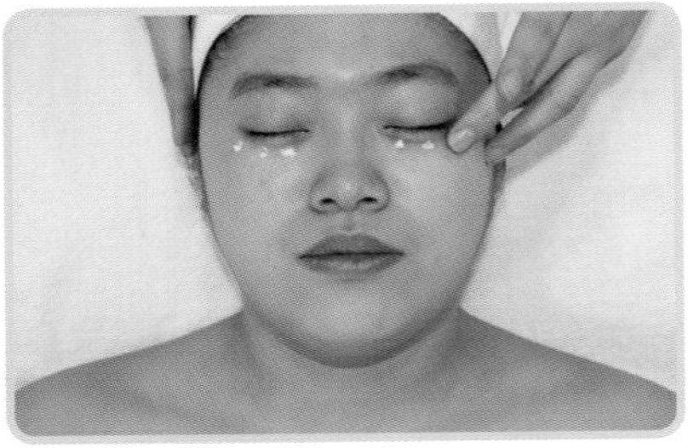
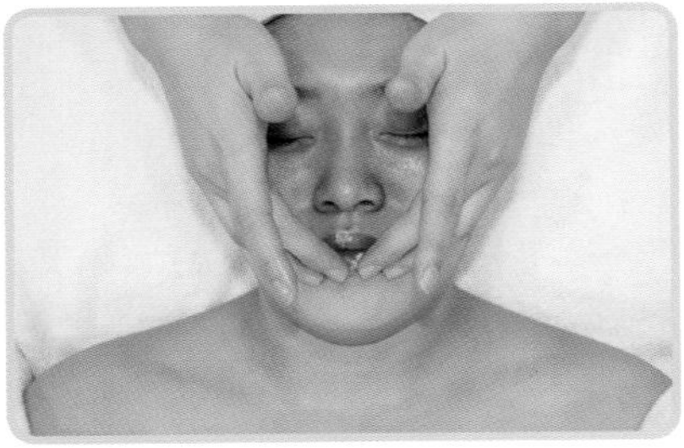
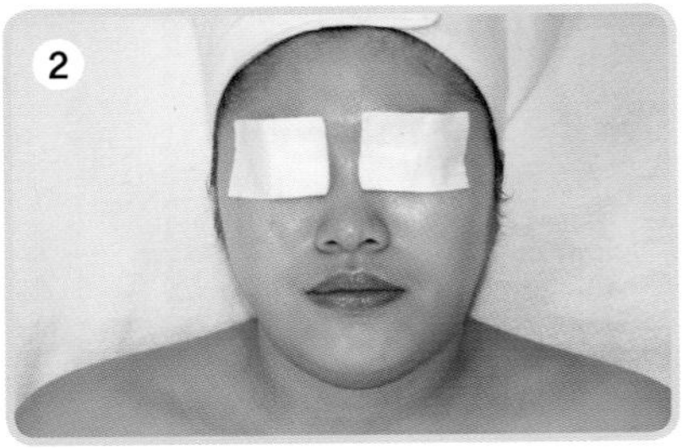

① 아이크림과 립크림을 눈 밑과 입술에 각각 펴 바른다.

② 아이패드를 올려준다.

3. 고무모델링마스크 적용

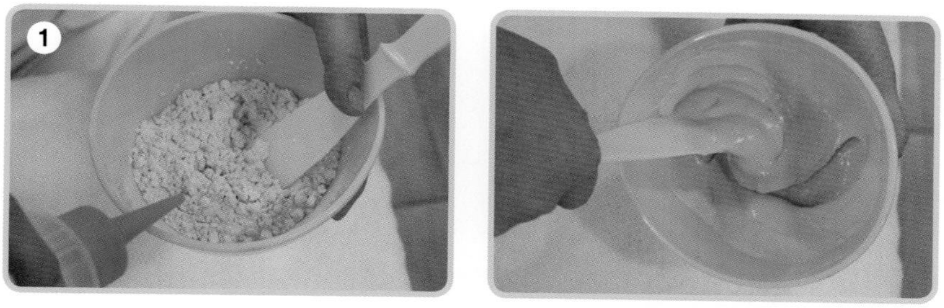

❶ 고무팩 분말에 물을 부어가며 잘 섞어 적당한 농도를 맞춘 후 신속히 도포를 시작한다.

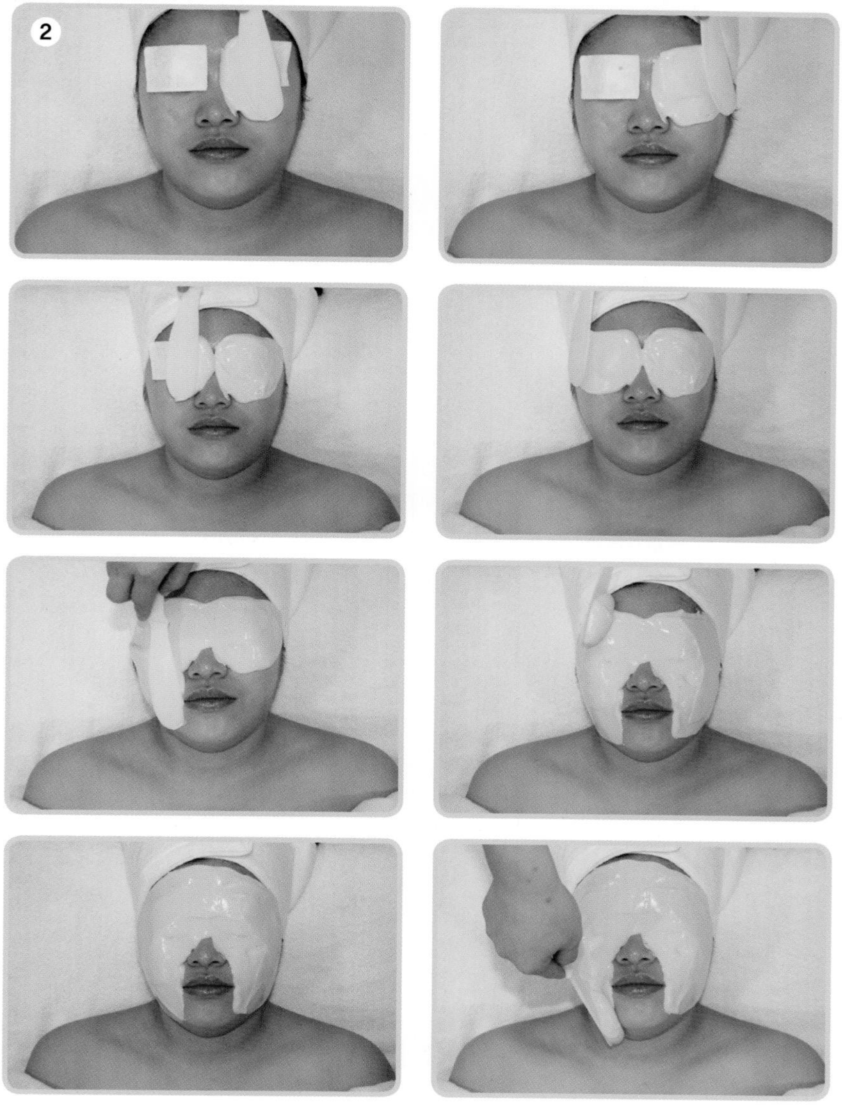

❷ 눈 → 볼 → 이마 → 턱 → 코 → 인중 순으로 신속히 도포한다.

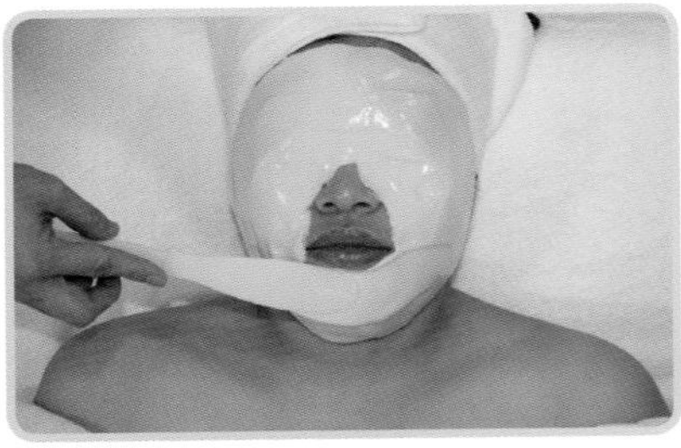
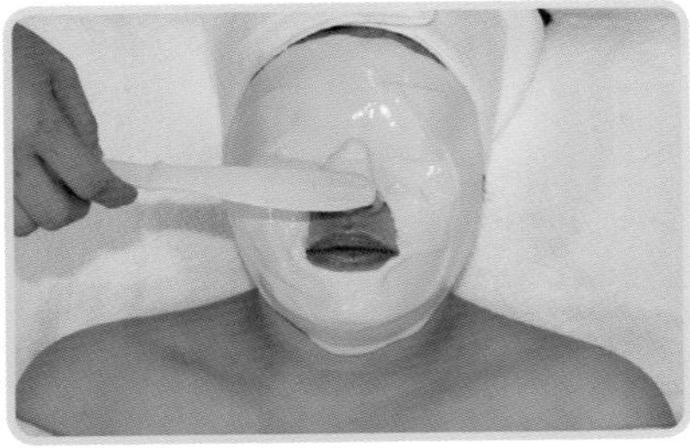
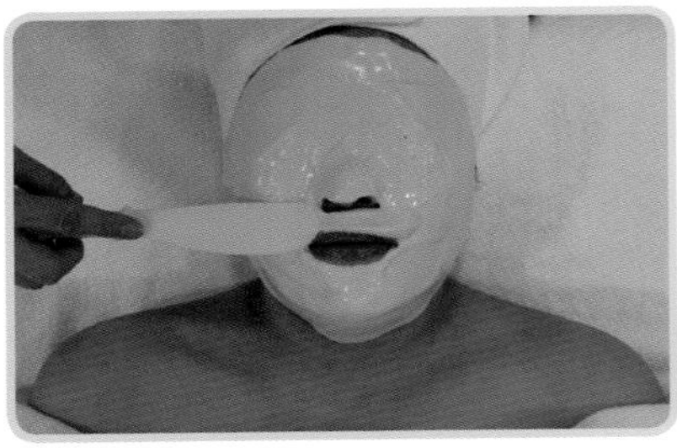
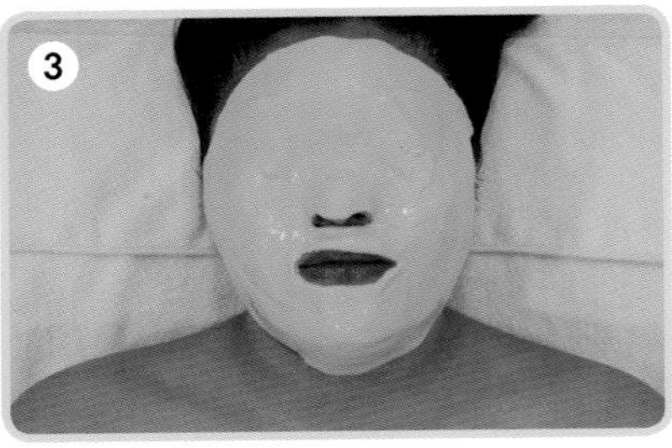

③ 마스크 도포 후 터번을 풀어준다.

Tip 마스크 적용 범위는 얼굴에서 목의 경계 부위까지(턱 하단 포함)이며, 코와 입에 호흡을 할 수 있도록 도포하여야 한다.

4. 고무모델링마스크 제거하기

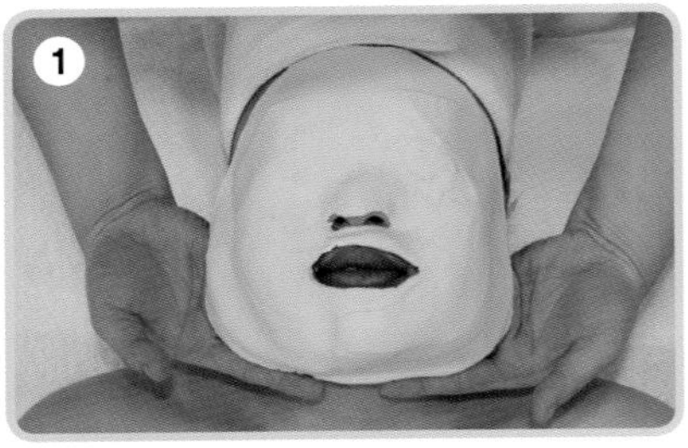

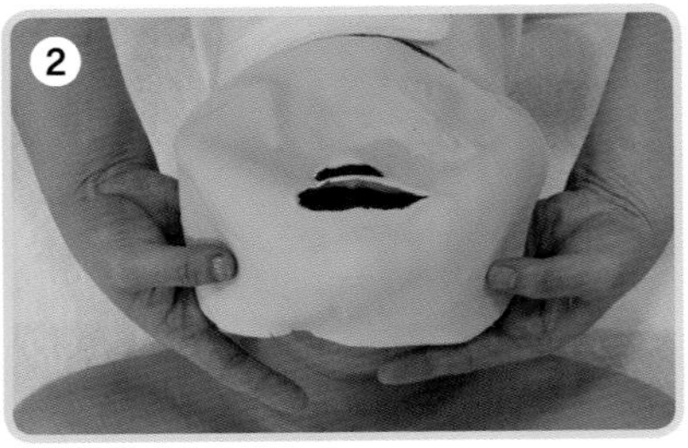

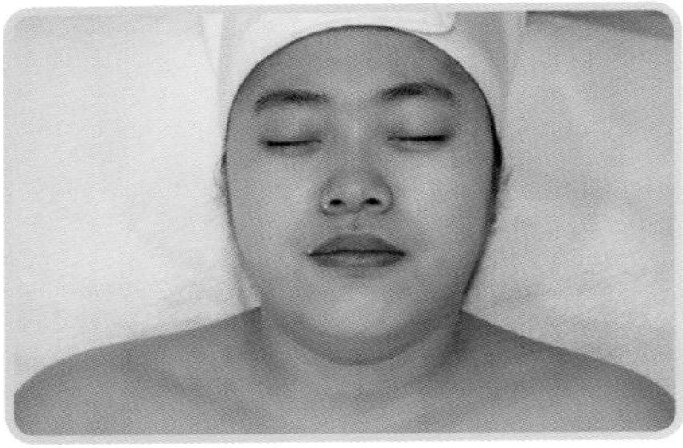

① 터번을 다시 씌우고 손을 소독한 후 마스크를 제거한다.
② 턱 하단 부위부터 팩을 분리하여 접어 올리면서 제거한다.

5. 해면으로 닦아내기

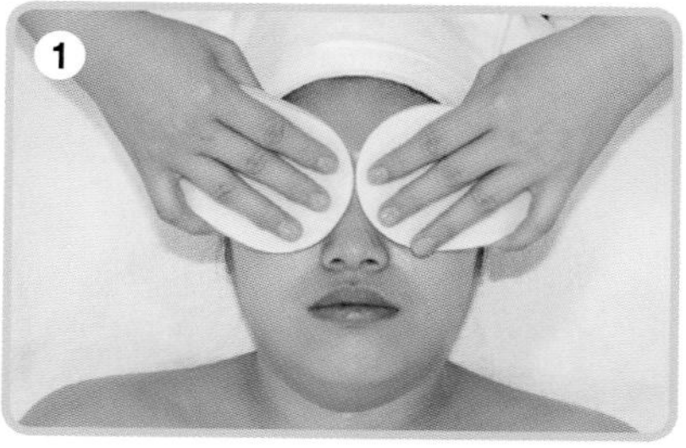

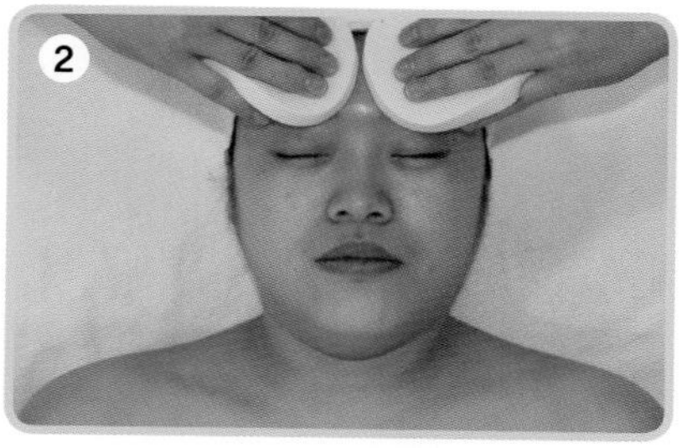

❶ 양쪽 눈 안쪽에서 눈꼬리 방향으로 닦는다.
❷ 눈썹 앞머리에서 관자놀이까지 닦는다.

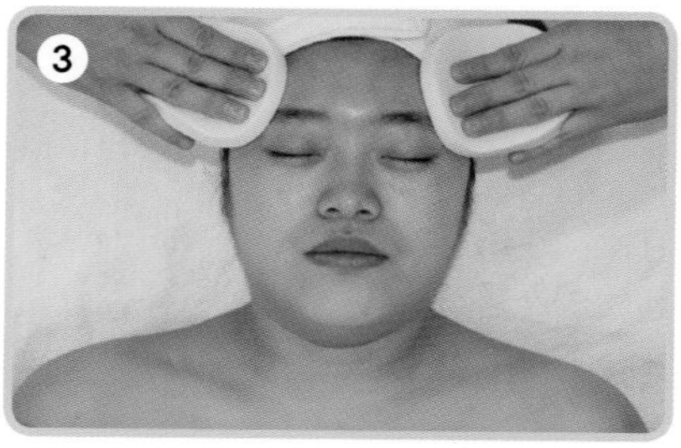

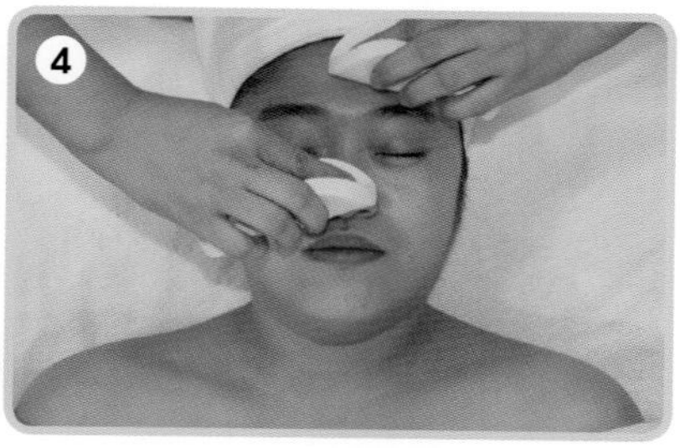

❸ 이마 윗부분을 헤어라인을 타고 가며 관자놀이까지 닦는다.
❹ 콧등과 코벽 아래를 닦는다.

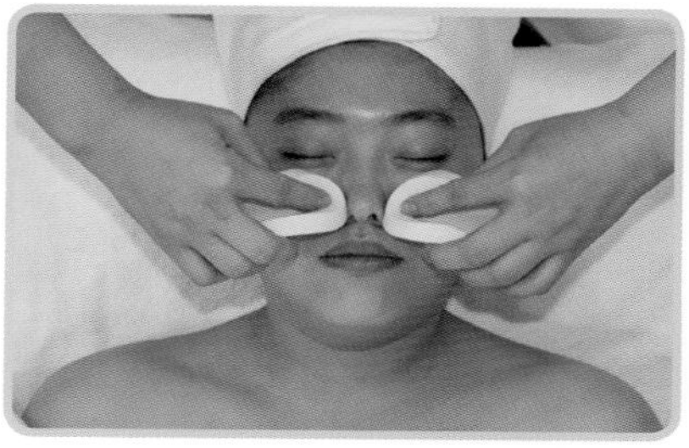
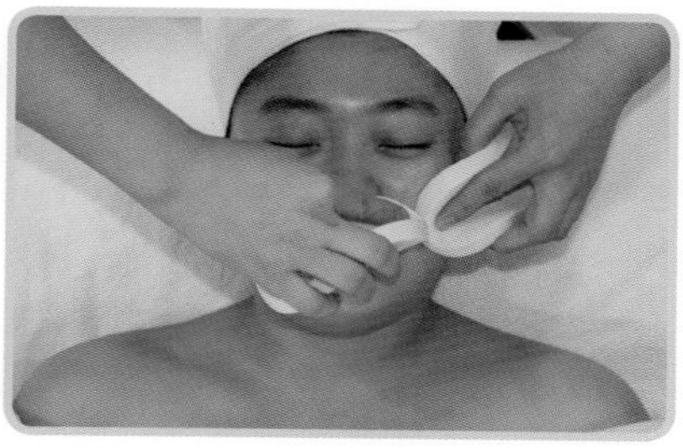
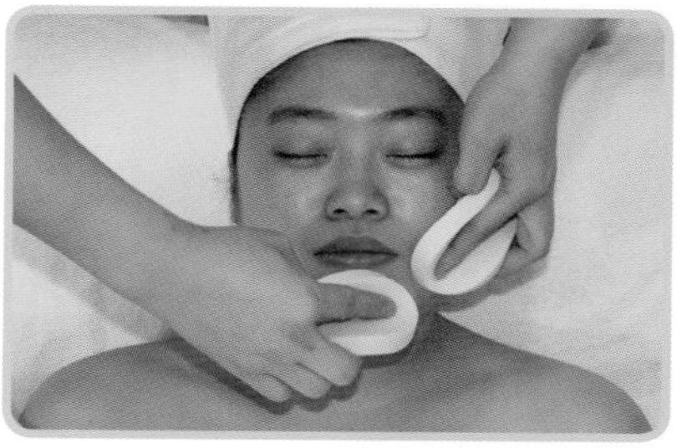
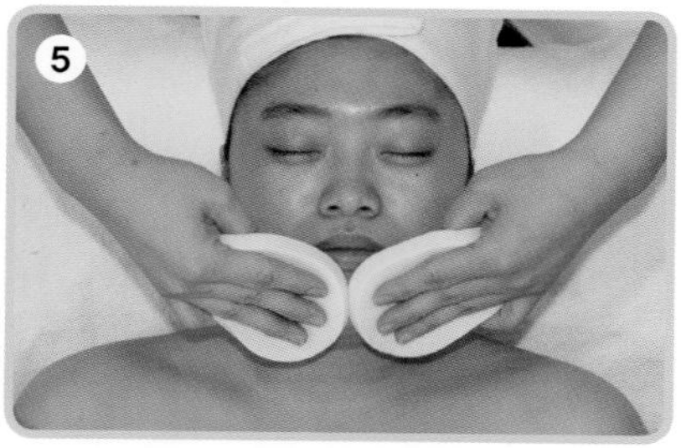

❺ 볼을 3등분(턱 중앙에서 귀밑, 입술 옆에서 귀 앞, 코 옆에서 관자놀이까지)으로 나누어 닦는다.

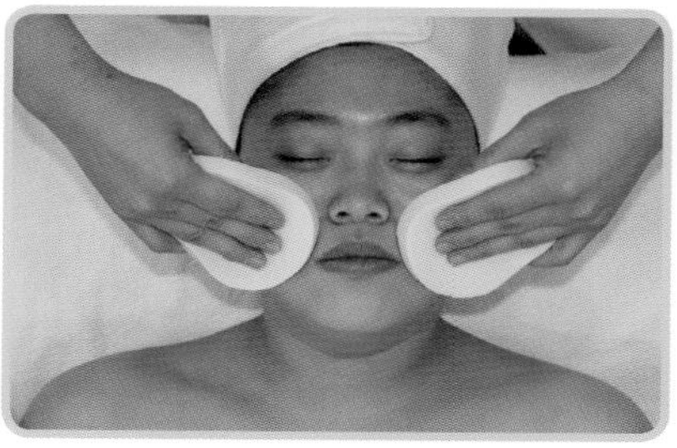
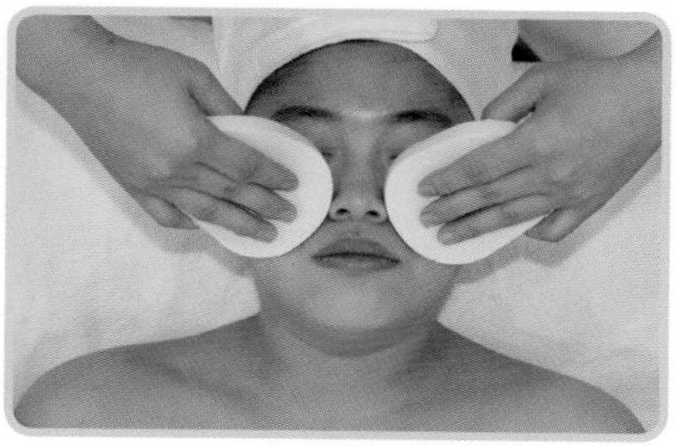

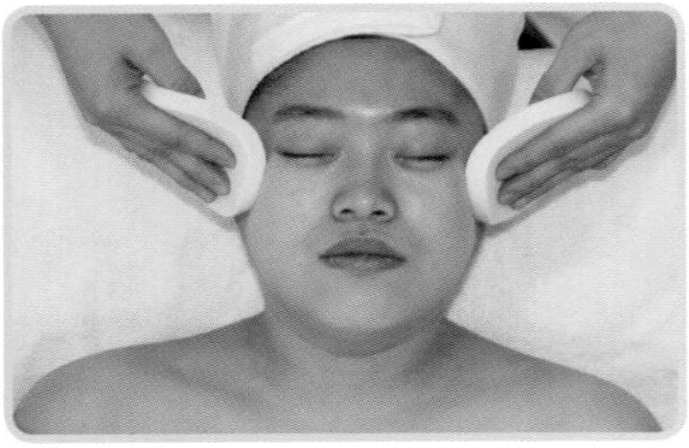

6. 냉습포로 닦아내기

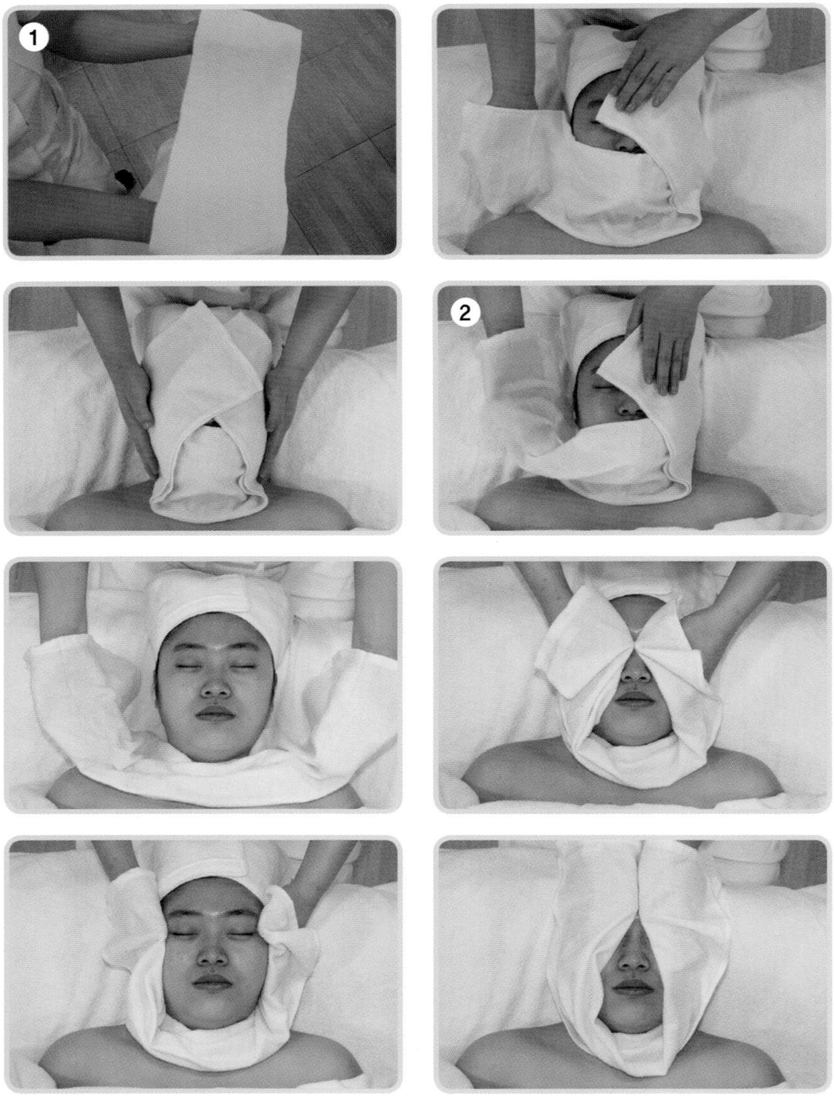

❶ 냉습포를 접힌 부분이 코로 향하도록 잡아서 코밑에 얹은 후 전체를 감싸준다.

Tip 이때 절대로 지압을 해서는 안 된다. → 안마유발행위로 간주하여 0점 처리된다.

❷ 습포 안으로 손을 넣어 눈 – 이마 – 코 – 인중 – 턱 – 볼 부위 순으로 닦아준다.

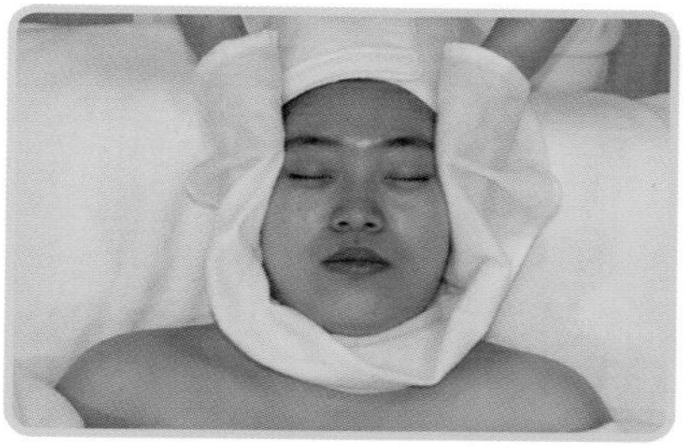

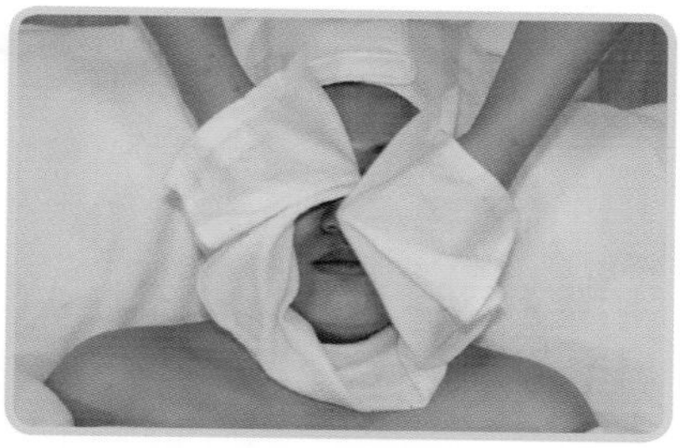

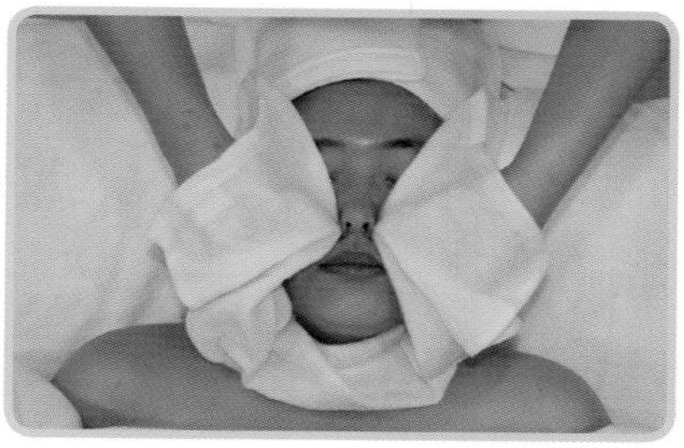

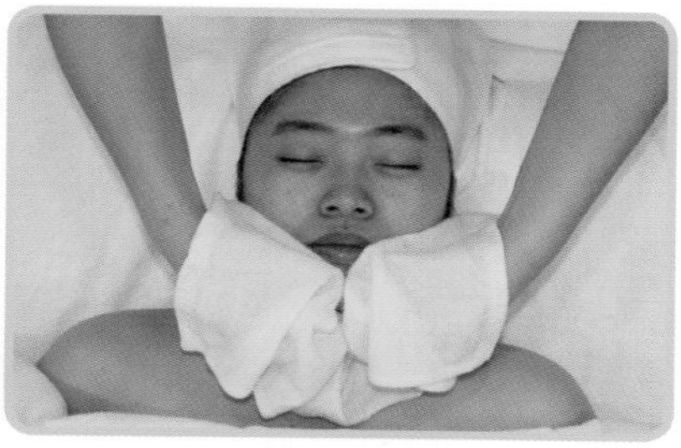

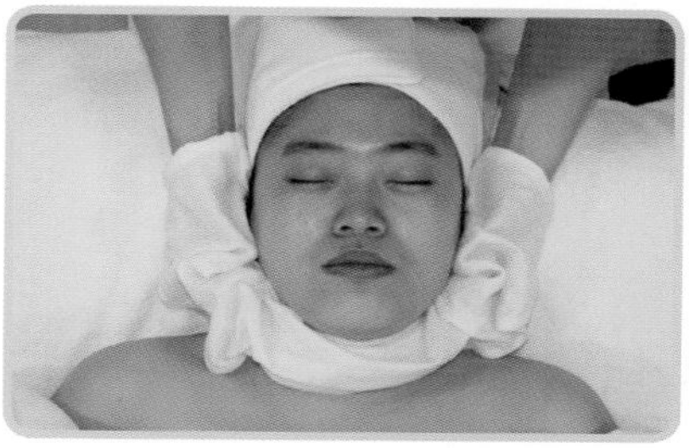

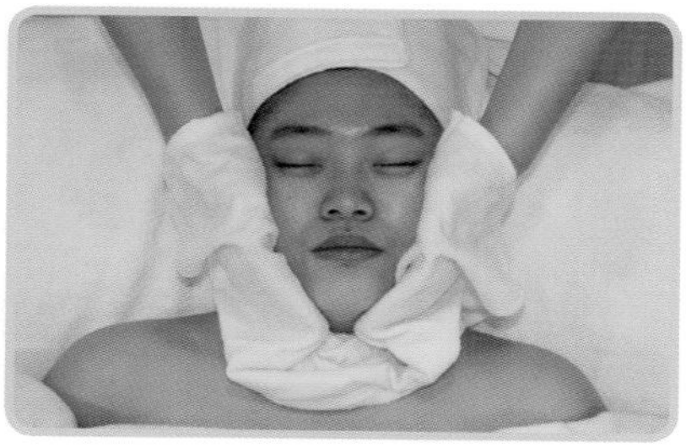

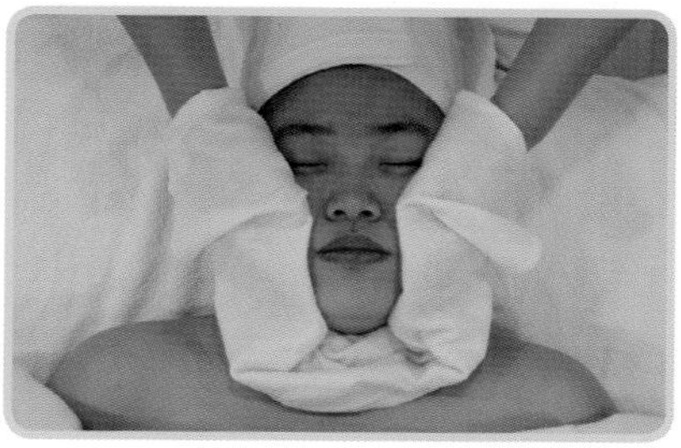

7. 토너 정리하기

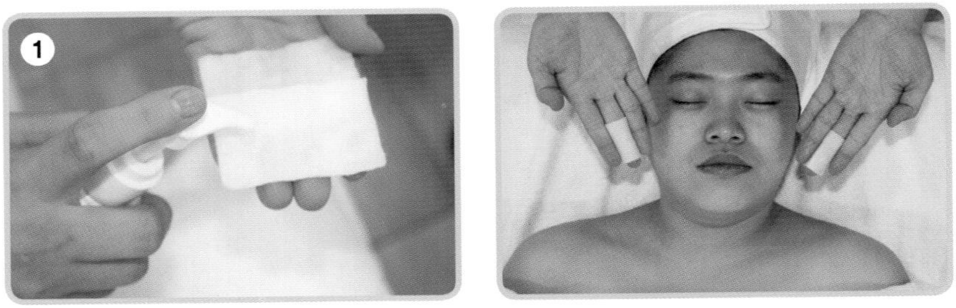

❶ 토너를 화장솜 두 개에 묻힌다.

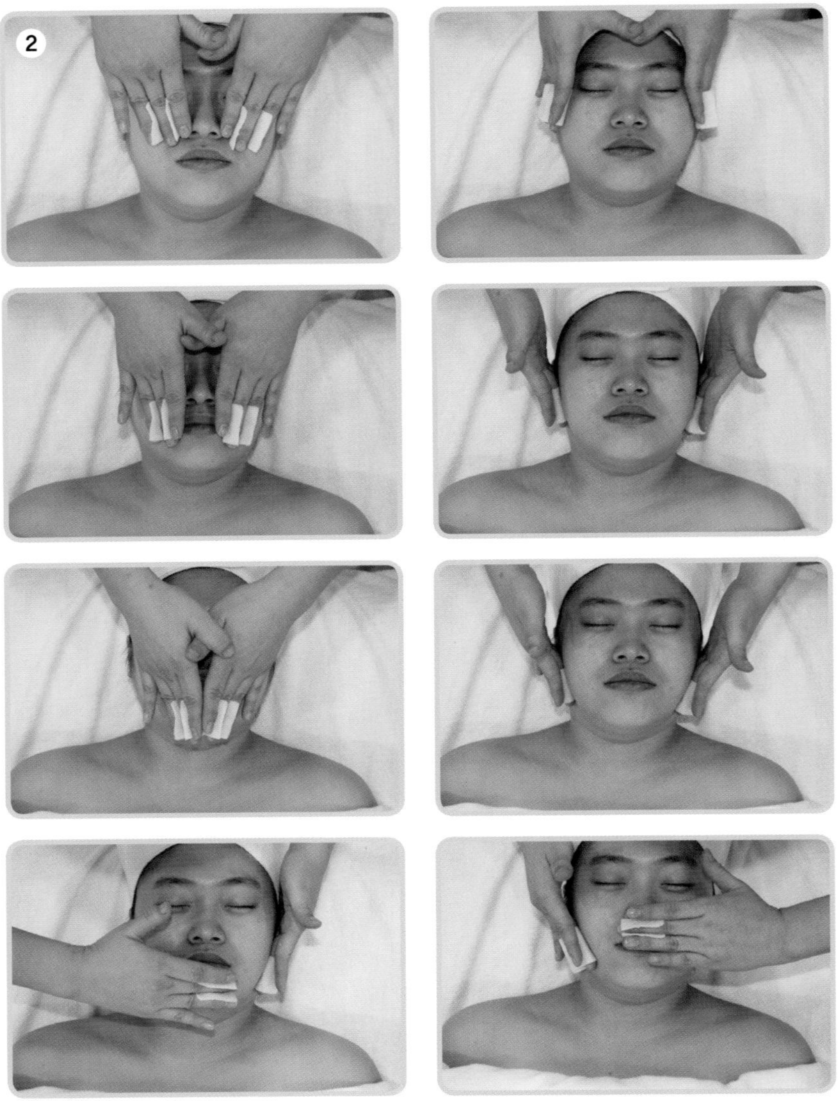

❷ 양손을 이용하여 볼 – 턱 – 인중 – 코벽을 타고 올라왔다가 콧등 – 이마 – 관자놀이를 타고 내려가 손을 교차시키며 목을 위를 향하여 닦고 데콜테를 마지막으로 토너를 정리한다.

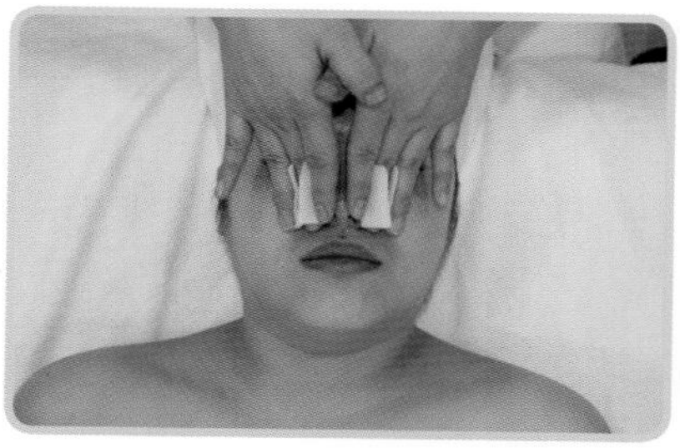
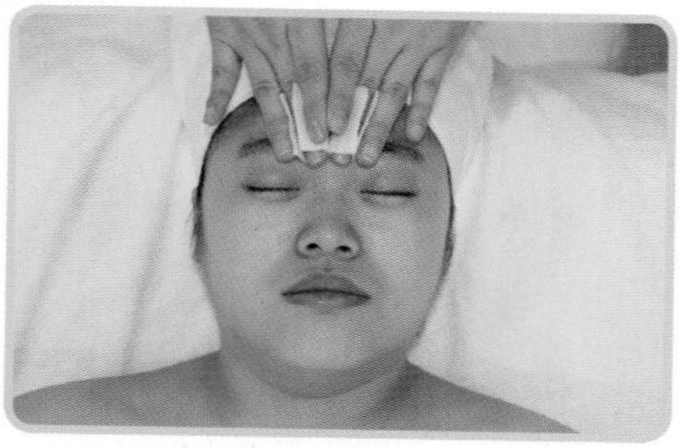
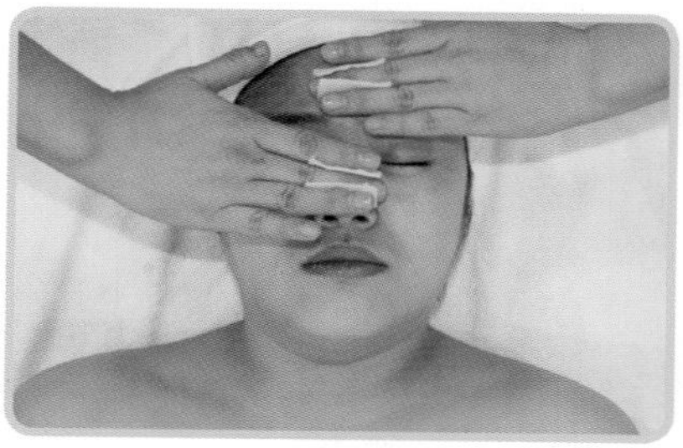
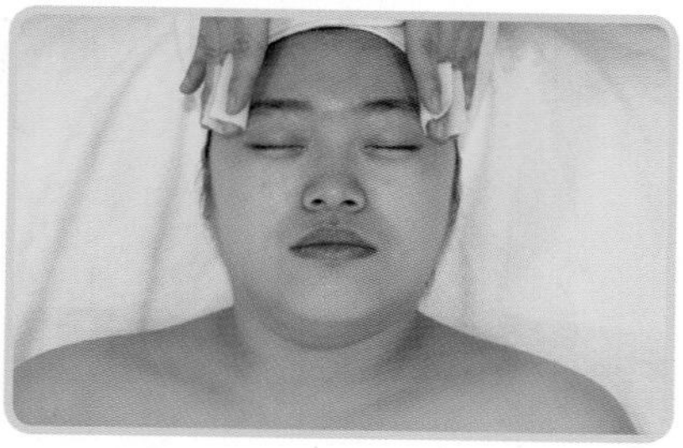
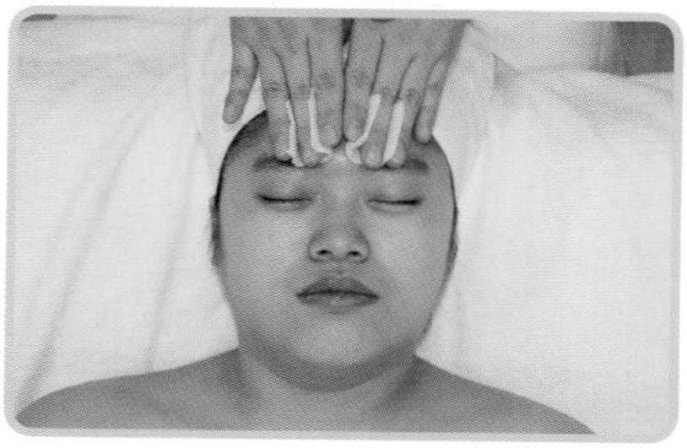
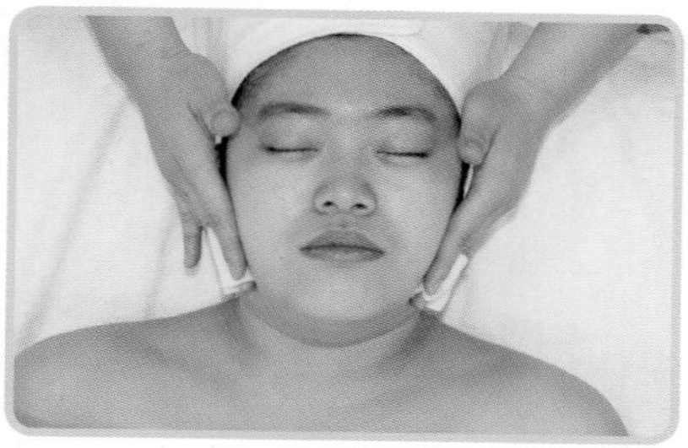
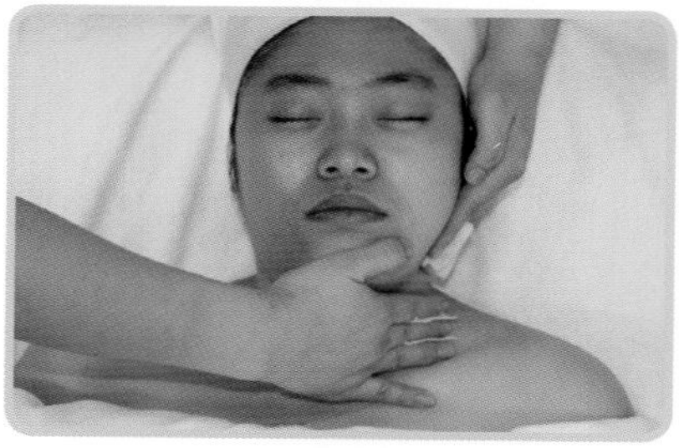
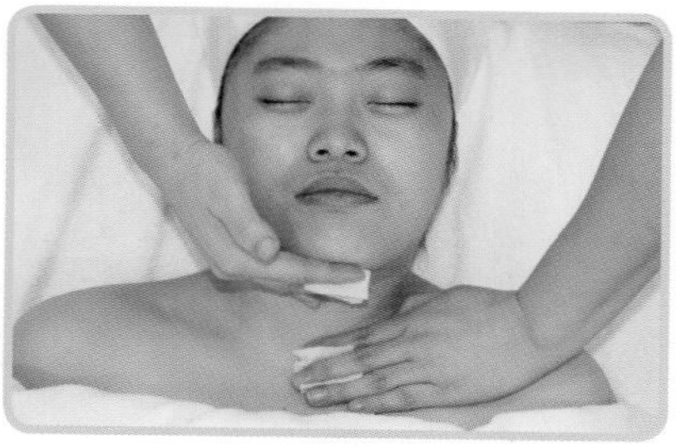
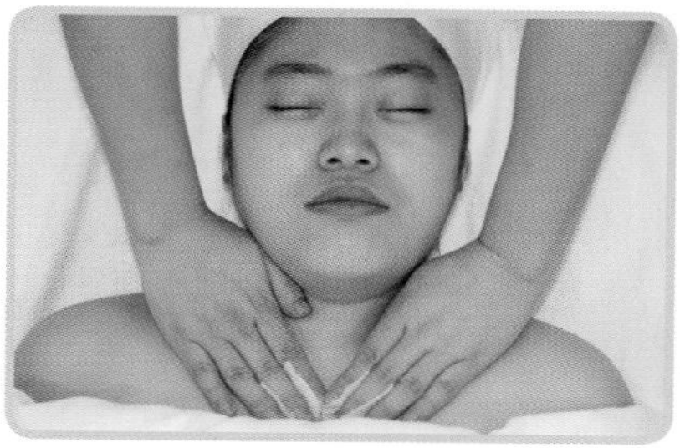
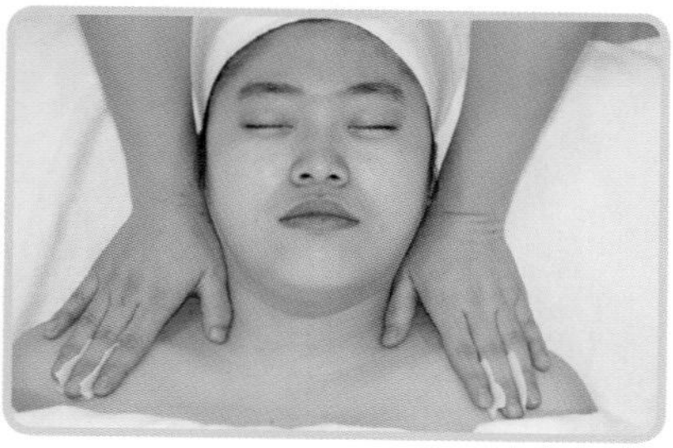

8. 마무리하기

① 아이크림, 립크림 바르기

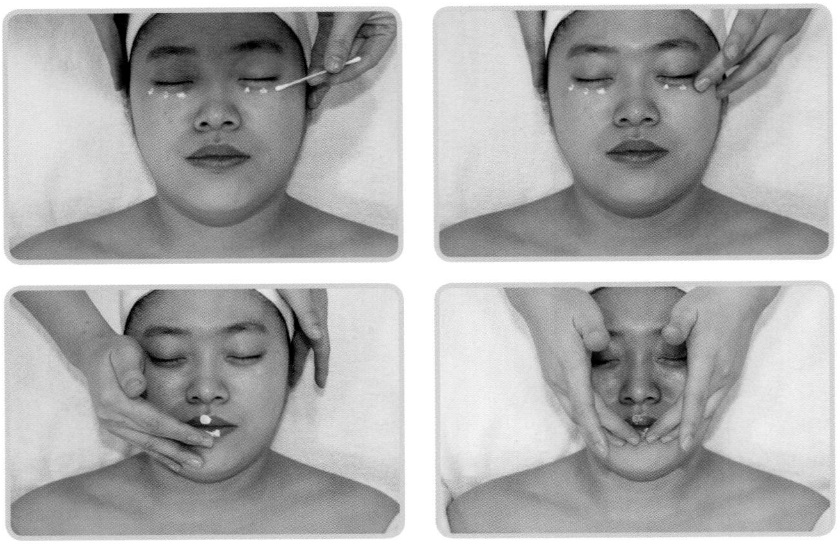

아이크림과 립크림을 각각 눈과 입술에 부드럽게 펴 바른다.

② 영양크림 바르기

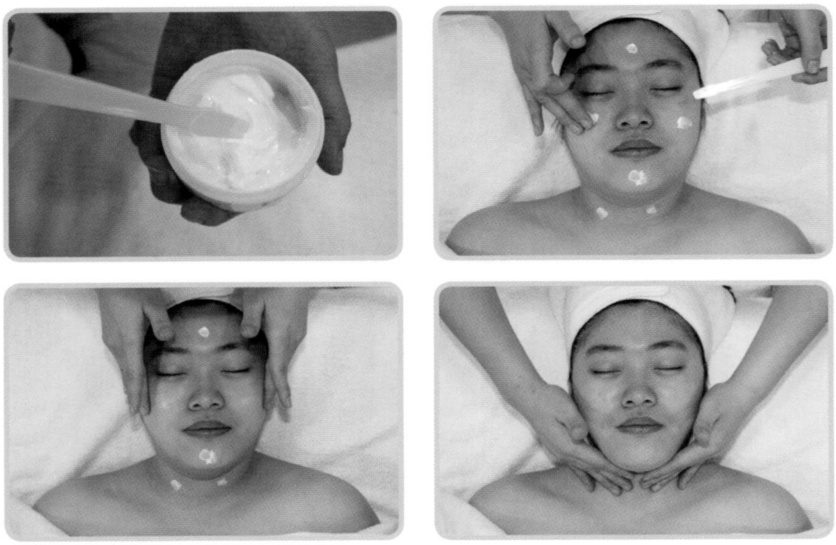

영양크림을 얼굴 전체에 바르는데 피부결 방향으로 부드럽게 펴 바른다.

▶ 석고마스크

1. 준비하기

❶ 고무볼에 석고마스크 분말을 준비하고 물과 스파튤라, 거즈를 준비한다. 그리고 유리볼에 석고베이스크림을 적당량 덜어 놓는다.

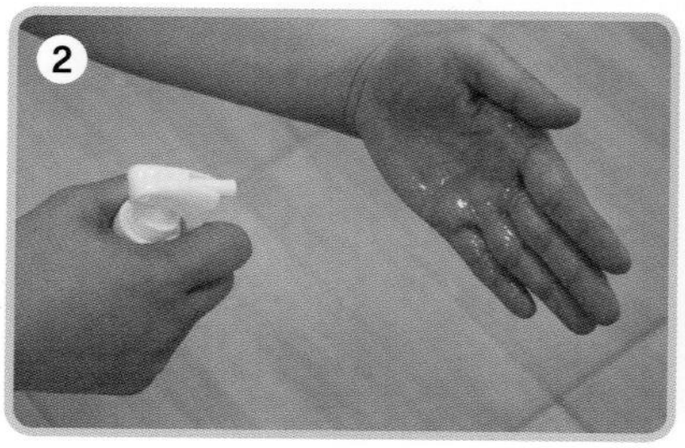

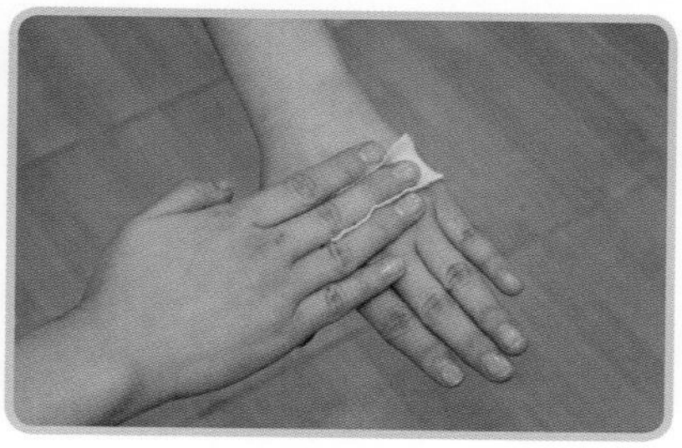

❷ 알코올을 손 전체에 골고루 뿌려 소독하거나 알코올 솜으로 손 전체를 골고루 소독한다.

2. 아이크림 & 립크림 바르기

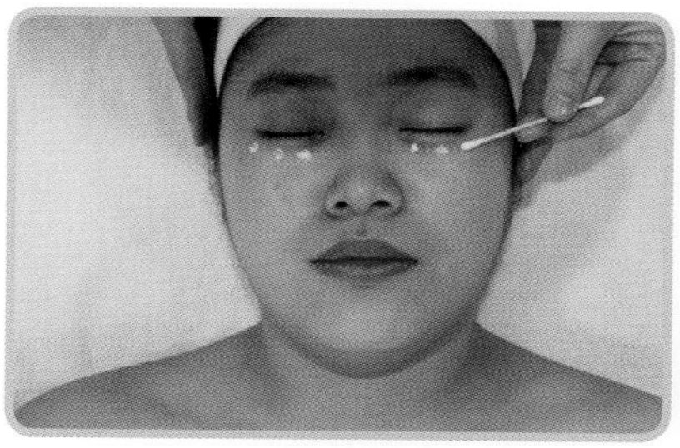

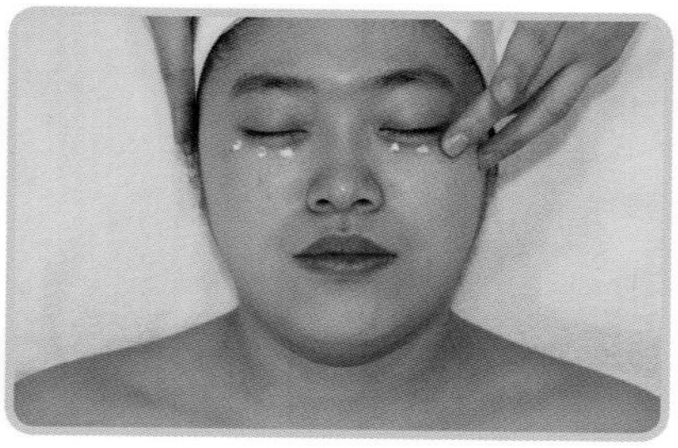

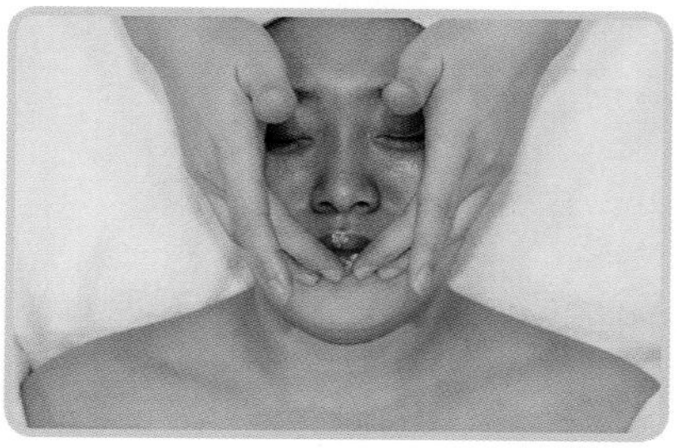

아이크림과 립크림을 눈 밑과 입술에 각각 펴 바른다.

3. 석고베이스크림 바르기

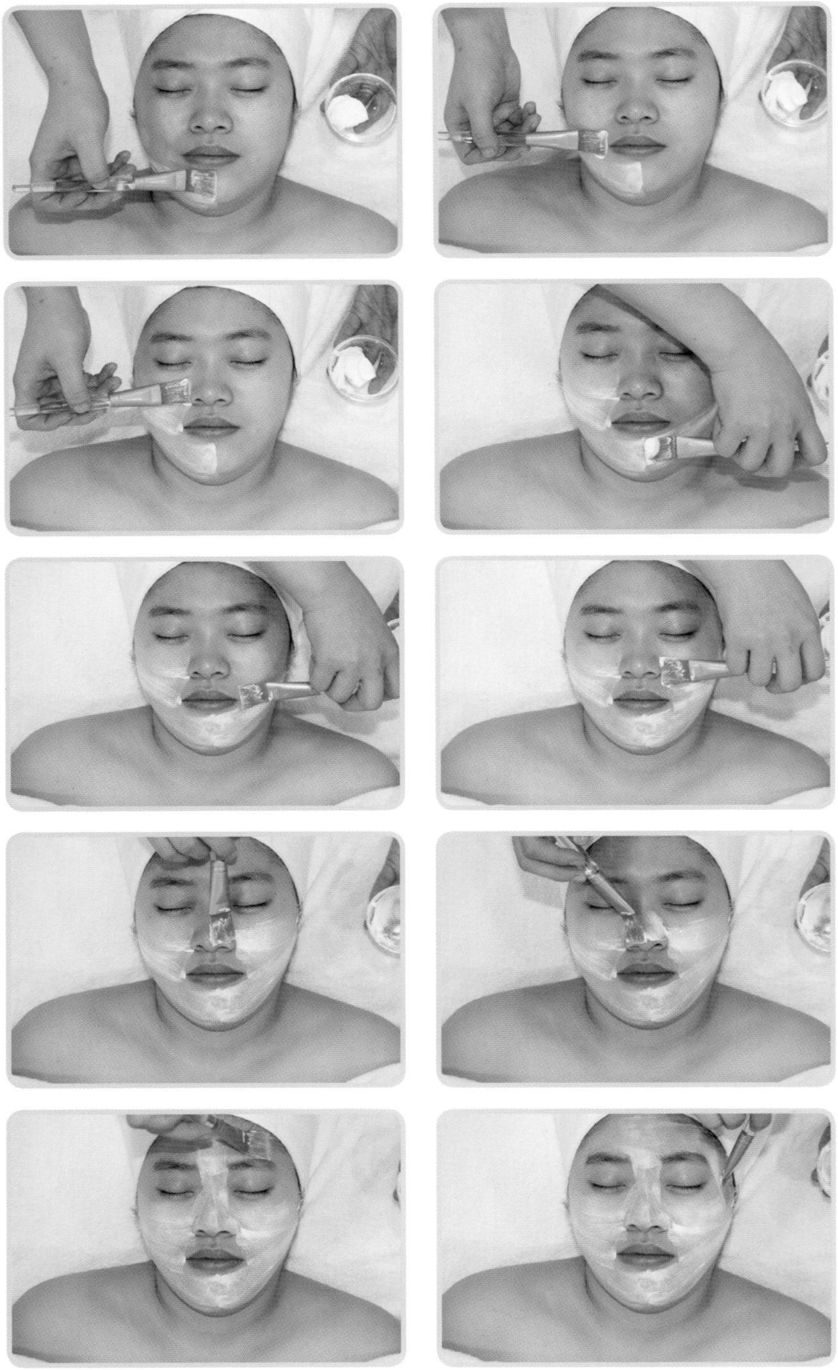

석고 베이스크림을 눈과 입술을 제외한 얼굴 전체에 바른다.

Tip 피부결 방향으로 붓을 이용하여 펴 바른다.

4. 아이패드와 거즈 올리기

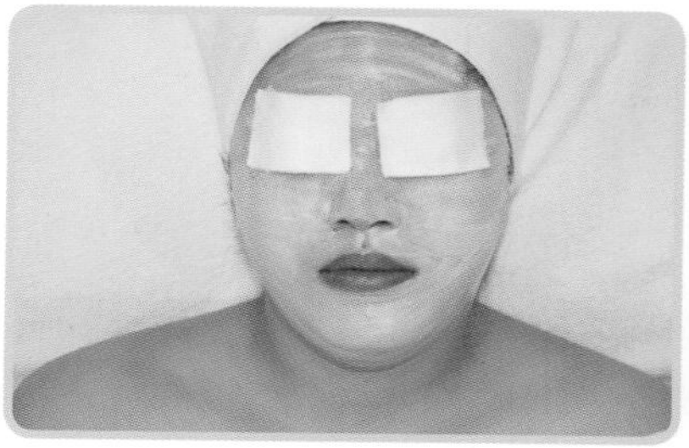

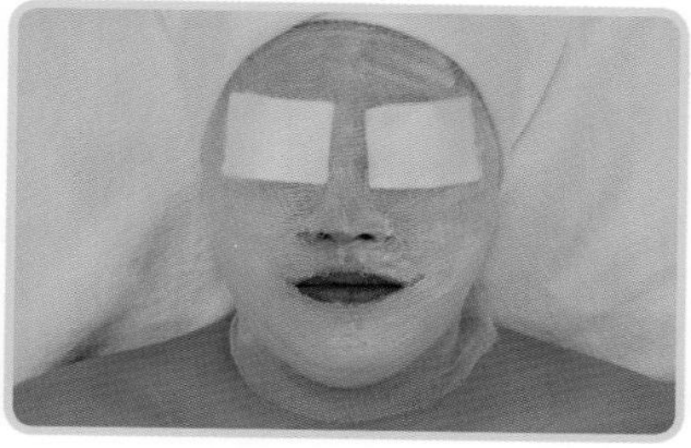

아이패드로 눈을 덮은 후 젖은 거즈를 얼굴 전체에 덮는다.

5. 석고마스크 적용하기

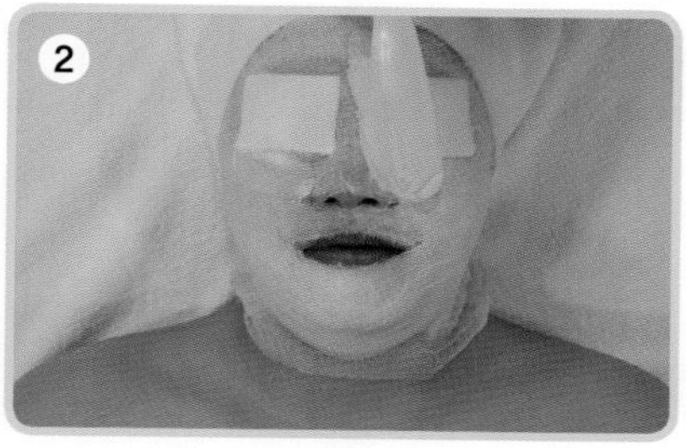

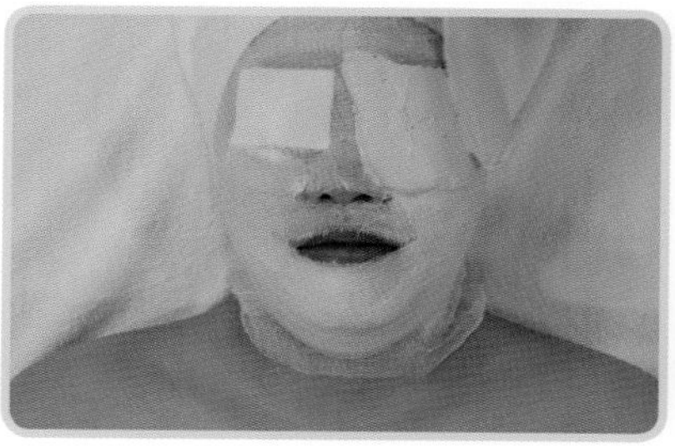

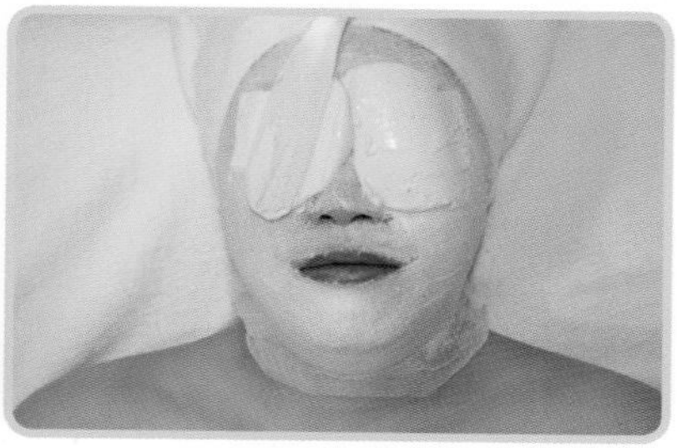

❶ 석고팩 분말에 물을 부어가며 잘 섞어 적당히 맞춘 후 신속하게 도포를 시작한다.

❷ 눈 → 볼 → 이마 → 턱 → 코 → 인중 순으로 도포한다.

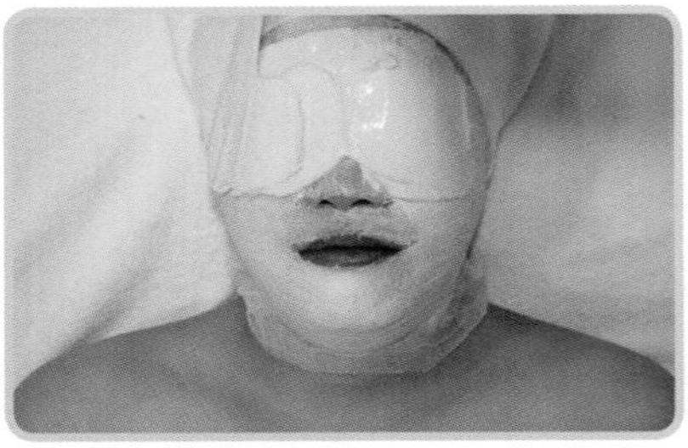
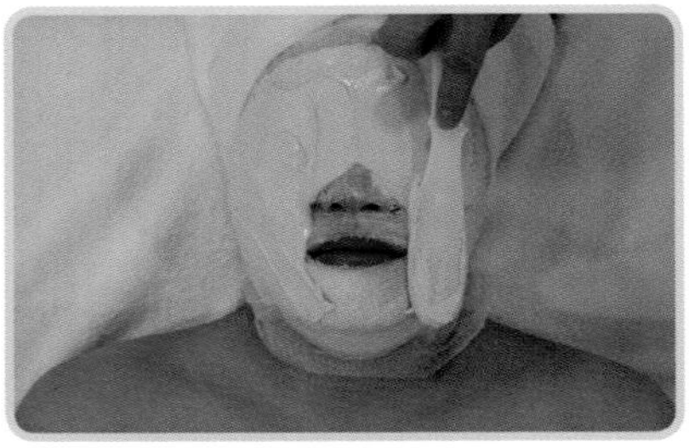
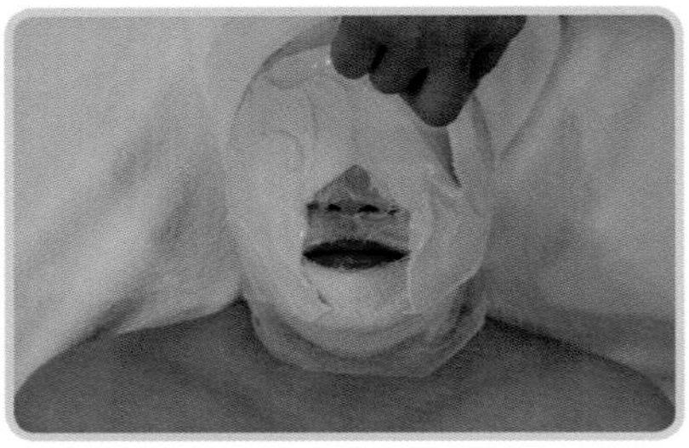
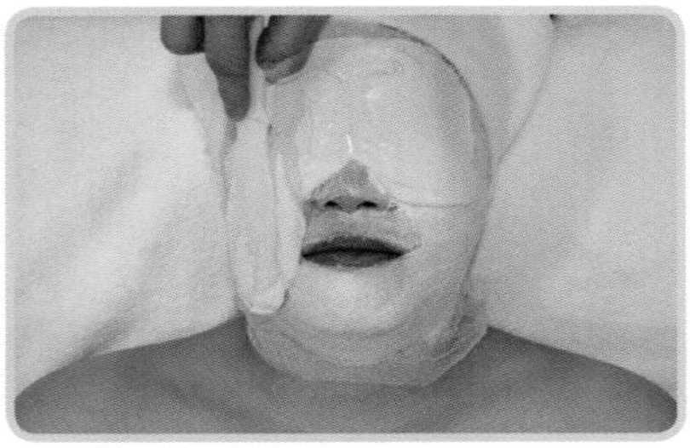
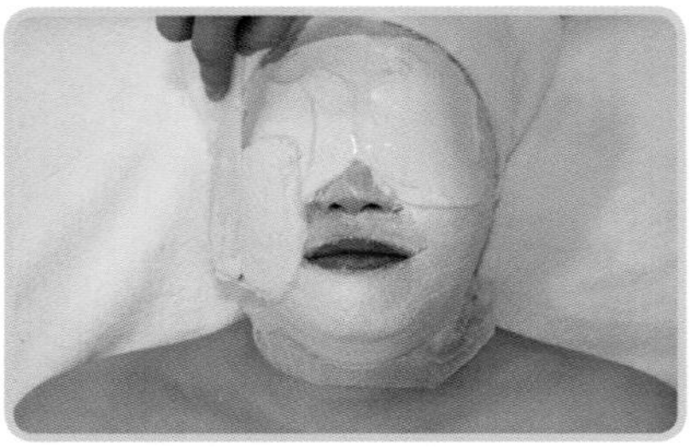
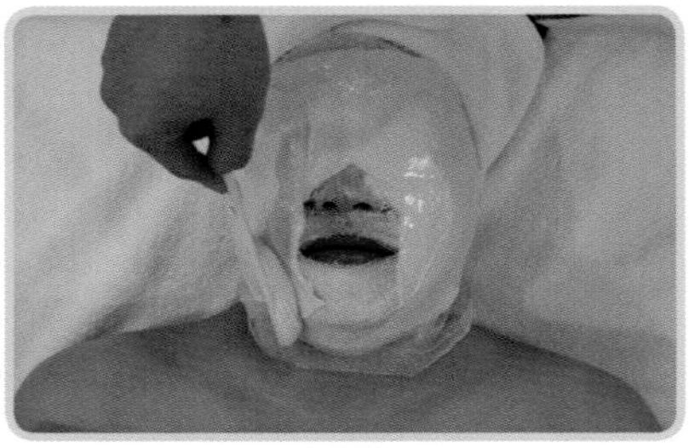
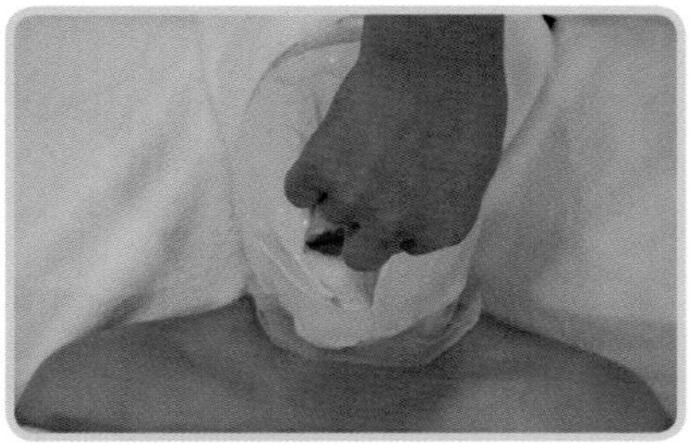
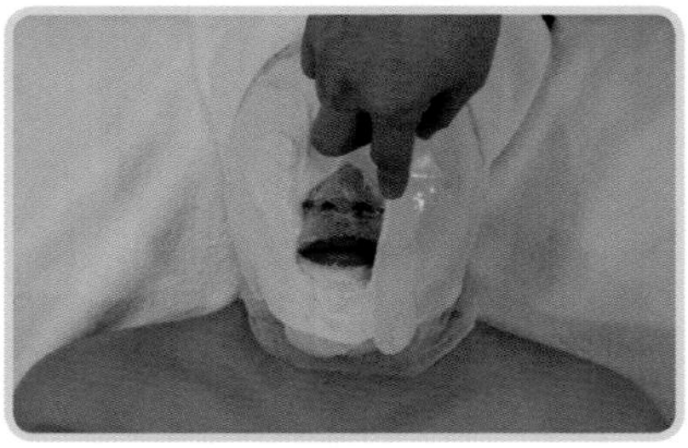
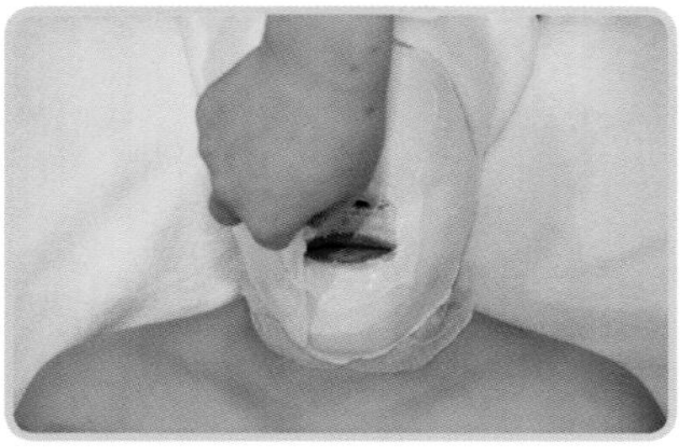
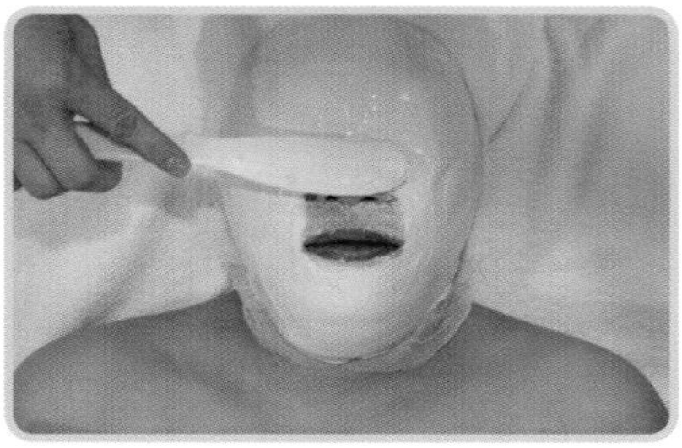

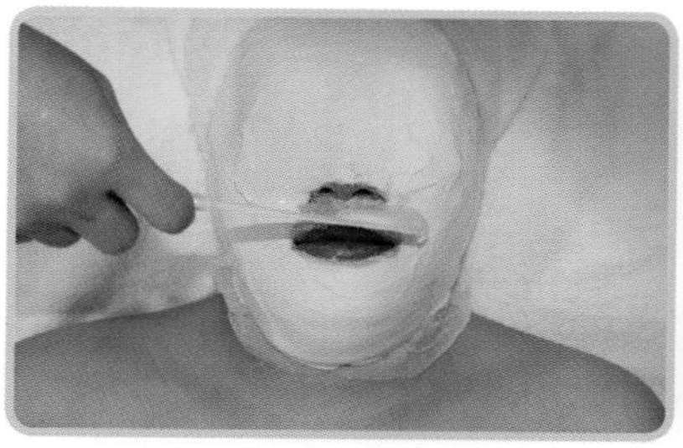

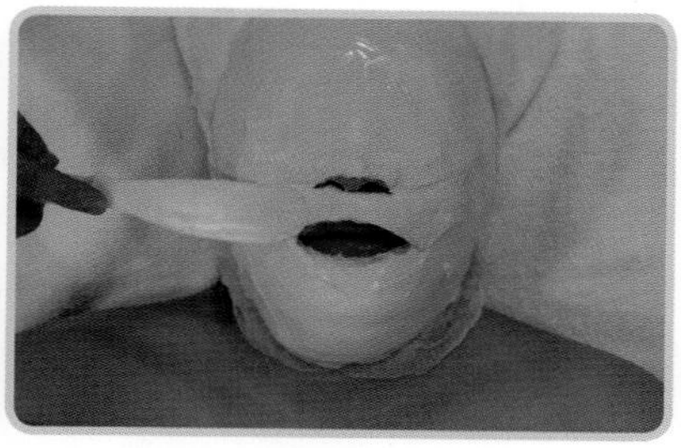

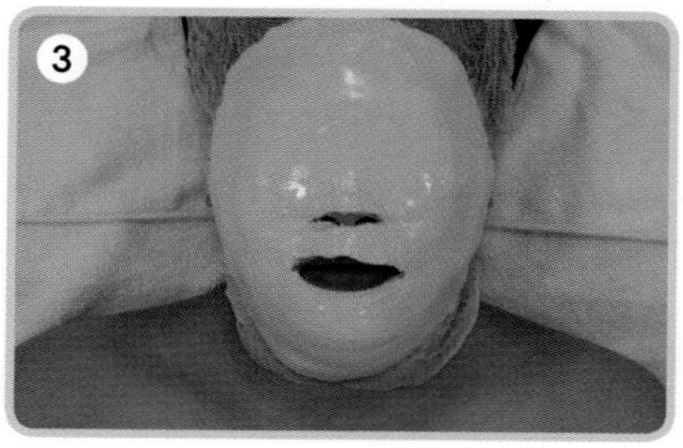

③ 마스크 도포 후 터번을 풀어준다.

Tip 마스크 적용 범위는 얼굴에서 목의 경계 부위까지(턱 하단포함)이며, 코와 입에 호흡을 할 수 있도록 도포하여야 한다.

6. 석고마스크 제거하기

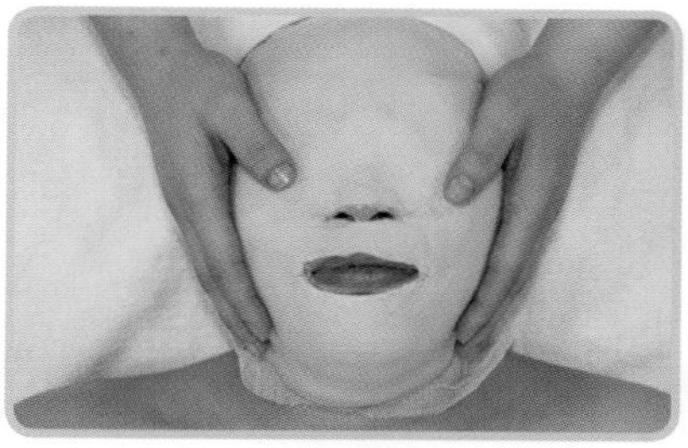

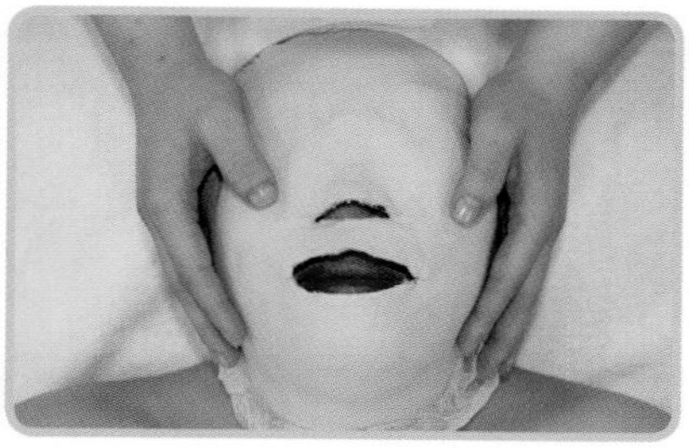

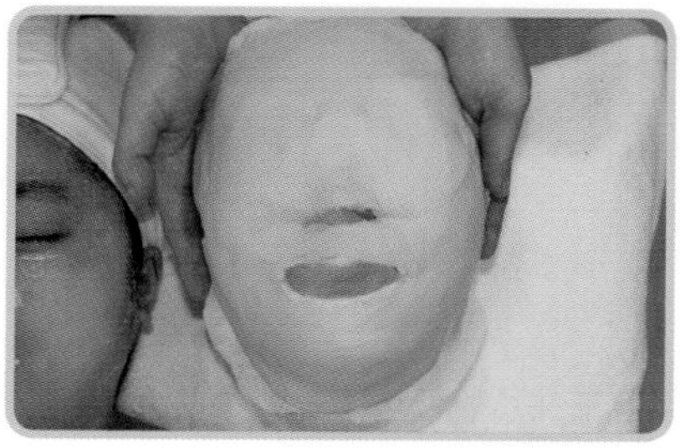

터번을 다시 씌우고 손을 소독한 후 마스크를 제거한다.

Tip 굳은 마스크를 조금씩 흔들어가며 서서히 떼어내야 한다.

7. 해면으로 닦아내기

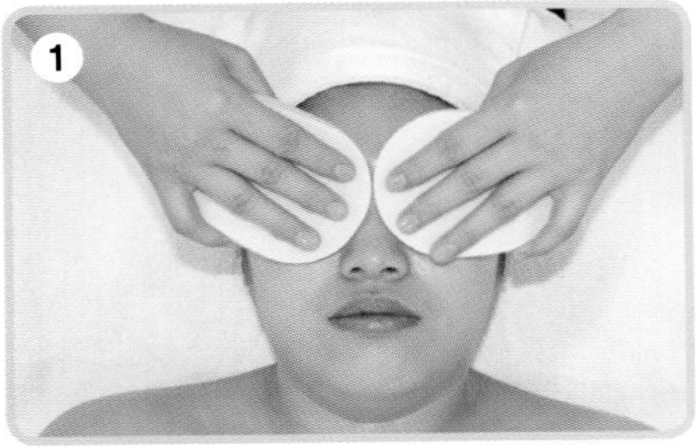

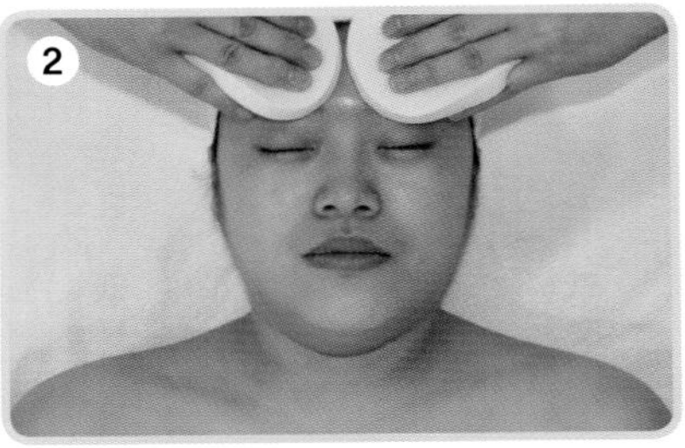

❶ 양쪽 눈 안쪽에서 눈꼬리 방향으로 닦는다.

❷ 눈썹 앞머리에서 관자놀이까지 닦는다.

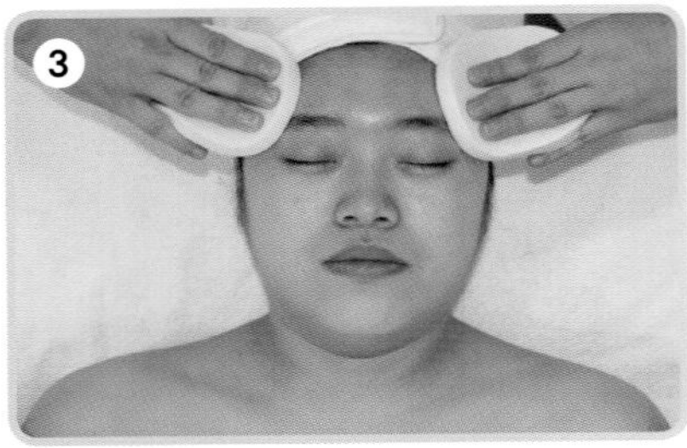

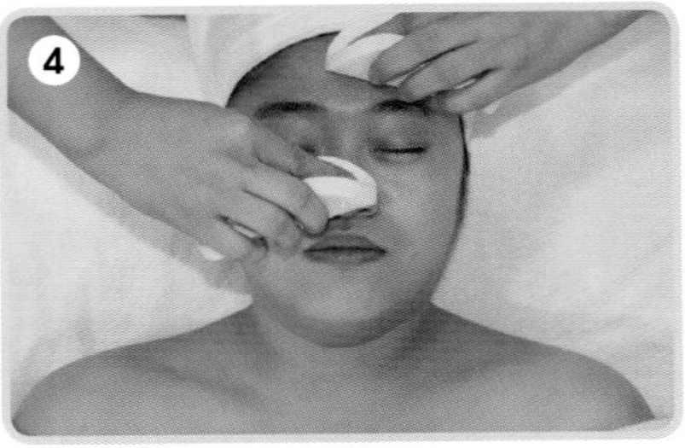

❸ 이마 윗부분을 헤어라인을 타고 가며 관자놀이까지 닦는다.

❹ 콧등과 코벽을 아래로 닦는다.

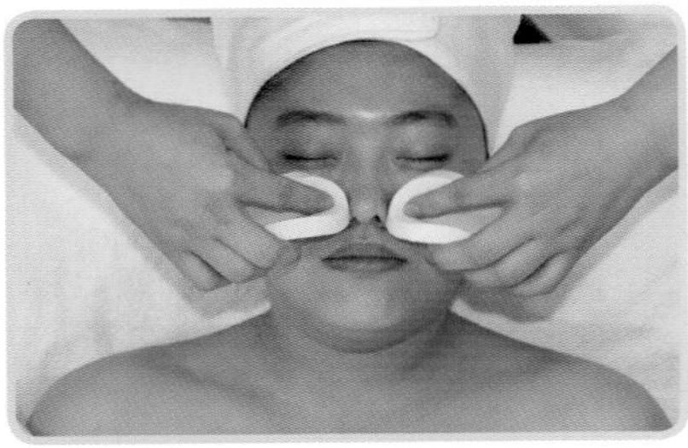

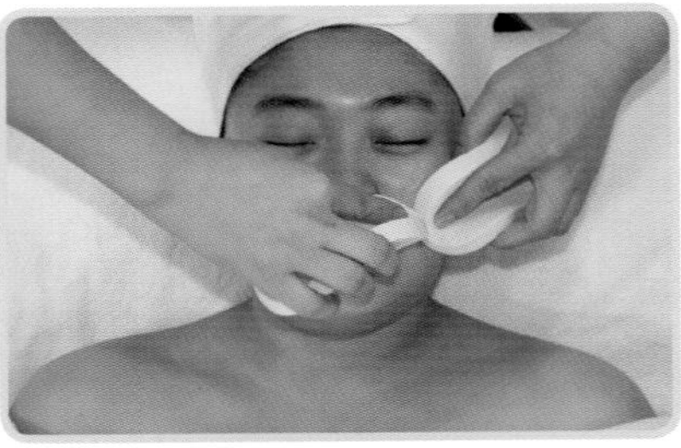

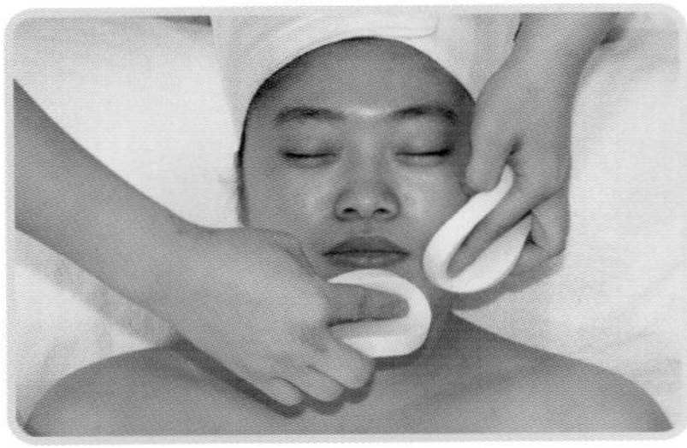

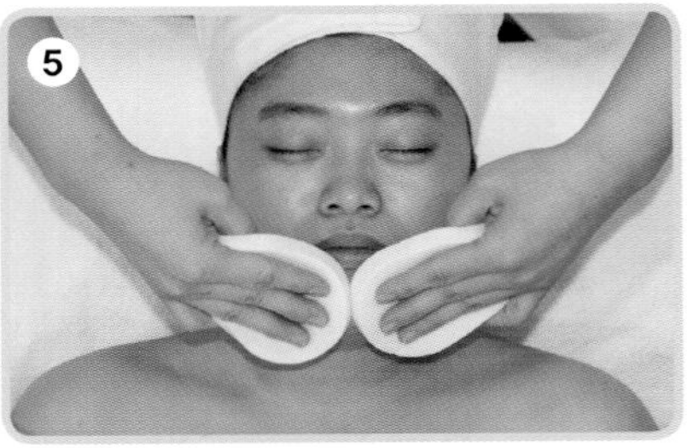

❺ 볼을 3등분(턱 중앙에서 귀밑, 입술 옆에서 귀 앞, 코 옆에서 관자놀이까지)으로 나누어 닦는다.

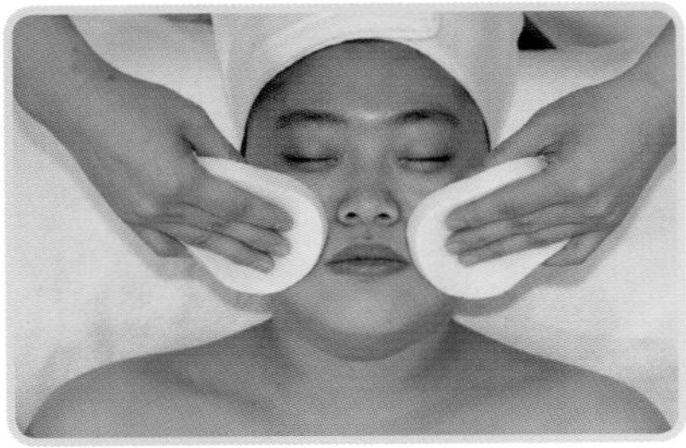

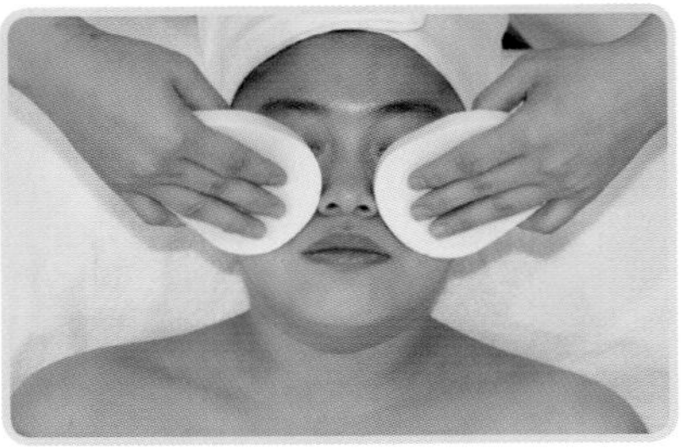

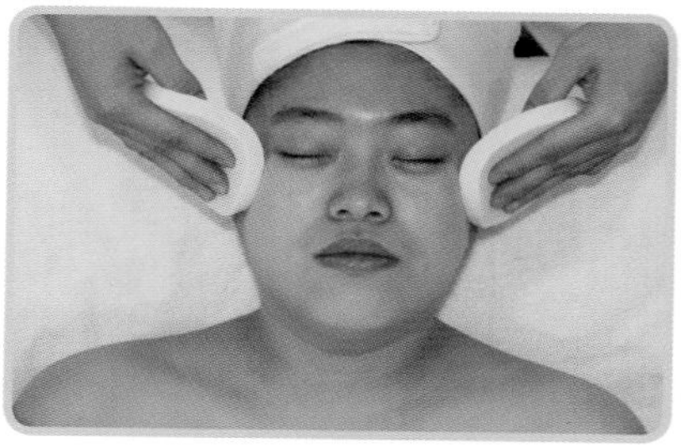

8. 냉습포로 닦아내기

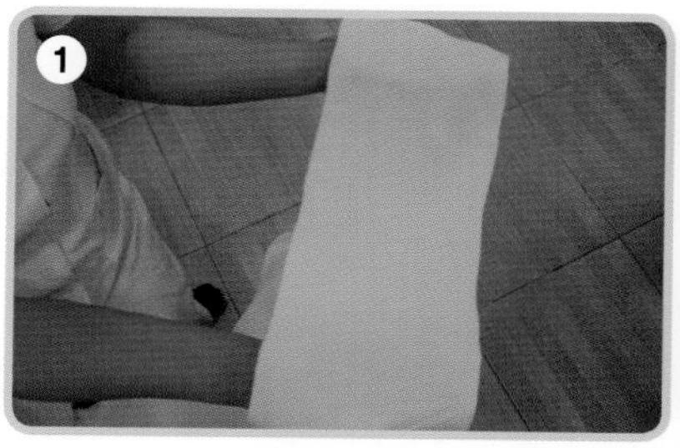

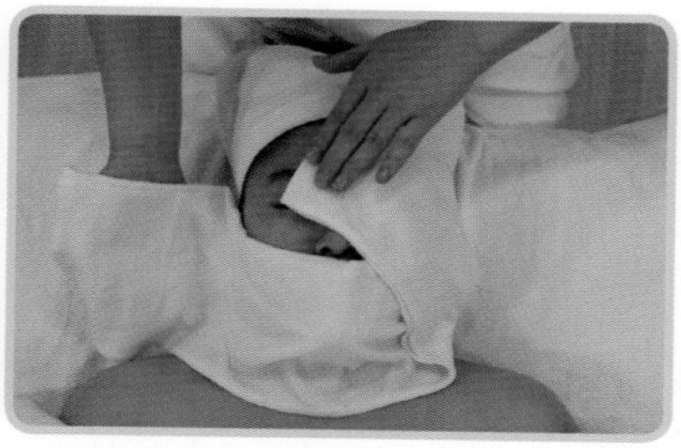

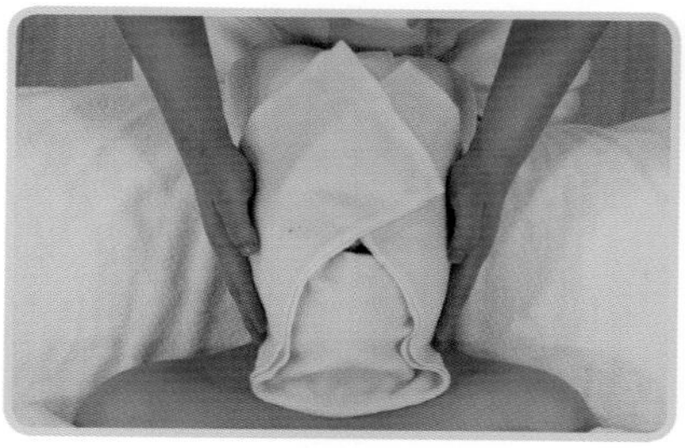

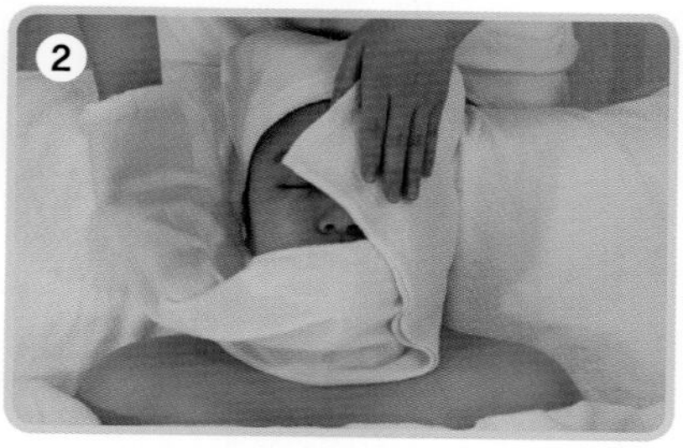

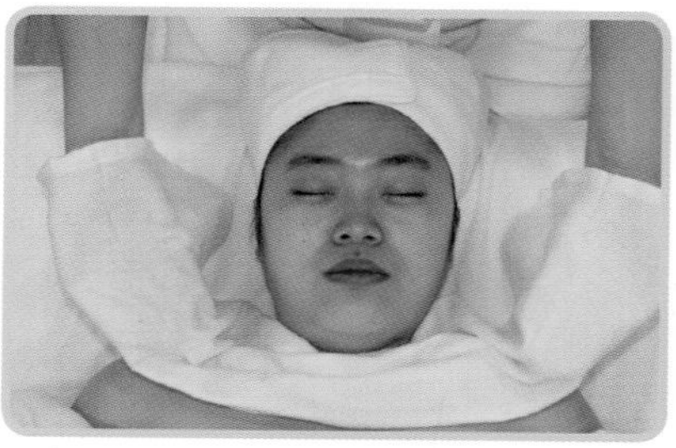

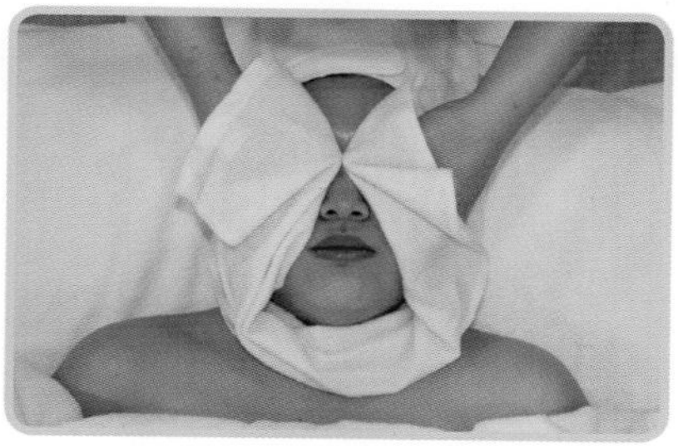

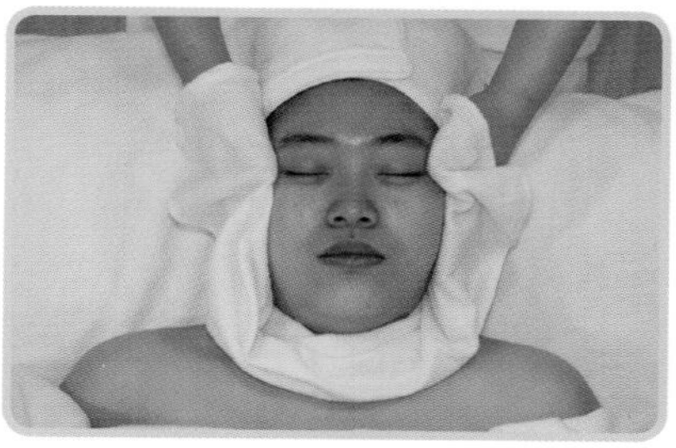

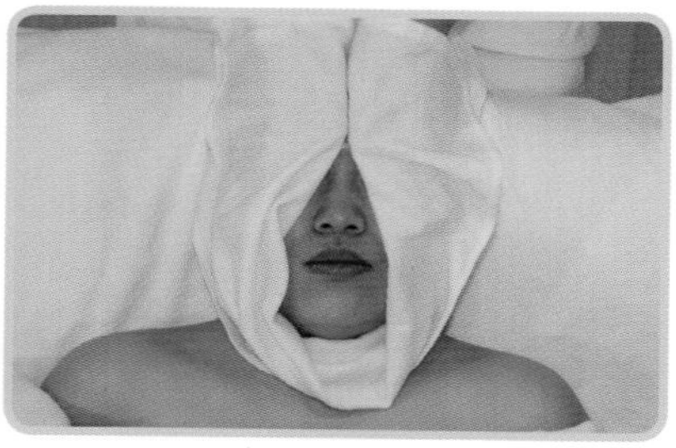

❶ 냉습포를 접힌 부분이 코로 향하도록 잡아서 코밑에 얹은 후 전체를 감싸준다.

Tip 이때 절대로 지압을 해서는 안 된다. → 안마유발행위로 간주하여 0점 처리된다.

❷ 습포 안으로 손을 넣어 눈 – 이마 – 코 – 인중 – 턱 – 볼 부위 순으로 닦아준다.

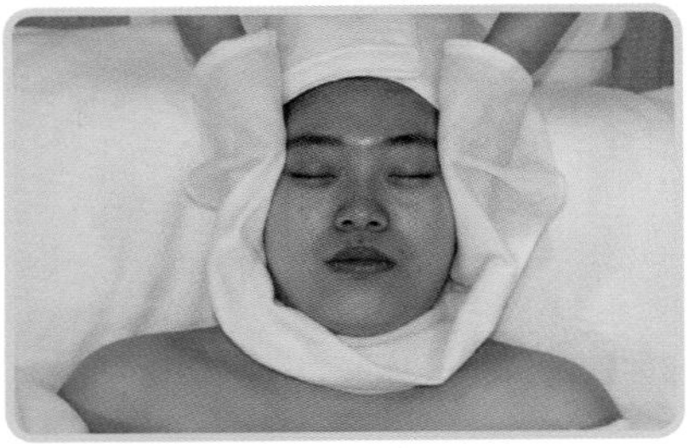

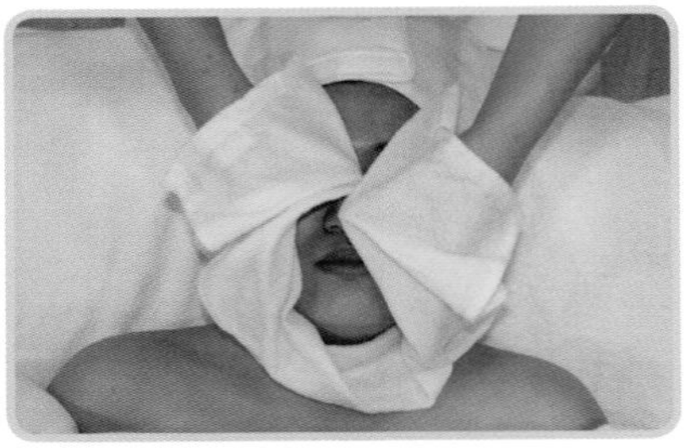

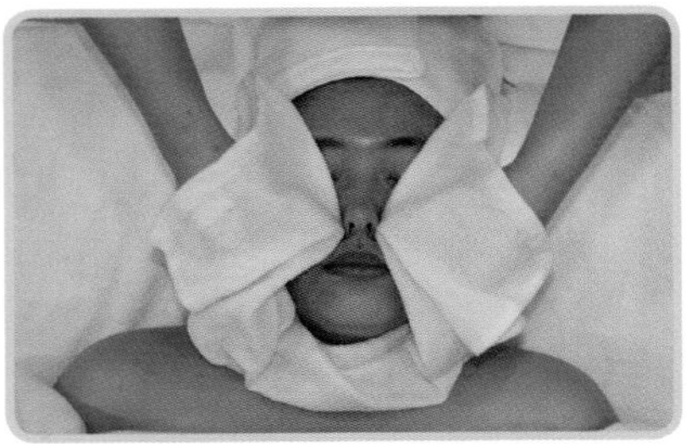

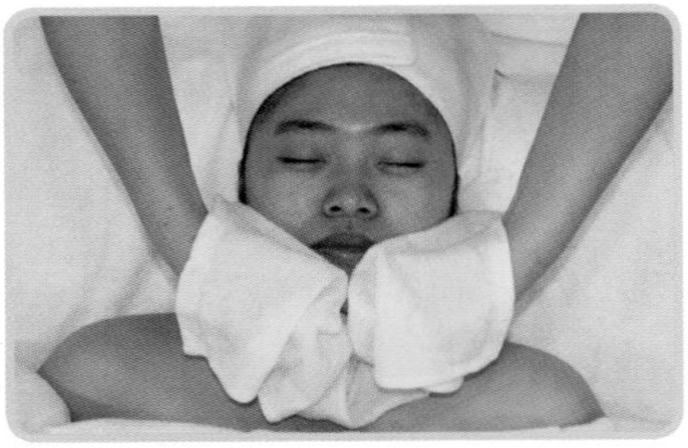

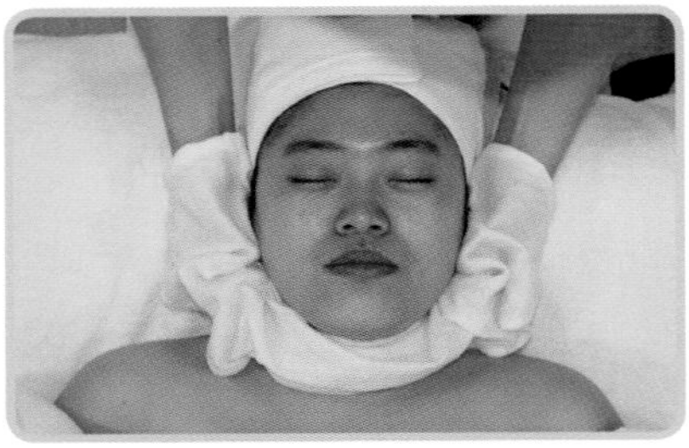

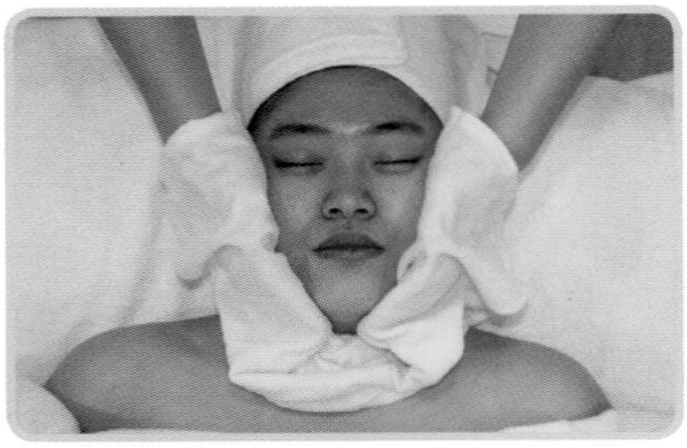

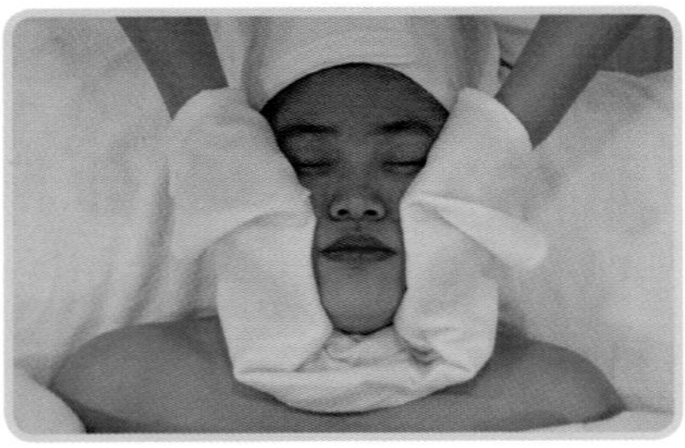

9. 토너 정리하기

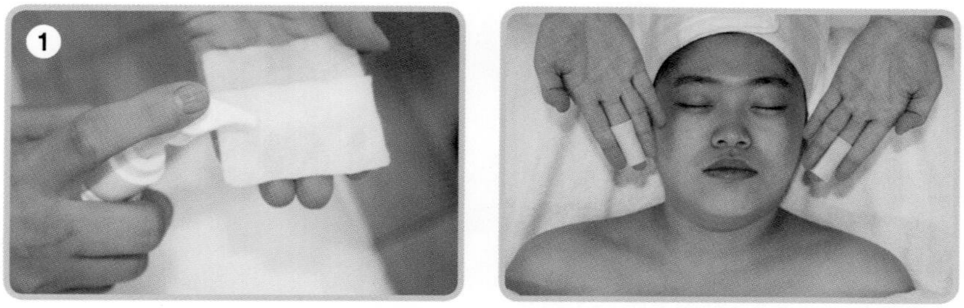

❶ 토너를 화장솜 두 개에 묻힌다.

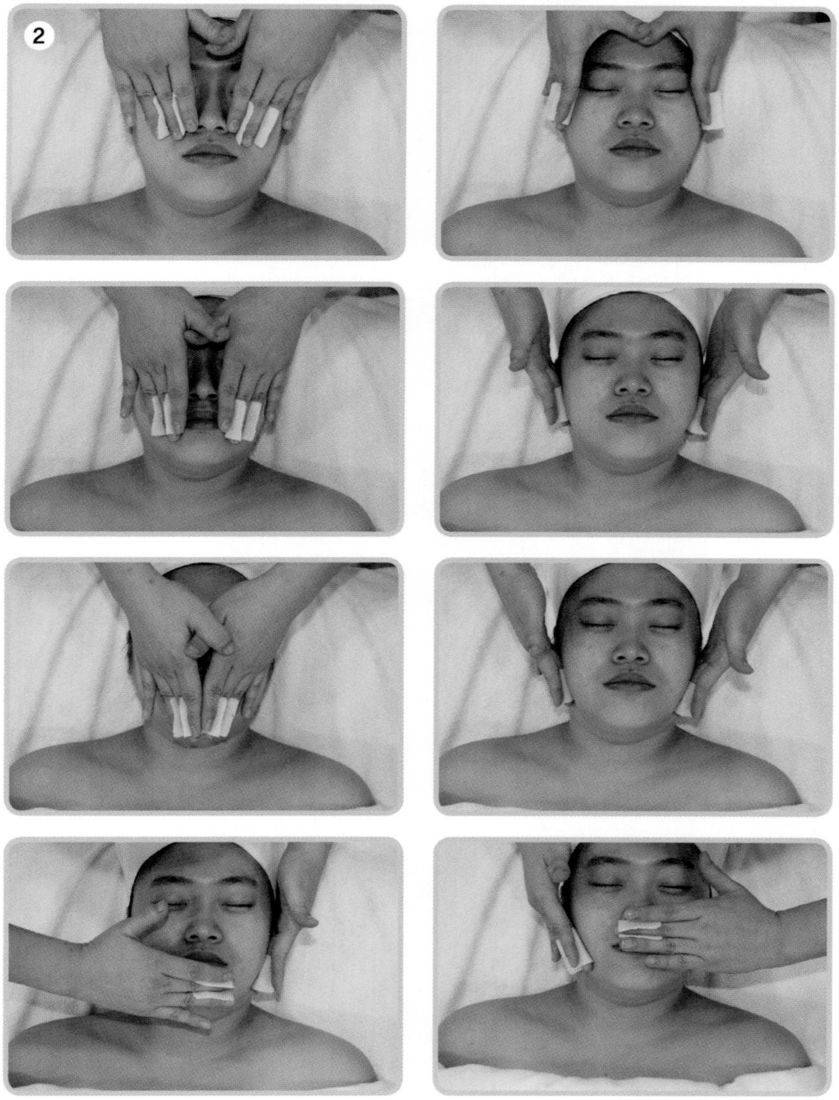

❷ 양손을 이용하여 볼 – 턱 – 인중 – 코벽을 타고 올라왔다가 콧등 – 이마 – 관자놀이를 타고 내려가 손을 교차시키며 목을 위를 향하여 닦고 데콜테를 마지막으로 토너를 정리한다.

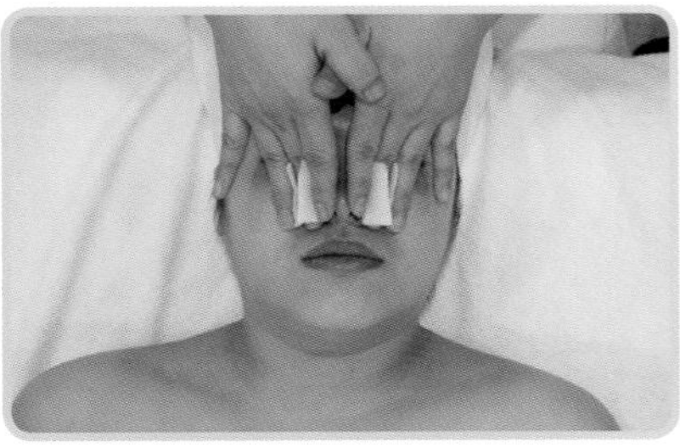
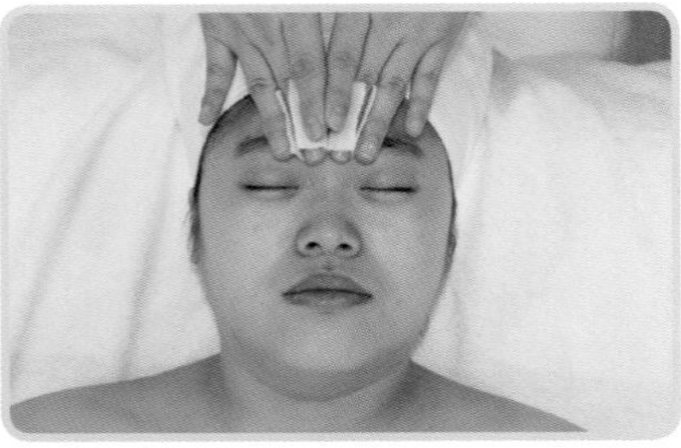
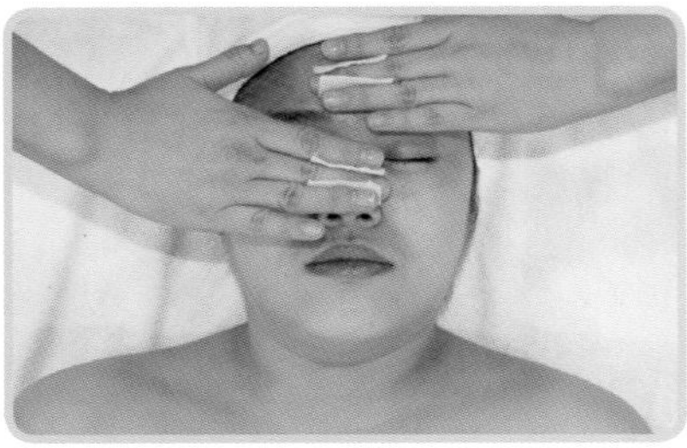
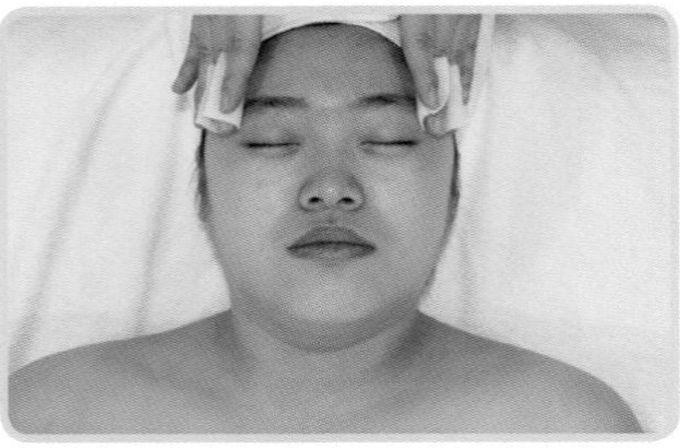
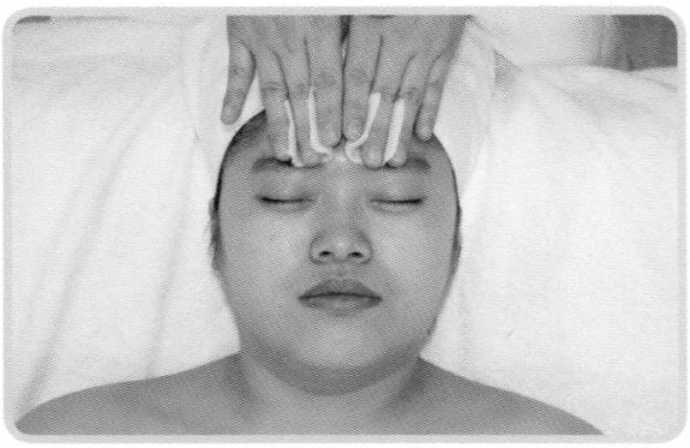
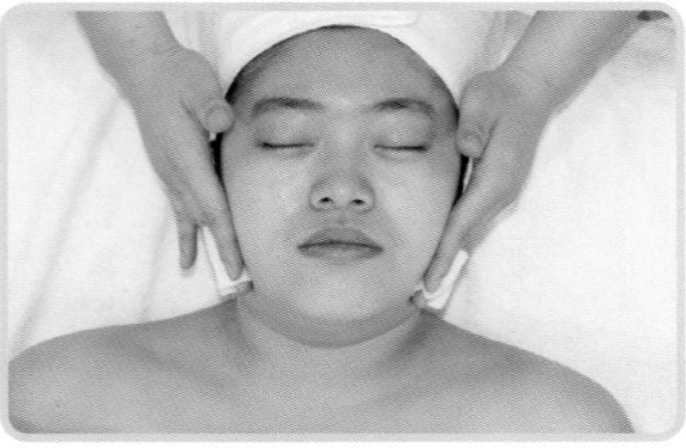
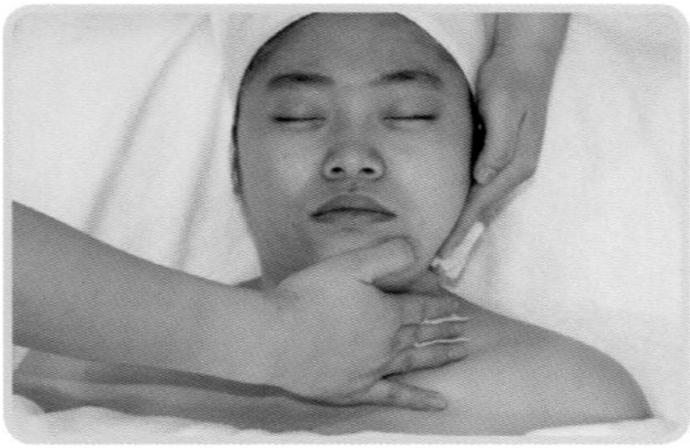
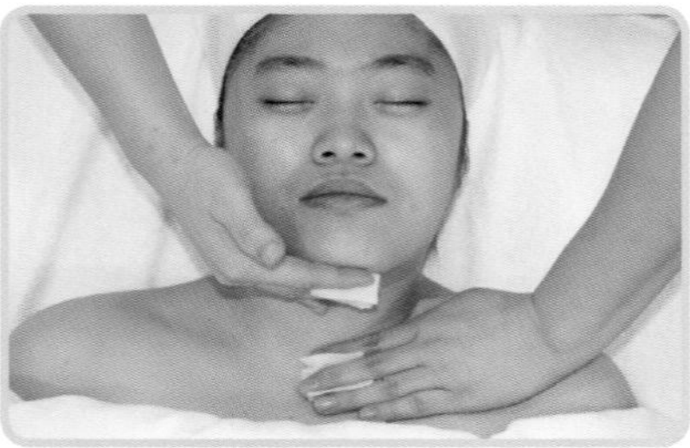
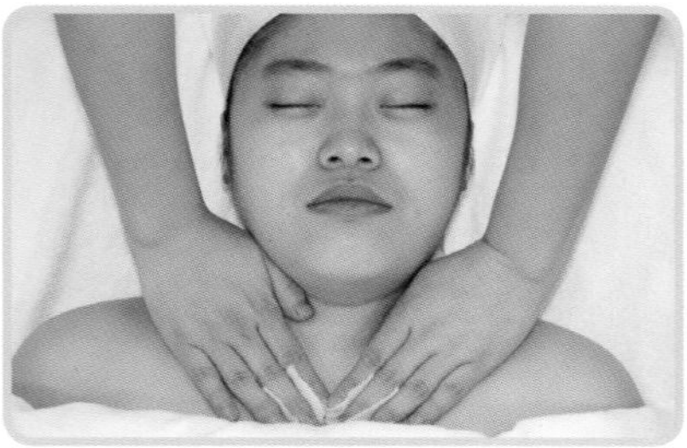
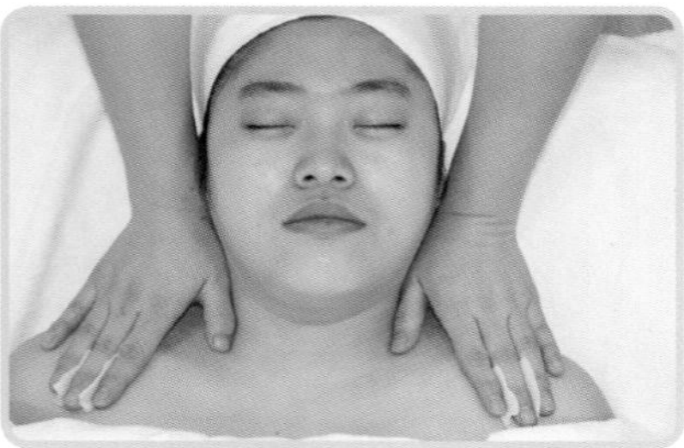

10. 마무리하기

① 아이크림, 립크림 바르기

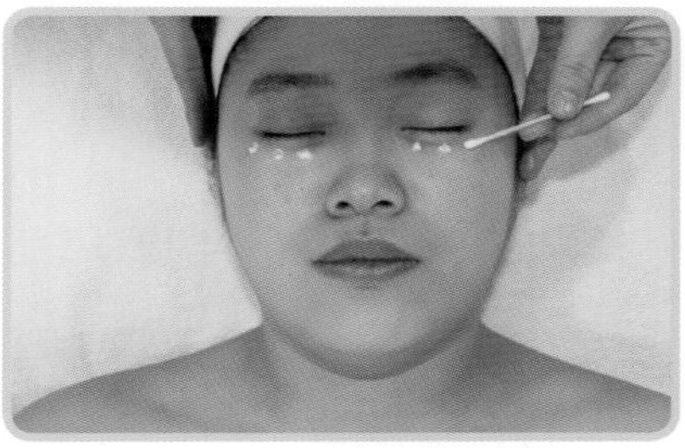
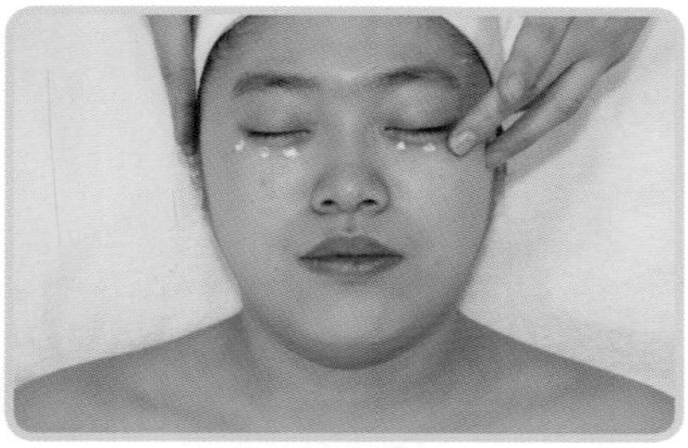
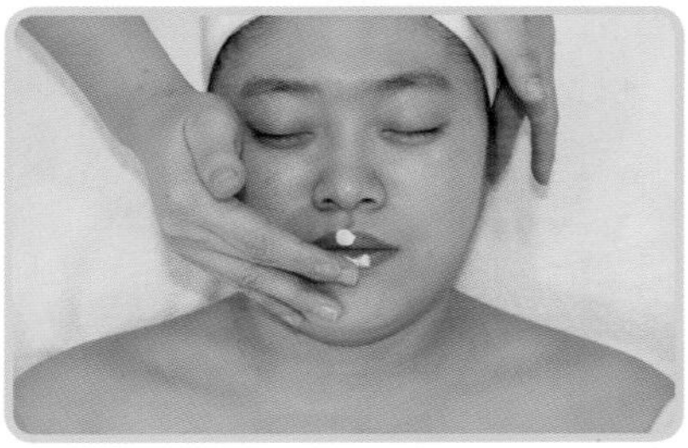
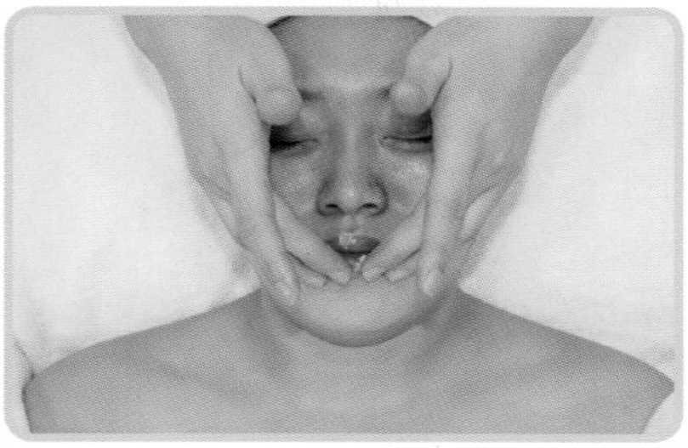

아이크림과 립크림을 각각 눈과 입술에 부드럽게 펴 바른다.

② 영양크림 바르기

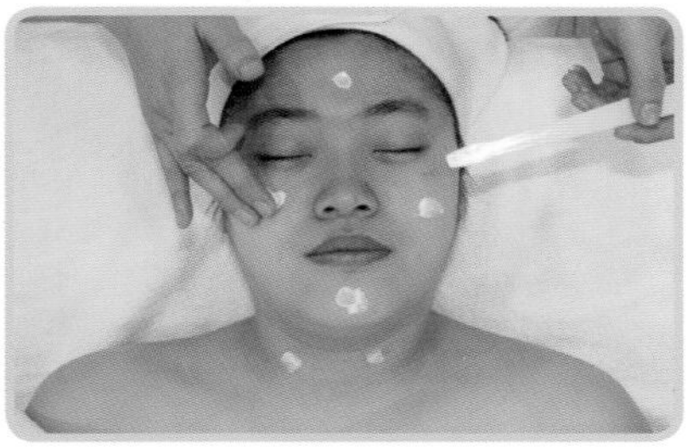
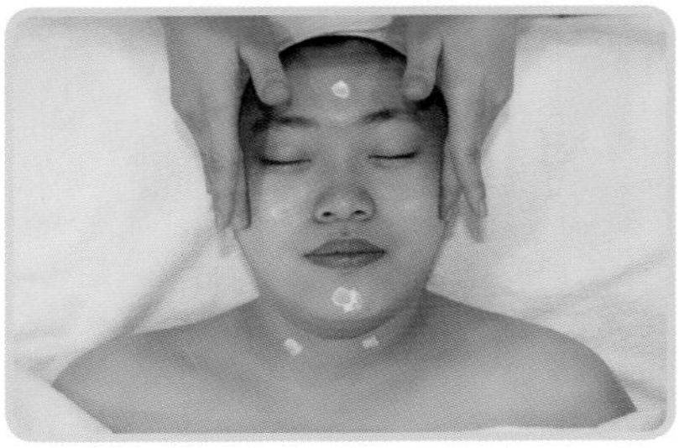
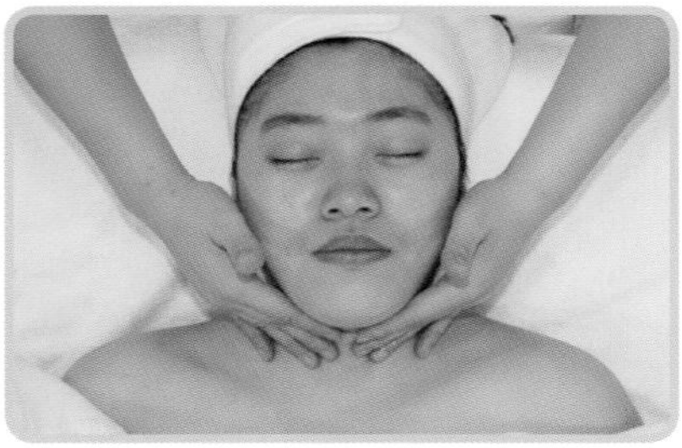

영양크림을 바르는데 피부결 방향으로 얼굴 전체에 부드럽게 펴 바른다.

주의사항

- 석고마스크와 고무마스크의 추가 성분이 있을 수 있으나, 제품의 종류에 특별한 제한을 두진 않는다(예 비타민, 콜라겐, 녹차 등).
- 마스크는 제형특성상 흘러내릴 수가 있으므로 타인의 수험이나 시험 진행에 방해되지 않는 범위 내에서 필요에 따라 일어서서 도포하여도 된다.
- 마스크의 완성 상태를 평가해야 하므로 마스크가 도포된 가장자리에 티슈처리 등 별도의 추가 작업을 해서는 안된다.
- 마스크 작업이 1과제에 해당되므로 정리대의 상단에 보관하는 것이 좋으나 정리대의 상단이 복잡할 경우 필요 시, 하단에 보관하여도 된다. 다만, 시험 진행 중 정리대의 위생상태가 청결하도록 유지하여야 한다.
- 마스크 파우더의 경우 시중에서 판매되는 제품의 양이 많기 때문에 필요량만큼 위생적으로 청결한 상태의 용기나 지퍼백에 덜어가면 된다.

Part 2

2과제

팔·다리·제모관리

작업수행시간 : 35분

(준비작업시간 제외)

팔관리(10분)
다리관리(15분)
제모(10분)

Chapter 1

준비하기

5분

왜건 세팅하기

❶ 상단

- 제품 : 토너, 바디마사지오일, 탈컴파우더, 진정젤
- 뚜껑 달린 보관통 1 : 젖은 화장솜
- 뚜껑 달린 보관통 2 : 알콜솜
- 그 외 : 유리볼, 나무 스파튤라, 부직포, 라텍스 장갑, 탈지면, 족집게, 종이컵, 가위

❷ 중단

쟁반(온습포 담아오는 용도), 미용티슈, 마른 소타월 여분

❸ 하단

바구니(사용한 해면이나 습포를 담는 용도)

참 고

왜건에 지퍼백을 테이프로 붙여 쓰레기통 대용으로 사용한다.

Chapter 2

팔관리

10분

사전 체크사항

준 비 물 마사지오일, 유리볼, 탈지면, 미용솜, 토너, 습포

작업순서 손 소독하기 → 오일 준비하기 → 팔 클렌징하기 → 오일 도포하기 → 매뉴얼테크닉하기 → 온 습포로 닦아내기 → 마무리하기(잔여물 닦아내기)

1. 준비하기

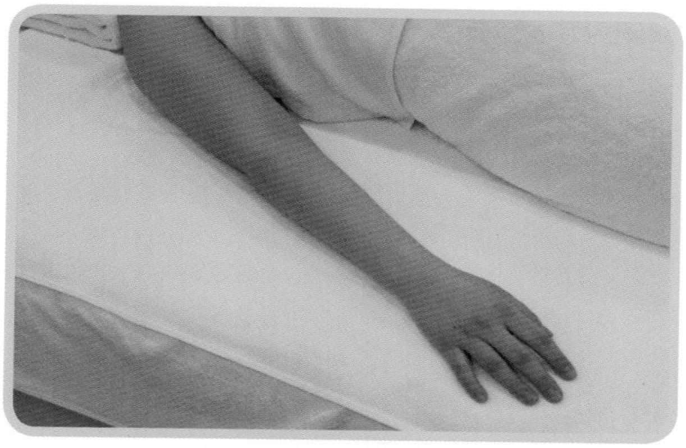

〈팔 베드 세팅 사진〉

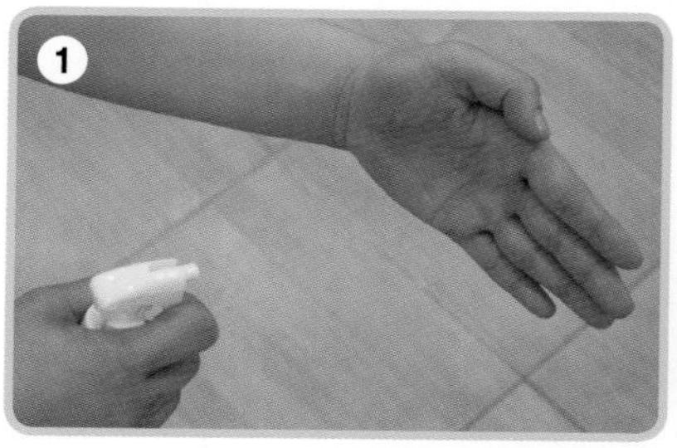

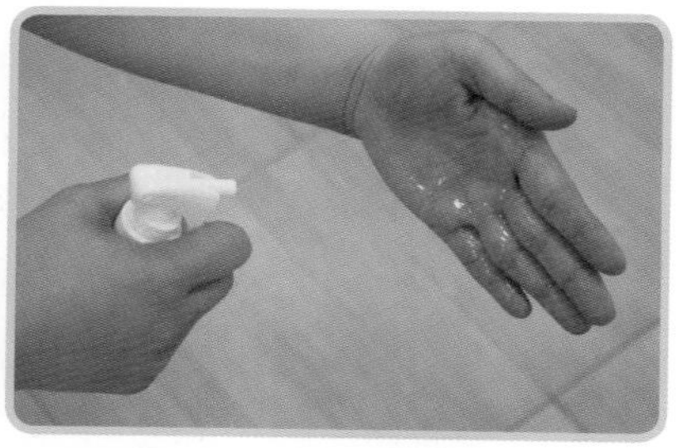

❶ 알코올을 손 전체에 골고루 뿌려 소독하거나 알코올 솜으로 손 전체를 골고루 소독한다.

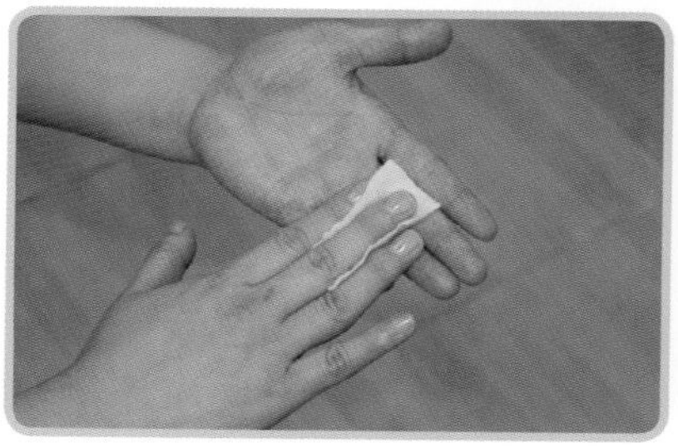

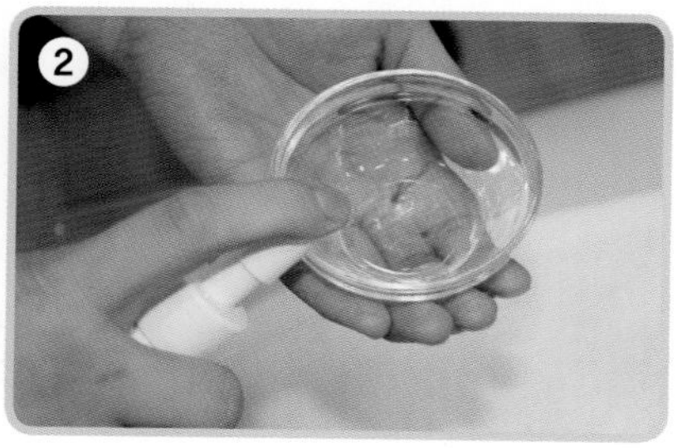

❷ 적당량의 오일을 유리볼에 준비한다.

2. 클렌징하기

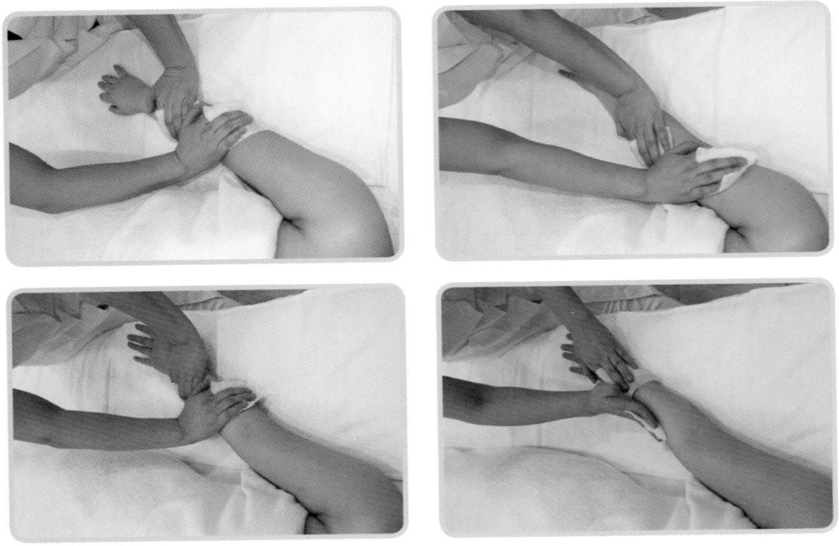

화장솜이나 탈지면에 클렌징 토너를 적당량 묻혀 손을 포함한 오른쪽 팔 전체를 위에서 아래로 내려오며 닦아낸다.

3. 오일 도포하기

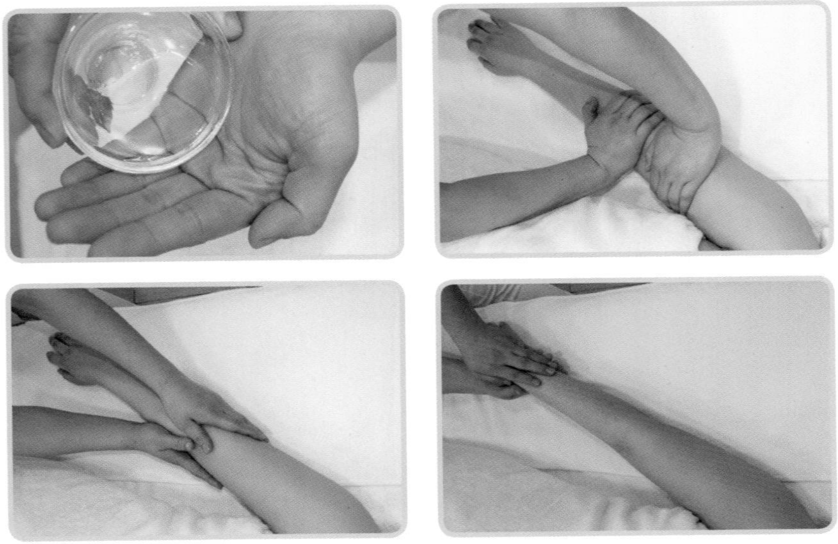

유리볼에 준비해 놓은 오일을 손에 덜어 손등에서부터 어깨까지 부드럽게 도포하며, 다시 팔의 측면을 타고 손끝까지 다시 내려오며 오일을 도포한다.

4. 매뉴얼테크닉하기

① 전체 쓰다듬기

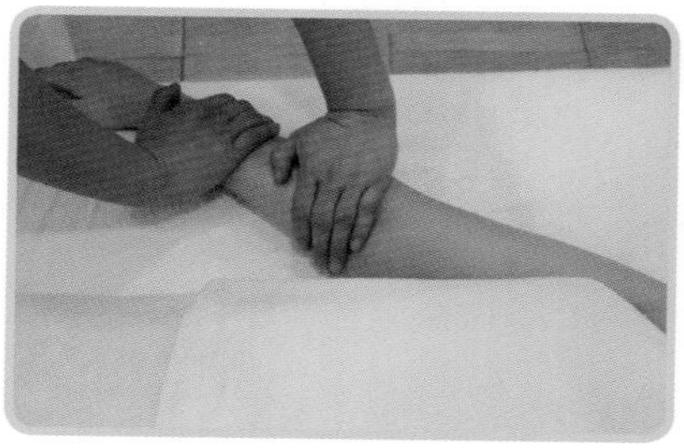
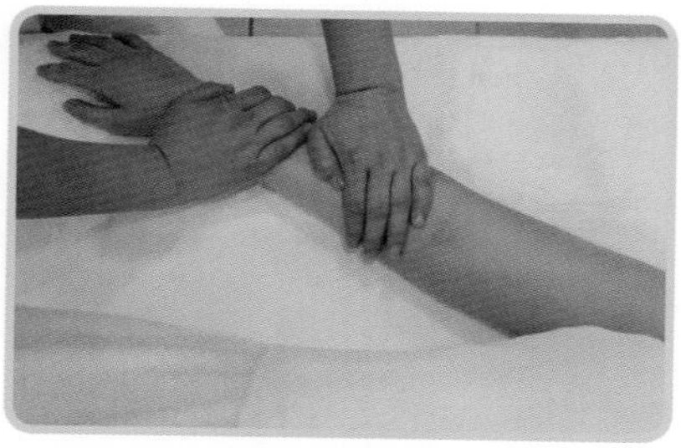
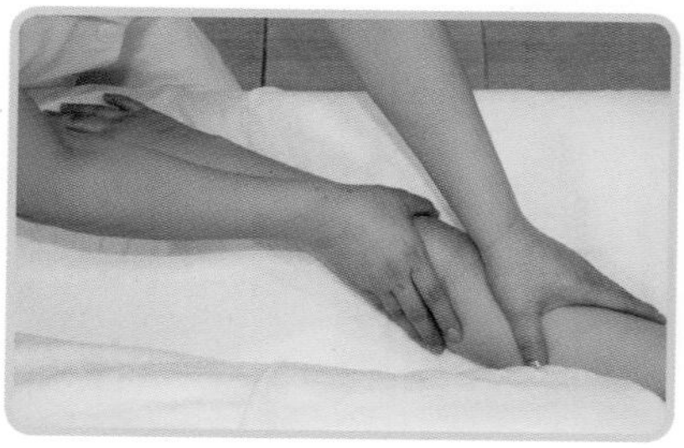
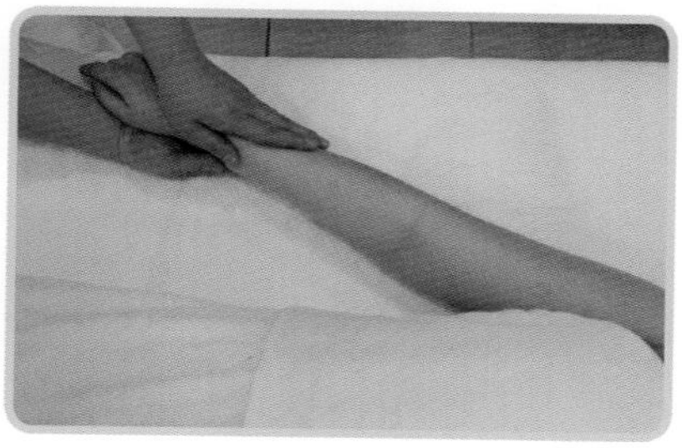

손등에서부터 어깨까지 부드럽게 올라갔다가 팔의 측면을 감싸 손끝까지 내려오며 쓰다듬는다.

② 손목 8자 그리기

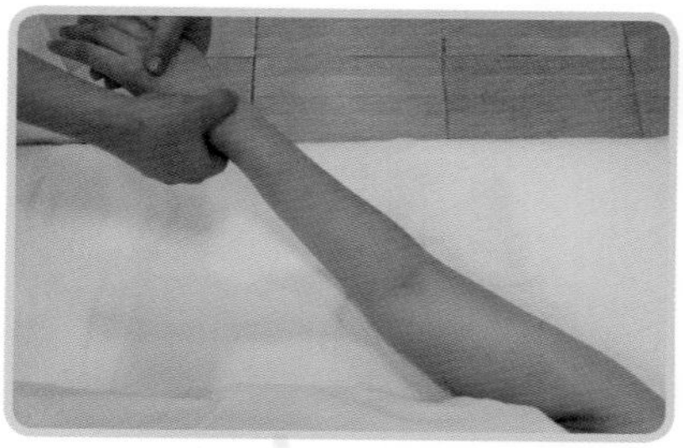
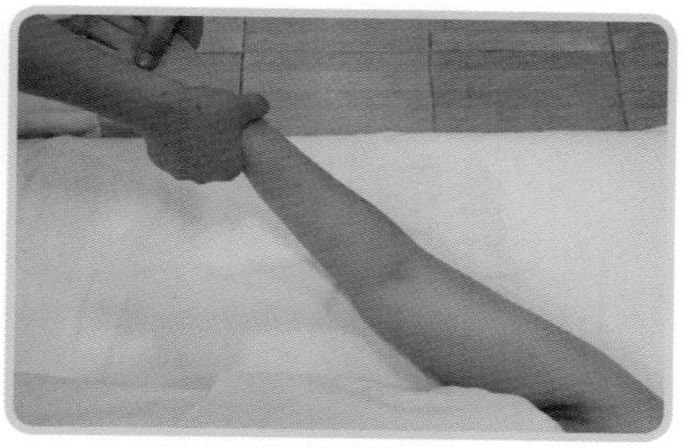
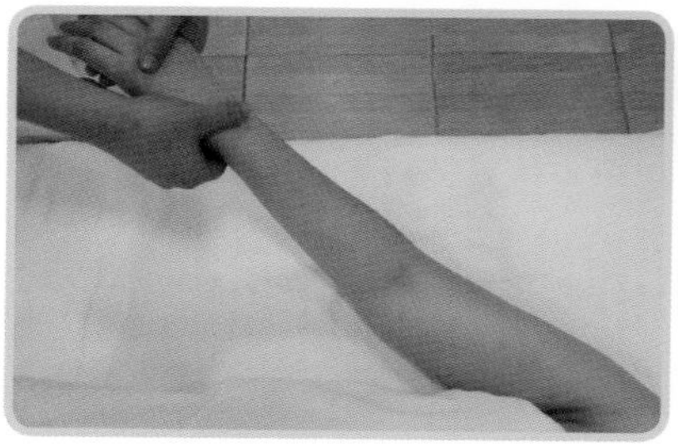
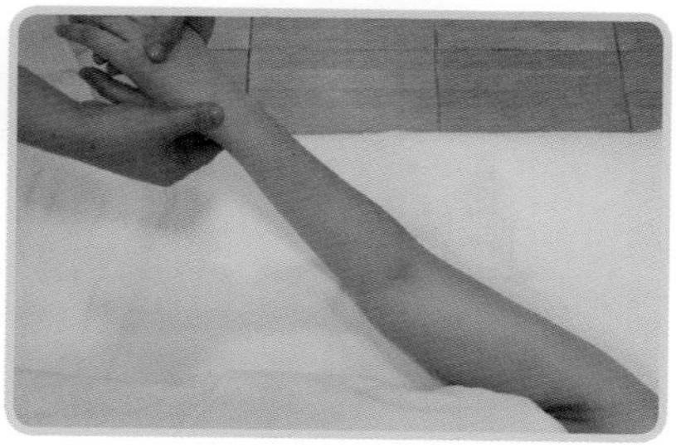

손목에 8자를 그려가며 부드럽게 문지른다.

③ 손등 반원 그리기

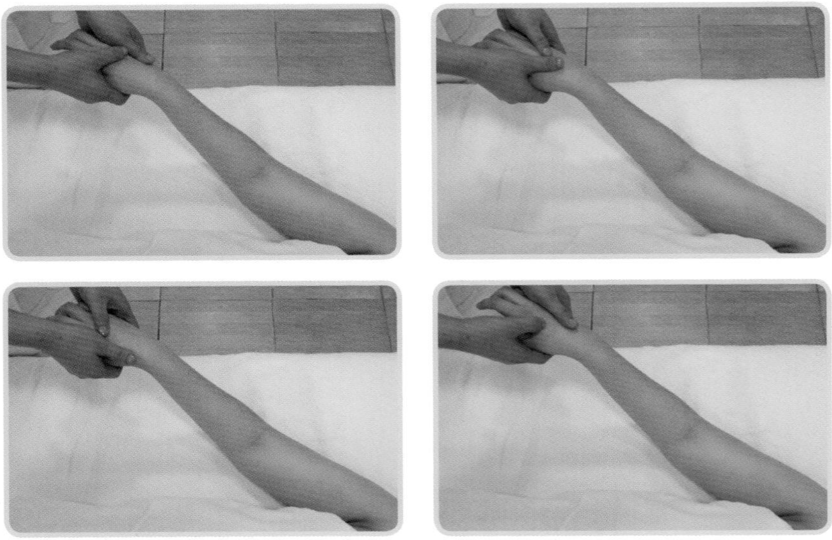

양손을 교대로 문지르는데 손등에 반원을 그려가며 문지른다.

④ 손가락 굴려주기

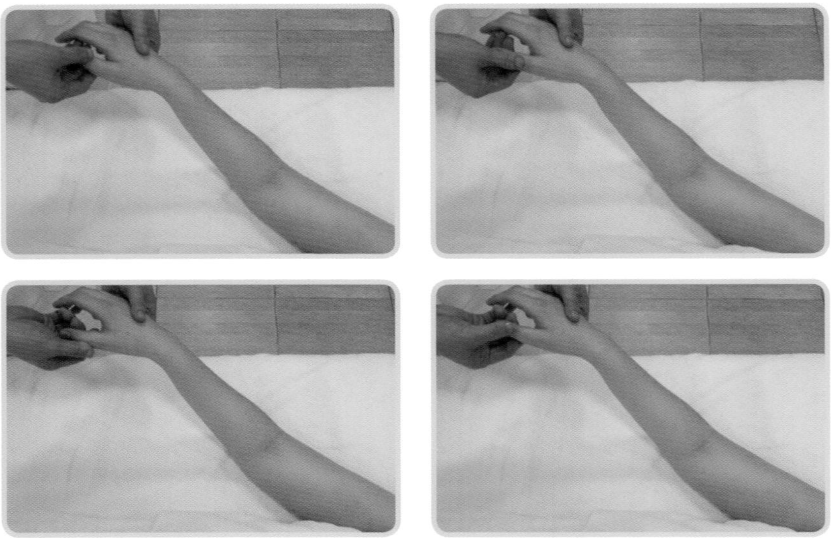

엄지에서 시작하여 소지까지 손가락을 시술자의 엄지로 부드럽게 문지른다.

⑤ 손바닥 문지르기

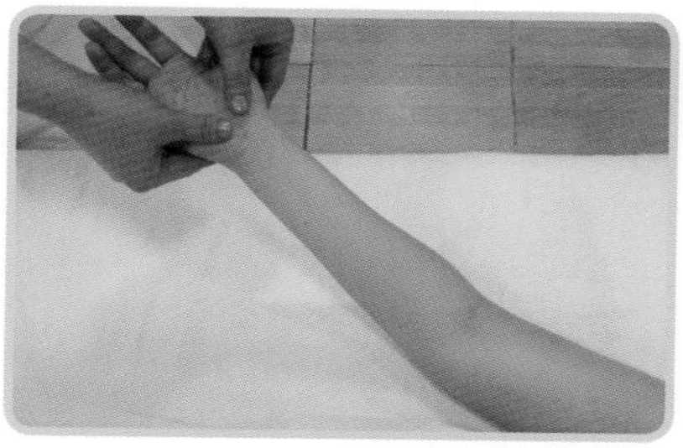
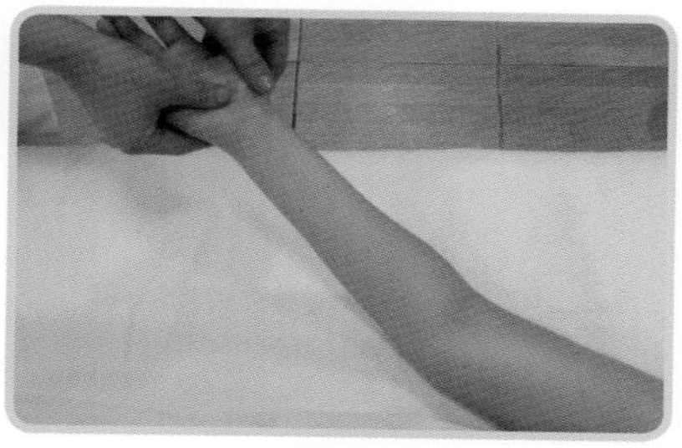
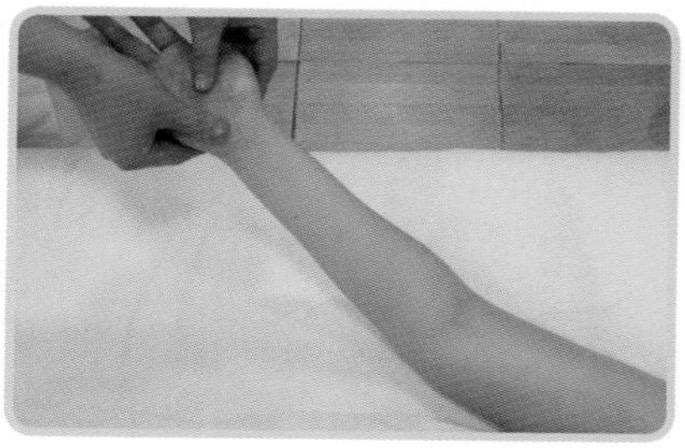
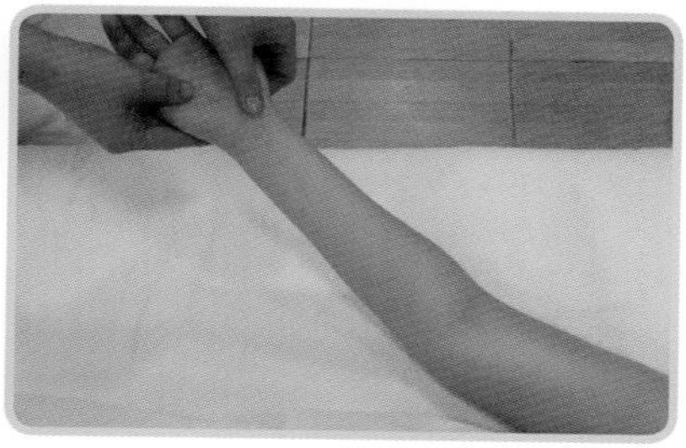

손바닥을 양손 엄지를 이용하여 번갈아 굴려주듯 펴준다.

⑥ 손 흔들어주기

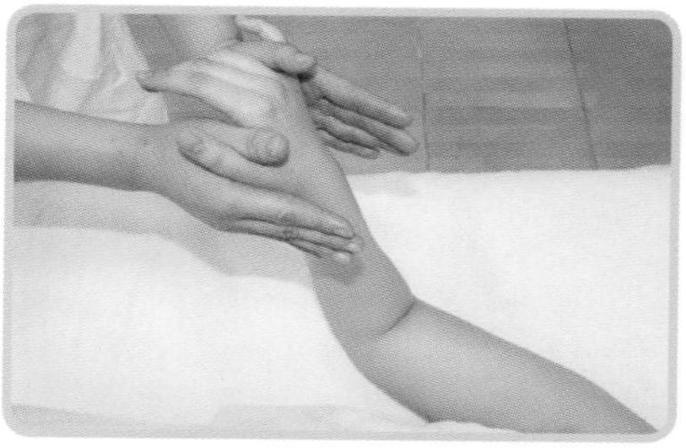
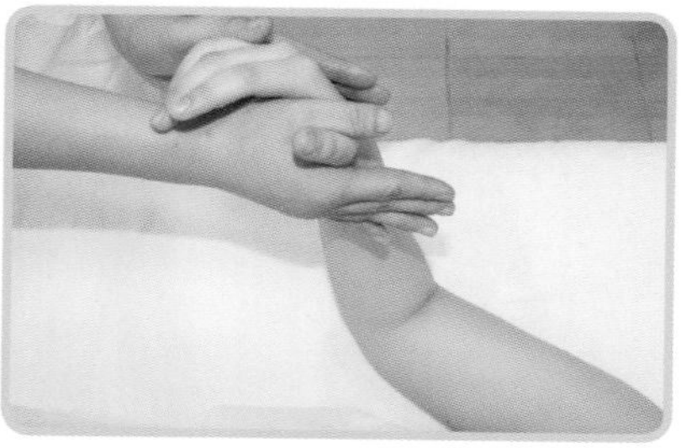

팔꿈치를 세우고 시술자의 양손 엄지를 끼워 부드럽게 흔들어준다.

⑦ 전체 쓰다듬기

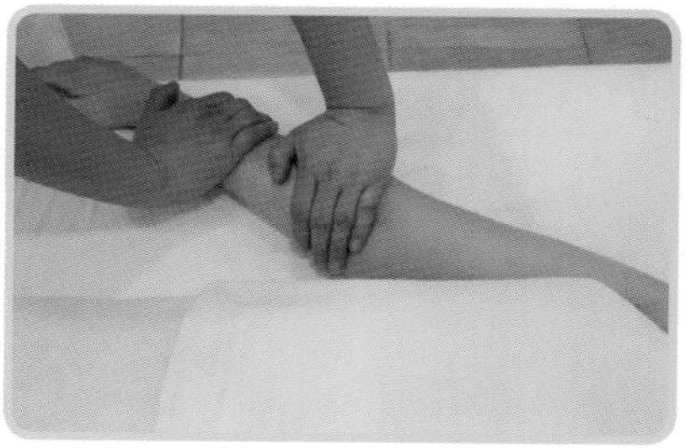
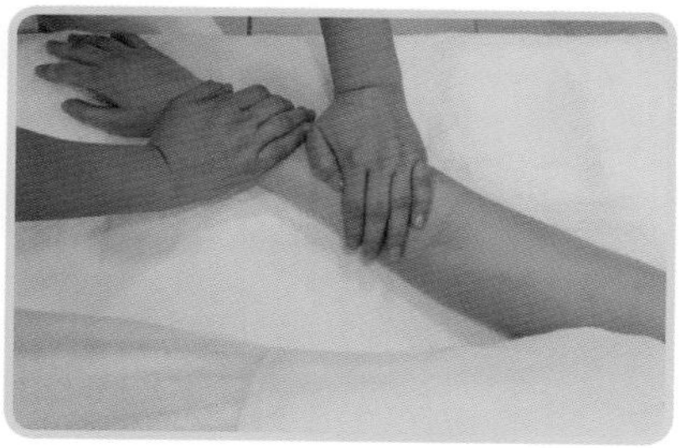

손등에서부터 어깨까지 부드럽게 올라갔다가 팔의 측면을 감싸 손끝까지 내려오며 쓰다듬는다.

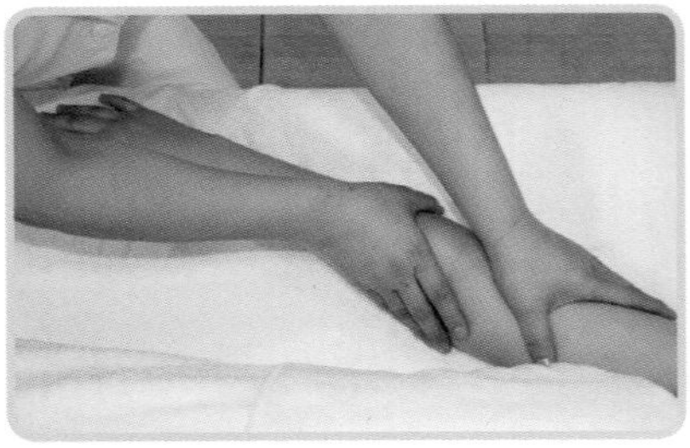
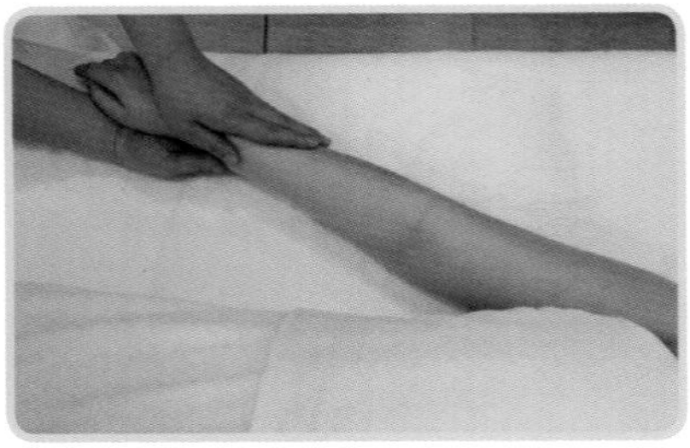

⑧ 수영방향으로 문지르기

양손 엄지를 끼우고 양손의 네 손가락을 수영방향으로 펼쳐가며 손목에서부터 어깨까지 올라갔다가 팔의 측면을 감싸며 내려온다.

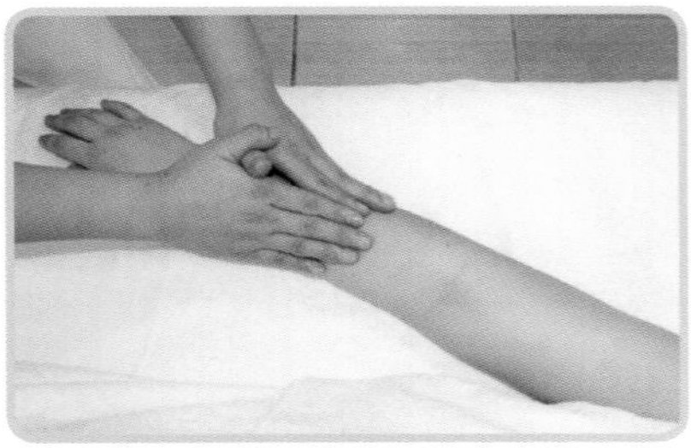
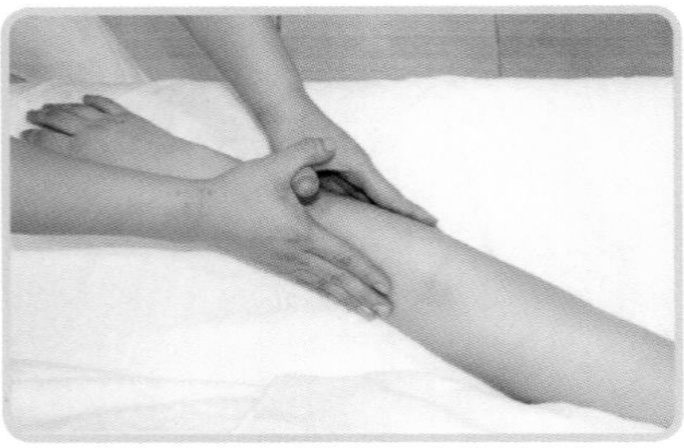
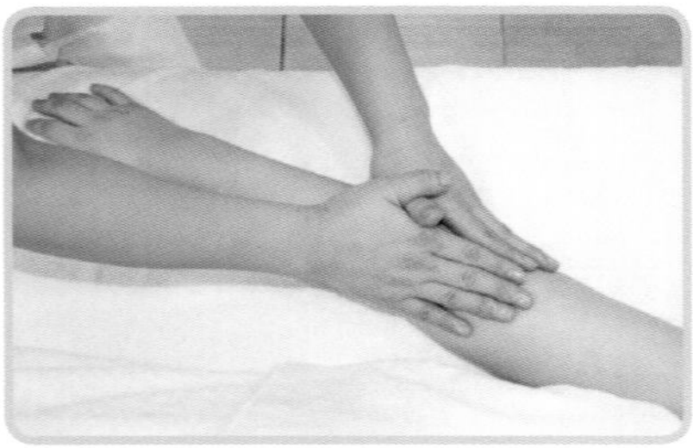
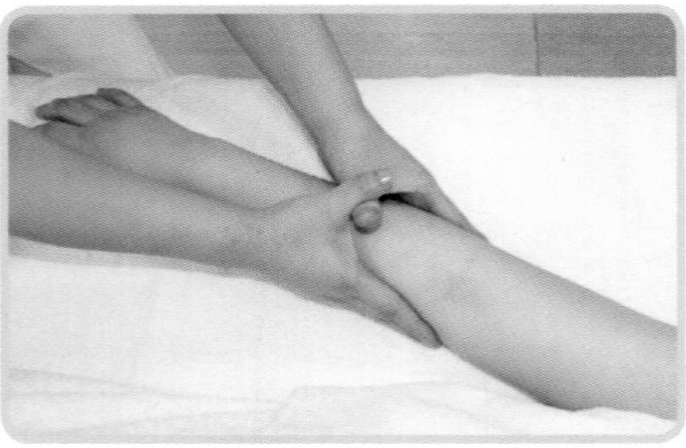
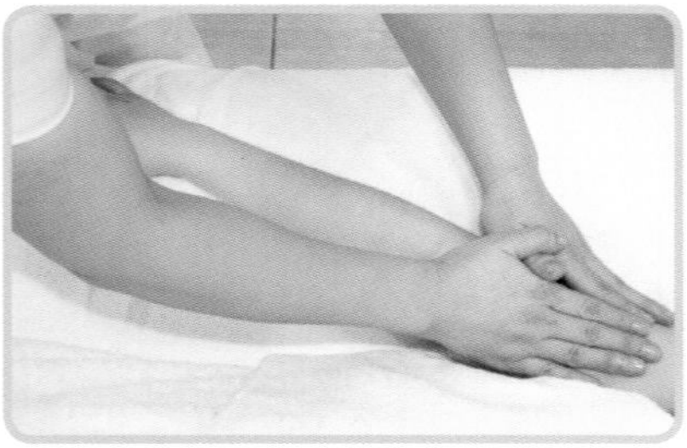
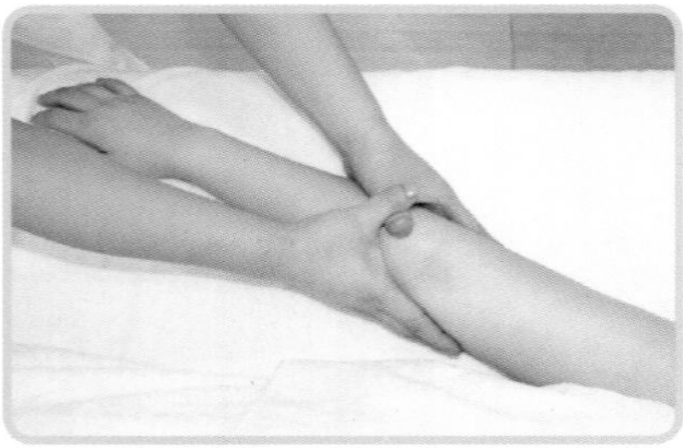
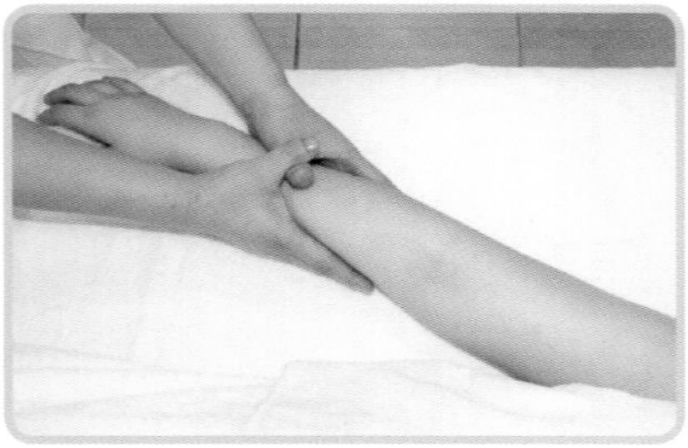
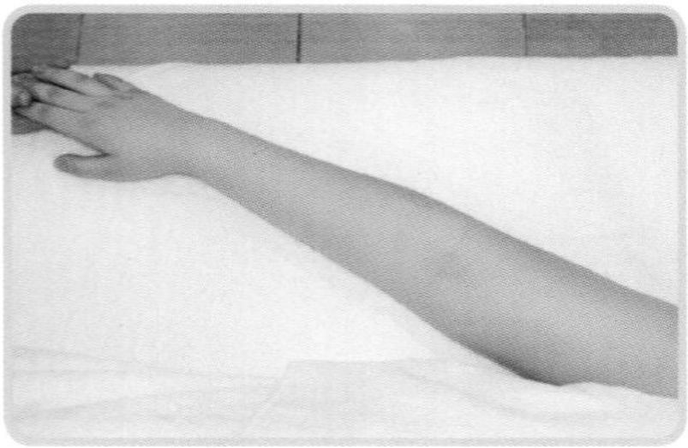

⑨ 팔 외측 써클링하기

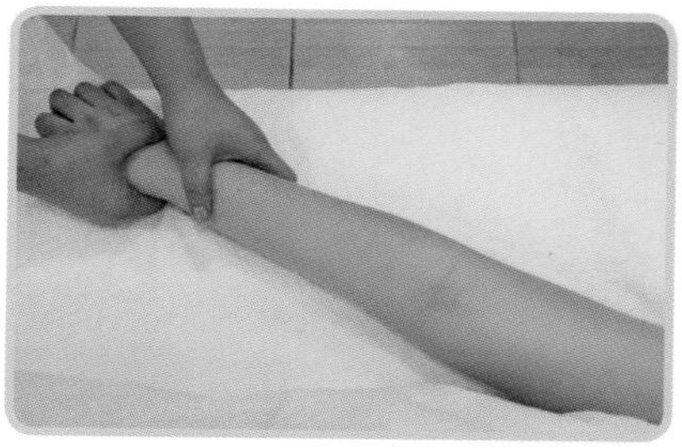
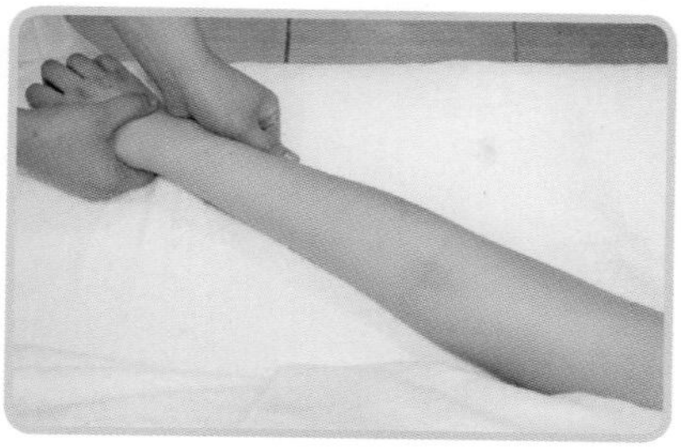
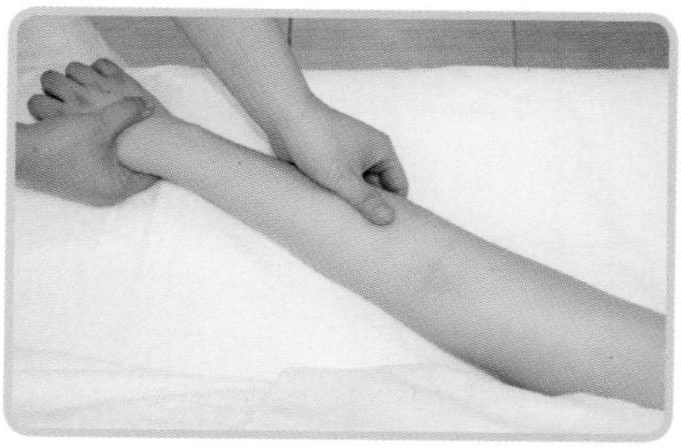
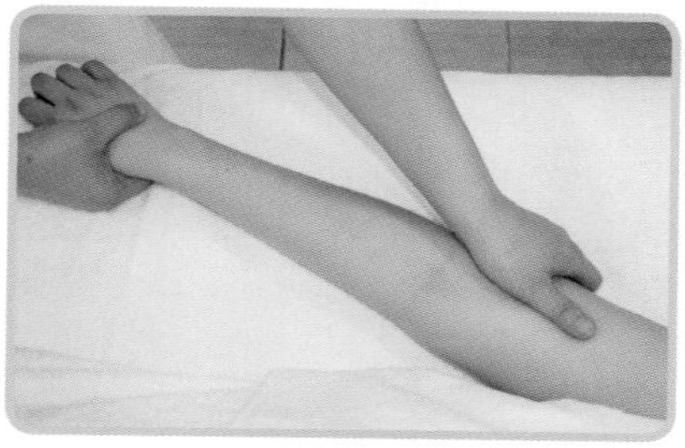
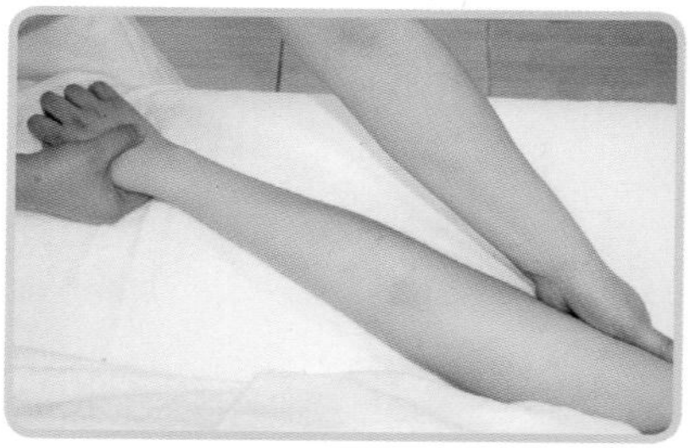
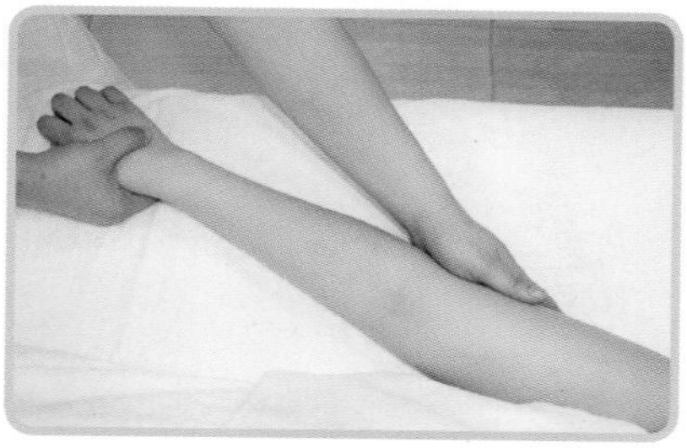
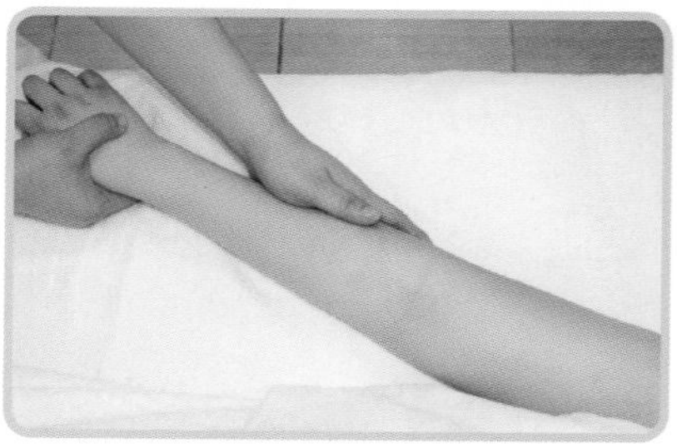
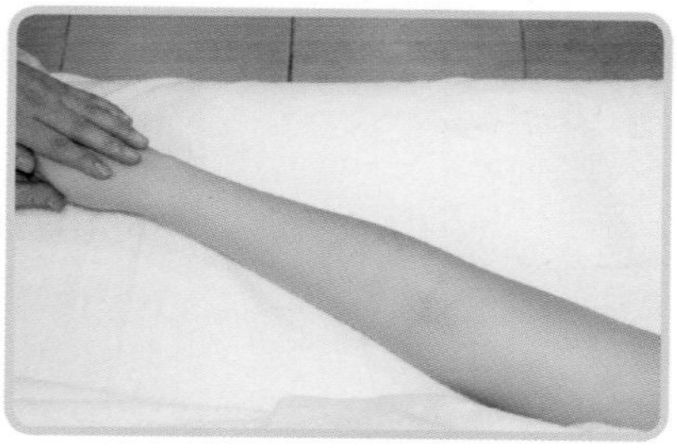

팔의 외측을 써클링하며 어깨까지 올라갔다가 내려오는데 내려올 때는 외측을 감싸며 쓸어내린다.

⑩ 팔 내측 써클링하기

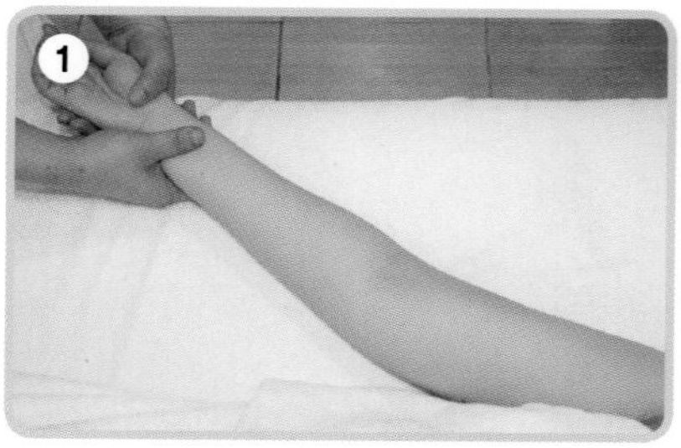

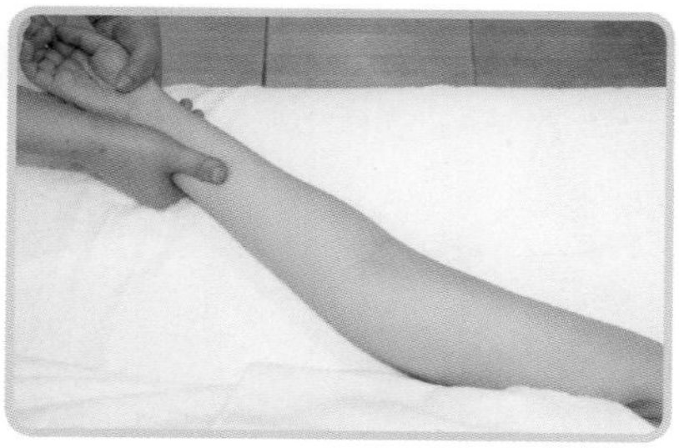

❶ 팔의 내측을 써클링하며 어깨까지 올라간다.

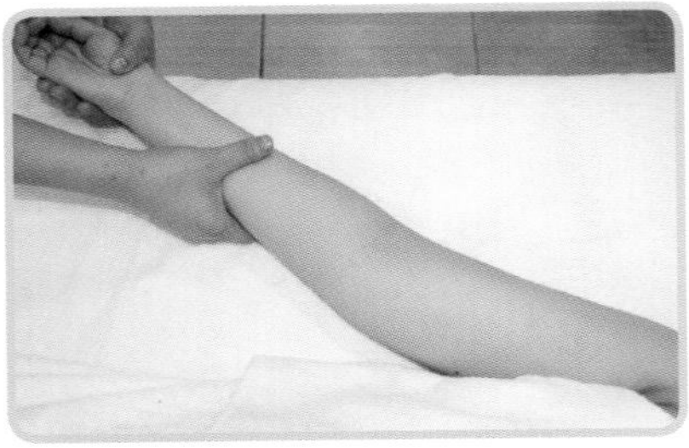
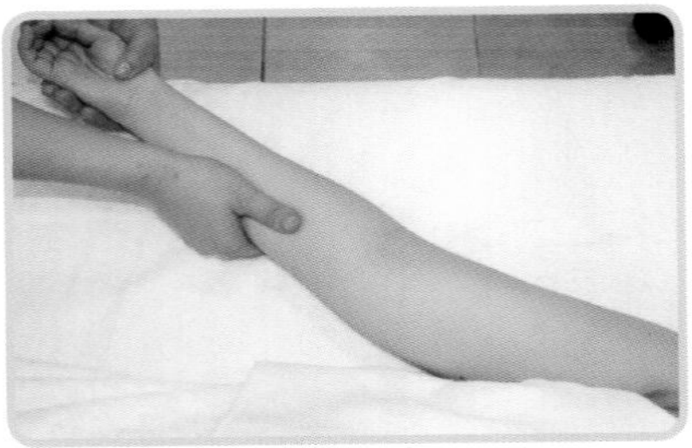
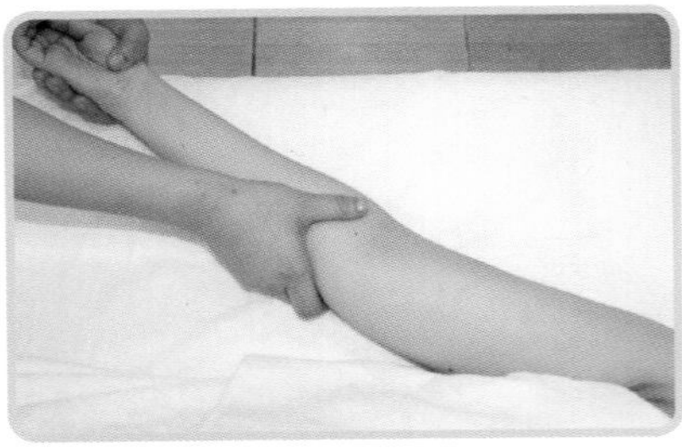
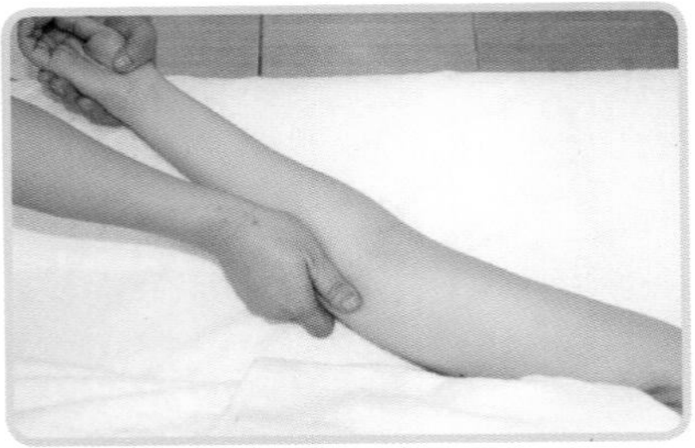
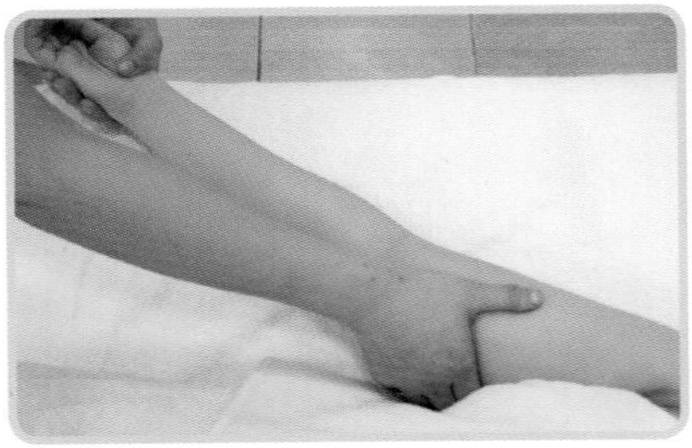
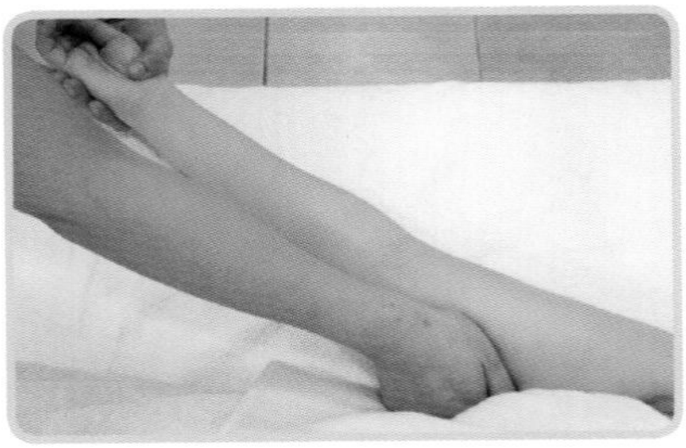
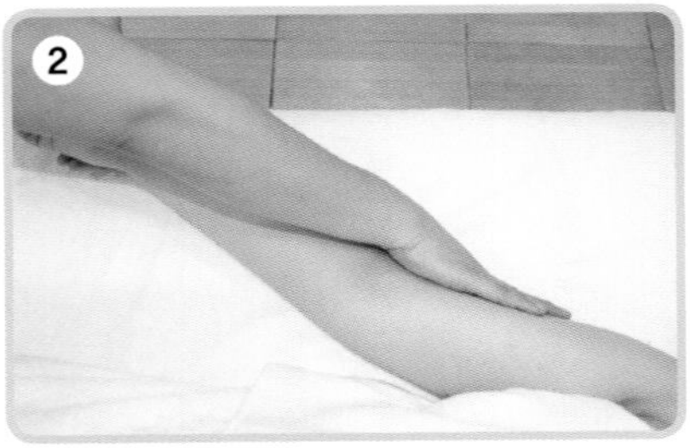

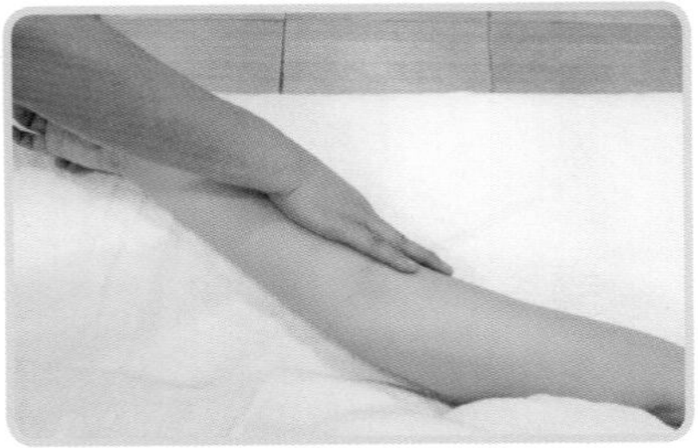

❷ 내려올때는 외측을 감싸며 쓸어내린다.

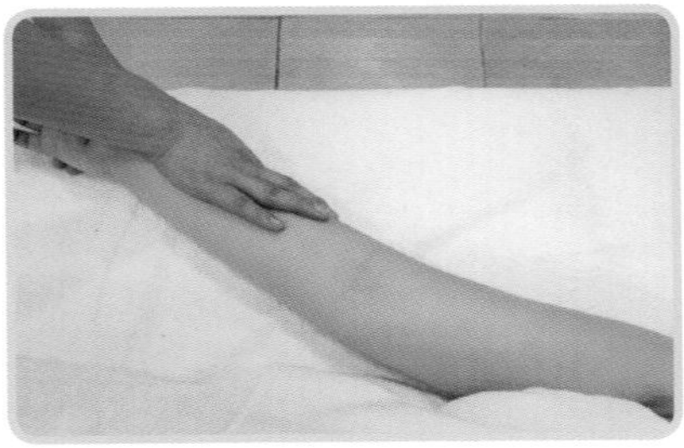
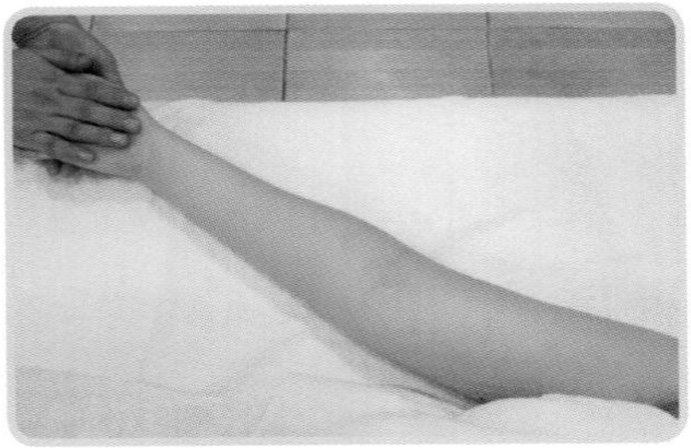

⑪ 팔꿈치 세워 전완 쓸어내리기

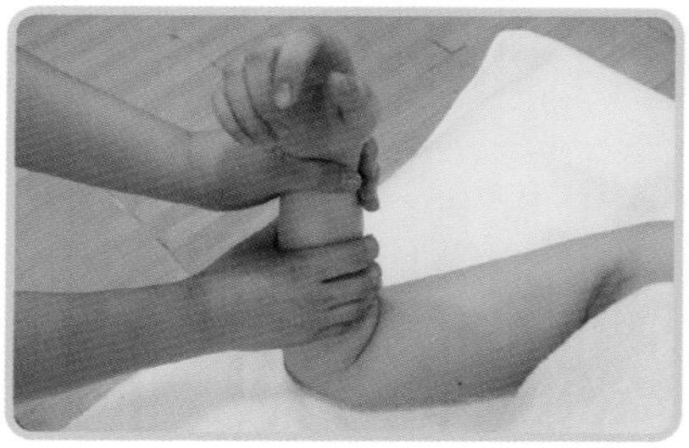
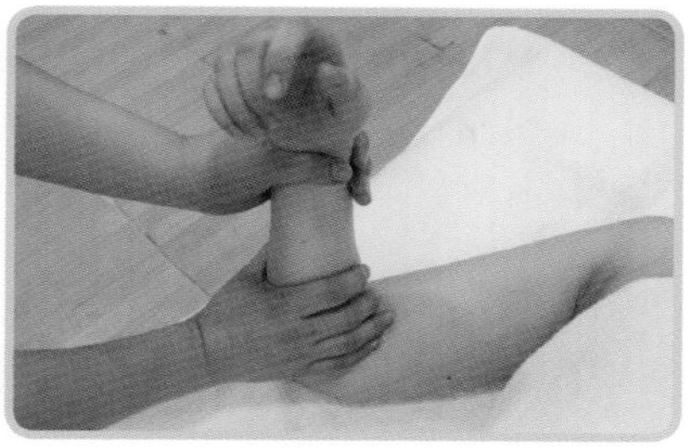
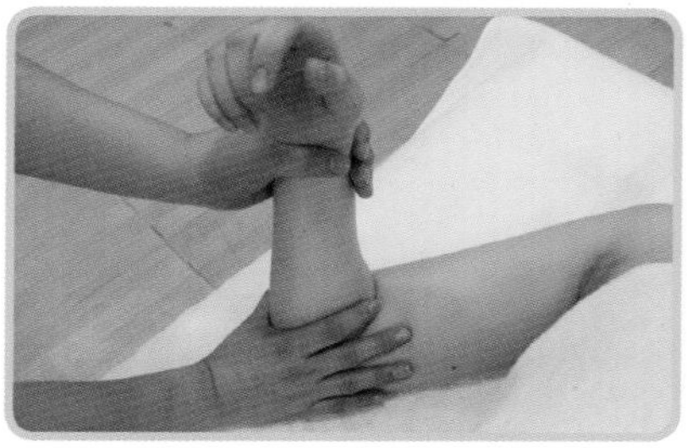
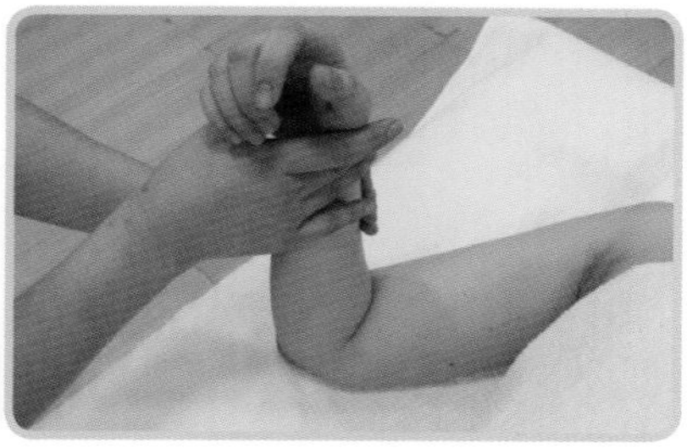
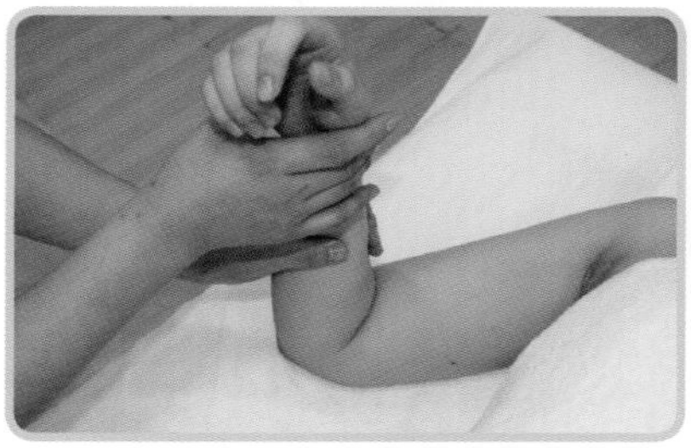
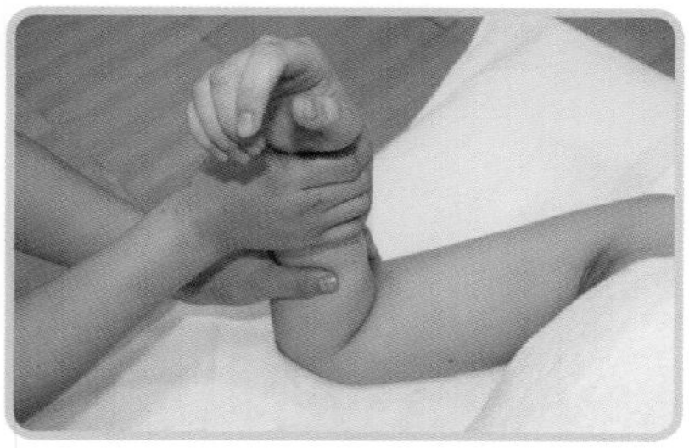
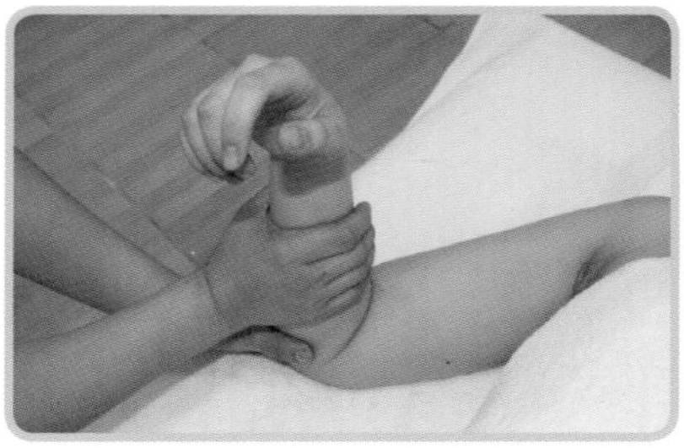
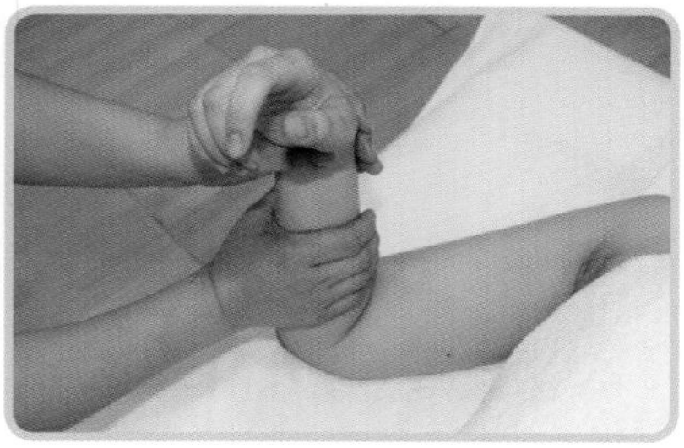

팔꿈치를 세우고 손목에서부터 팔꿈치까지 양손을 번갈아가며 전완을 쓸어내린다.

⑫ 전완, 상완 동시에 문지르기

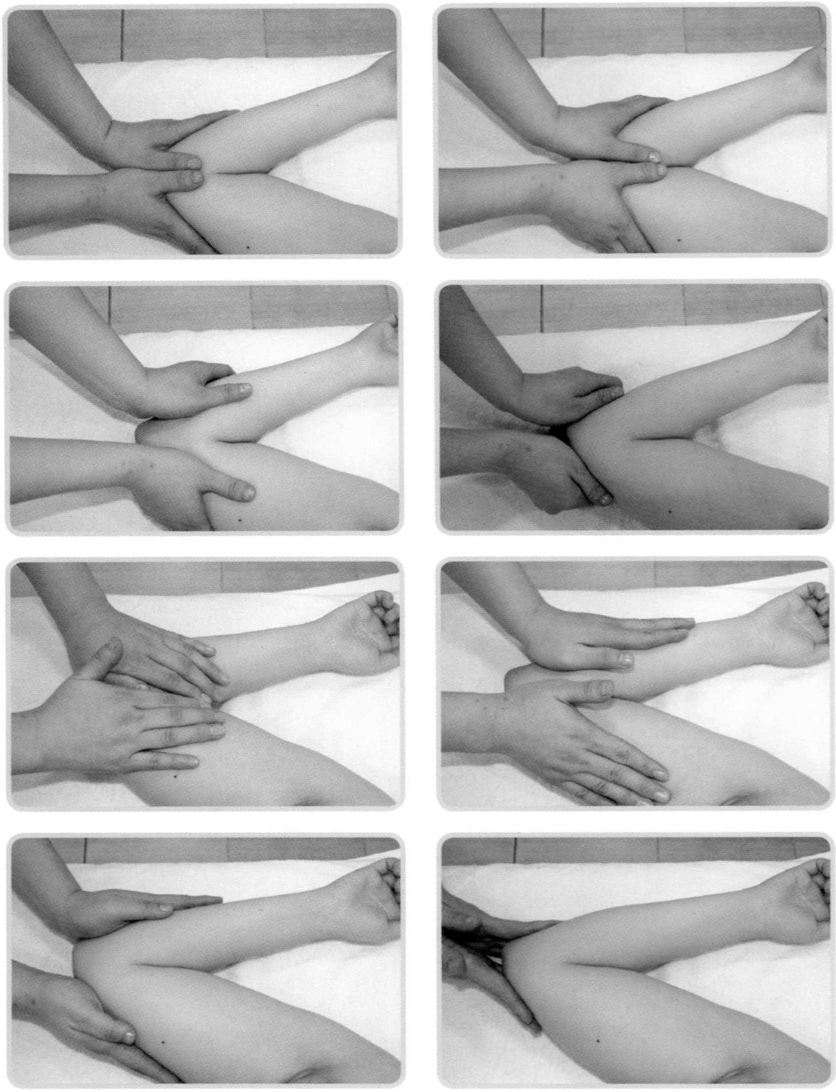

팔을 사진과 같은 모양으로 하고 양손의 엄지를 이용하여 전완과 상완을 문지른다. → 양손의 네 손가락으로도 펼쳐가며 문지르며 동시에 문질러야 한다.

⑬ 상완 문지르기

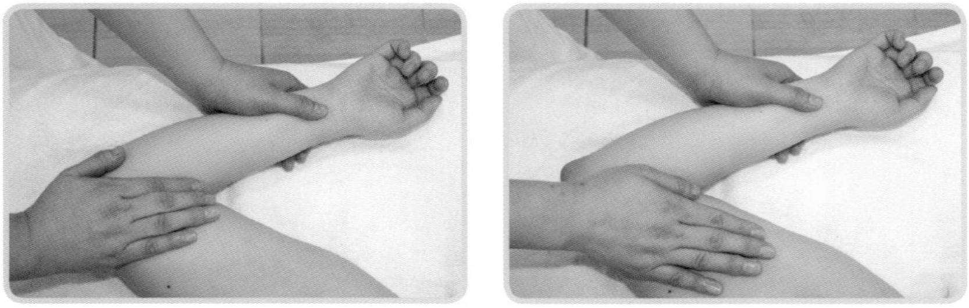

전완 부위는 한 손으로 지탱하고 다른 한 손으로 상완을 문지른다.

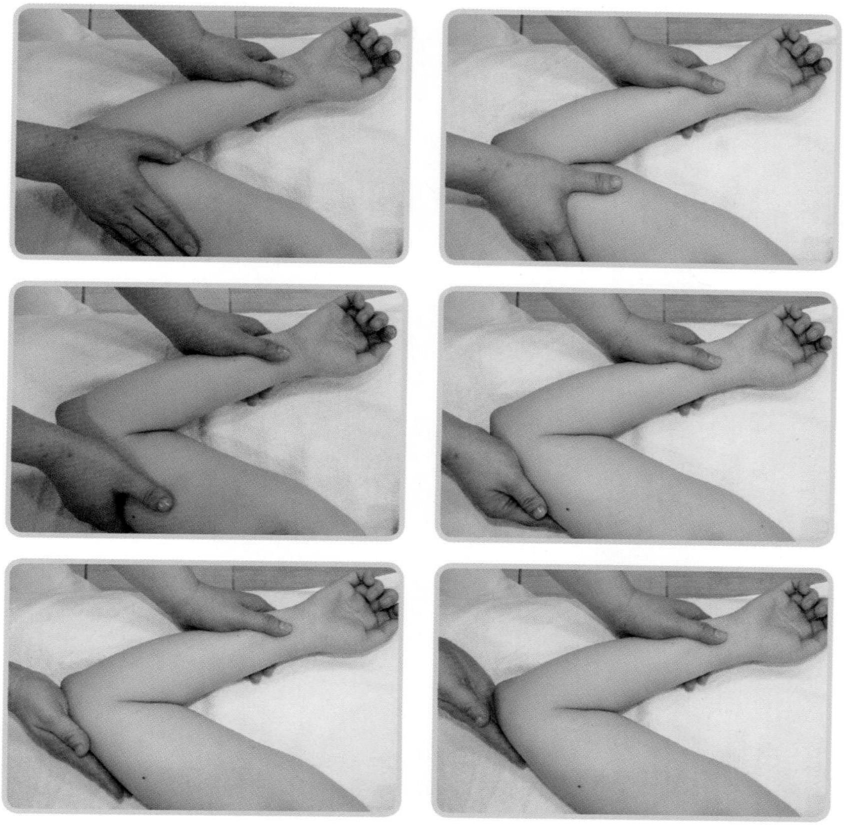

⑭ 전완 문지르기

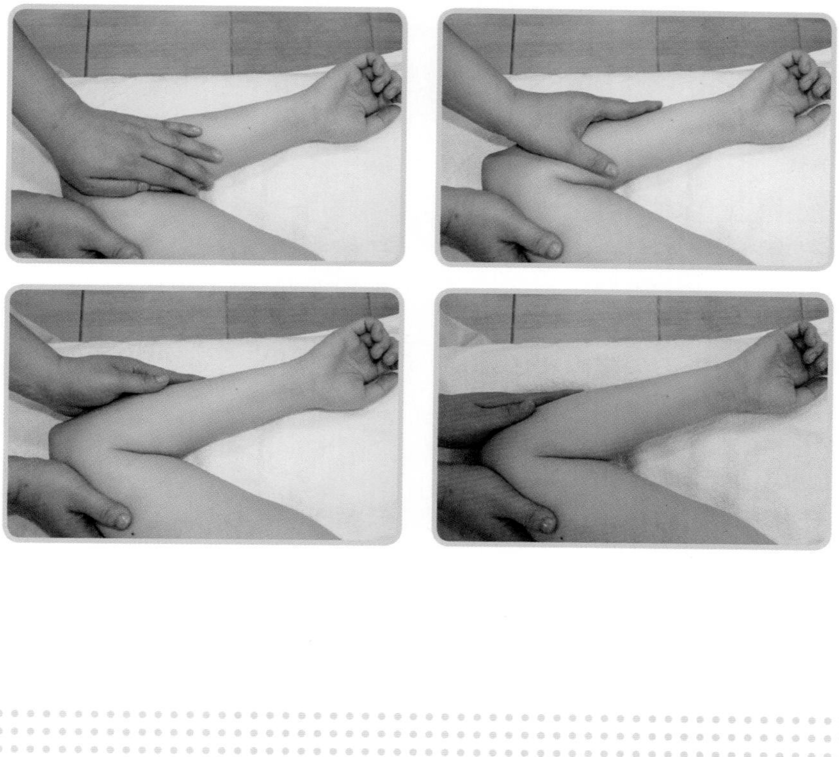

상완 부위는 한 손으로 지탱하고 다른 한 손으로 전완을 문지른다.

⑮ 손바닥 쓰다듬기

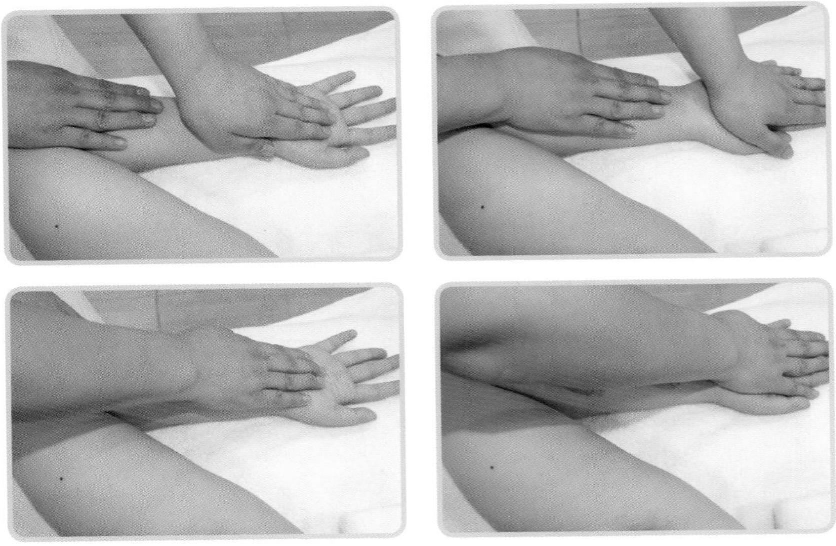

양손 교대로 손바닥을 쓰다듬는다.

⑯ 전체 쓰다듬기

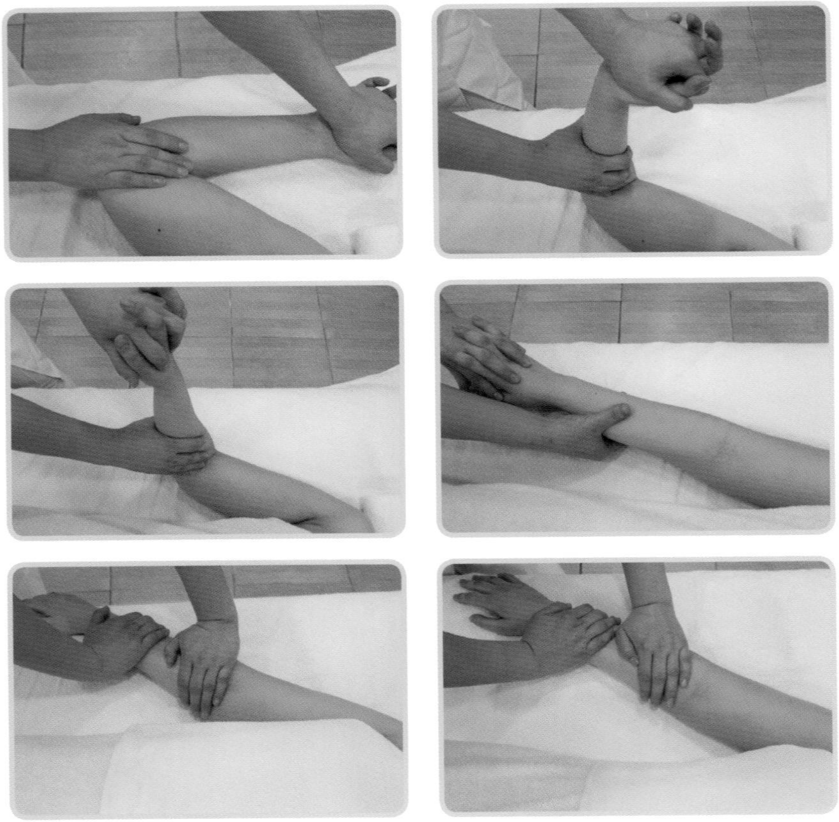

손을 깍지 끼고 다른 한 손으로는 손목을 지탱하여 팔을 내린 뒤 전체 쓰다듬기한다.

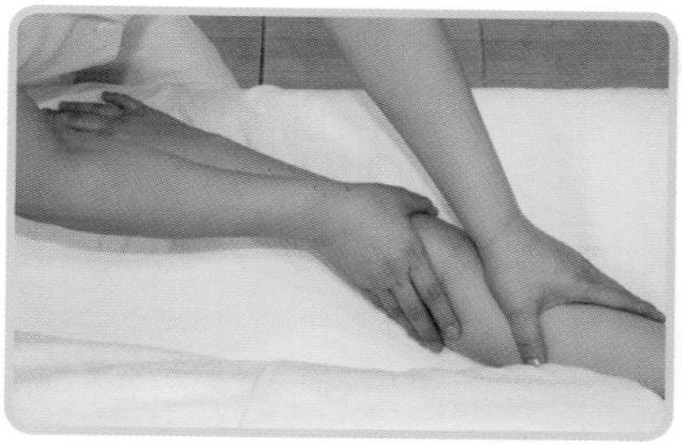
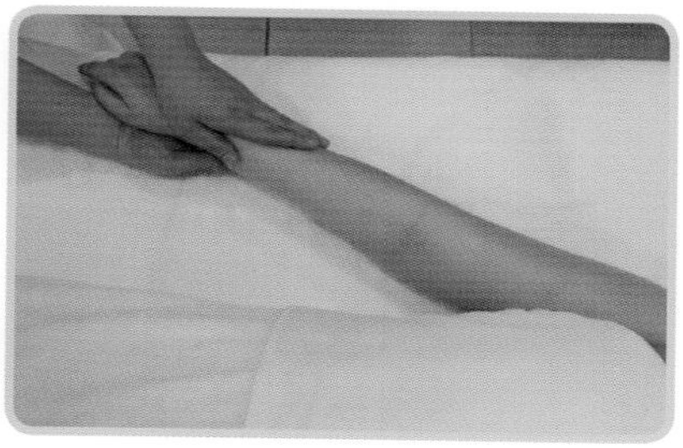

⑰ 반죽하기

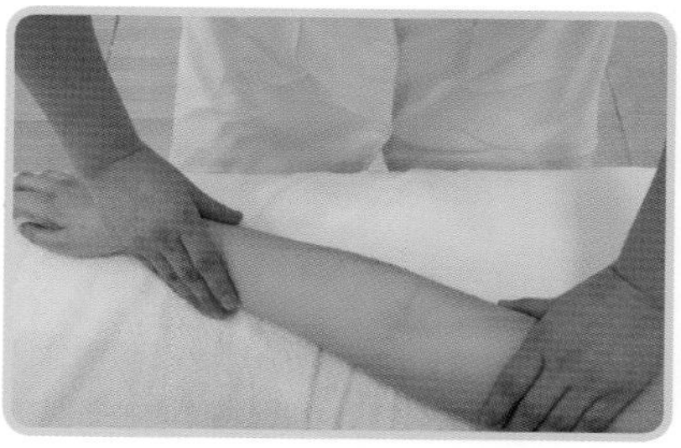
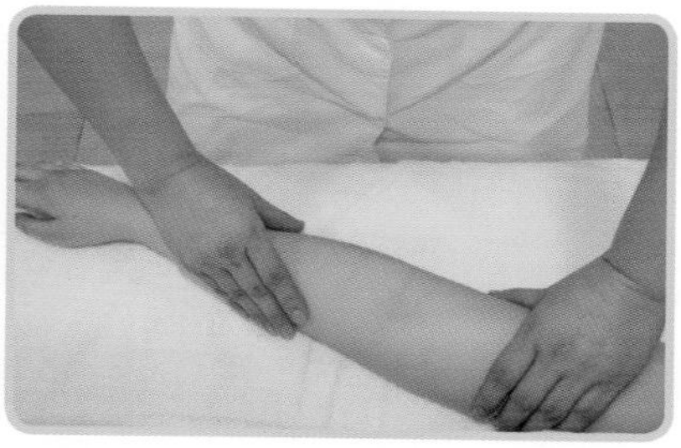

양손을 번갈아가며 팔을 반죽하기 한다.

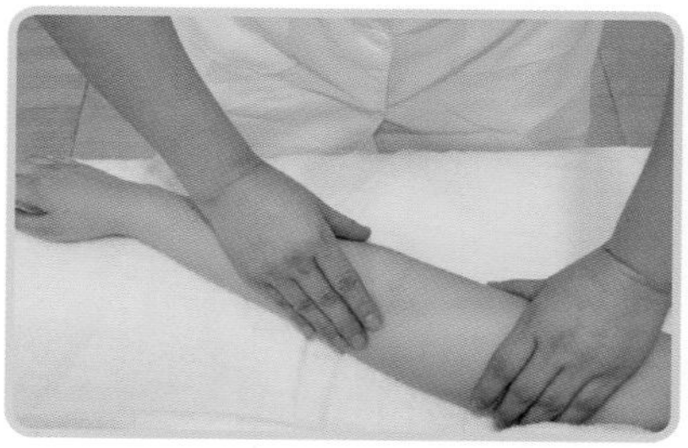
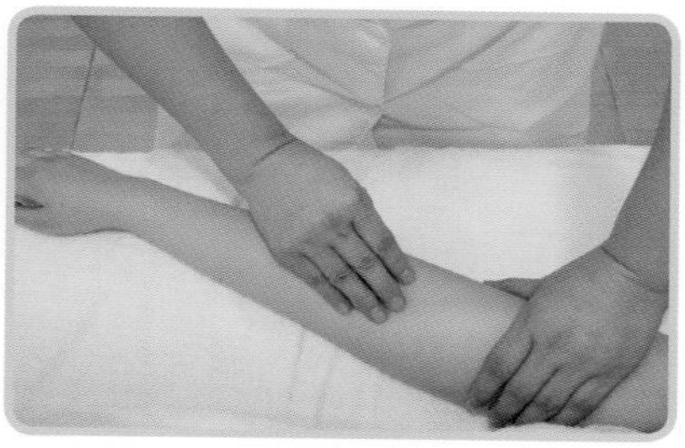
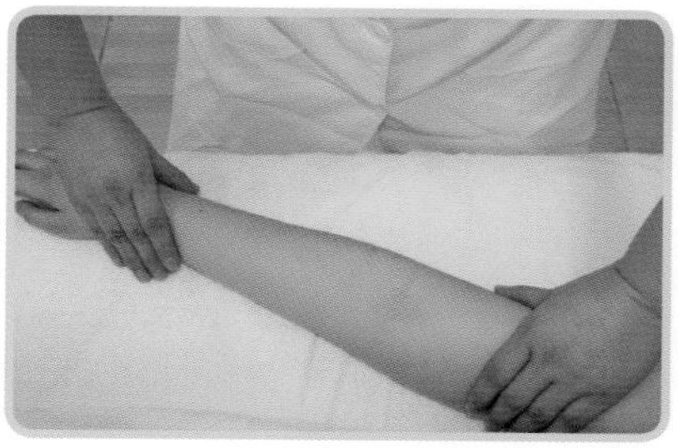
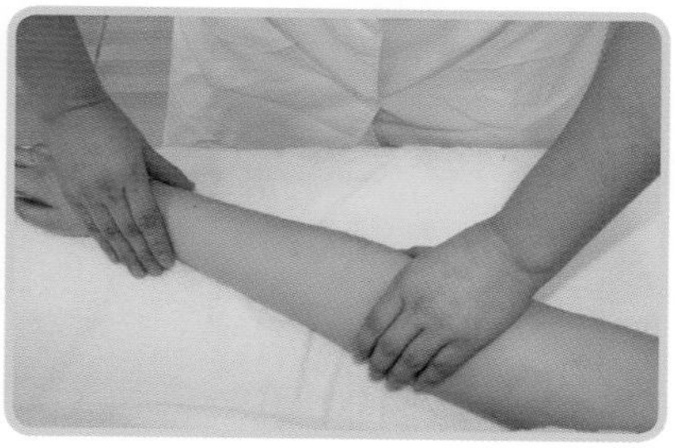
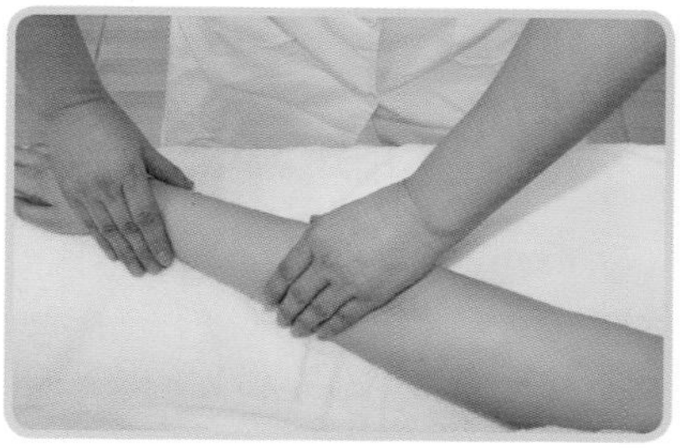
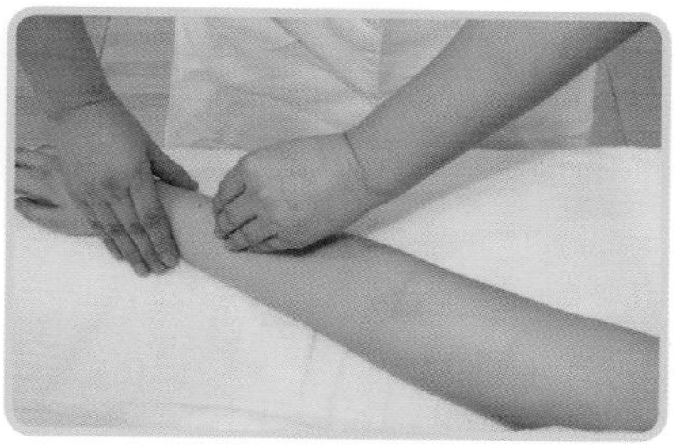

⑱ 바이브레이션 하기

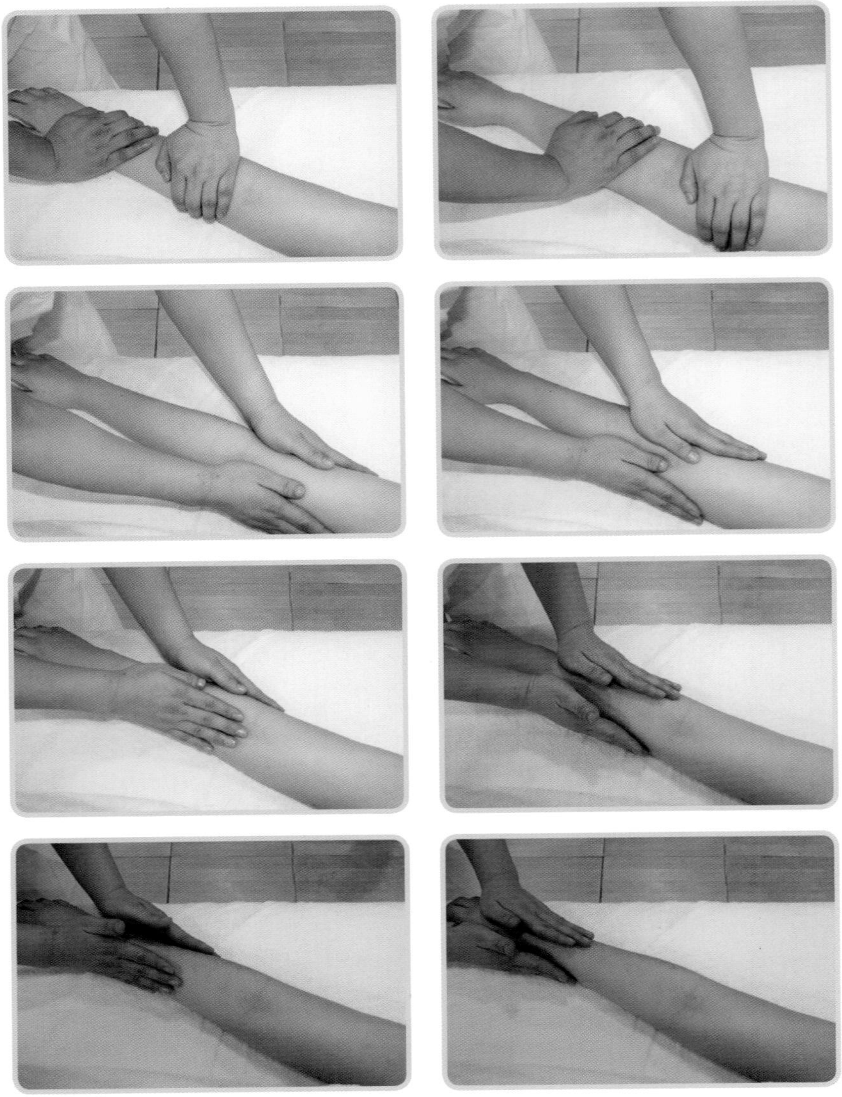

전체 쓰다듬기하듯 손등에서부터 어깨까지 올라갔다가 팔 전체를 진동하면서 내려온다.

⑲ 전완 살짝 비틀기

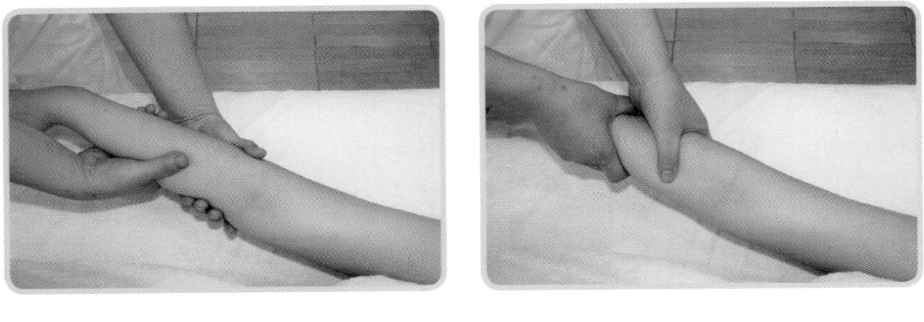

전체 쓰다듬기하듯 손등에서부터 어깨까지 올라갔다가 내려오면서 전완을 살짝 비틀어준다.

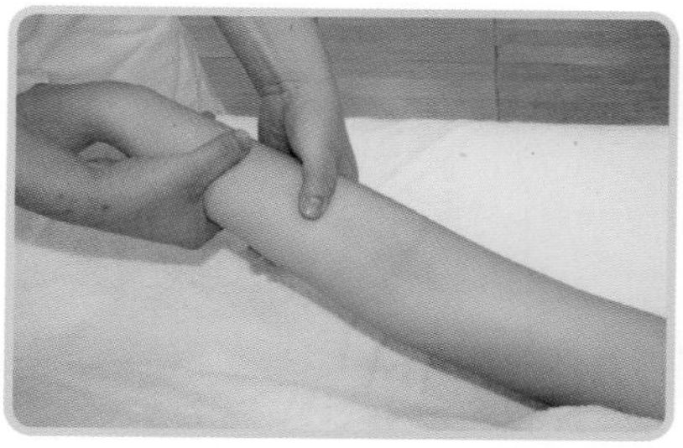
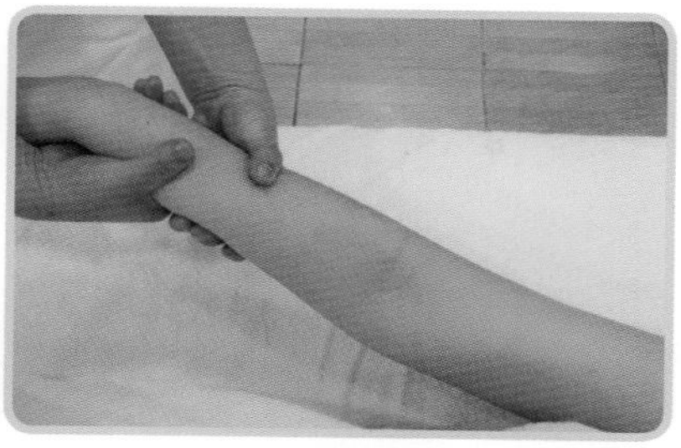
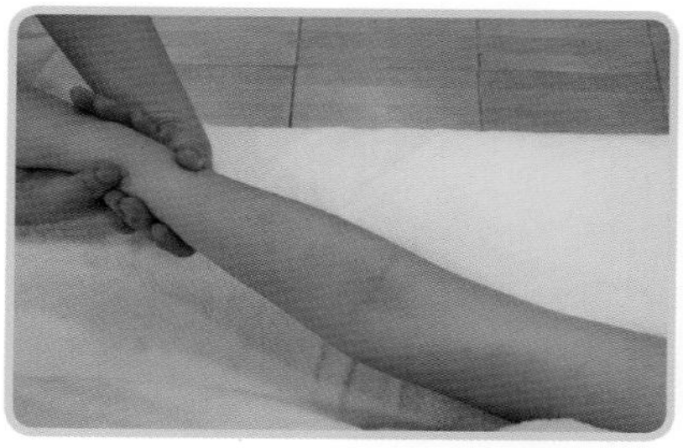
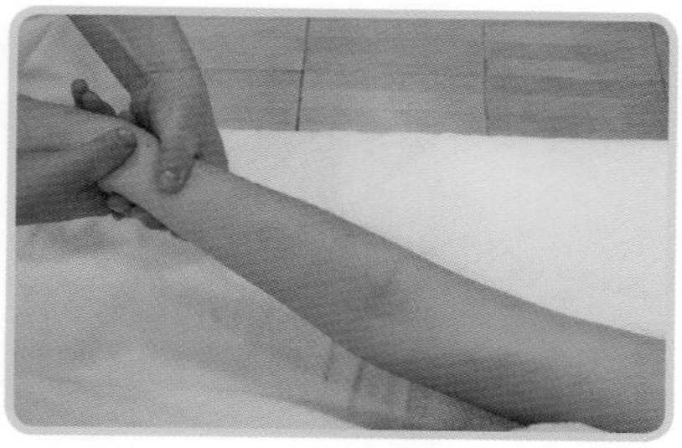
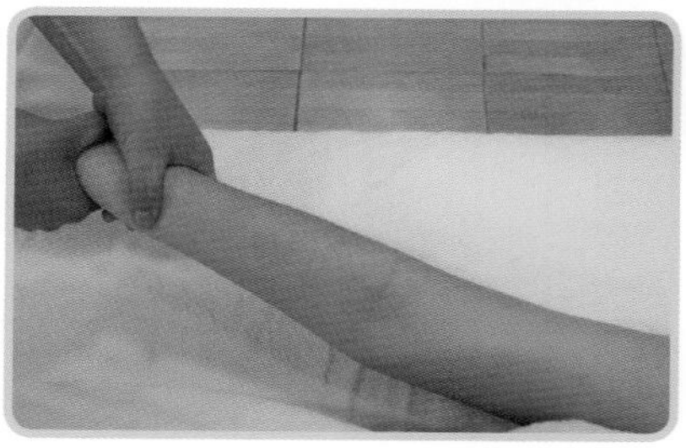
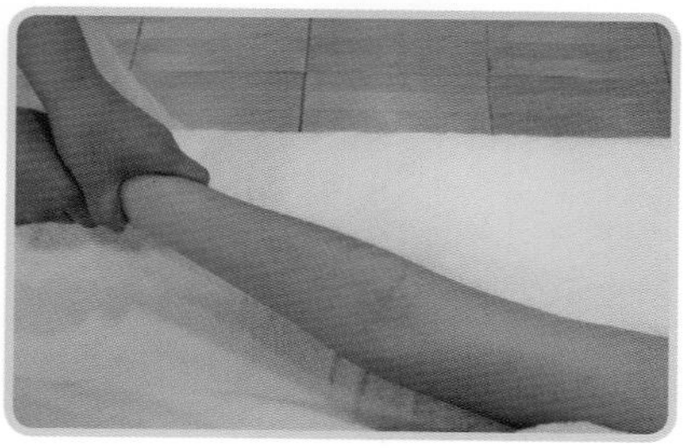

⑳ 전체 쓰다듬기

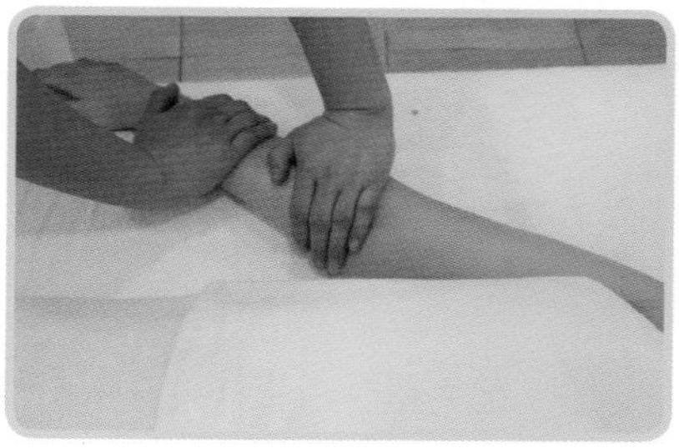
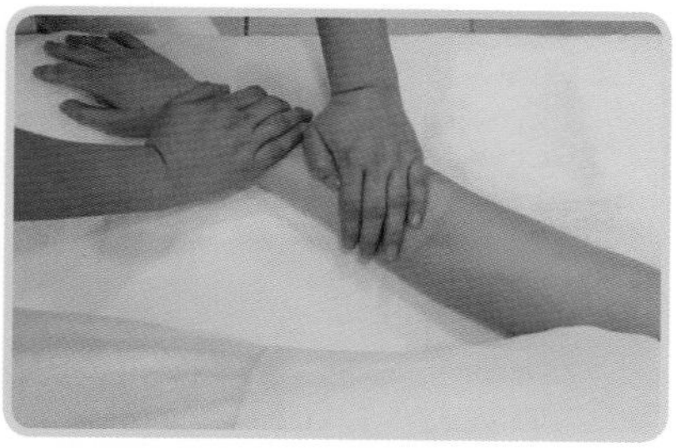
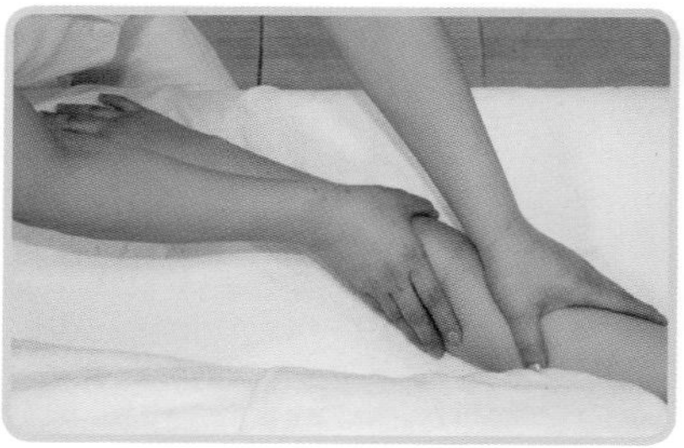
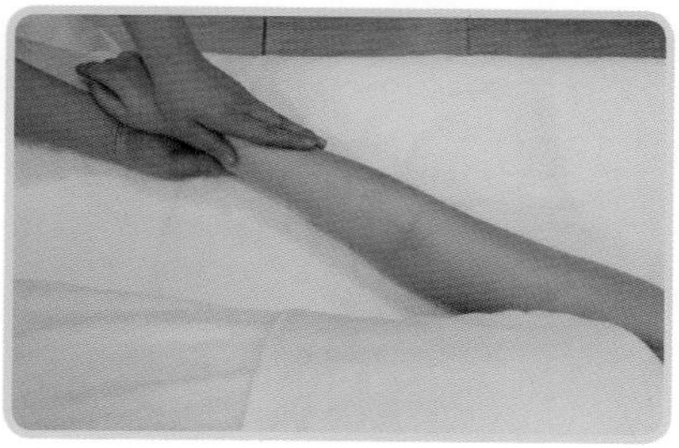

전체 쓰다듬기 동작을 하며 마무리 한다.

5. 온습포로 닦아내기

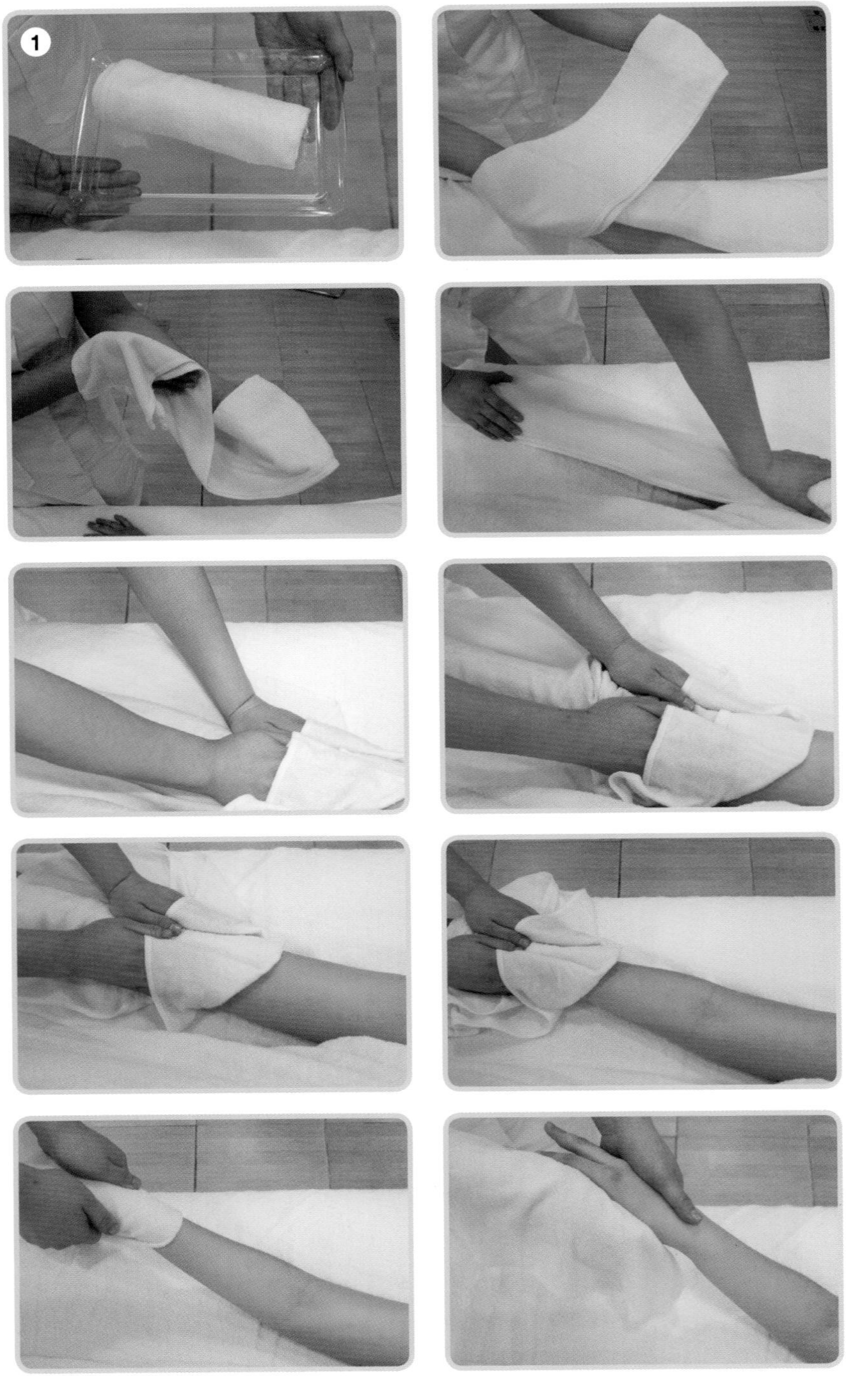

❶ 온도 테스트 후 길게 반이 접힌 상태로 팔 위에 얹었다가 습포 끝에 손가락을 끼워 어깨에서 팔꿈치까지 닦으며 내려온다. 팔꿈치에서 수건을 반으로 접어 다시 손가락을 끼워 팔꿈치에서 손목까지, 손등과 손바닥, 손가락을 꼼꼼히 닦아낸다.

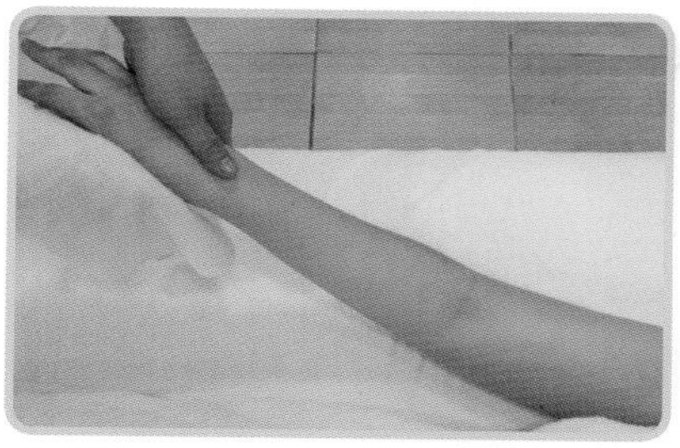

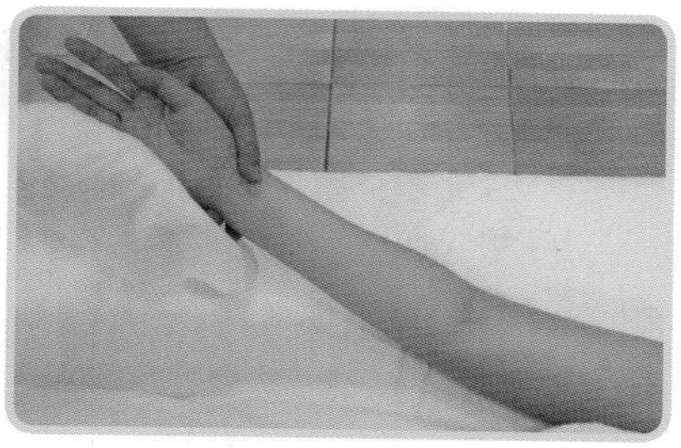

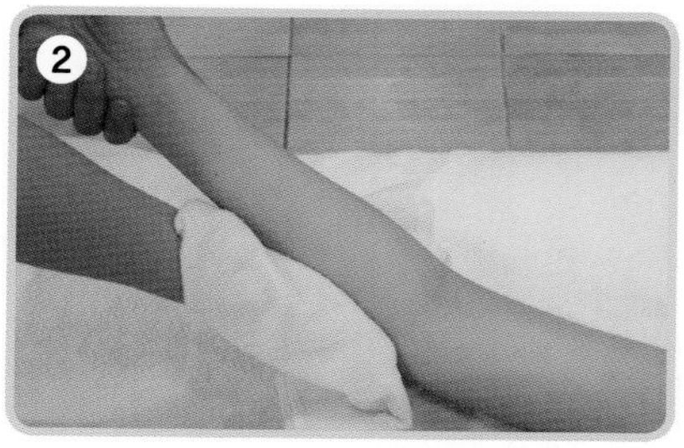

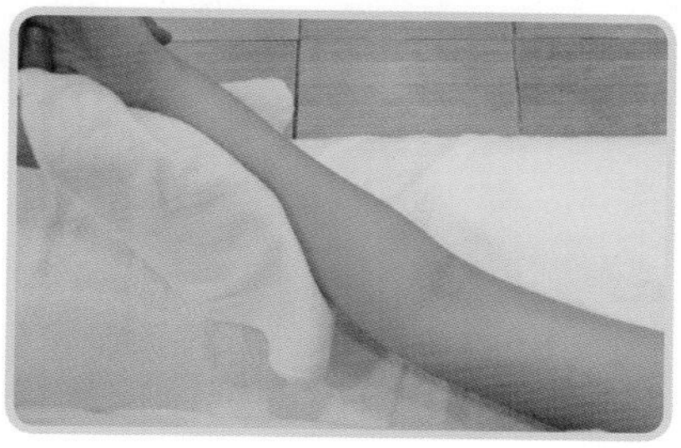

❷ 사용하지 않은 면으로 다시 접어 겨드랑이부터 시작한다. 닦여진 부분을 꼼꼼히 닦아낸다.

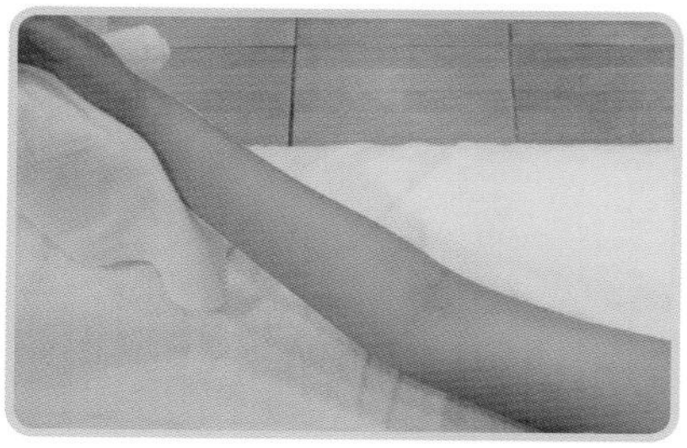

6. 마무리하기

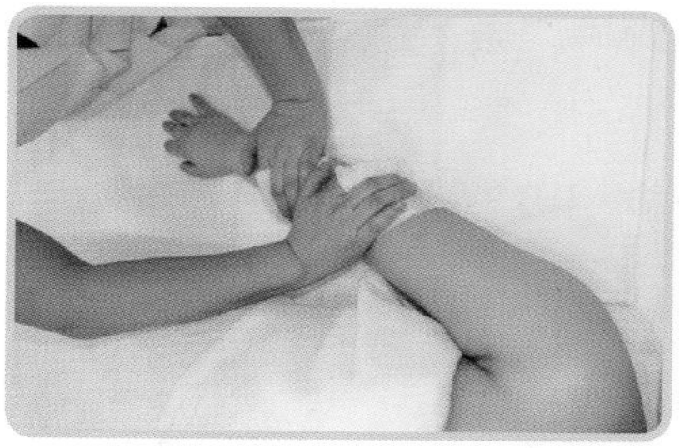

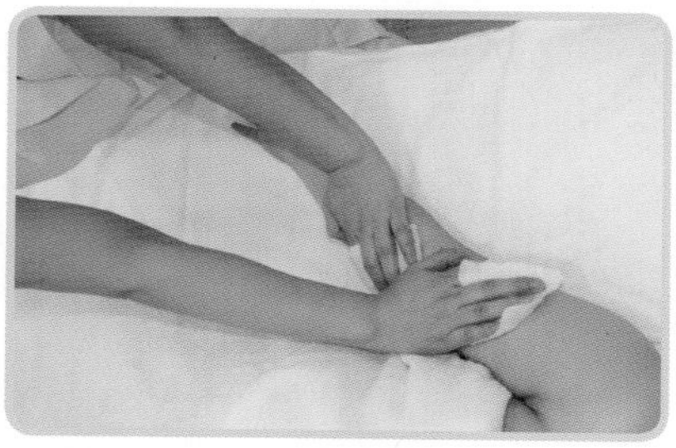

탈지면에 토너를 묻혀 남아 있는 잔여물을 깨끗이 닦아낸다.

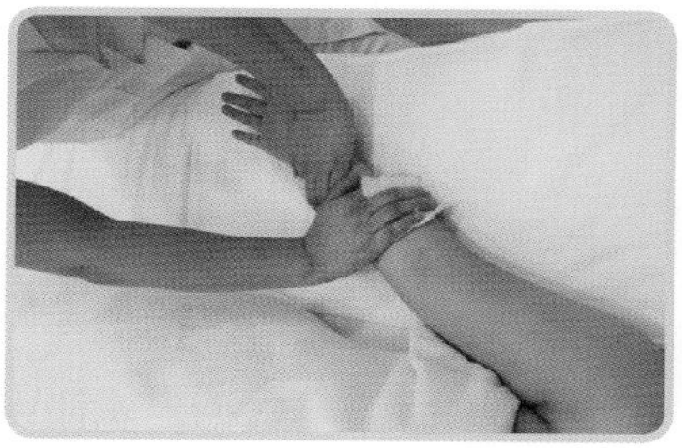

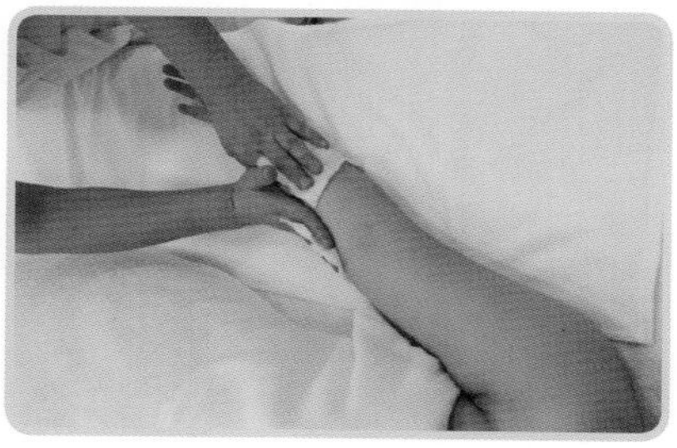

Chapter 3

다리관리

15분

사전 체크사항

작업과제 모델의 오른쪽 다리를 화장수를 사용하여 가볍고 신속하게 닦아낸 후 화장품(크림 혹은 오일 타입)을 도포하고, 적절한 동작을 사용하여 관리한다.

준 비 물 마사지오일, 유리볼, 탈지면, 미용솜, 토너, 습포

작업순서 손 소독하기 → 오일 준비하기 → 다리 클렌징하기 → 오일 도포하기 → 매뉴얼테크닉하기 → 온습포로 닦아내기 → 마무리(잔여물 닦아내기)

1. 준비하기

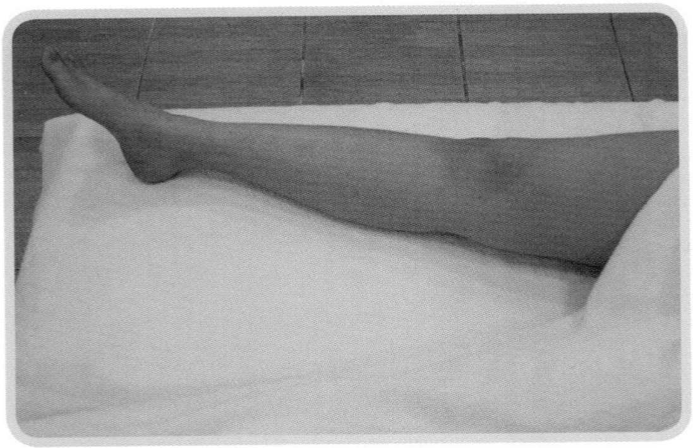

〈다리 베드 세팅 사진〉

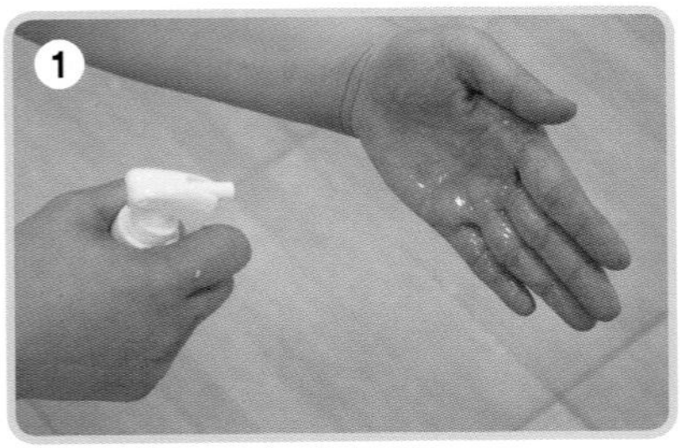

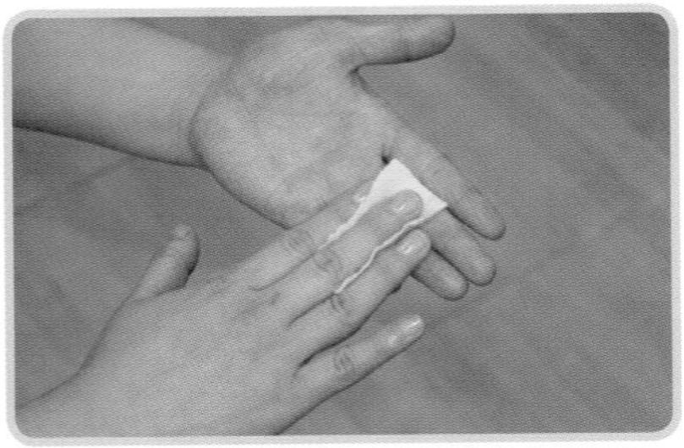

① 알코올을 손 전체에 골고루 뿌려 소독하거나 알코올솜으로 손 전체를 골고루 소독한다.

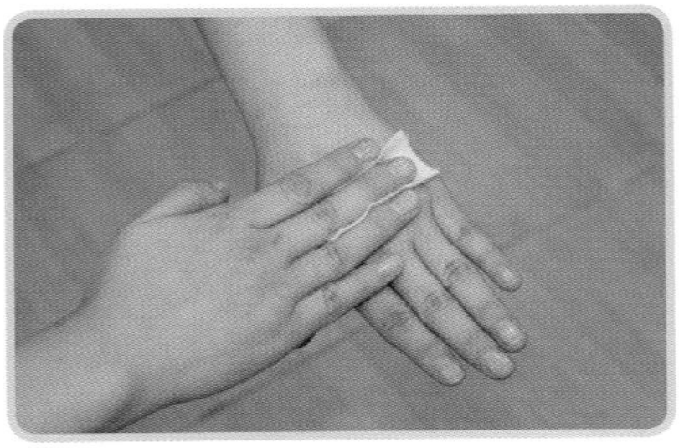

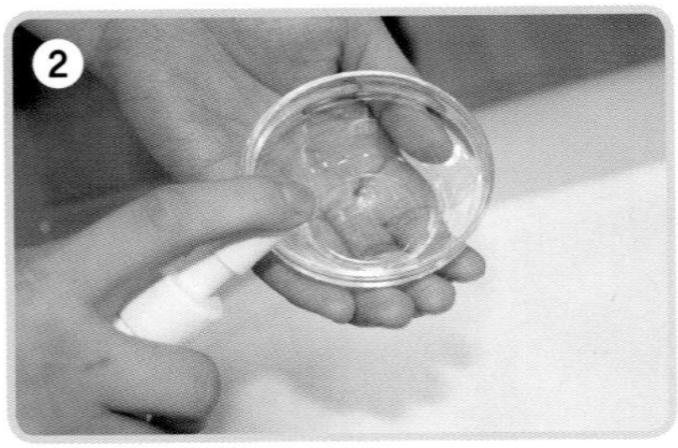

② 적당량의 오일을 유리볼에 준비한다.

2. 클렌징하기

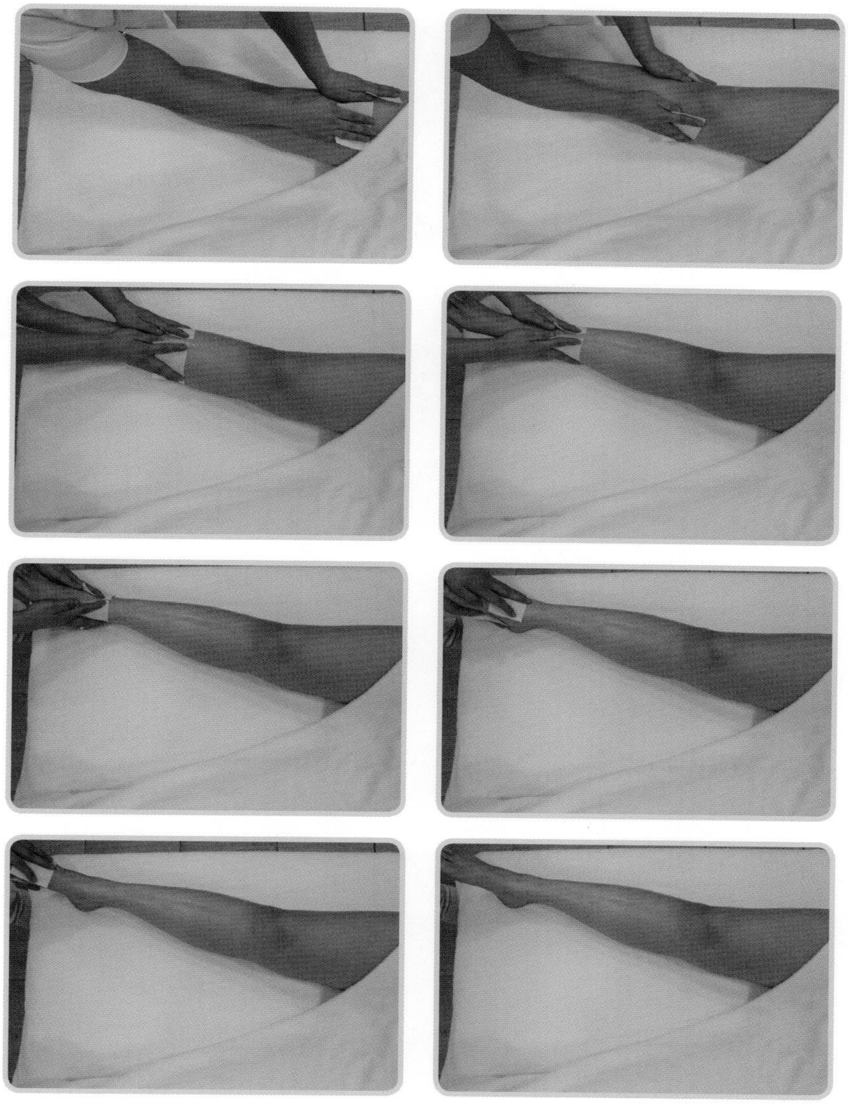

화장솜이나 탈지면에 클렌징 토너를 적당량 묻혀 오른쪽 다리 전체를 위에서 아래로 내려오며 닦아낸다.

3. 오일 도포하기

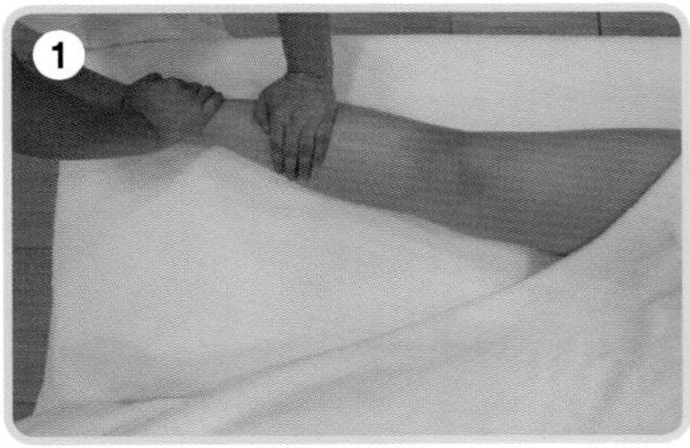

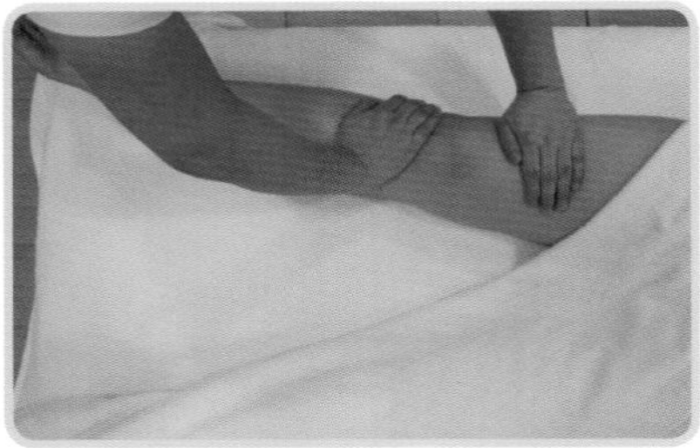

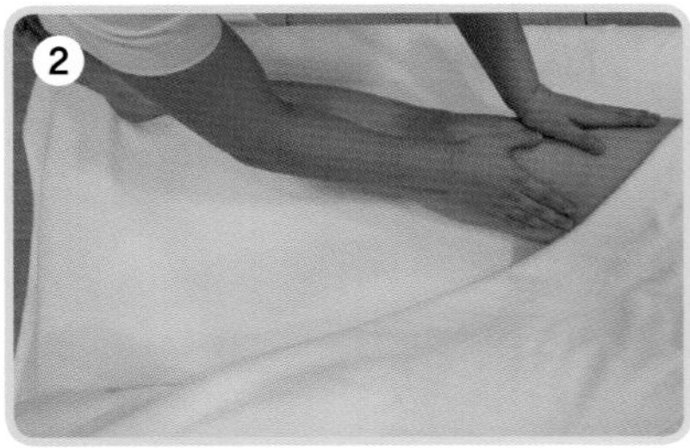

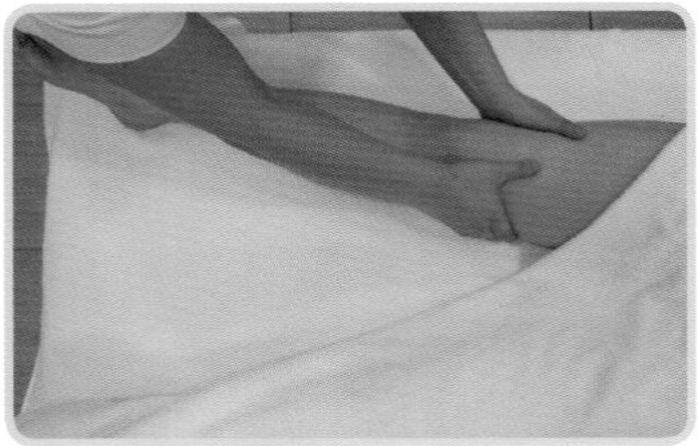

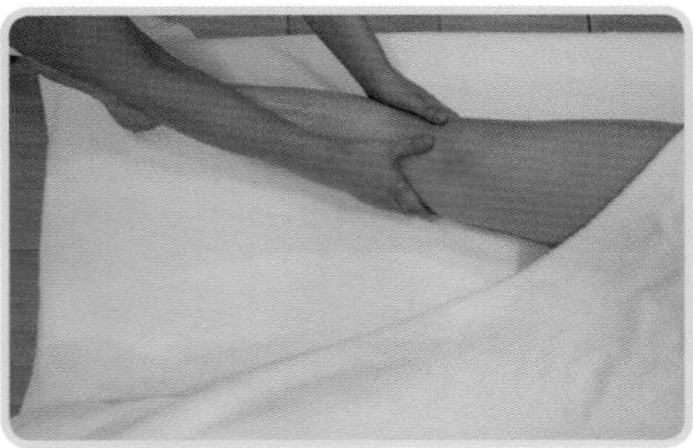

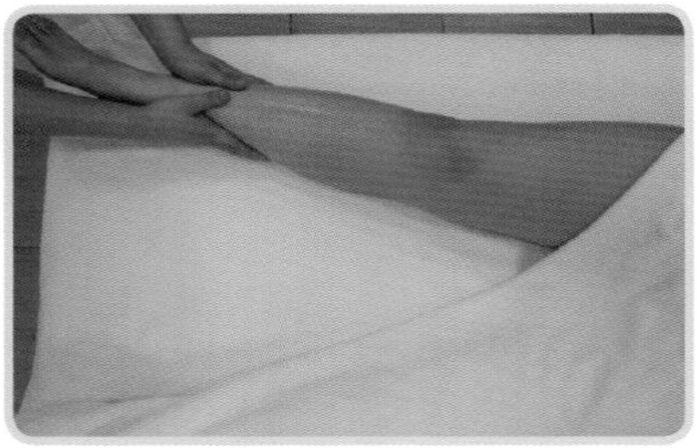

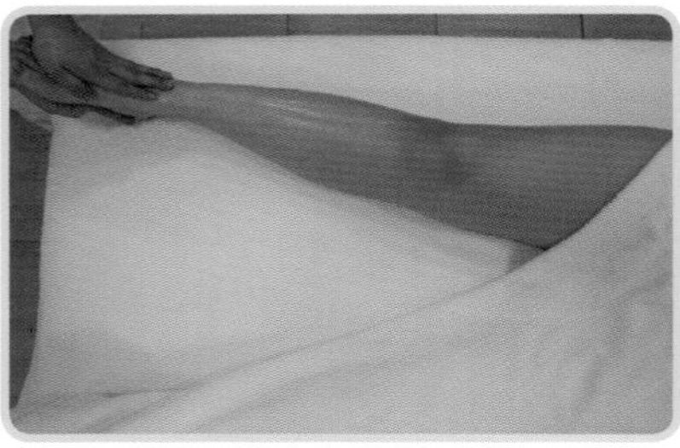

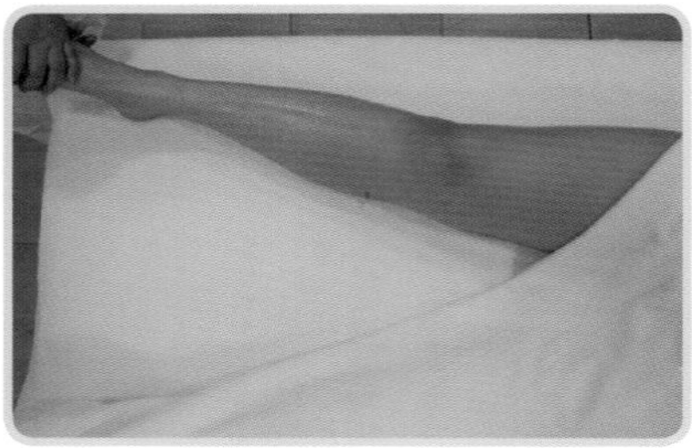

❶ 유리볼에 준비해 놓은 오일을 손에 덜어 발등에서부터 대퇴부로 올라가며 도포한다.

❷ 내려올 때는 양쪽 측면을 감싸 도포하며 발끝까지 내려온다.

4. 매뉴얼테크닉하기

① 전체 쓰다듬기

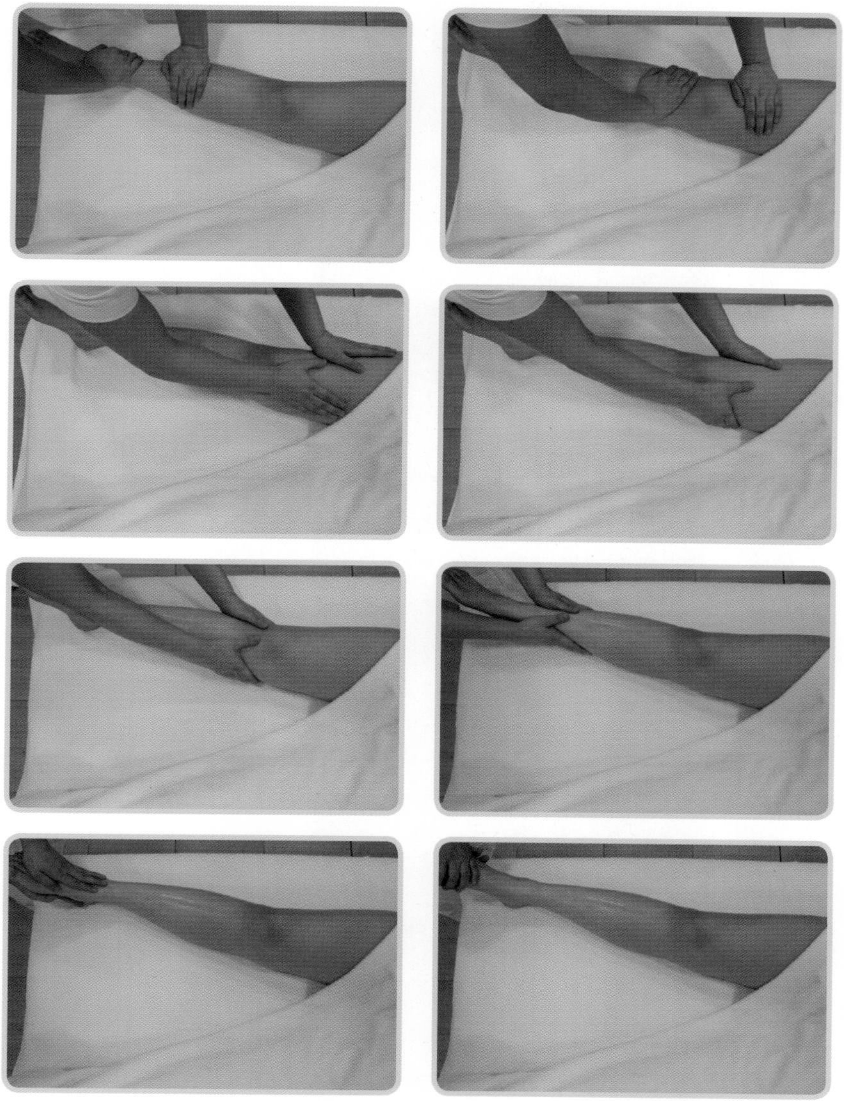

발등에서부터 무릎을 거쳐 대퇴부로 올라간다. 양쪽 측면을 감싸며 발끝까지 쓰다듬는다.

② 매뉴얼테크닉(발)

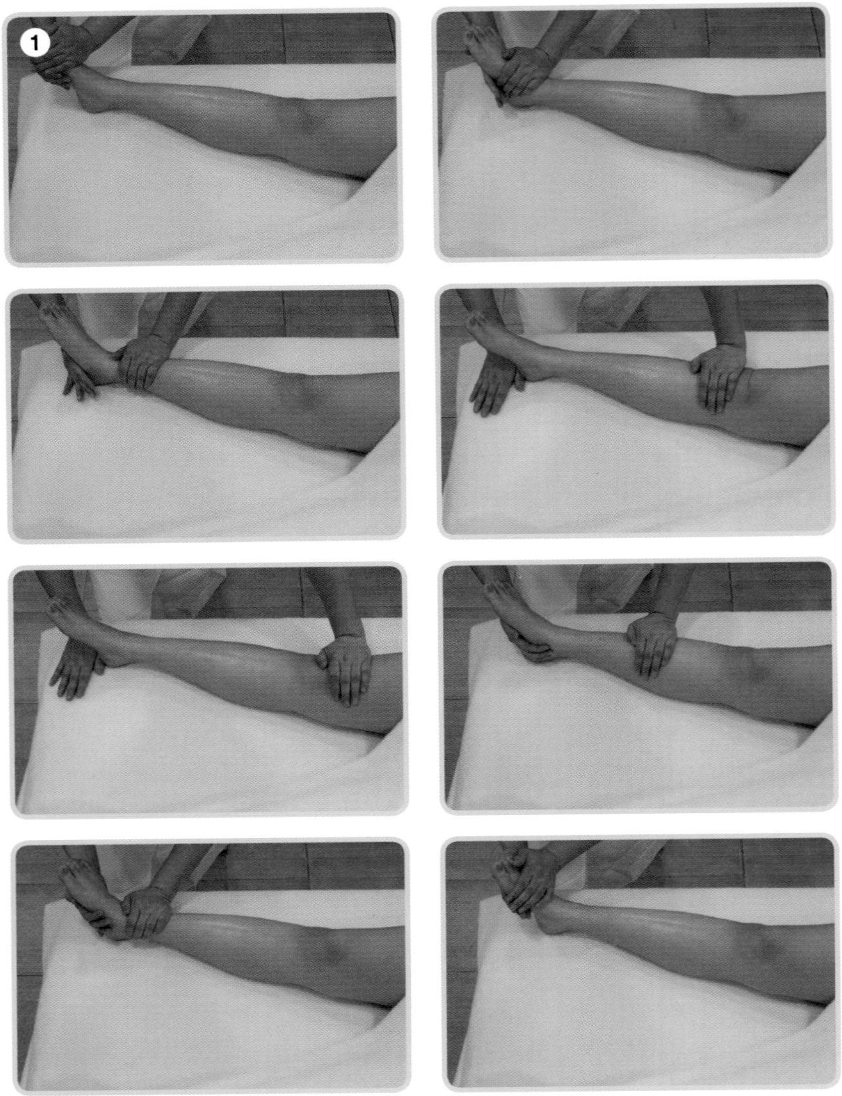

❶ 오른손은 발바닥에 두고 왼손은 발등에서 무릎까지 양손의 리듬을 맞춰가며 쓰다듬는다.

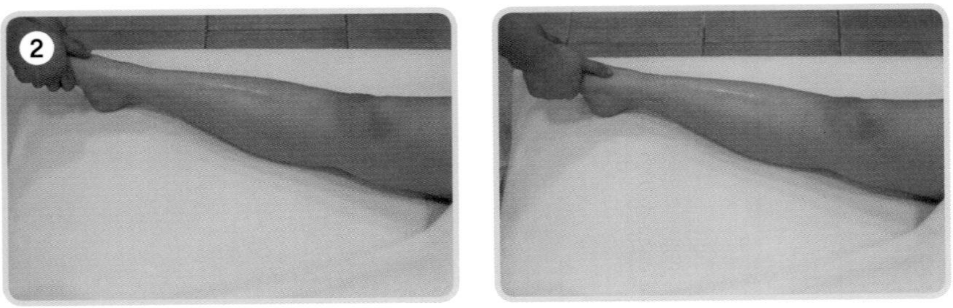

❷ 발등을 양손을 번갈아가며 문지르는데 양손 모두 양 엄지를 이용하여 문지른다.

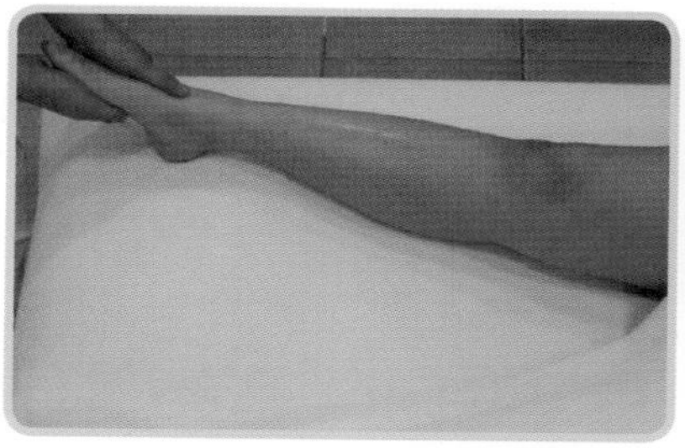
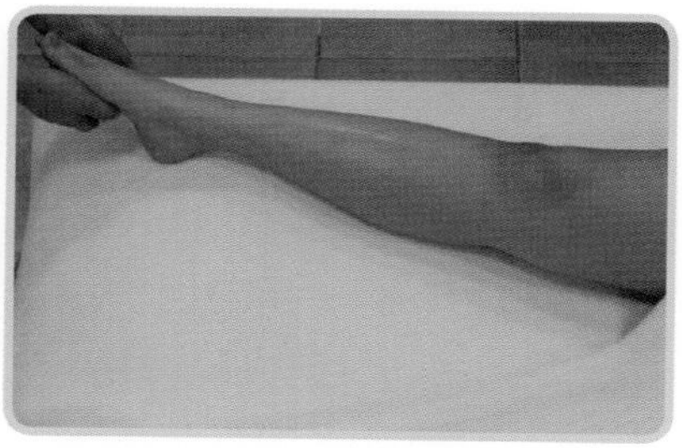
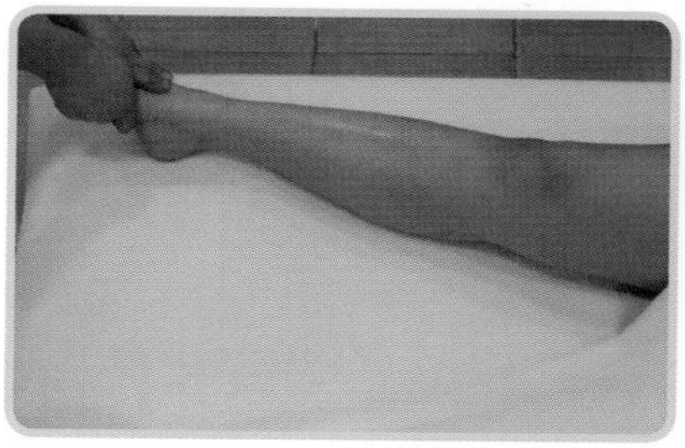
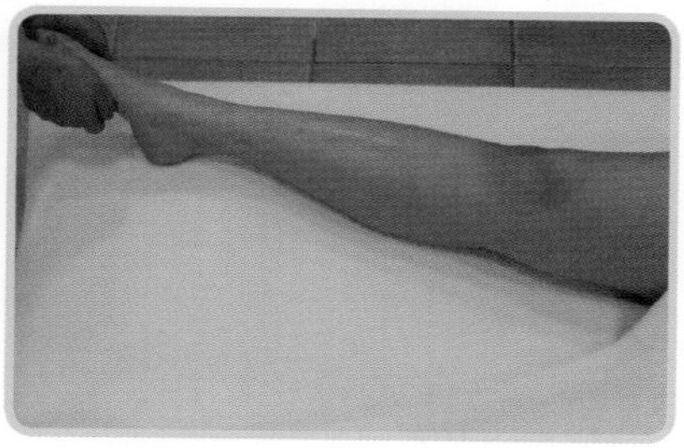
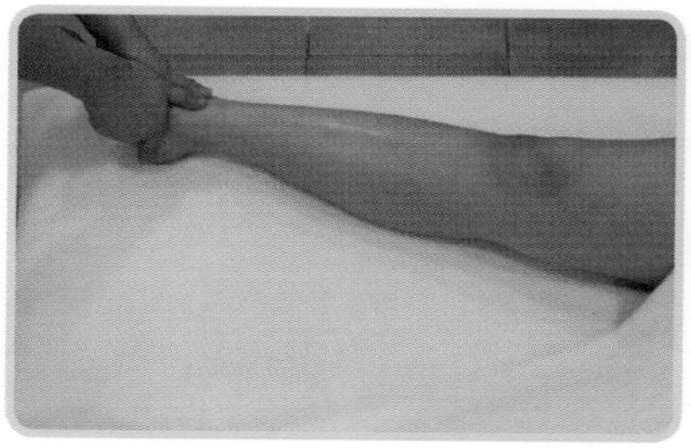
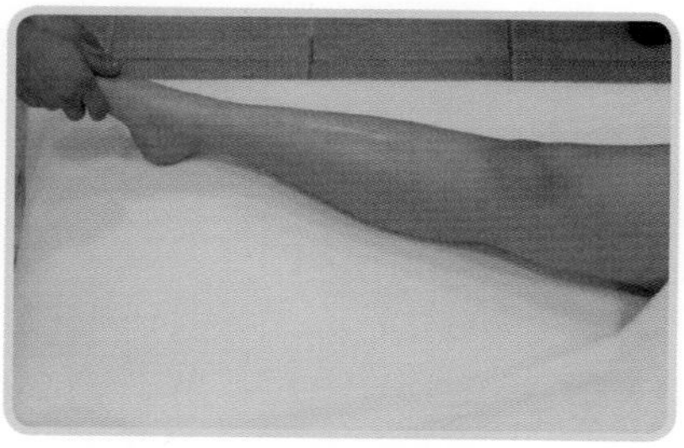
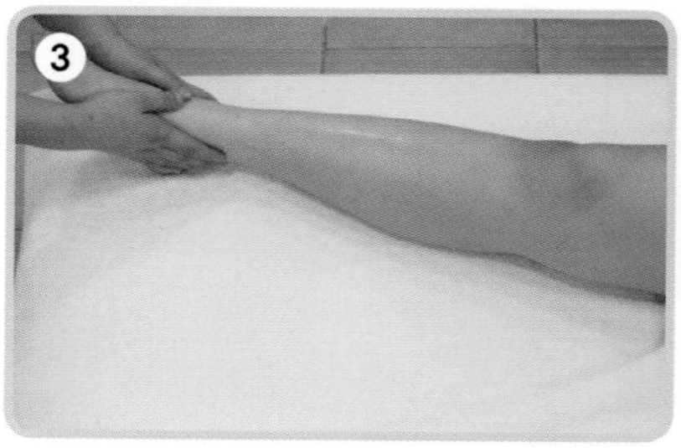

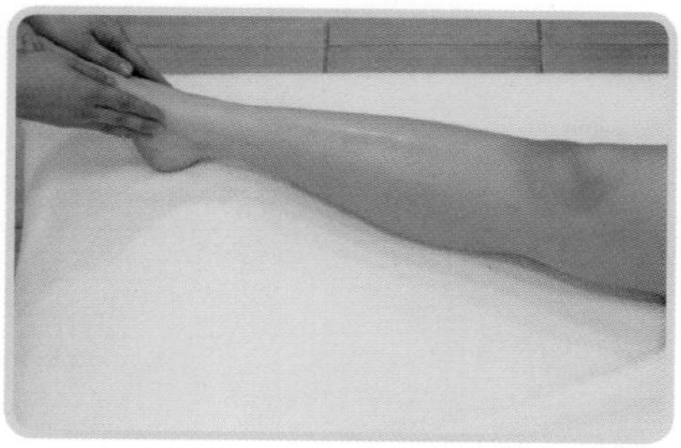
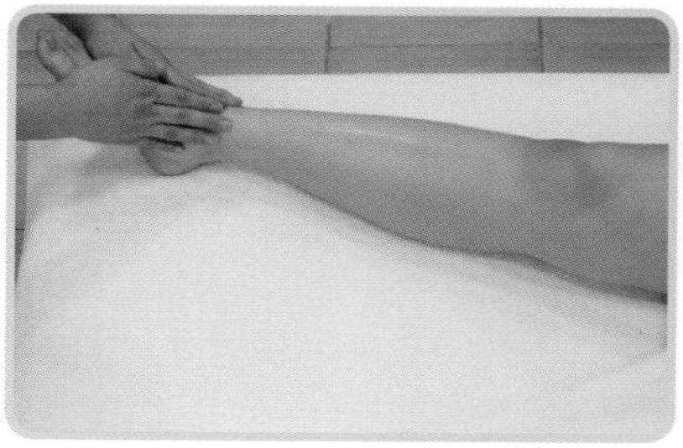
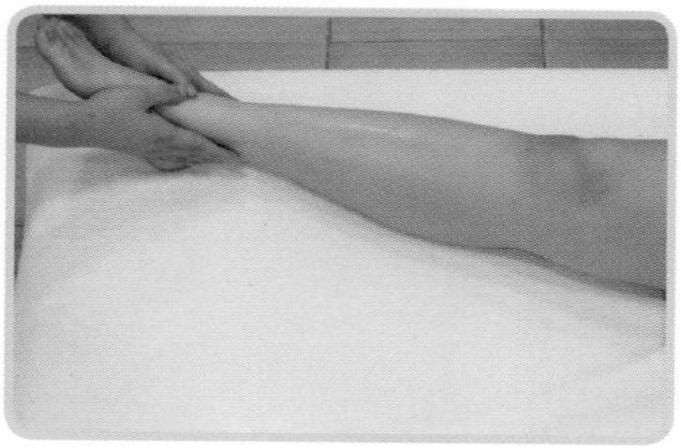

③ 복숭아뼈를 양손의 네 손가락을 사용하여 굴리듯 문지른다.

③ 매뉴얼테크닉(하퇴부)

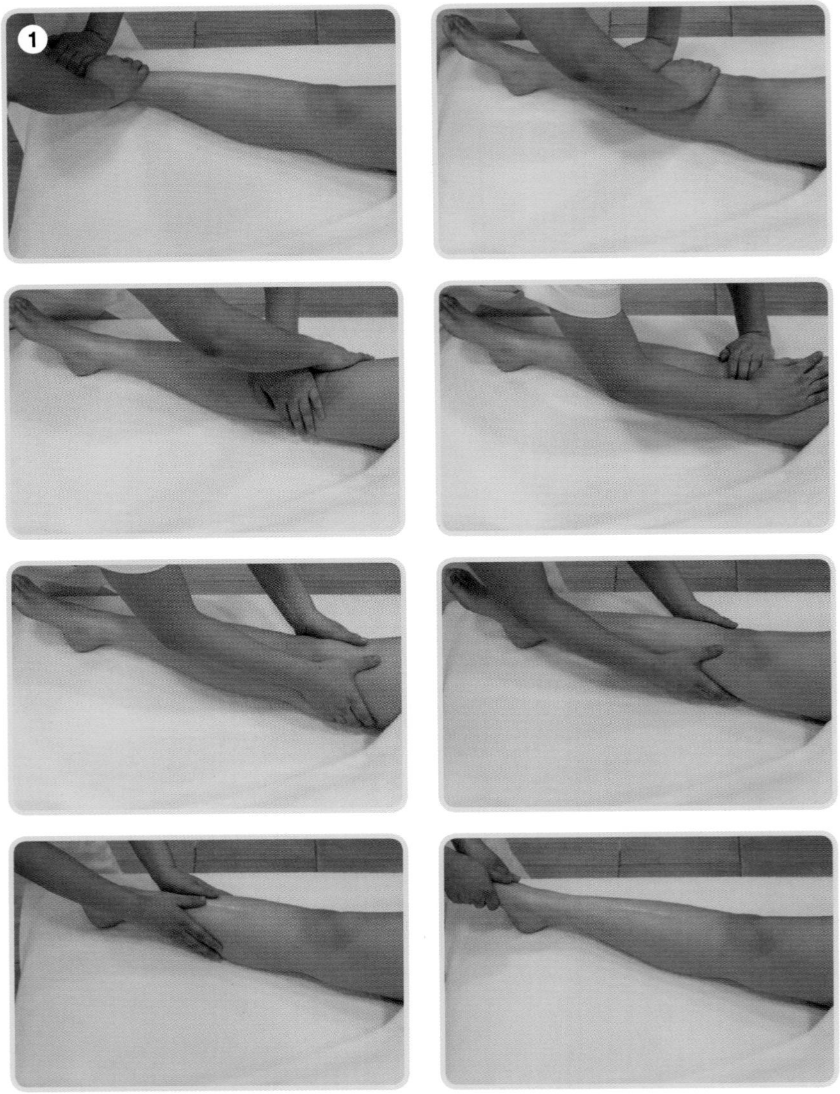

❶ 발등에서 무릎까지 하퇴부를 쓰다듬는다.

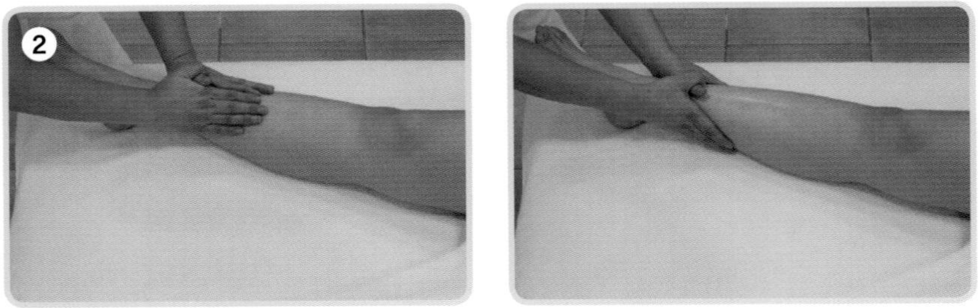

❷ 양손 엄지를 끼우고 양손의 네 손가락을 수영방향으로 펼쳐가며 발등에서부터 무릎까지 올라갔다가 양측면을 감싸며 발끝까지 내려온다.

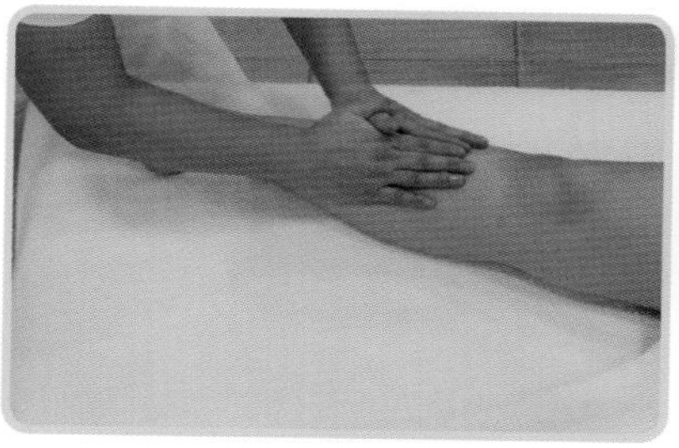
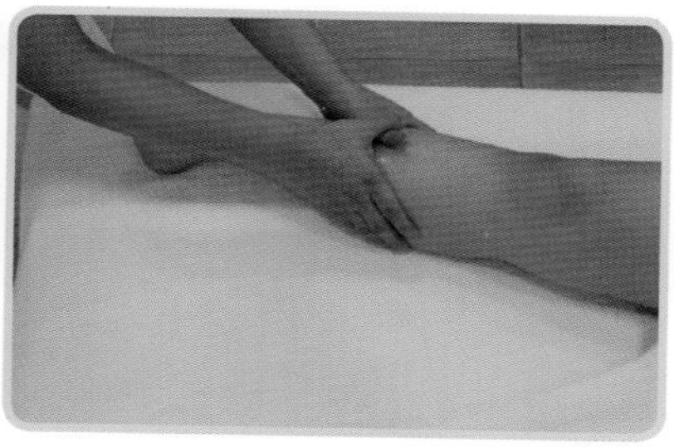
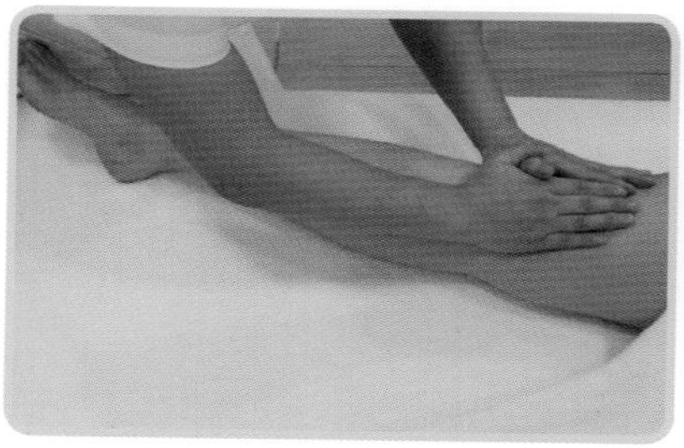
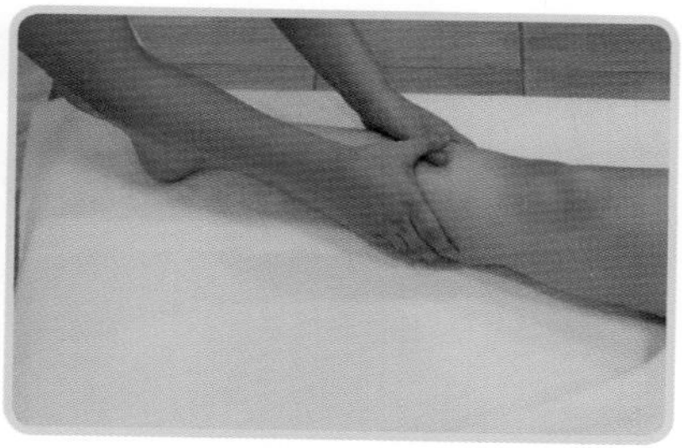
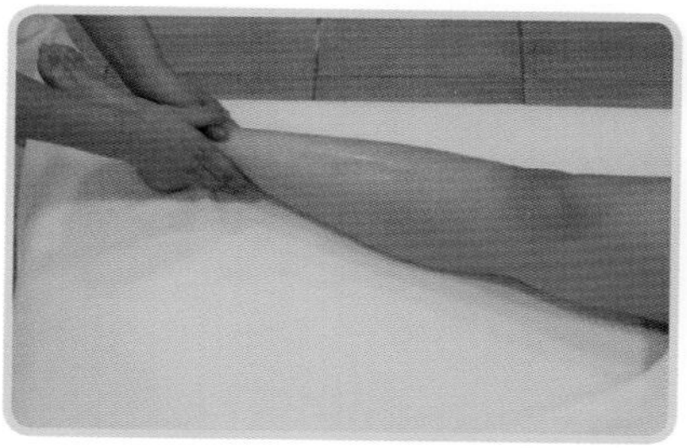
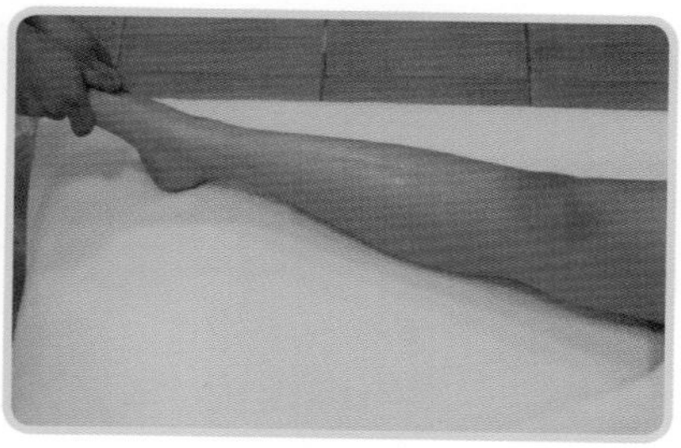
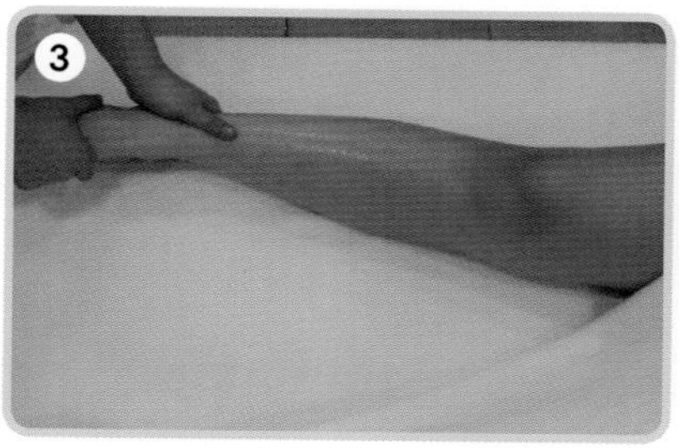

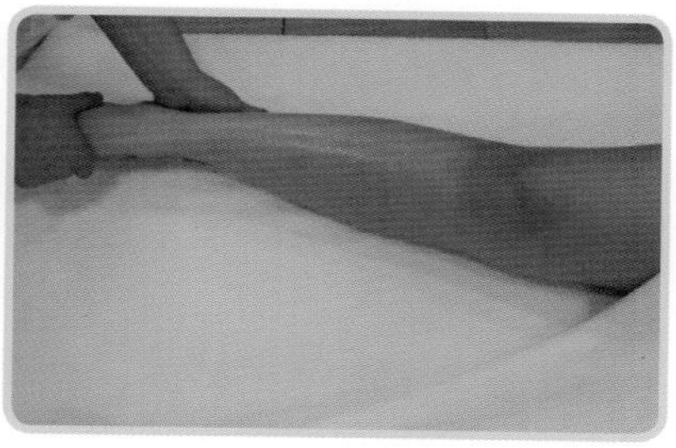

③ 오른손은 발등을 지탱하고 왼손은 엄지를 사용하여 하퇴부 외측을 써클링하며 무릎까지 올라갔다가 외측을 감싸 쓰다듬으며 내려온다.

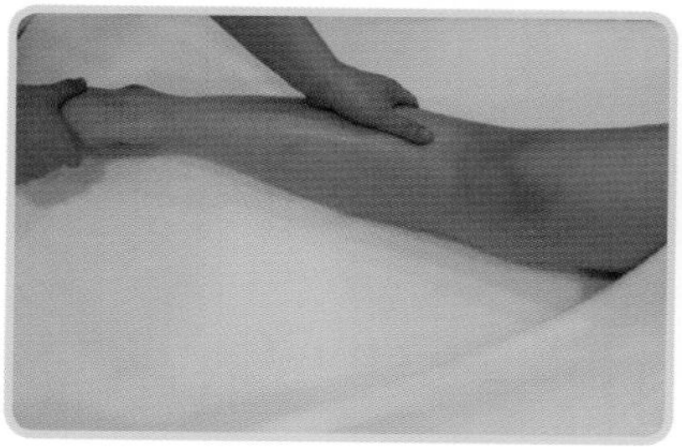
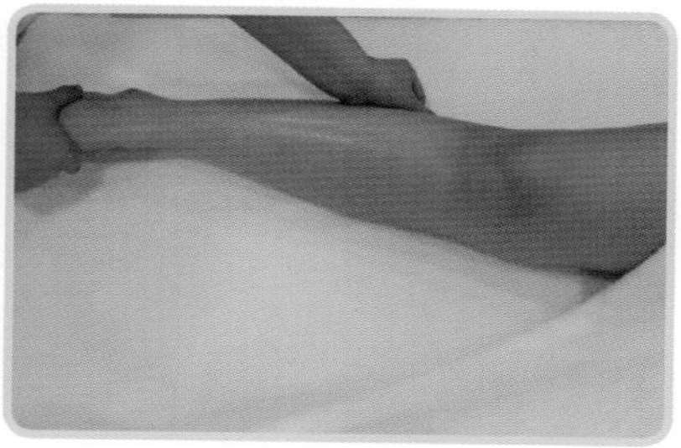

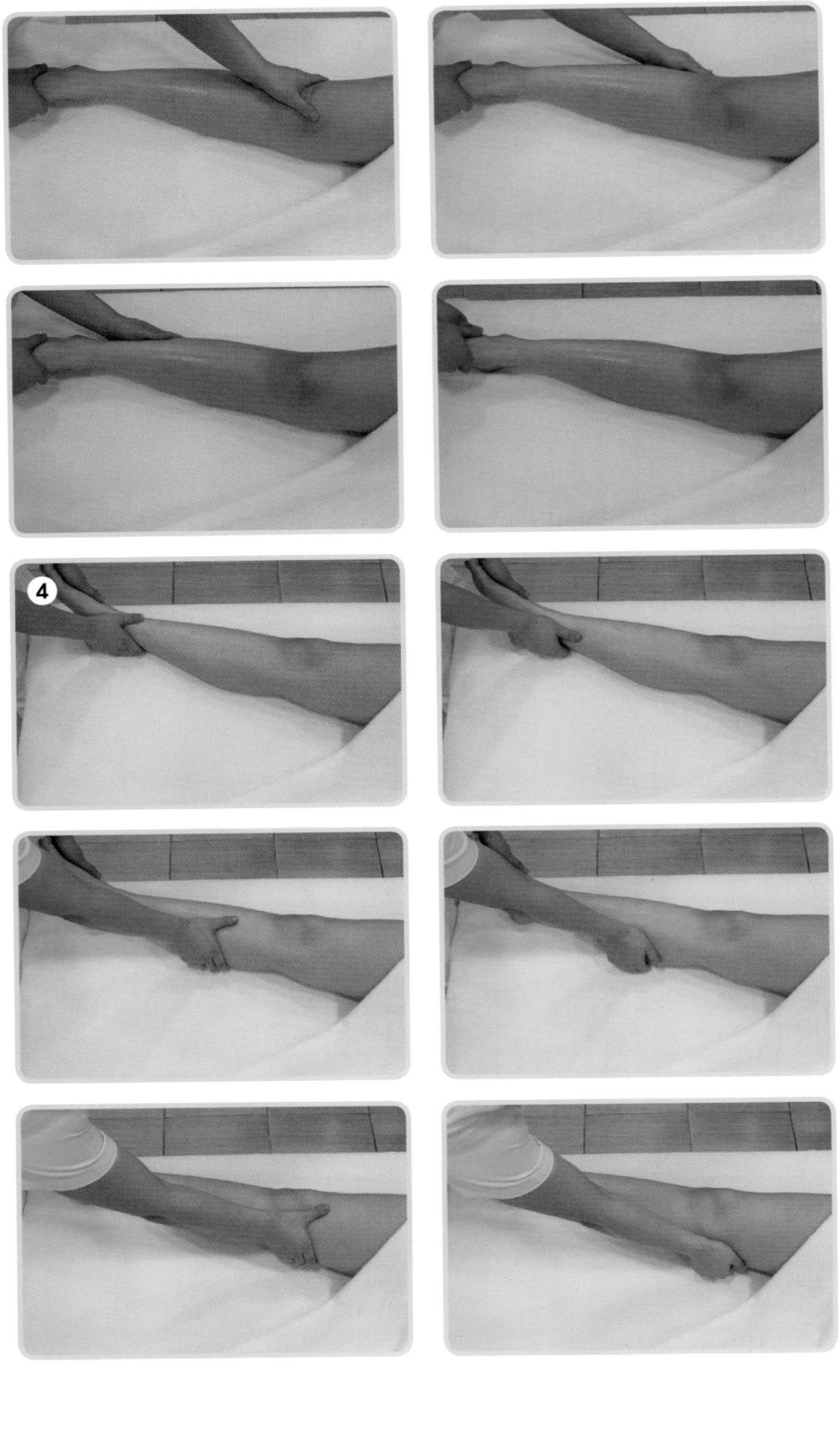

④ 왼손은 발바닥을 지탱하고 오른손은 엄지를 사용하여 하퇴부 내측을 써클링하며 무릎까지 올라갔다가 내측을 감싸 쓰다듬으며 내려온다.

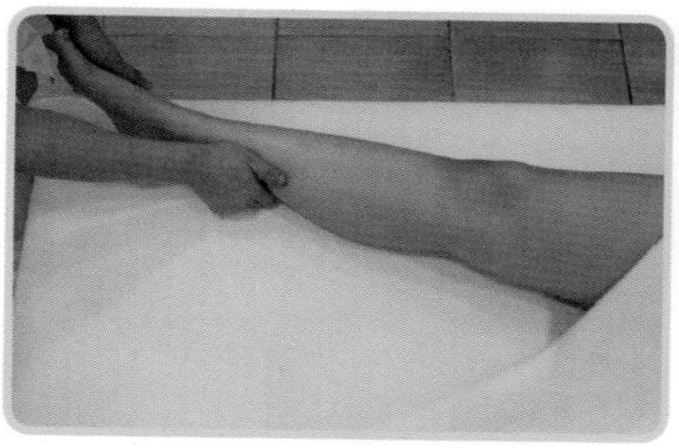
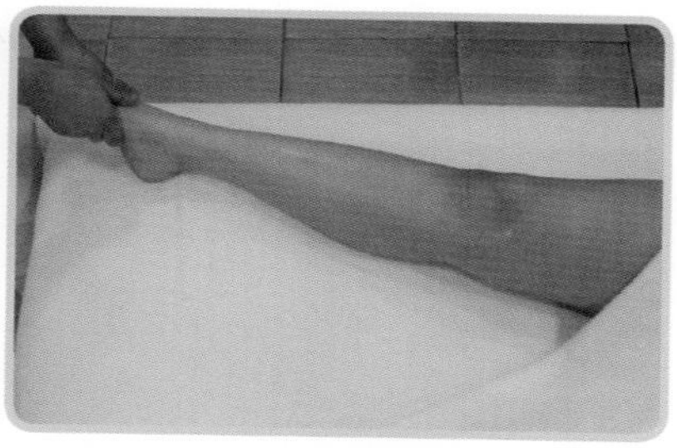
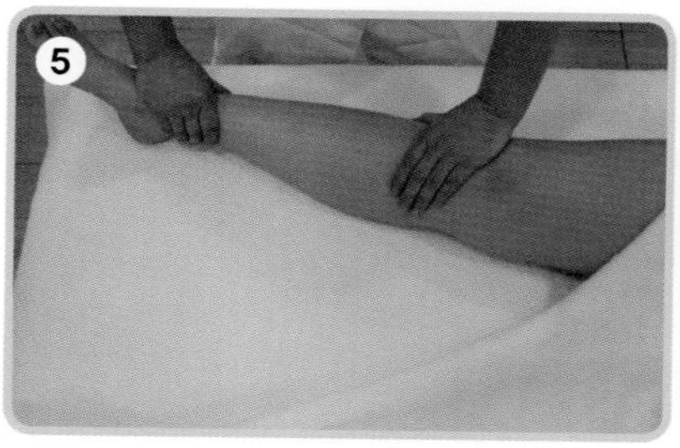

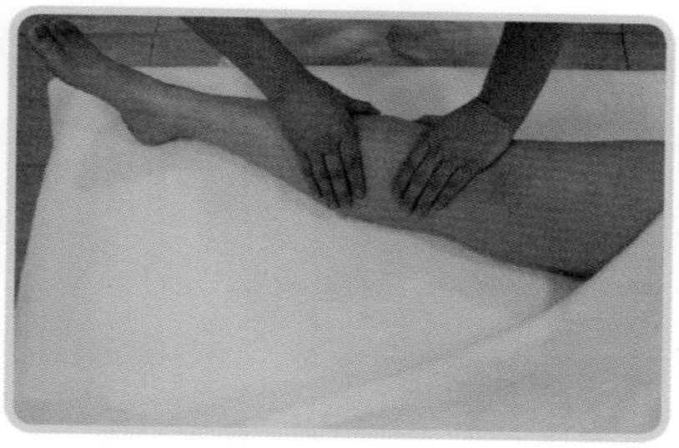

⑤ 하퇴부를 세로 반죽하기 한다. 손바닥을 밀착하여 세로 방향으로 밀어주며 밀었던 손이 피부에서 떨어지기 전에 다른 손이 교대로 세로 방향으로 밀어준다.

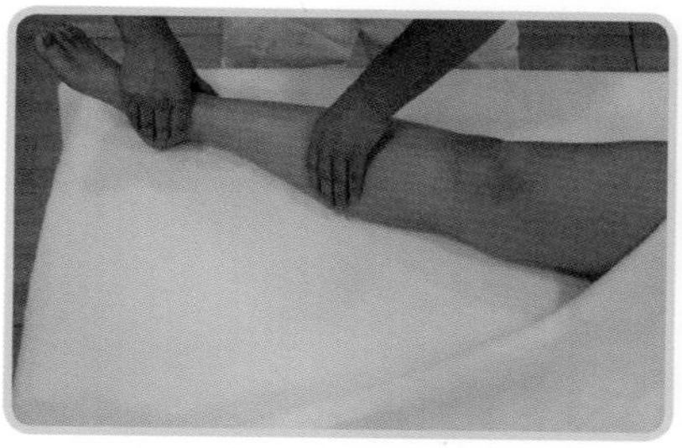
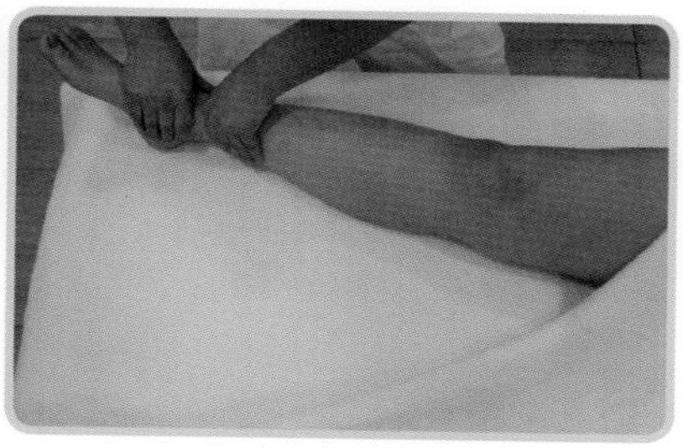
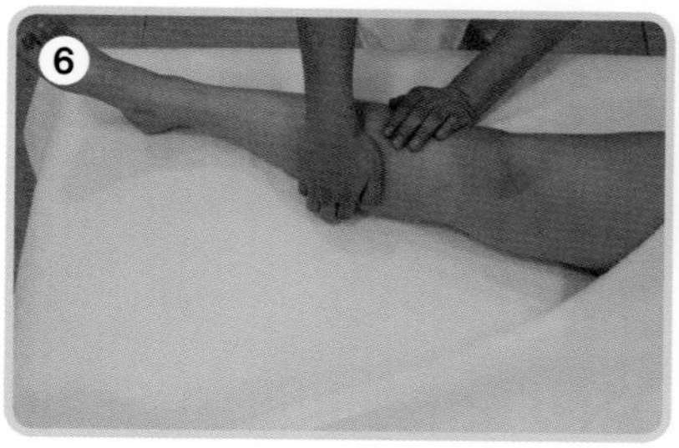

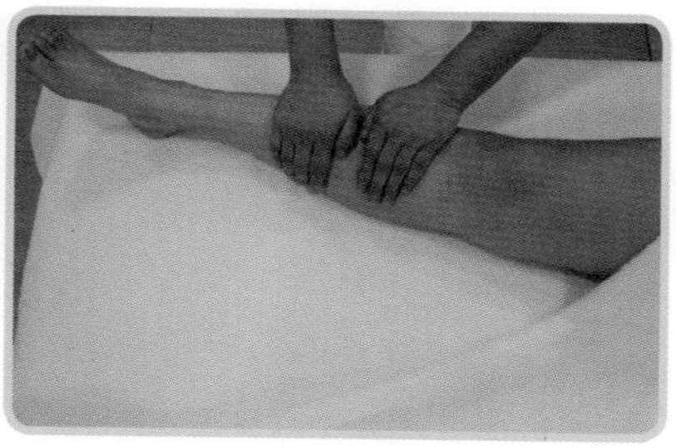

⑥ 하퇴부를 가로 반죽하기 한다. 손바닥을 밀착하여 발목에서부터 무릎까지 양손 교대로 가로로 반죽하며 올라갔다가 같은 동작으로 다시 내려온다.

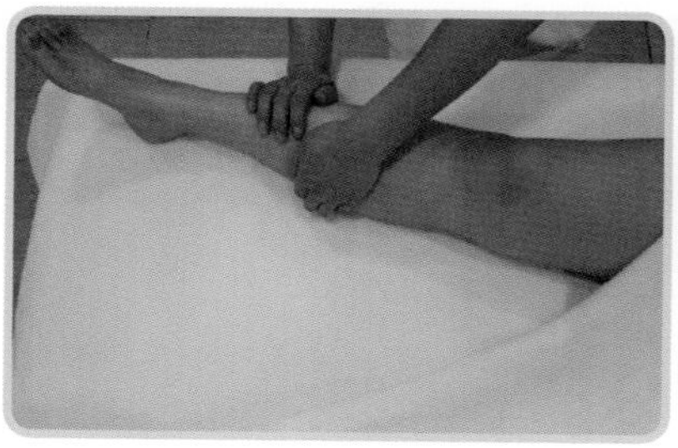
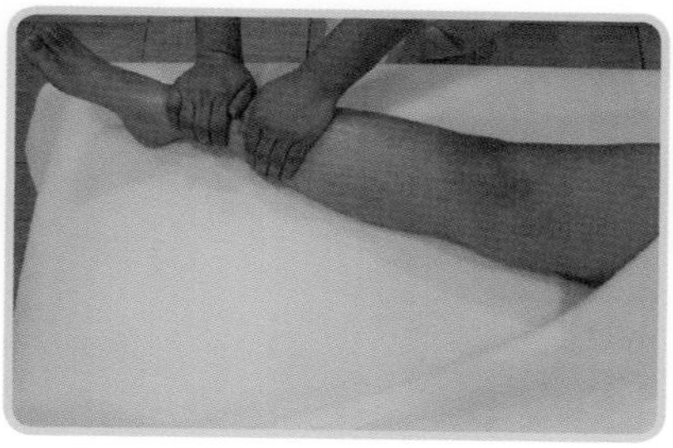

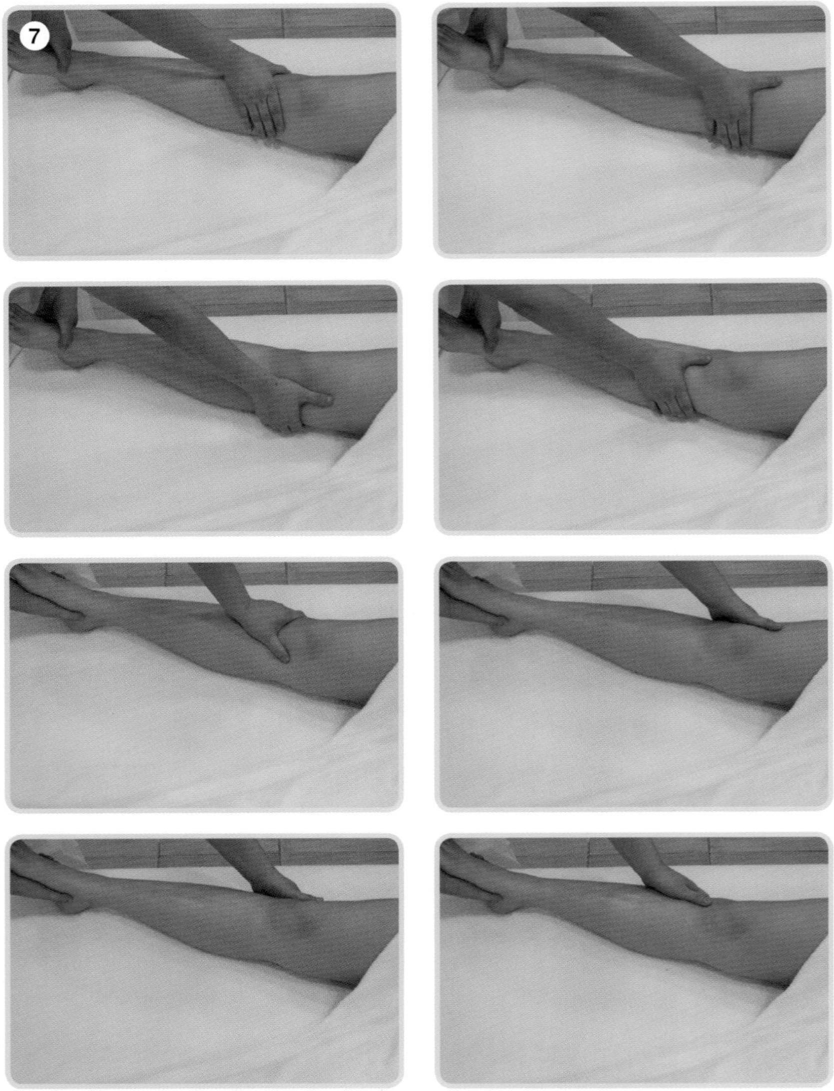

⑦ 무릎을 원을 그리듯 양손의 엄지를 사용하여 교대로 굴려준다.

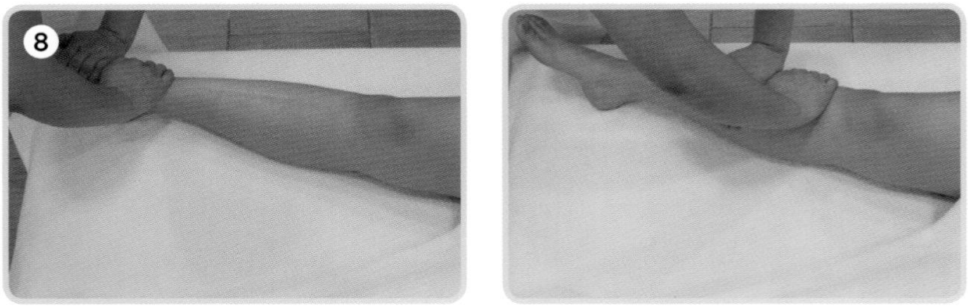

⑧ 발등에서 무릎까지 하퇴부를 쓰다듬는다.

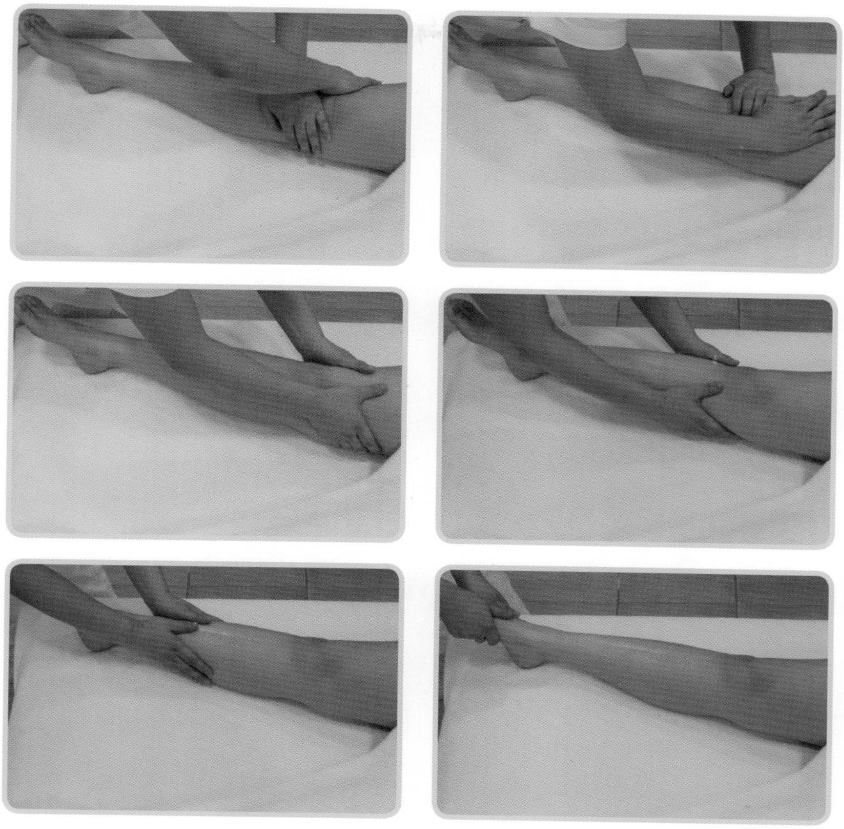

④ 매뉴얼테크닉(대퇴부)

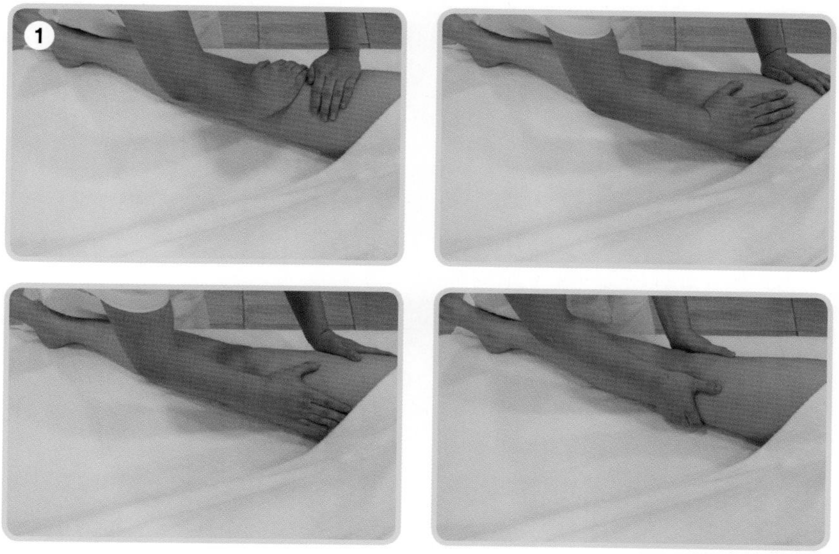

❶ 대퇴부를 감싸며 쓰다듬기 한다.

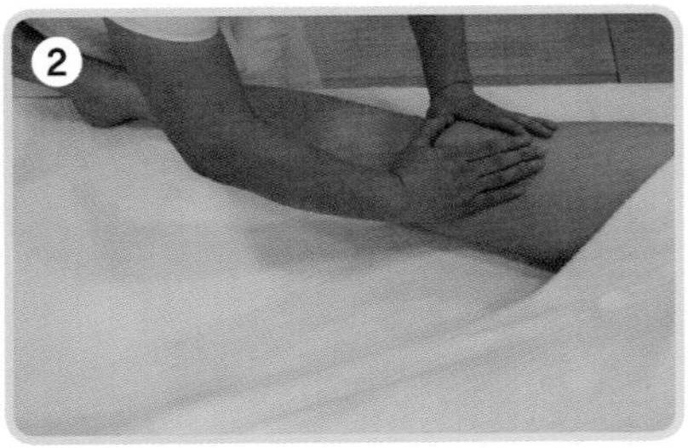

❷ 양손의 네 손가락을 수영방향으로 펼쳐가며 대퇴부를 쓰다듬는다.

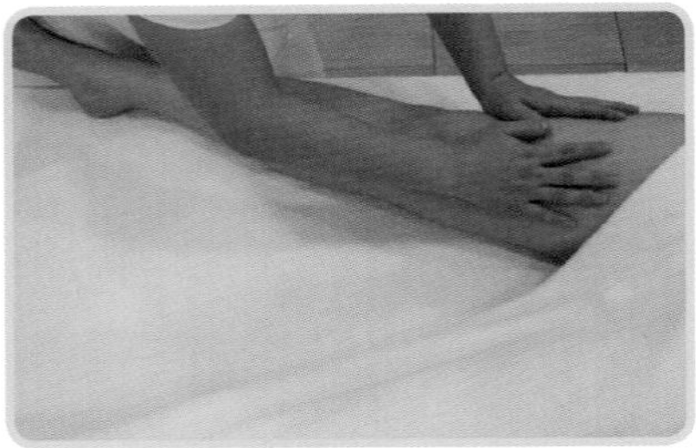

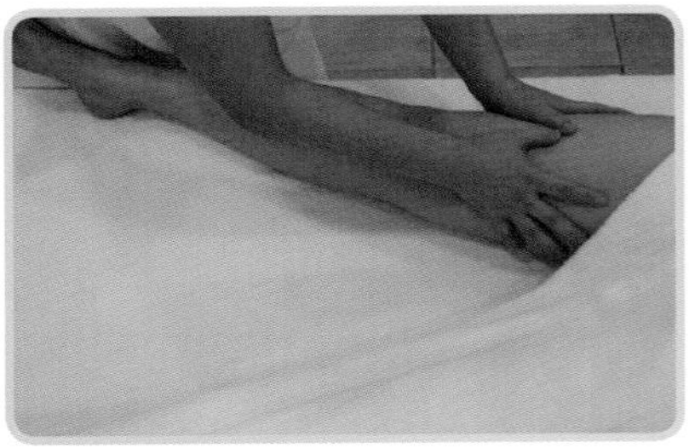

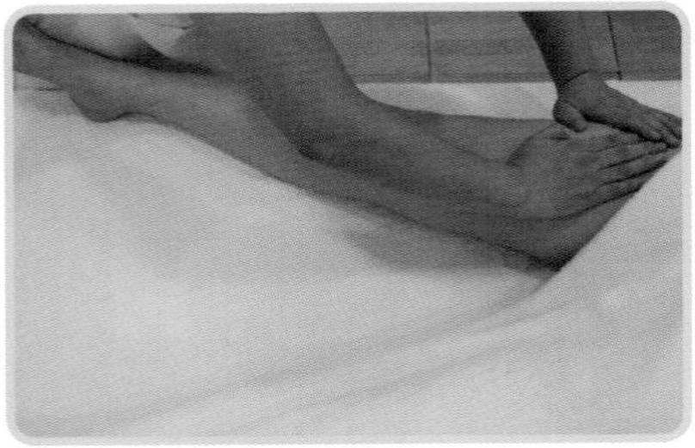

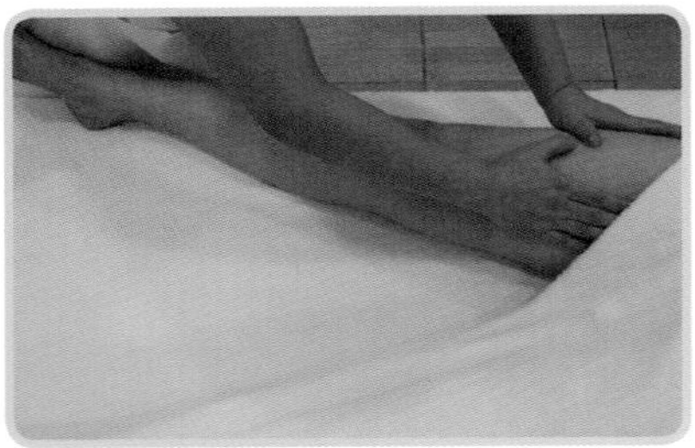

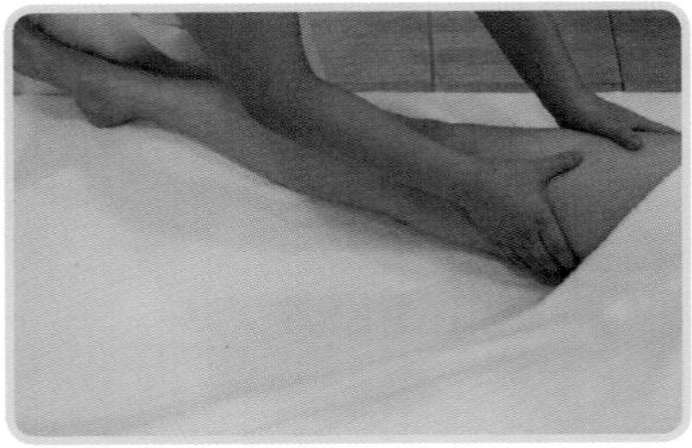

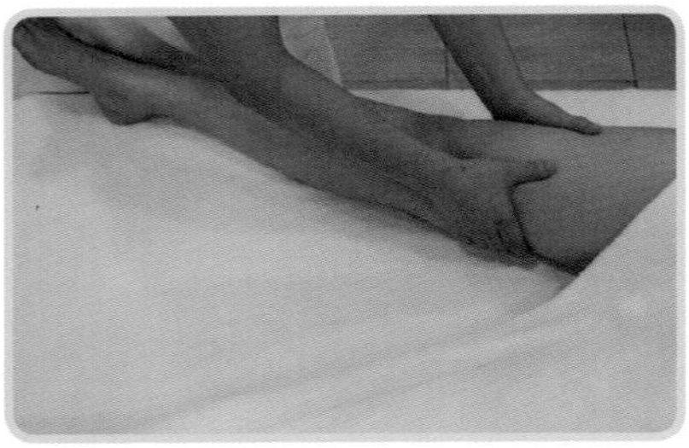

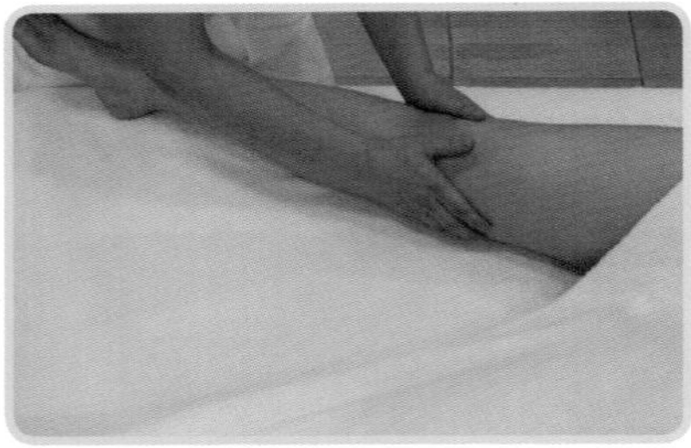

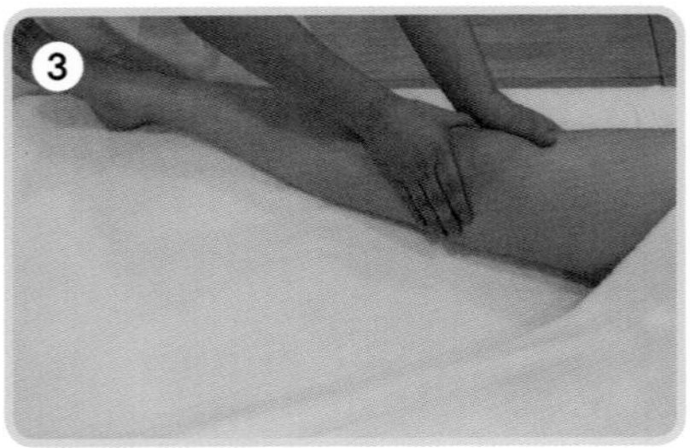

❸ 대퇴부 외측을 왼손의 엄지를 사용하여 써클링한다.

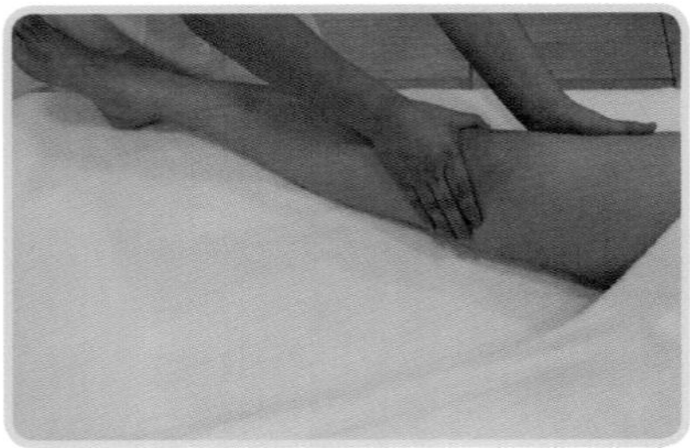

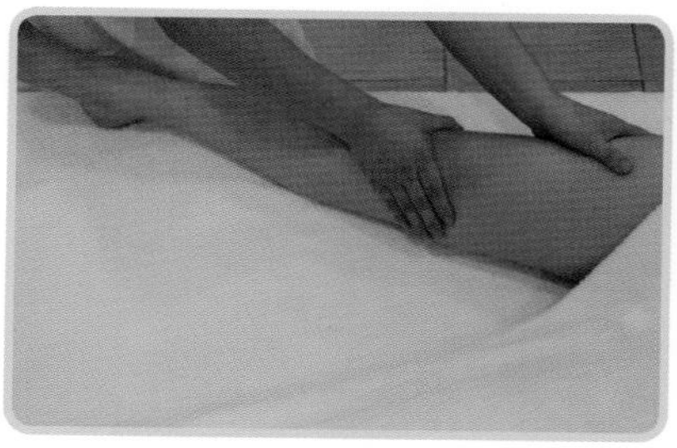
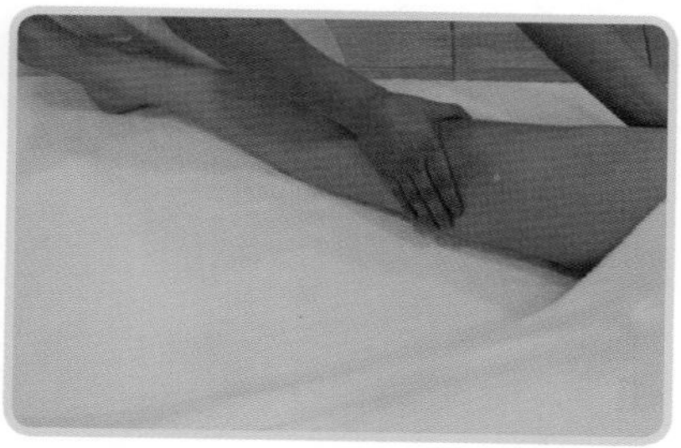

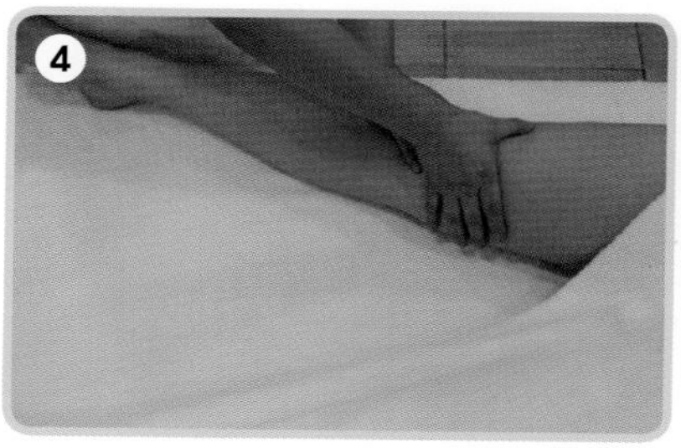
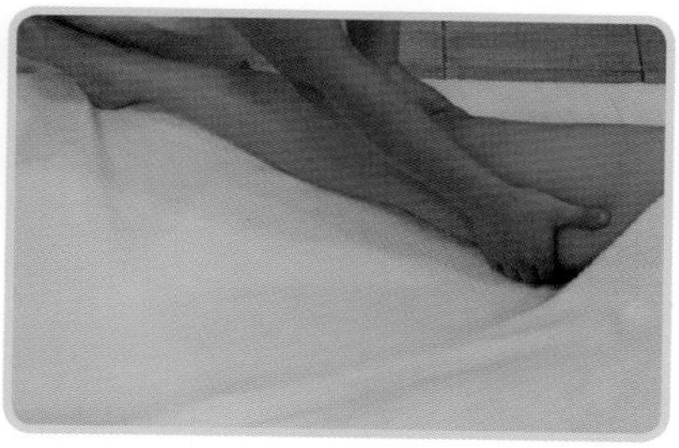

④ 대퇴부 내측을 오른손의 엄지를 사용하여 써클링한다.

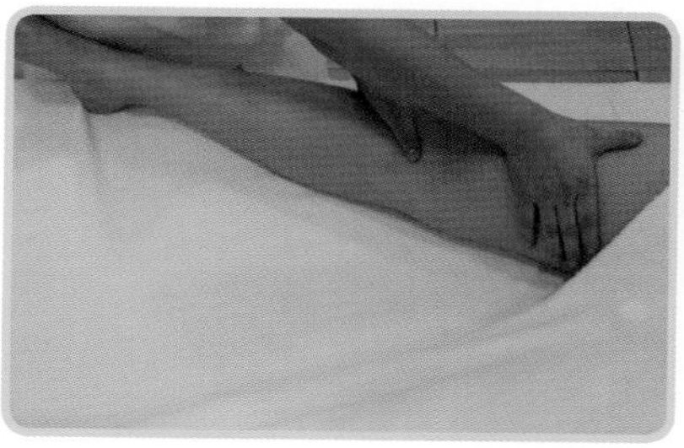
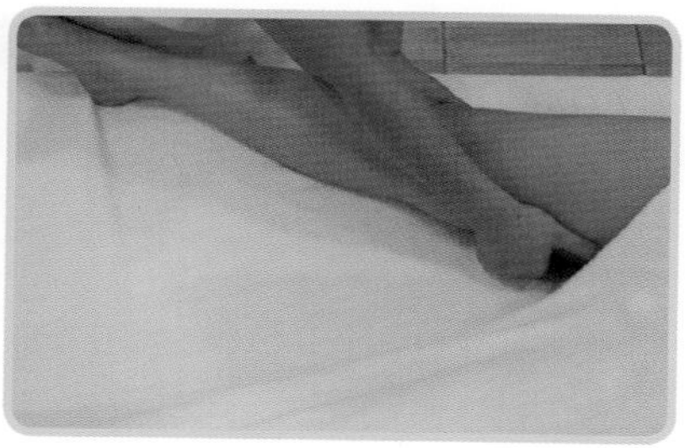

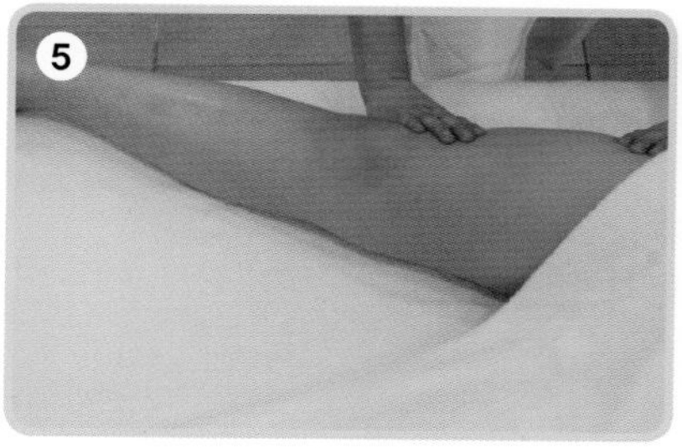
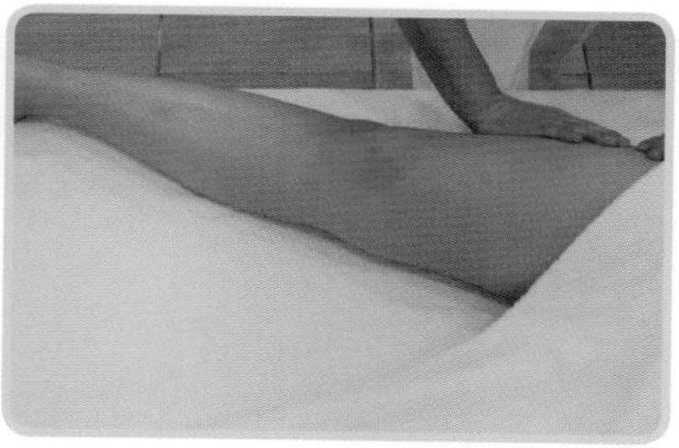

⑤ 대퇴부를 세로 반죽하기 한다. 손바닥을 밀착하여 세로 방향으로 양손을 번갈아 사용하여 교대로 반죽한다. 이때 동작을 대퇴부 외측, 중앙, 내측으로 부위를 나누어 반죽한다.

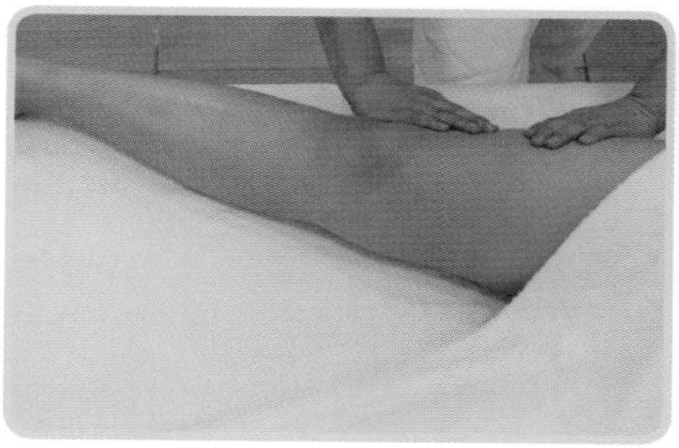
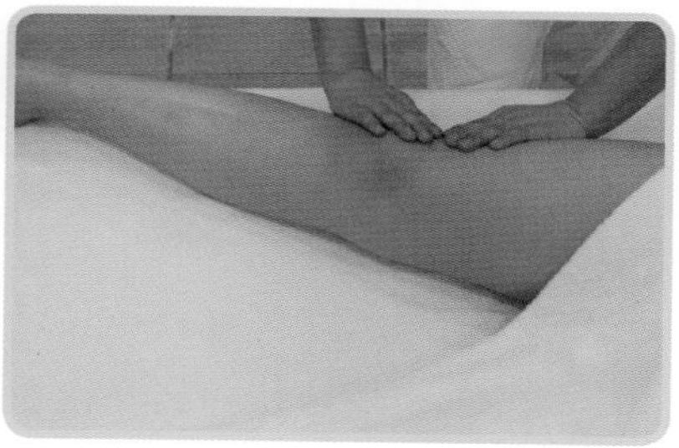

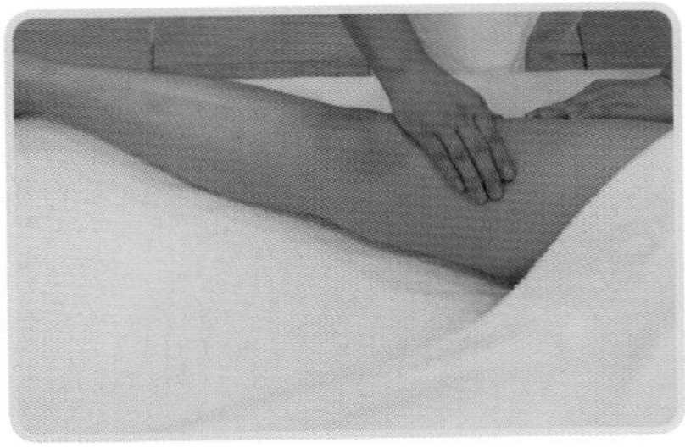
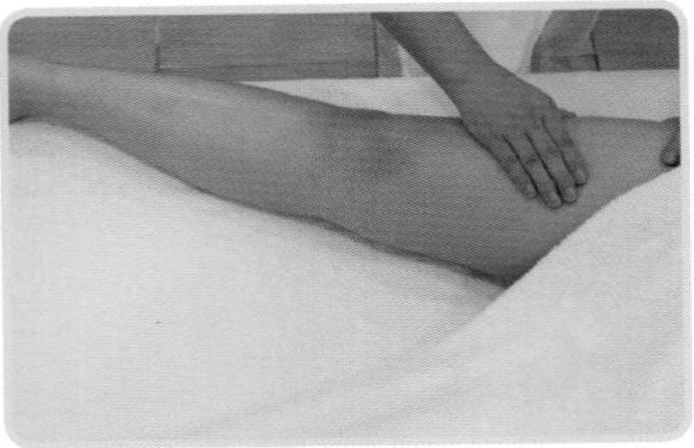
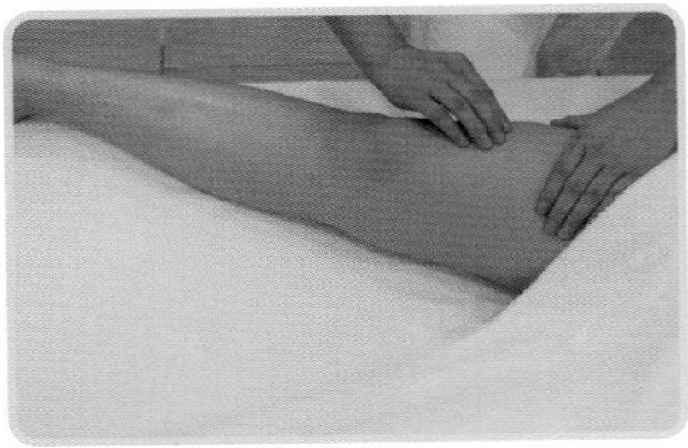
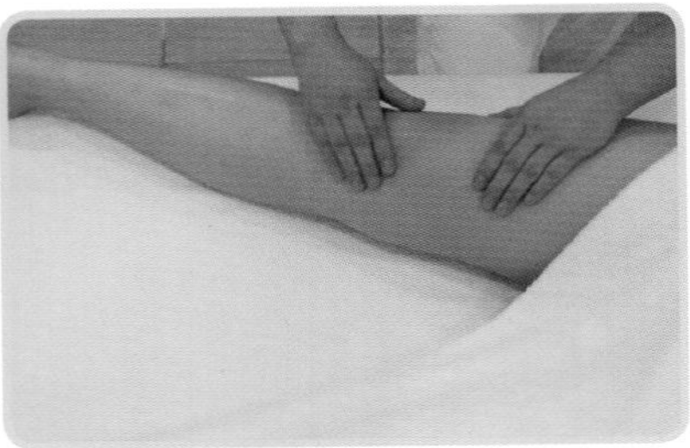
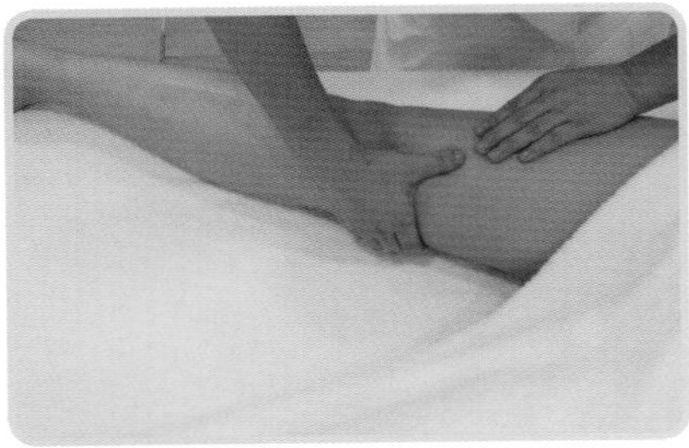
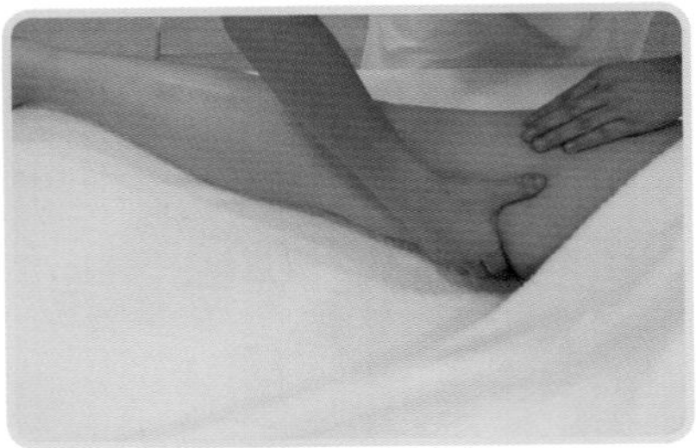
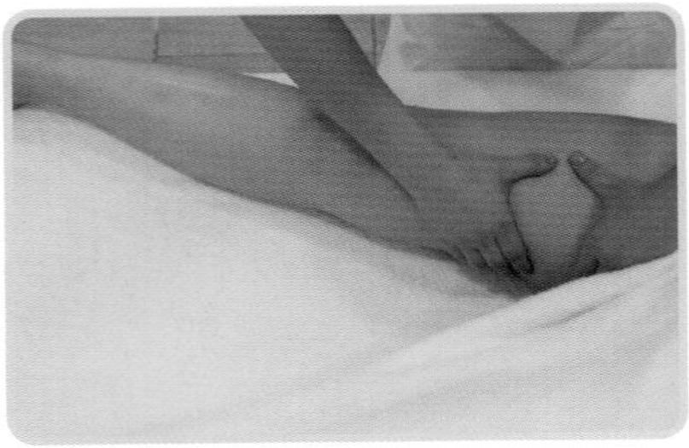
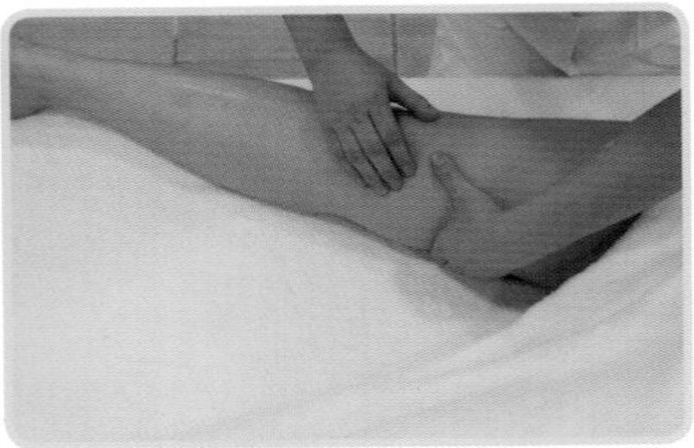
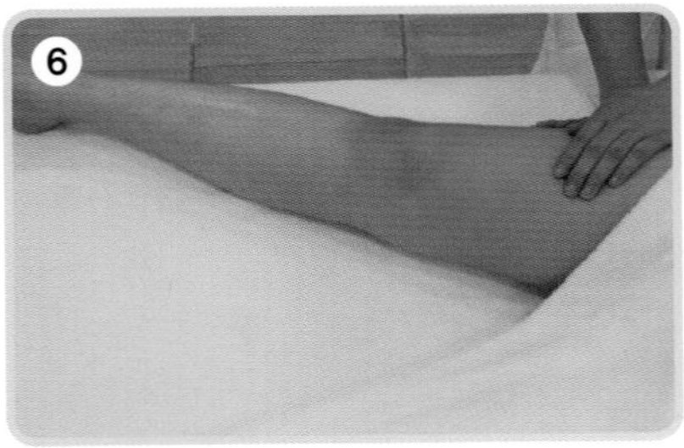

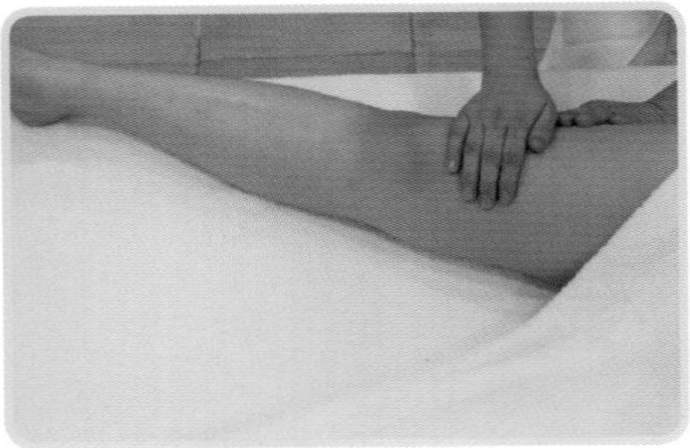

⑥ 대퇴부를 가로 반죽하기 한다. 손바닥을 밀착하여 가로 방향으로 양손을 번갈아 사용하여 교대로 반죽하고 대퇴부 외측, 중앙, 내측으로 부위를 나누어 시행한다.

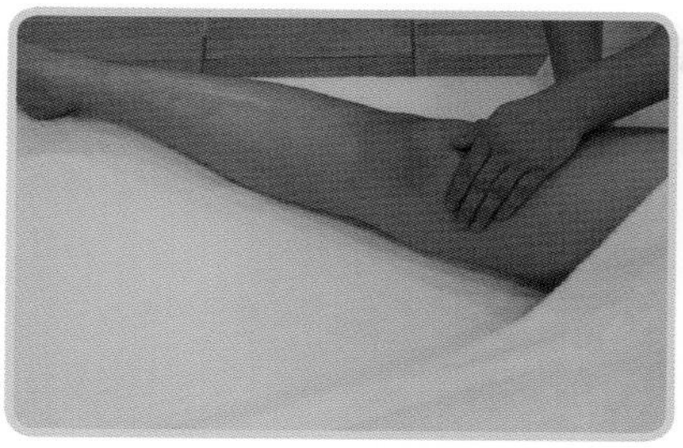
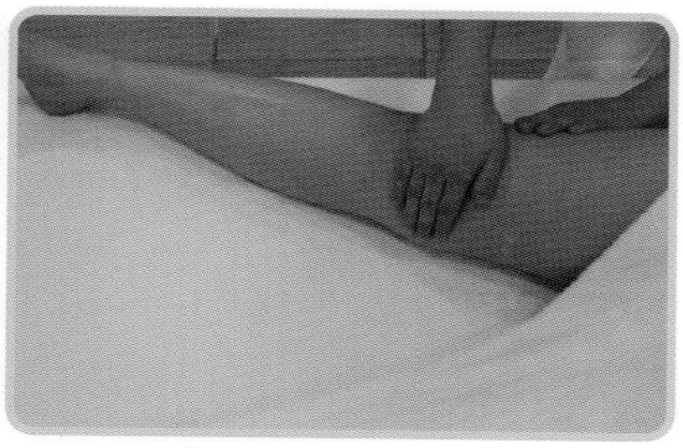
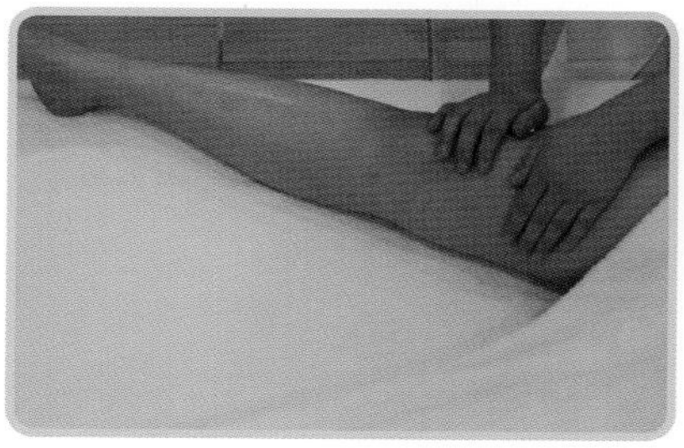
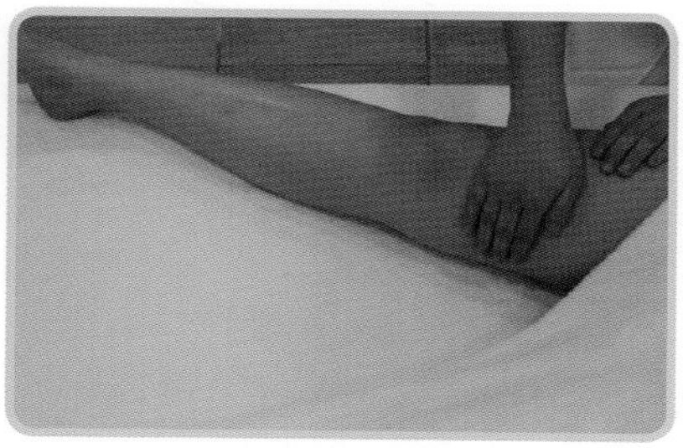
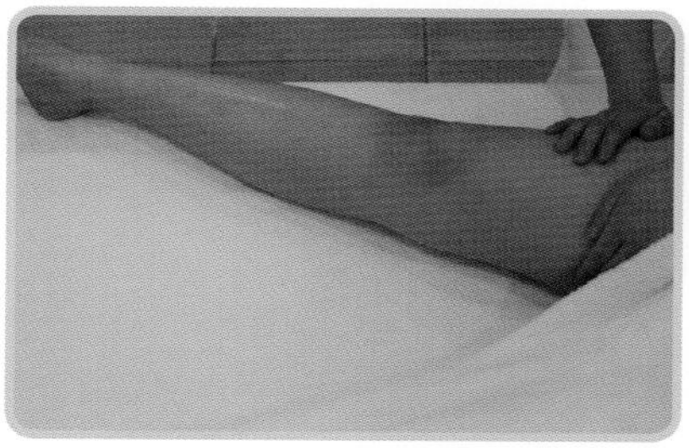
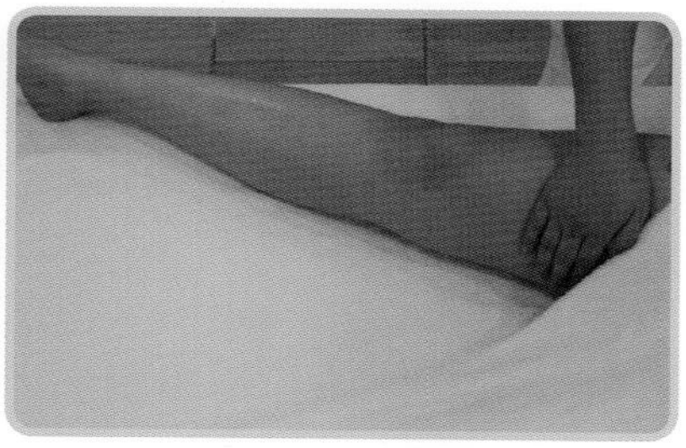
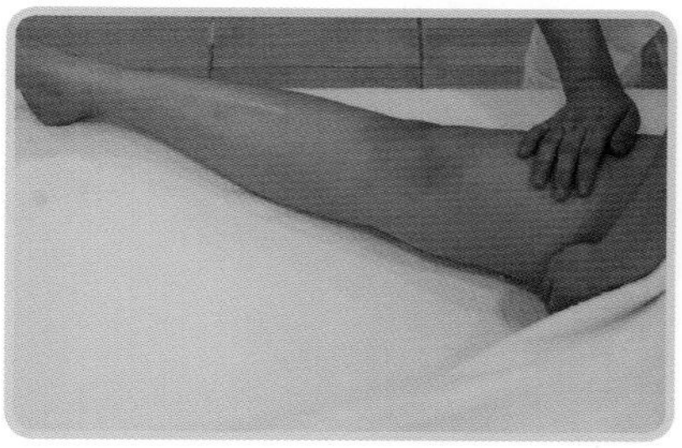
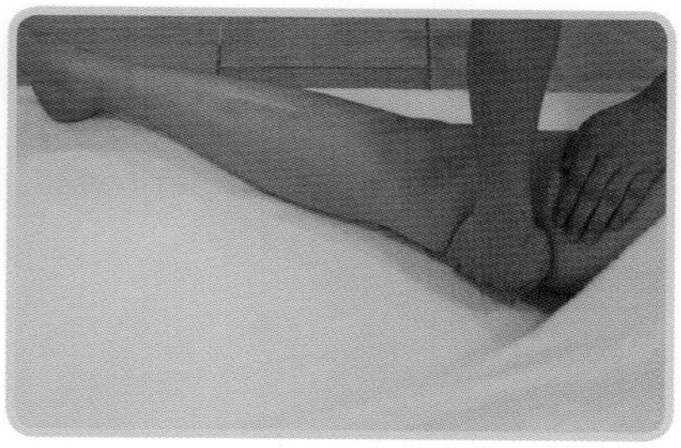
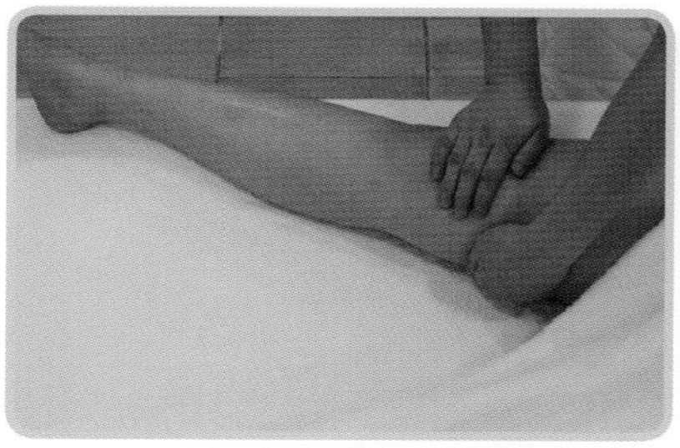
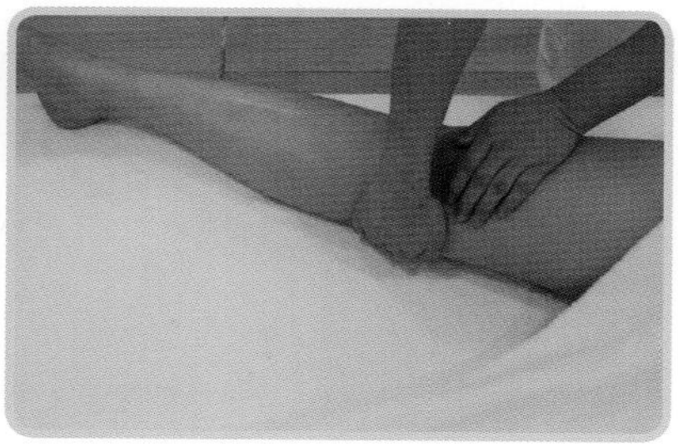

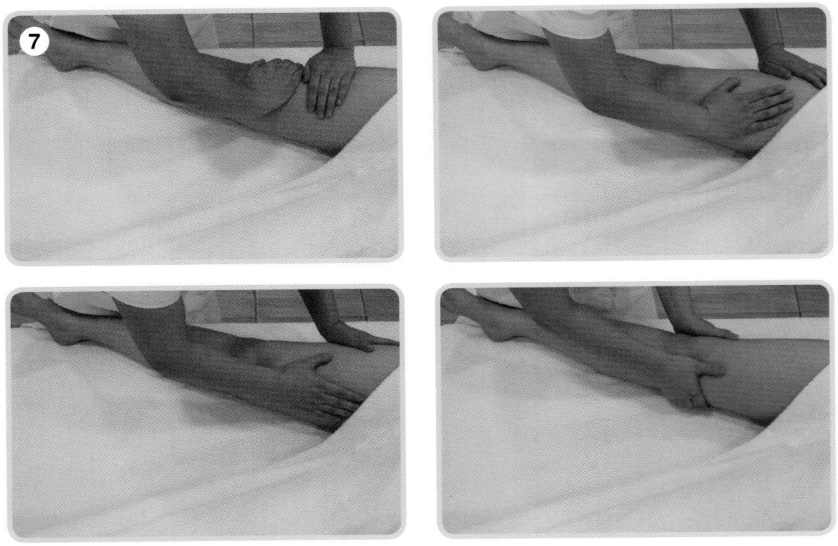

⑦ 대퇴부를 감싸며 쓰다듬기한다.

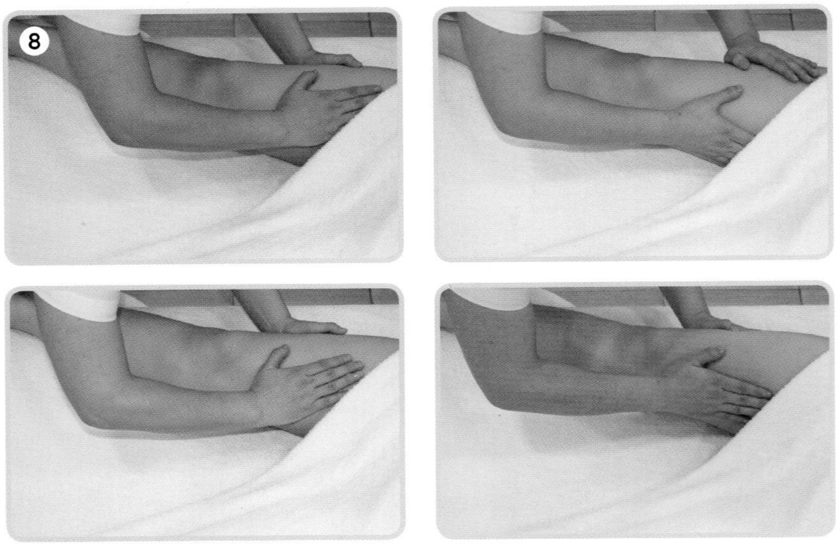

⑧ 대퇴부를 쓰다듬고 내려올 때 진동(바이브레이션)한다.

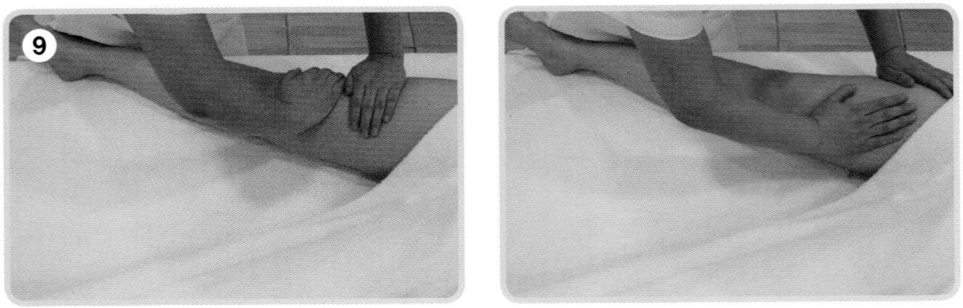

⑨ 대퇴부를 감싸며 쓰다듬기한다.

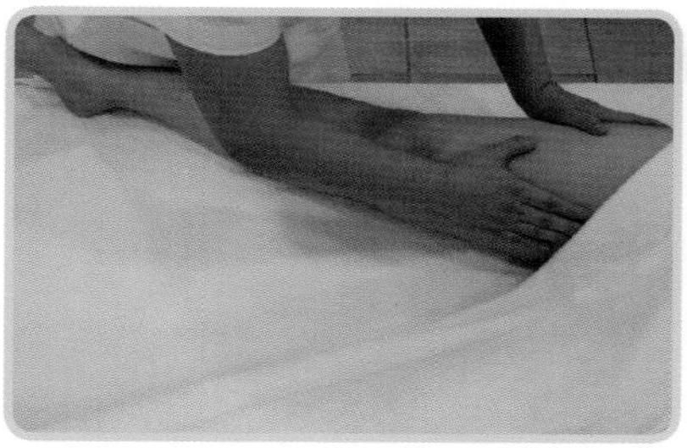
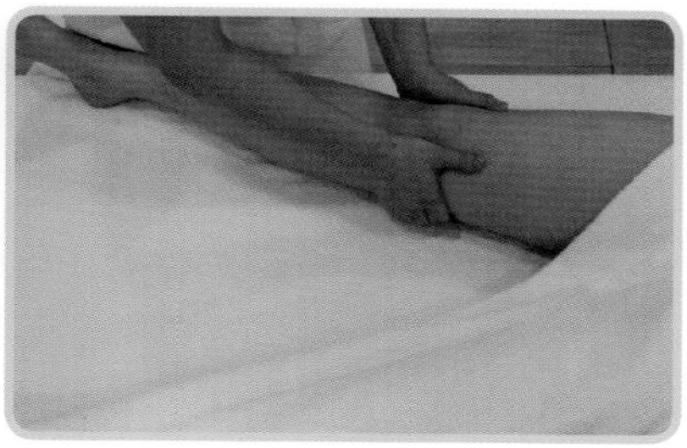

⑤ 매뉴얼테크닉(대퇴부–내측 / 개구리 다리모양 자세)

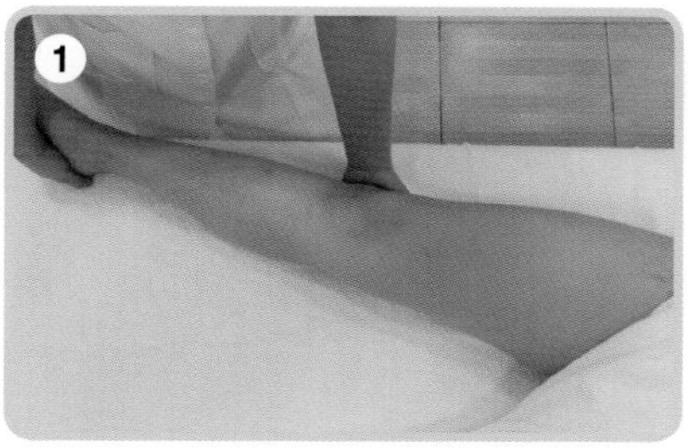
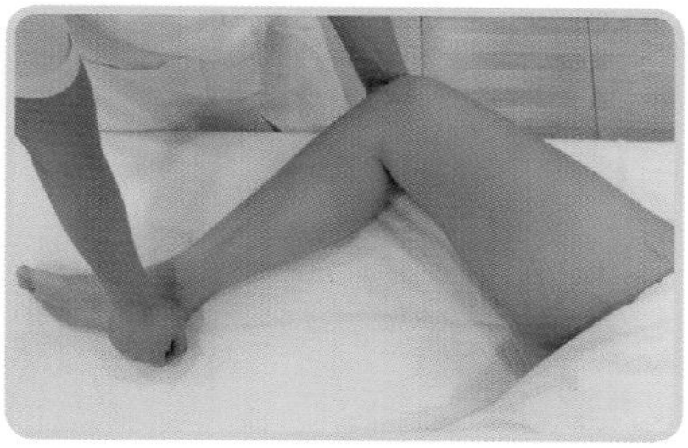

❶ 한 손은 발목을 잡고 다른 한 손은 무릎 뒤를 받친 뒤 개구리 다리 모양으로 옆으로 해준다. 이후 허벅지 안쪽을 쓰다듬는다.

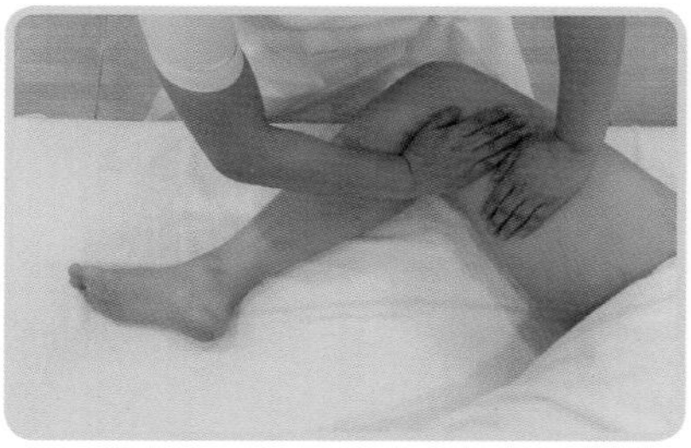
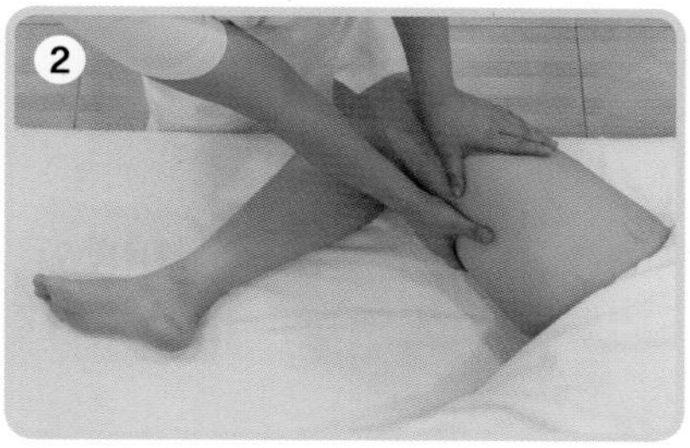

❷ 대퇴부 내측을 양손의 엄지를 사용하여 번갈아 문지른다.

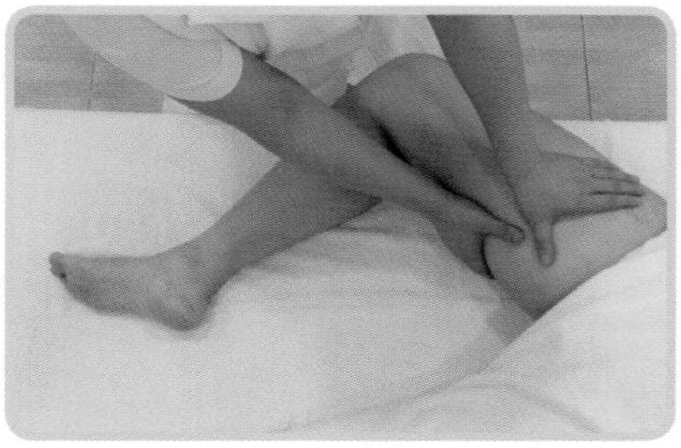
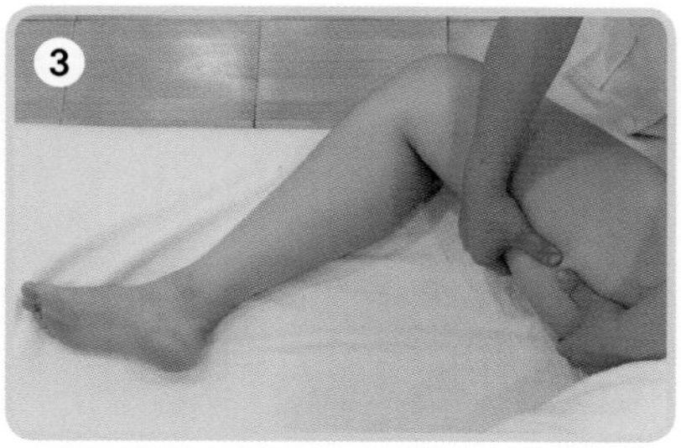

❸ 대퇴부 내측을 세로 반죽하기 한다. 손바닥을 밀착하여 세로 방향으로 양손 번갈아 교대로 반죽한다.

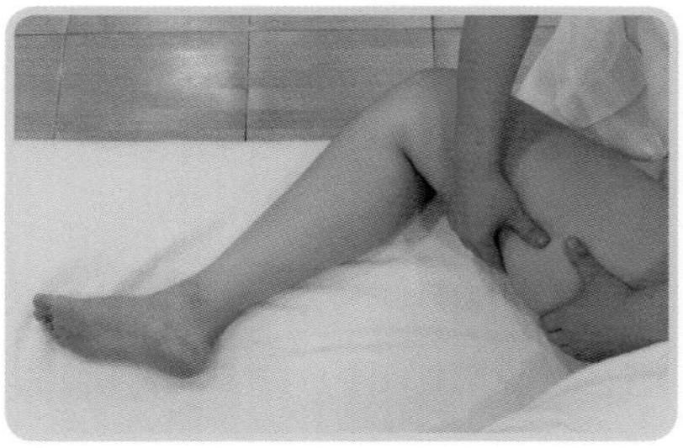
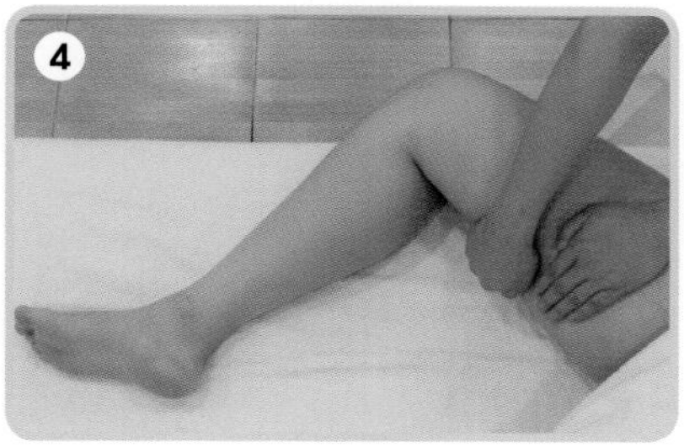

❹ 대퇴부 내측을 가로 반죽하기 한다. 손바닥을 밀착하여 가로 방향으로 양손을 번갈아가며 교대로 반죽한다.

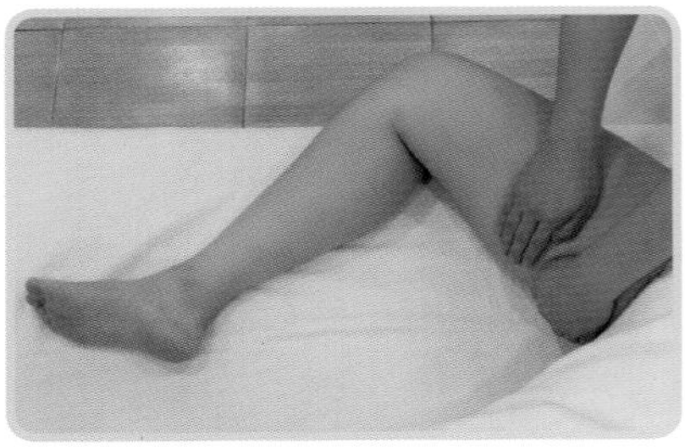

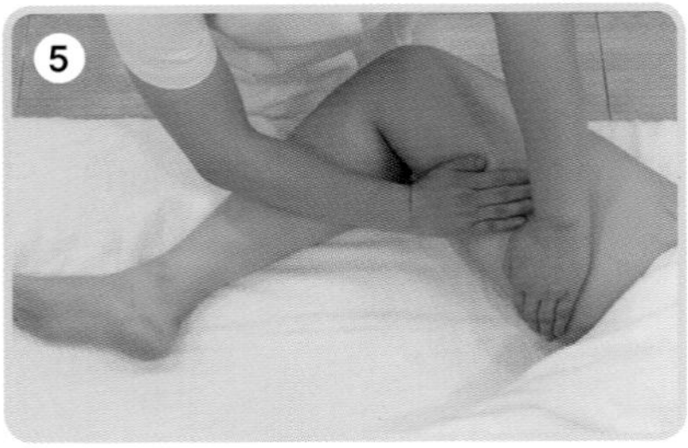

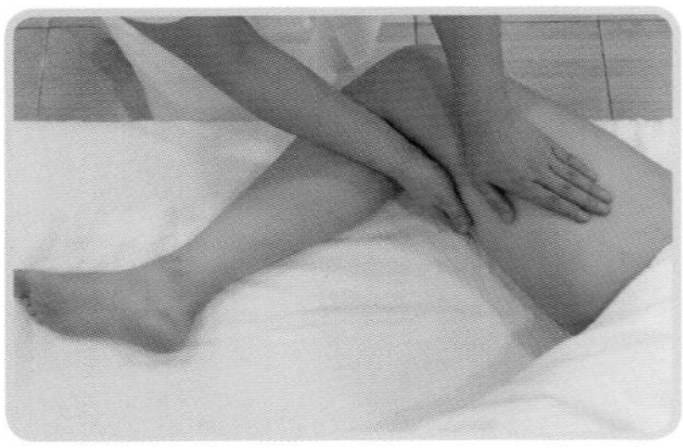

⑤ 대퇴부 내측을 쓰다듬은 뒤 다리를 펴준다.

⑥ 비복근 – 다리 세우기

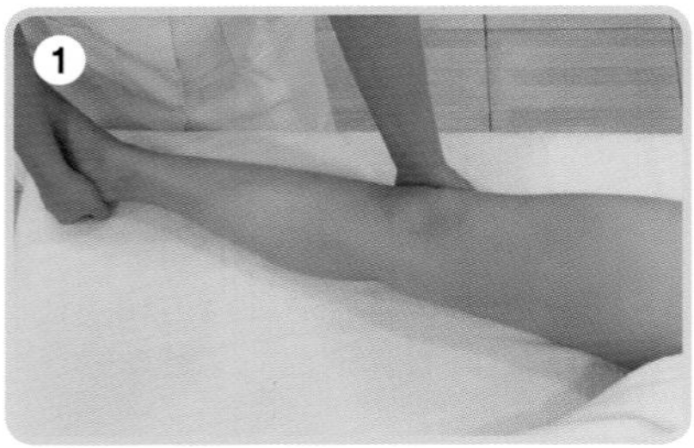

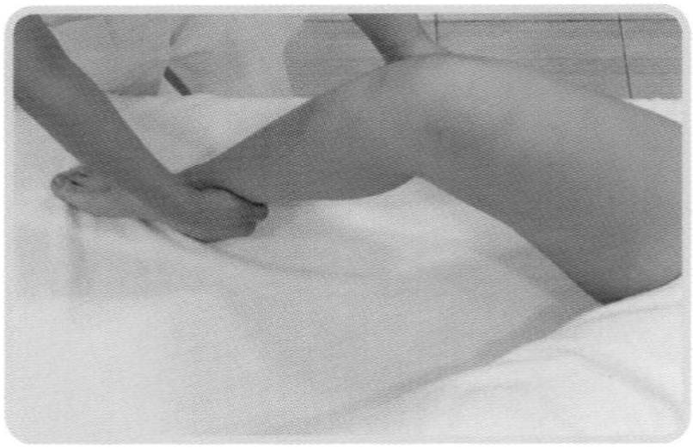

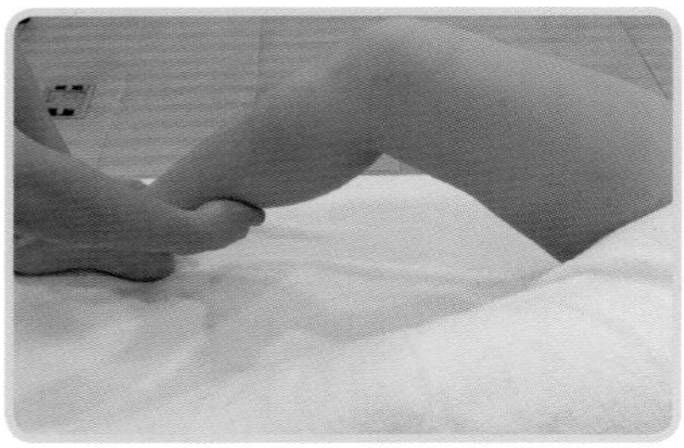

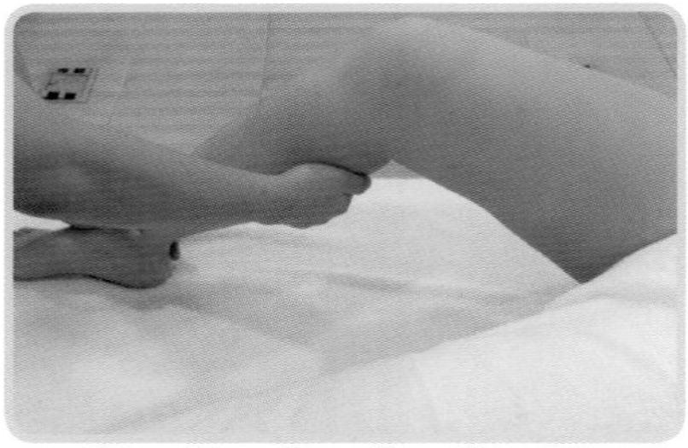

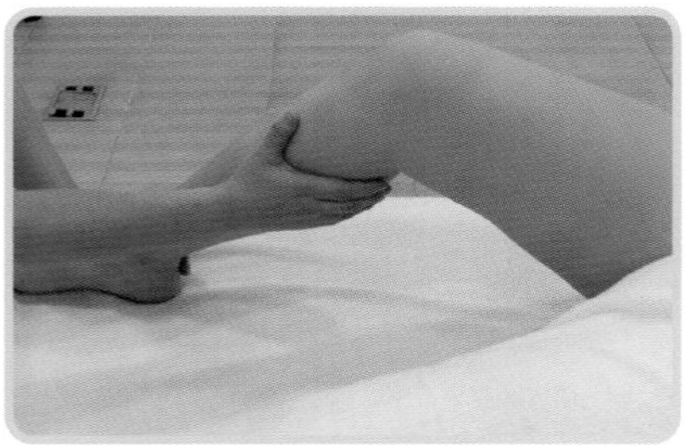

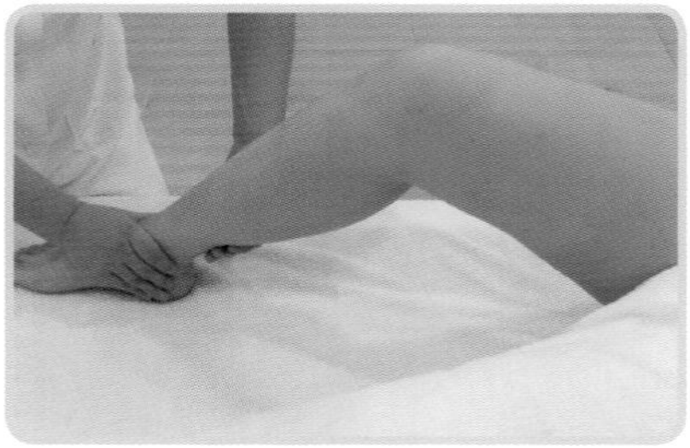

❶ 한 손은 발목을 잡고 다른 한 손은 무릎 뒤를 받친 뒤 무릎을 세우고 양손을 번갈아가며 비복근을 쓰다듬는다.

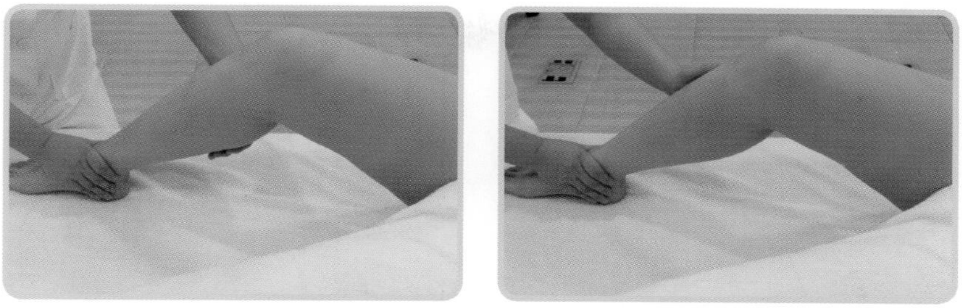

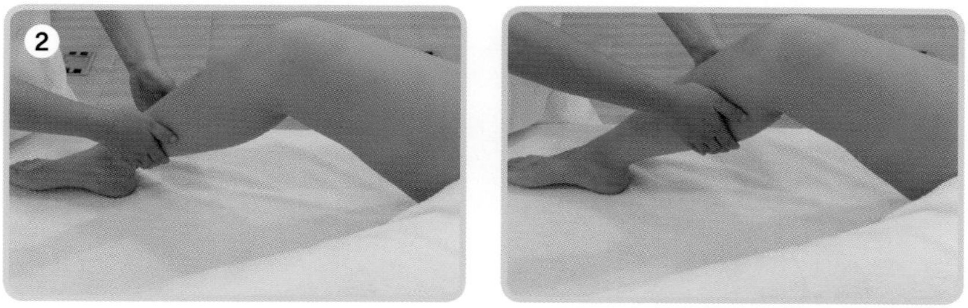

❷ 양손의 네 손가락으로 비복근 부위를 나누어 쓸어올린다.

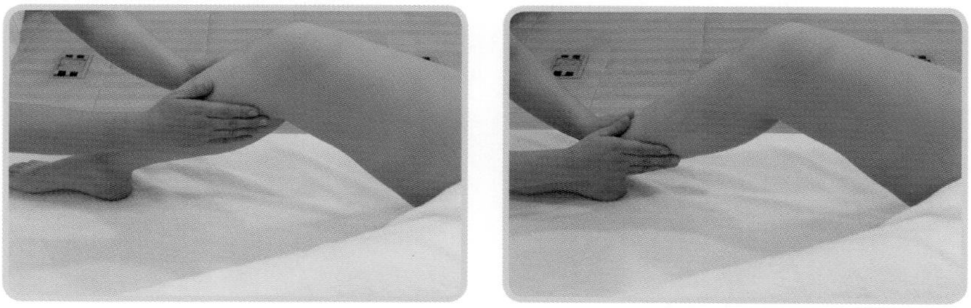

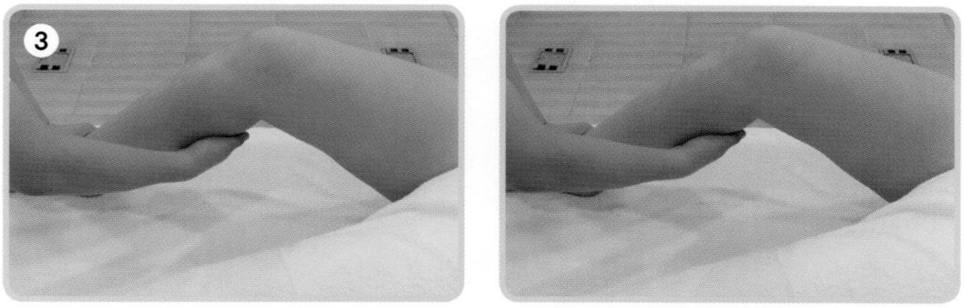

❸ 한손은 무릎을 잡고 다른 한손으로 비복근을 진동(바이브레이션)한다.

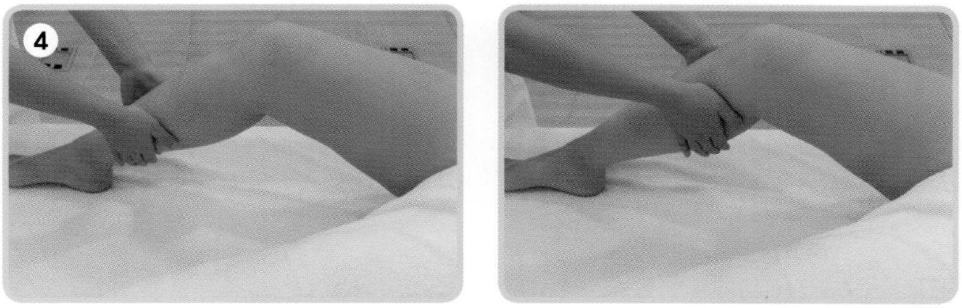

❹ 양손을 동시에 사용하여 비복근을 쓰다듬은 뒤 다리를 펴준다.

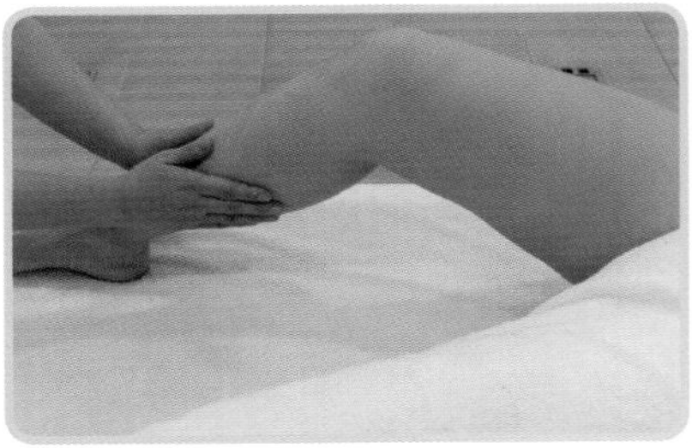
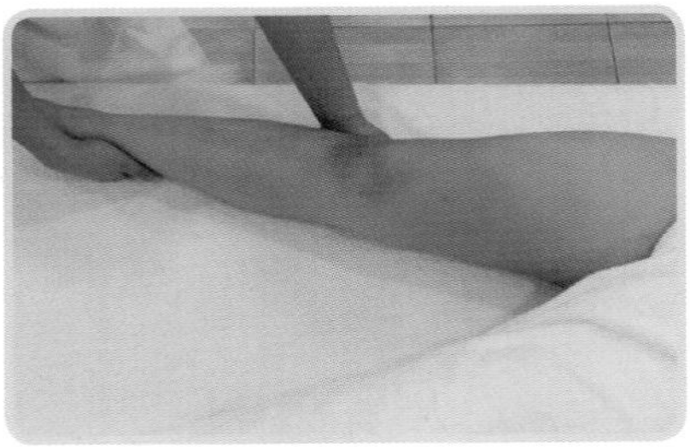

⑦ 전체 쓰다듬기

발등에서부터 무릎을 거쳐 대퇴부로 올라갔다가 양쪽 측면을 감싸며 발끝까지 쓰다듬으며 마무리한다.

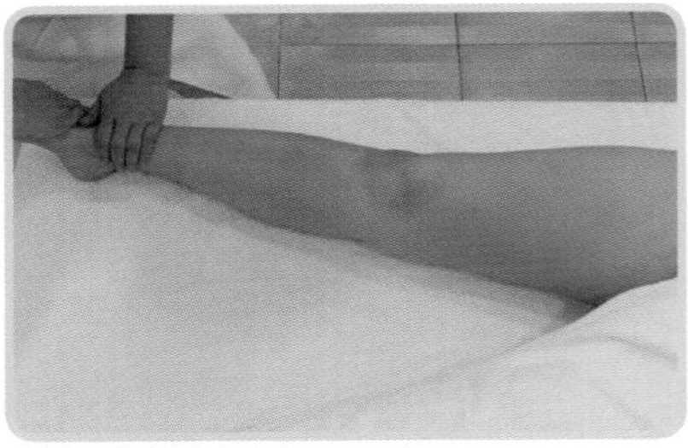
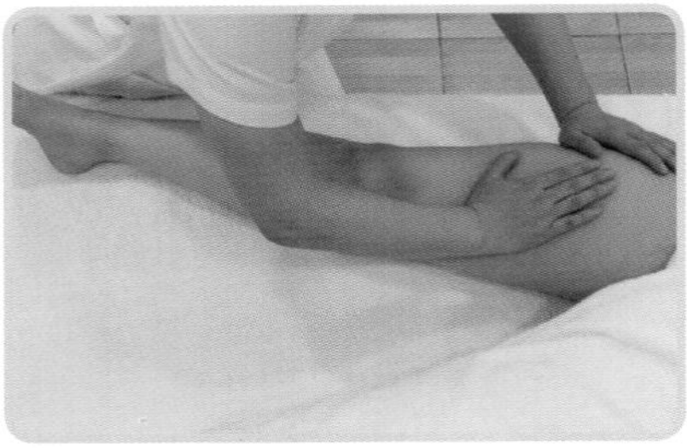
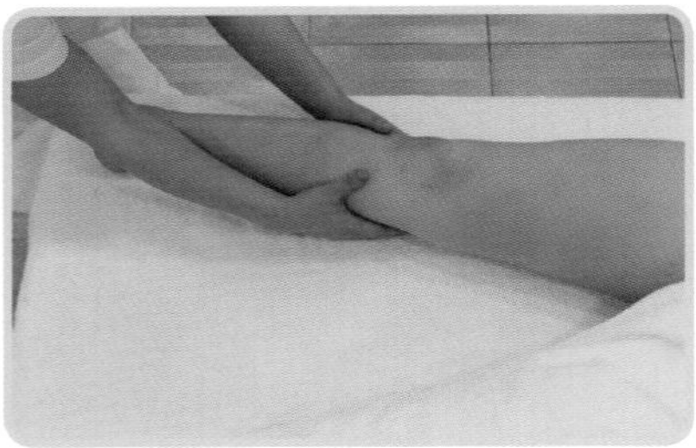
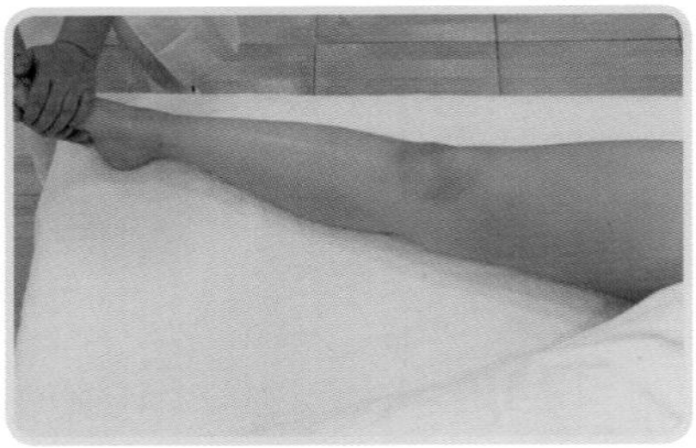

5. 온습포로 닦아내기

❶ 온도 테스트 후 습포를 펼쳐 습포 끝에 손가락을 끼워 대퇴부부터 시작한다. 먼저 외측 → 내측순으로 꼼꼼히 닦고 무릎에서 습포를 반으로 접어 다시 손가락을 끼워 하퇴부를 외측 → 내측순으로 닦으며 내려온다. 발끝까지 세심하게 닦아낸다.

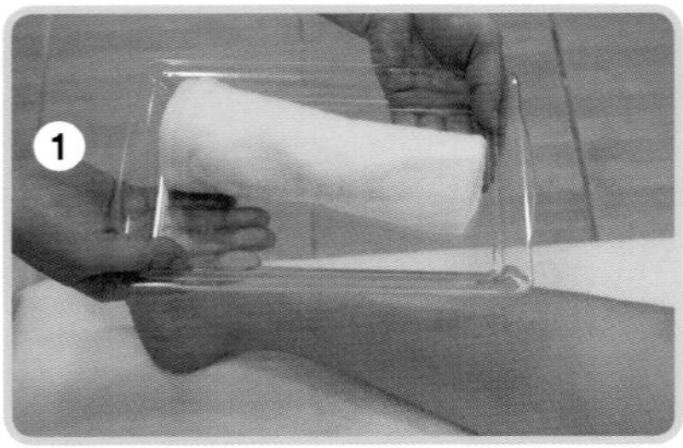

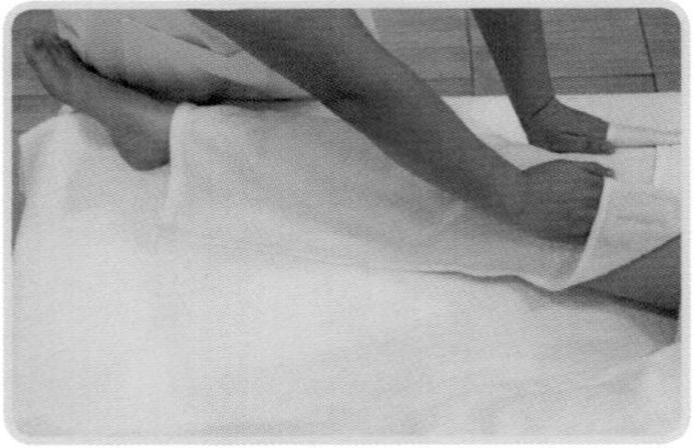
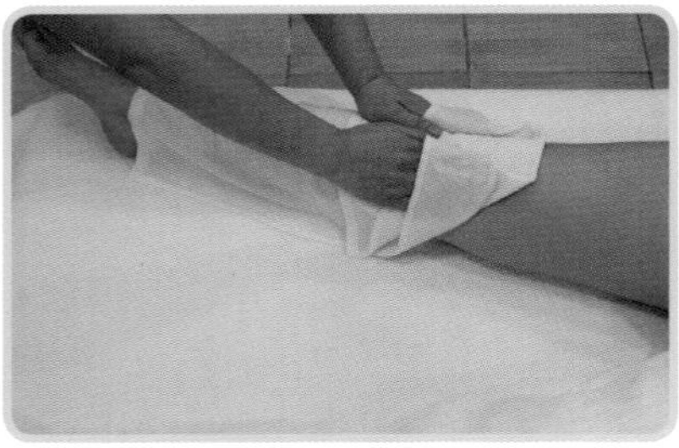
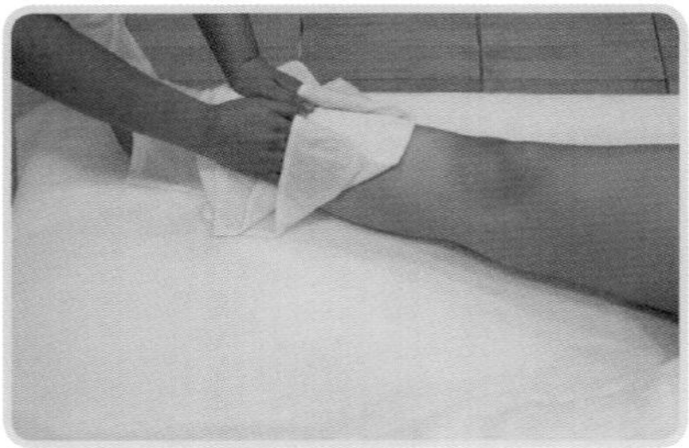

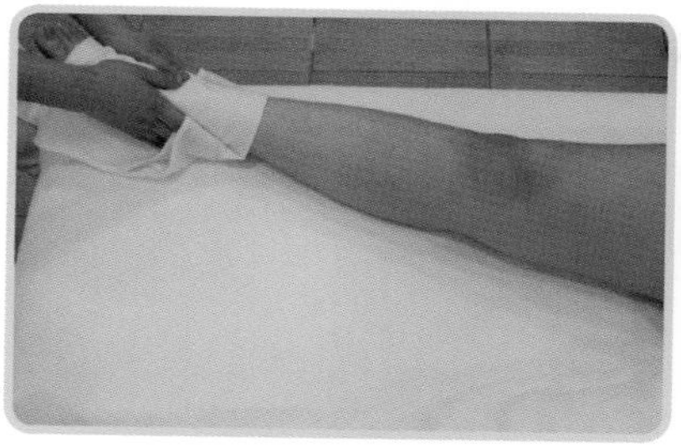

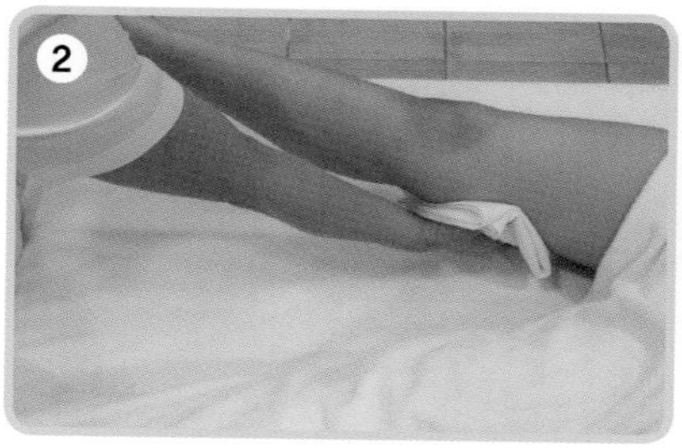

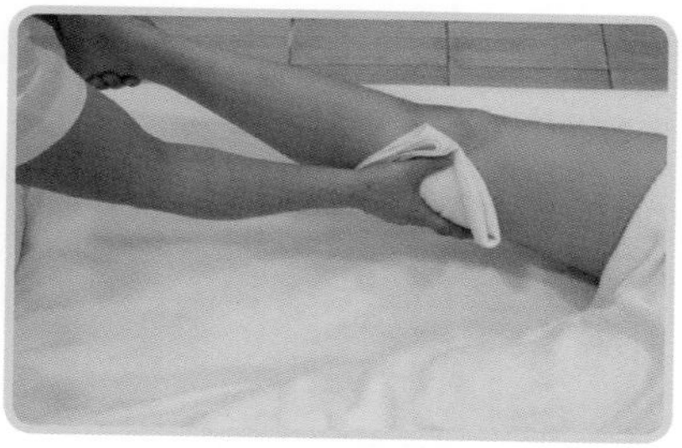

② 사용하지 않은 면으로 다시 접어 다리 후면을 꼼꼼히 닦는다.

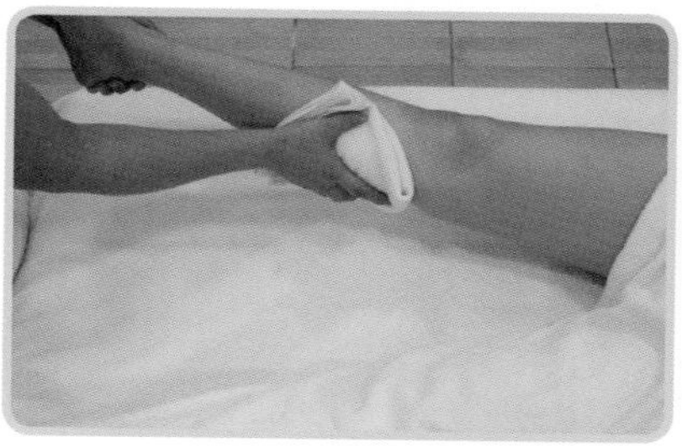

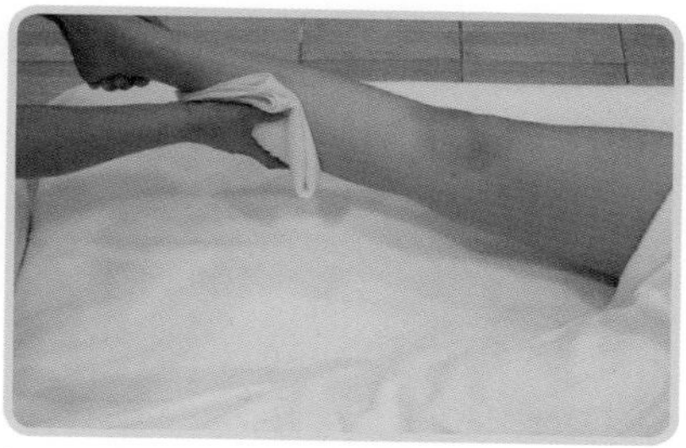

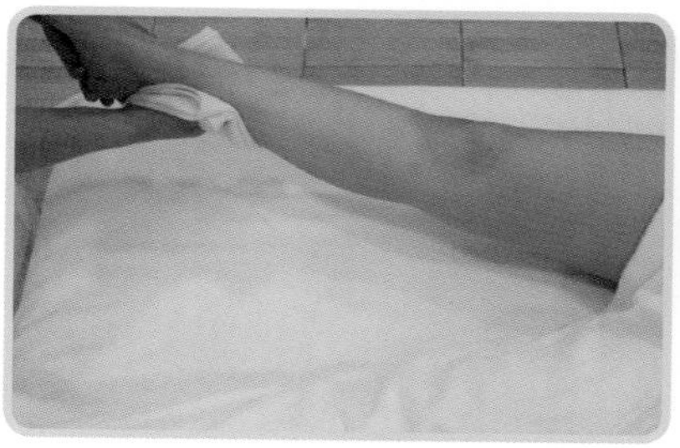

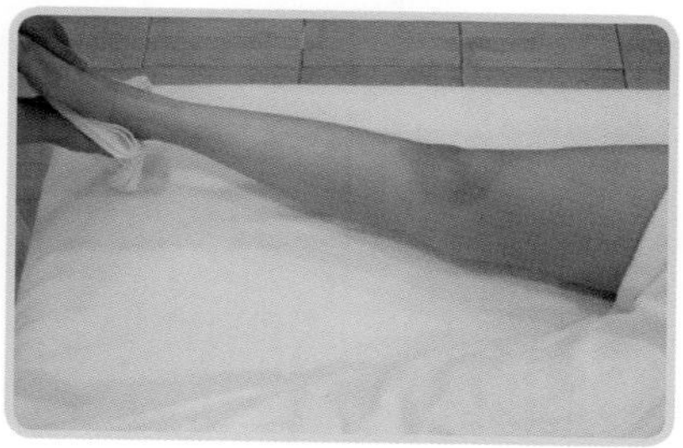

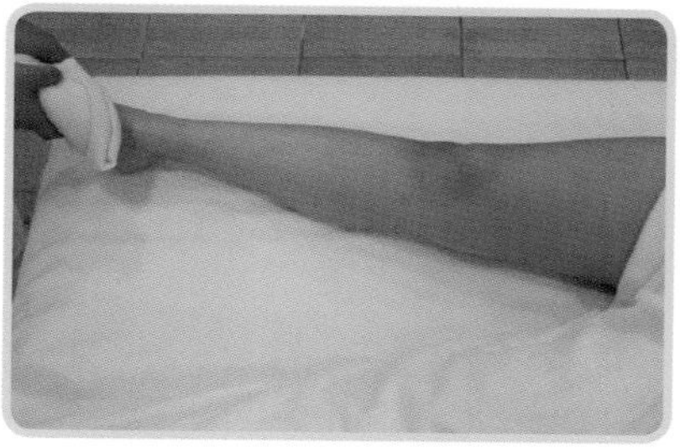

6. 마무리하기

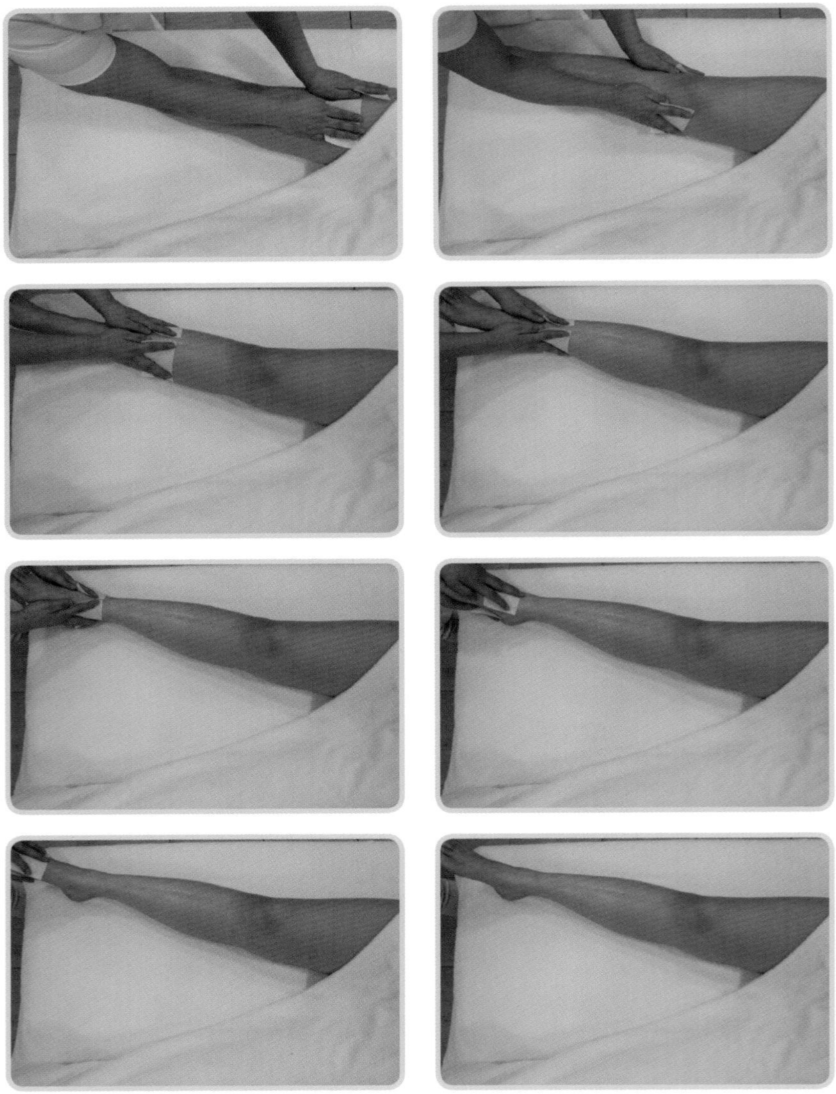

탈지면에 토너를 묻혀 남아 있는 잔여물을 깨끗이 닦아낸다.

주의사항

팔, 다리 관리 시간과 관리 부위 : 10분 동안 팔관리를 하고, 이어 다리 부위를 15분 동안 관리하는 방식으로 진행된다. 관리 부위는 공개된 것처럼 오른쪽 팔과 오른쪽 다리 부위, 총 2부위를 대상으로 하며 순서대로 작업하게 된다. 팔은 전체를 관리 대상으로 하고, 다리의 경우도 전체를 대상으로 범위가 넓어졌다. 다리는 서혜부를 제외한 아래쪽 전부를 말하며, 뒤쪽도 포함되므로 뒤쪽은 다리를 들어서(다리를 세우거나, 개구리 다리 모양으로 옆으로 해서) 관리를 하면 된다.

Chapter 4

제모

10분

사전 체크사항

준 비 물 왁스(시험장에서 제공됨), 라텍스 장갑, 티슈, 알코올솜, 탈컴파우더, 종이컵, 나무 스파튤라, 족집게, 부직포, 진정젤

작업순서 장갑 착용하기 → 손 소독하기 → 제모 부위 소독하기 → 탈컴파우더 도포하기 → 왁스 바르기 → 부직포 붙이기 → 제모하기 → 진정젤 바르기

1. 준비하기

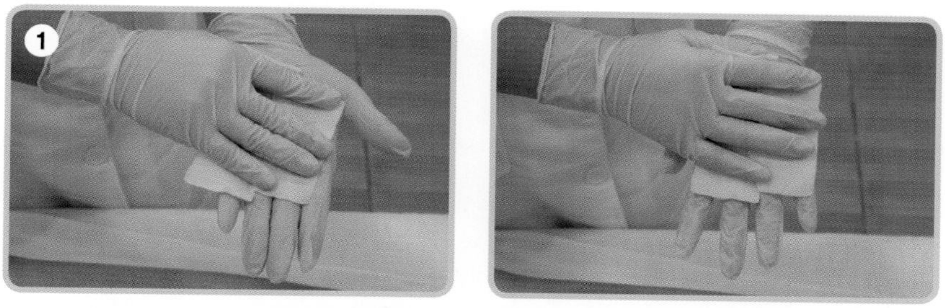

❶ 라텍스 장갑 착용 후 시술자의 손을 소독한다.

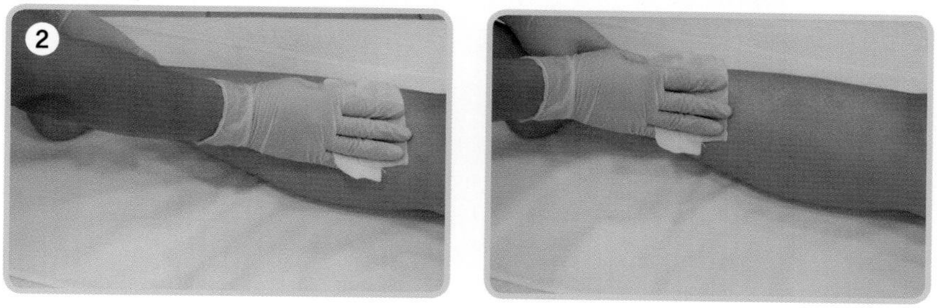

❷ 오른쪽 다리 옆에 티슈를 깐다. 제모할 부위를 알코올솜으로 소독하는데 털이 난 방향으로 소독한다.

2. 탈컴파우더 도포하기

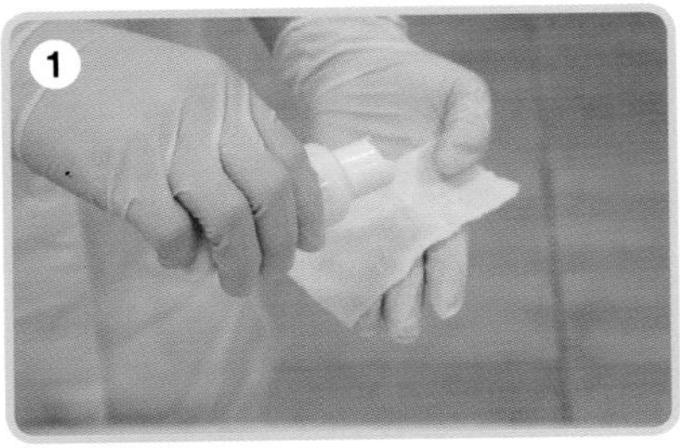

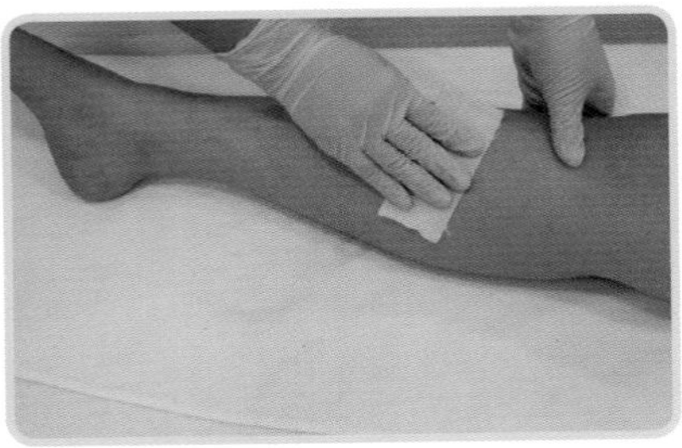

❶ 제모할 부위에 탈컴파우더를 도포한다.

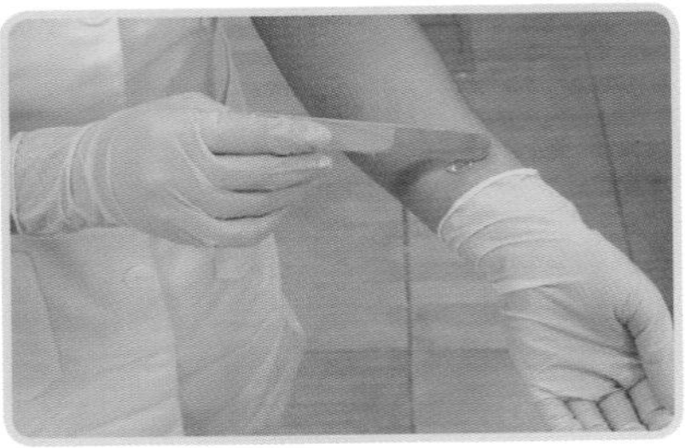

❷ 종이컵과 나무 스파튤라로 왁스를 덜어와 팔의 안쪽에 온도를 테스트를 한다.

3. 왁스 바르기

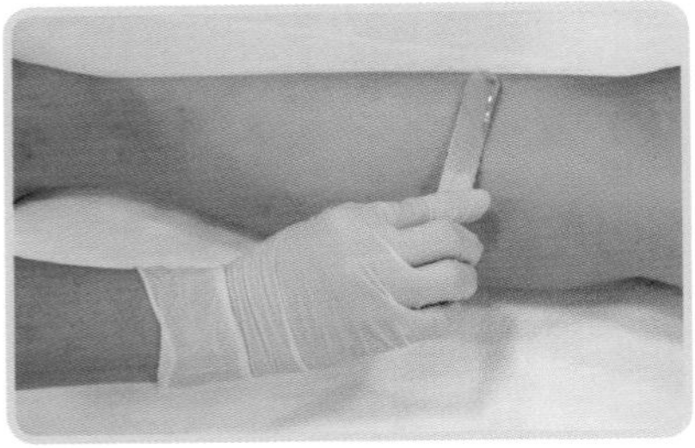

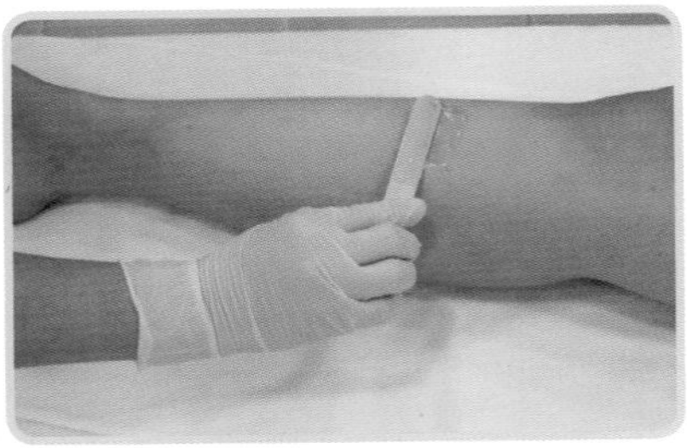

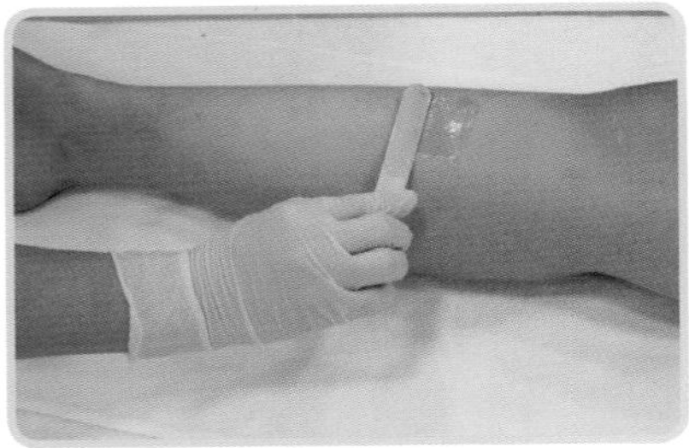

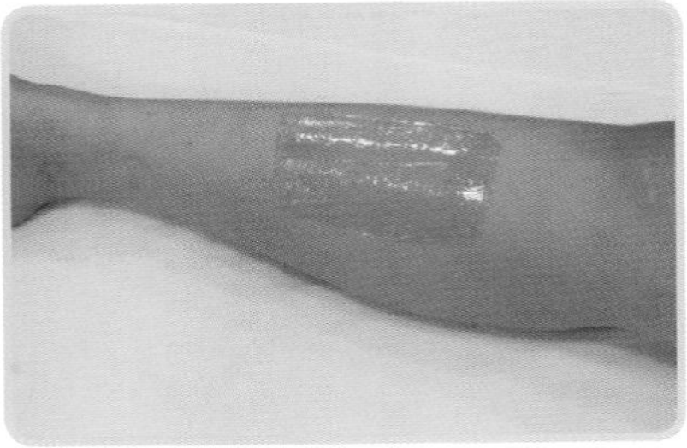

나무 스파튤라를 45도 각도로 하여 바르는데 털이 난 방향으로 왁스를 바른다.

4. 제모하기

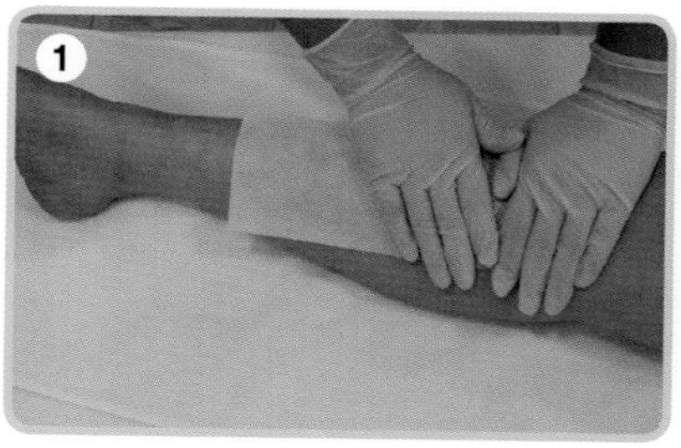

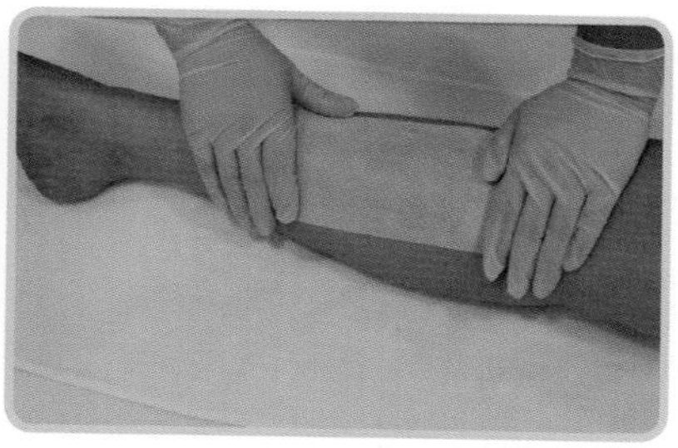

❶ 제모할 부위에 털이 난 방향으로 부직포를 붙인다.

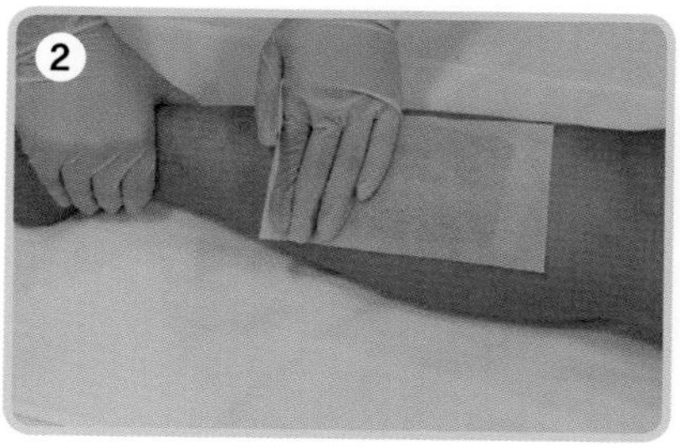

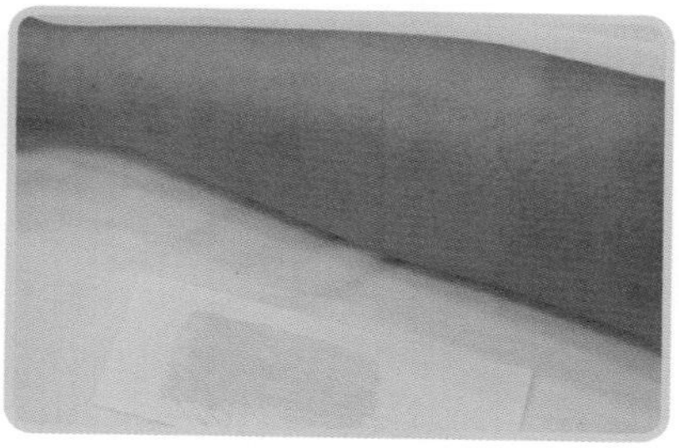

❷ 손을 들어 감독관을 부른 후 감독관의 입회하에 부직포를 떼어낸다. 손으로 피부에 텐션을 주고 다른 한손으로 부직포를 잡아 털이 난 반대 방향으로 빠르게 떼어낸다.

Tip 제모한 털은 반드시 감독관에게 확인받도록 한다.

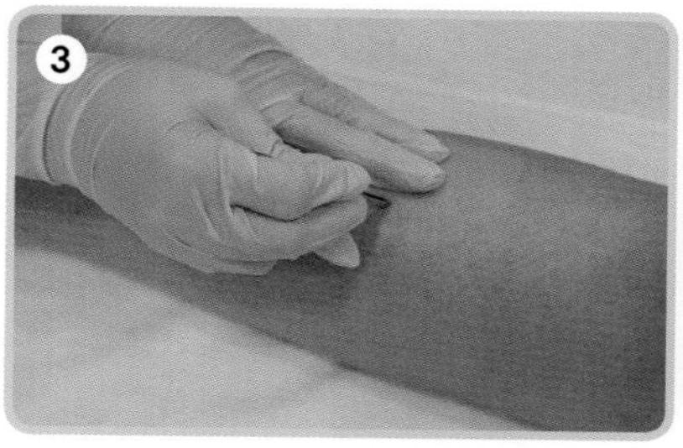

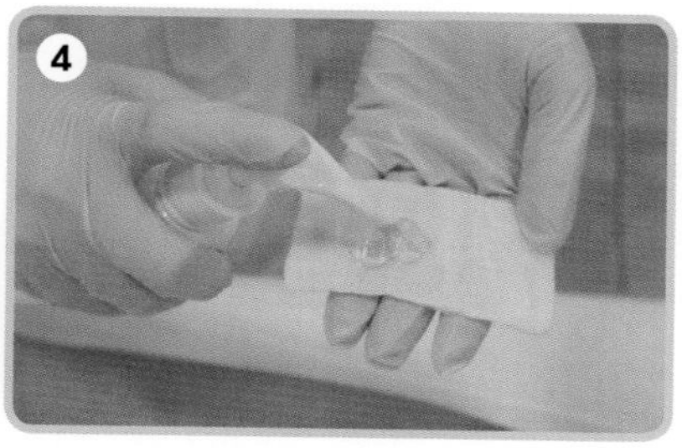

❸ 털이 남아 있을 경우는 족집게를 사용해 뽑는데 털이 난 방향으로 뽑는다.

❹ 화장솜에 진정젤을 덜어 제모한 부위에 바른다.

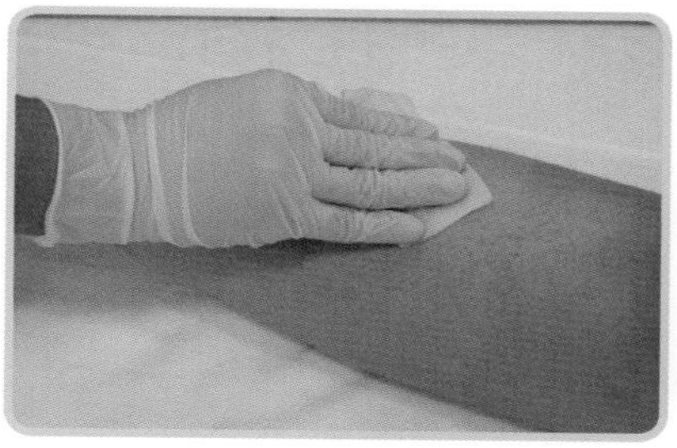
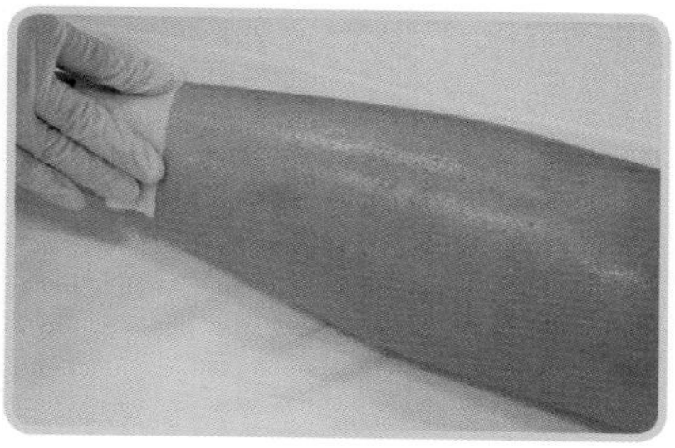

주의사항

제모 : 제모는 제공되는 왁스를 종이컵에 덜어가서 사용하여 작업하면 된다. 제모 작업의 작업 부위는 양쪽 다리 전체 중 제모하기에 적합한 부위를 하면 되며, 제모 면적은 수험자 지참 재료인 부직포(7×20cm)를 이용할 때 적합한 정도인 4~5cm×12~15cm 정도면 된다. 단, 부직포를 제거할 때는 감독위원의 입회하에 작업을 해야 한다.

Part 3

3과제

림프를 이용한 피부관리

작업수행시간 : 15분

(준비작업시간 제외)

림프 드레나쥐(15분)

Chapter 1

림프 드레나쥐

15분

사전 체크사항

준 비 물 2과제 왜건 상태

작업순서 손 소독하기 → 목관리 → 얼굴관리

[목관리] 데콜테 쓰다듬기 → 측경부 정지원 그리기 → 턱 부위 정지원 그리기 → 귀 부위 펌프하기 → 측경부 정지원 그리기 → 데콜테 쓰다듬기

[얼굴관리] 안면 쓰다듬기 → 턱 부위 정지원 그리기 → 윗입술 부위 정지원 그리기 → 측경부 정지원 그리기 → 코 부위 정지원 그리기 → 볼 부위 정지원 그리기 → 턱 아래 쓸어주기 → 눈 부위 정지원 그리기 → 코 측면 쓸어올리기 → 눈썹 부위 집어주기 → 눈썹 부위 정지원 그리기 → 이마 부위 정지원 그리기 → 관자놀이 / 하악각 / 귀앞 정지원 그리기 → 측경부 정지원 그리기 → 안면 쓰다듬기

참고

- 적절한 압력과 속도를 유지하며 목과 얼굴 부위에 림프절 방향에 맞추어 피부 관리를 실시한다(*압은 30mnHg 정도 – 동전 100원짜리를 올려놓았을 때의 압 정도로 한다).
- 에플라쥐(쓰다듬기) 동작을 시작과 마지막에 실시한다.
- 관리 순서를 에플라쥐(쓰다듬기)를 먼저 실시한 후 첫 시작 지점은 목 부위(profundus)부터 하되, 림프절 방향으로 관리하며, 림프절의 방향에 역행되지 않도록 주의한다.
- 적절한 압력과 속도를 유지하고, 정확한 부위에 실시한다.
- 목 관리와 얼굴 관리의 동작은 쓰다듬기와 정지원 동작(stationary circling)을 주로 사용하며 반복 횟수는 조절할 수 있다.
- 림프 관리를 위한 자세는 서서하는 동작, 앉아서 하는 테크닉 모두 가능하며 이에 따른 채점상의 차이는 없다.

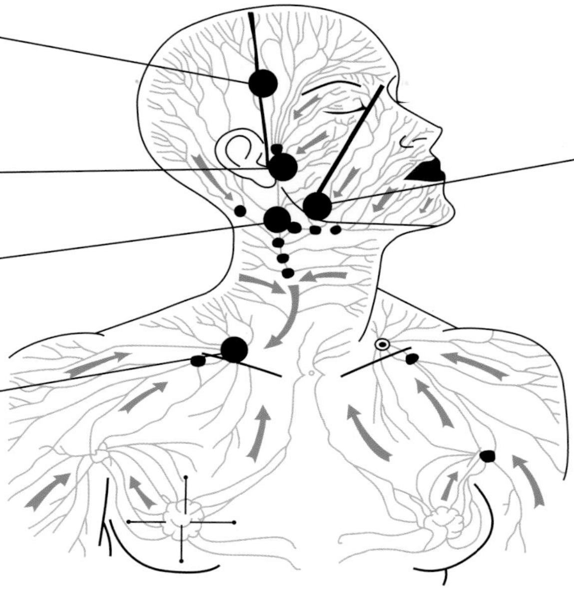

1. 준비하기

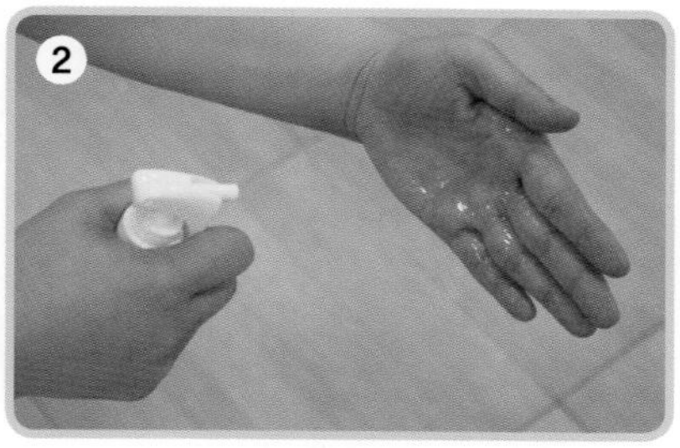

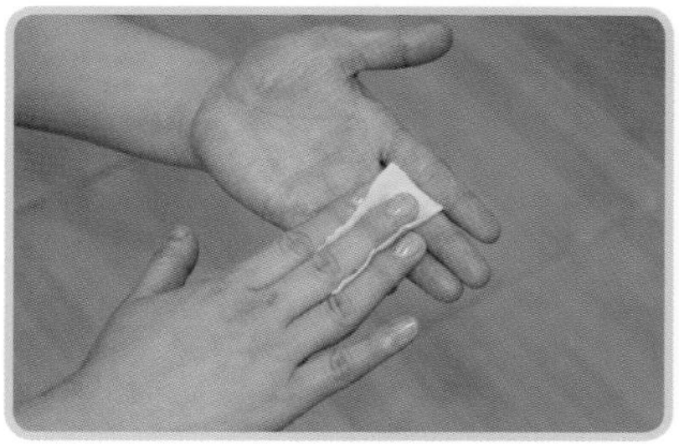

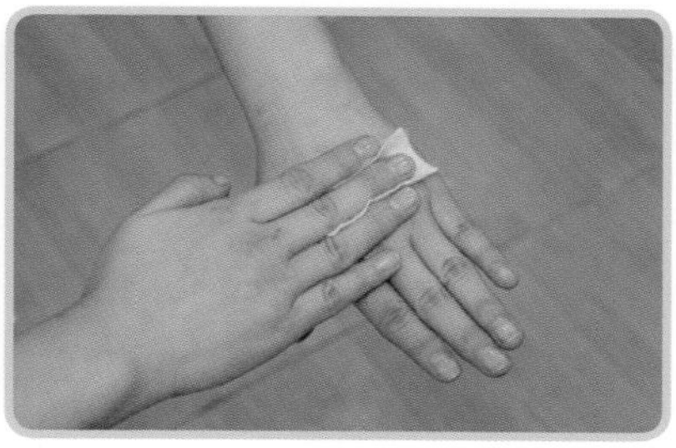

❶ 왜건을 세팅한다(2과제 왜건 상태 그대로 유지한다).
모델은 터번을 풀어 놓은 상태여야 하고 편의를 위하여 중타월 등으로 베개를 해줄 수 있다.

❷ 알코올을 손 전체에 골고루 뿌려 소독하거나 알코올 솜으로 손 전체를 골고루 소독한다.

2. 목 관리

① 데콜테 쓰다듬기

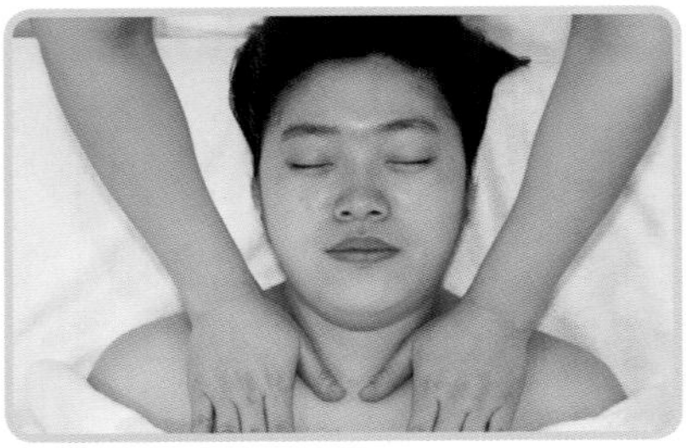

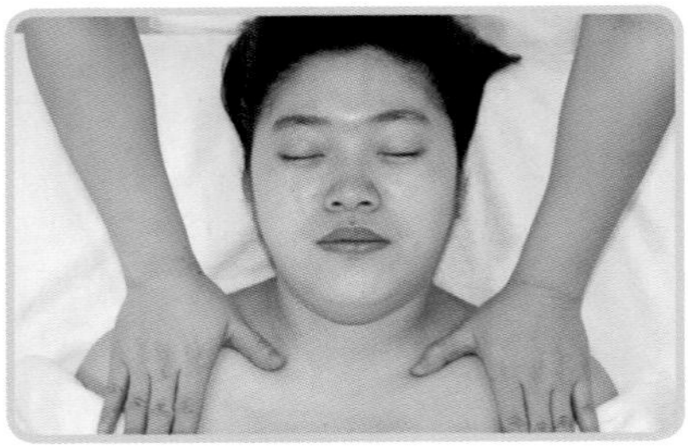

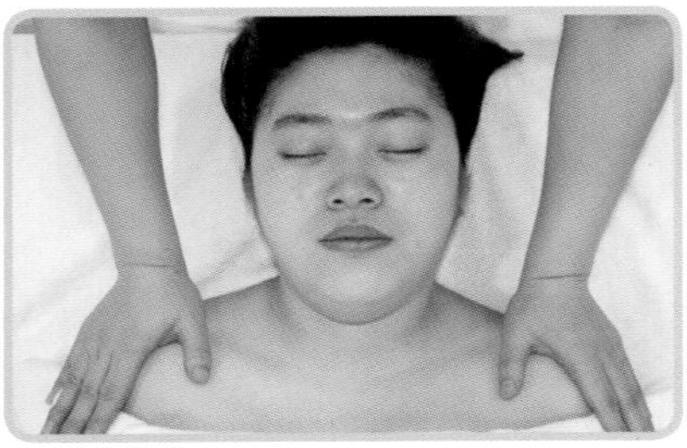

가운데서 액와 방향으로 데콜테를 쓰다듬기 한다.

② 측경부 정지원 그리기

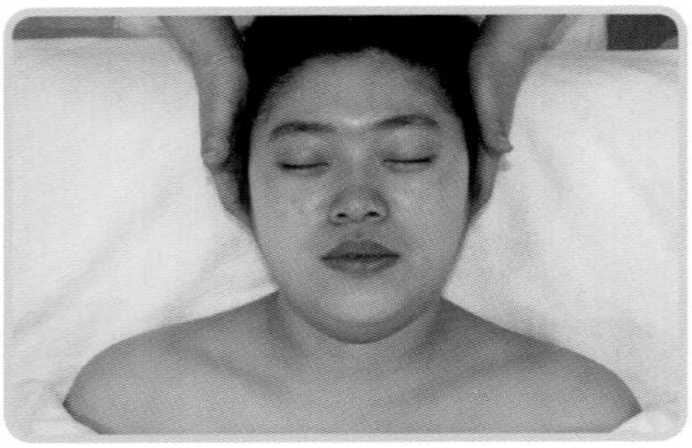

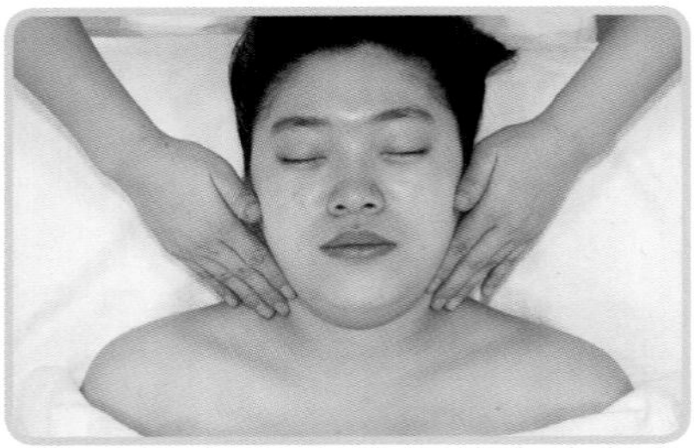

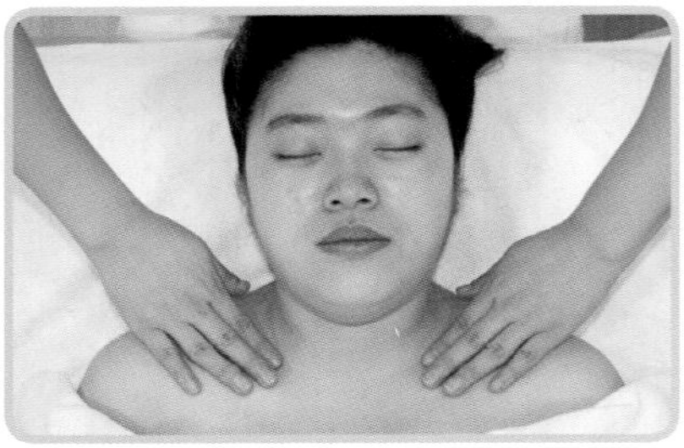

프로펀더스, 미들(중간 부위), 터미누스 순으로 정지원 그리기를 한다.

③ 턱 부위(하악 부위) 정지원 그리기

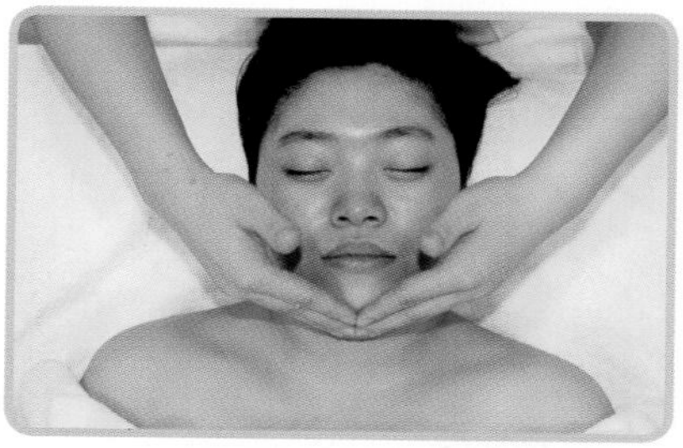
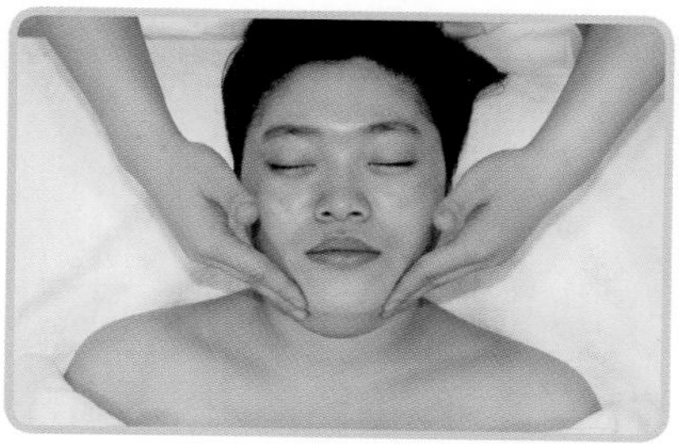
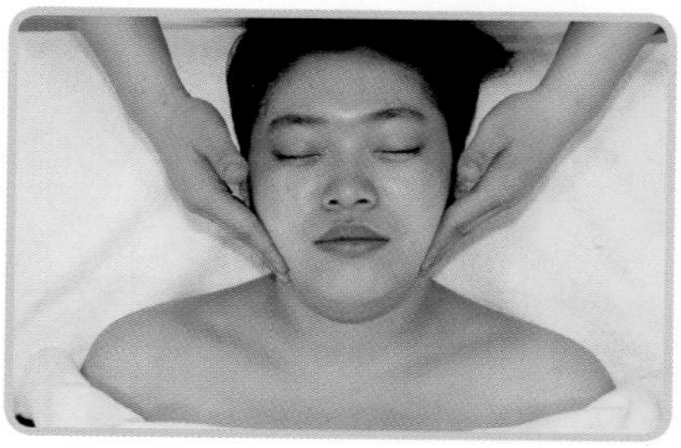

아래 턱 중앙, 턱 중간 부위, 하악 부위에 정지원 그리기를 한다.

④ 귀 부위 포크기법 하기

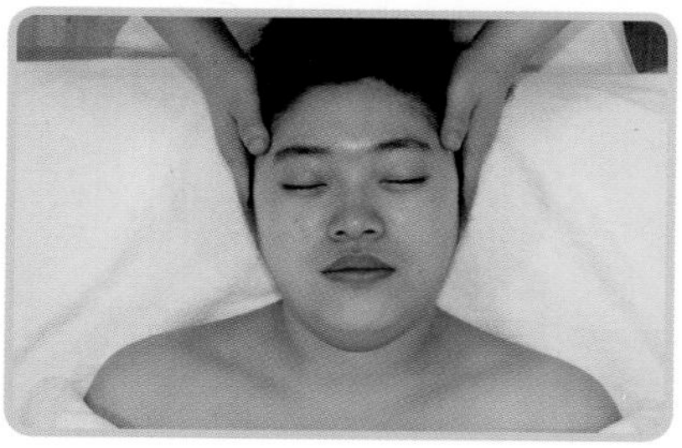

검지와 중지 사이에 귀를 끼워 아래쪽(터미누스 방향)으로 펌프한다.

⑤ 측경부 정지원 그리기

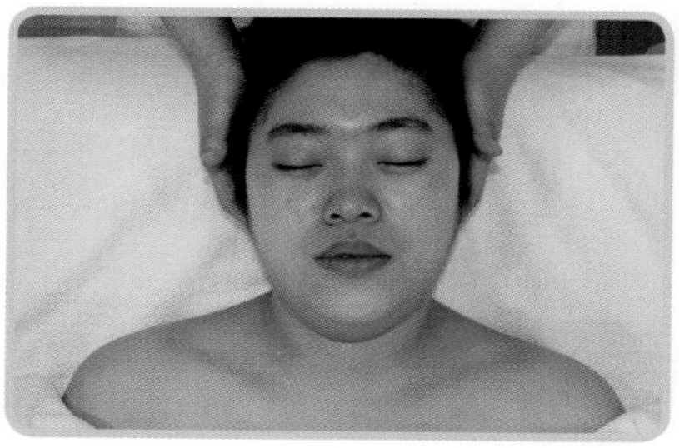
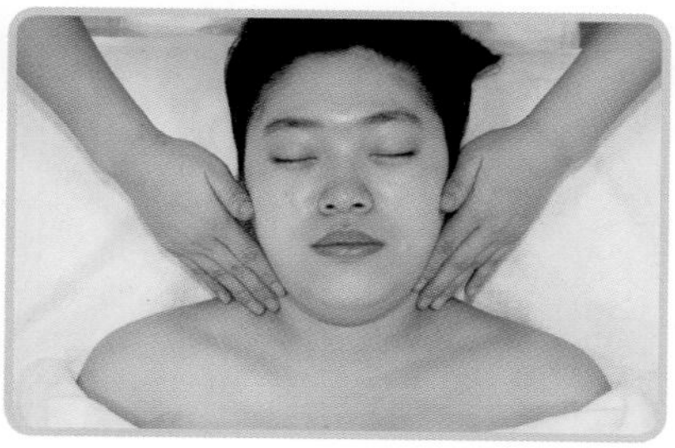

프로펀더스, 미들(중간 부위), 터미누스 순으로 정지원 그리기를 한다.

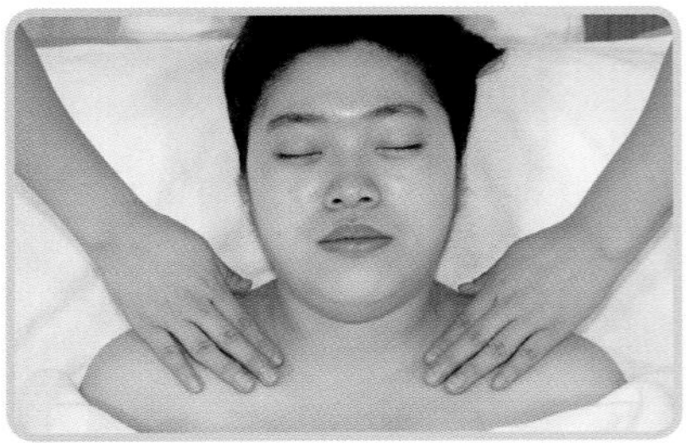

⑥ 데콜테 쓰다듬기

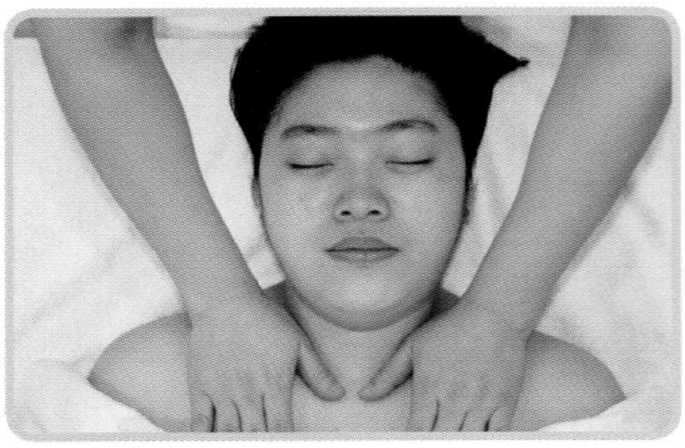

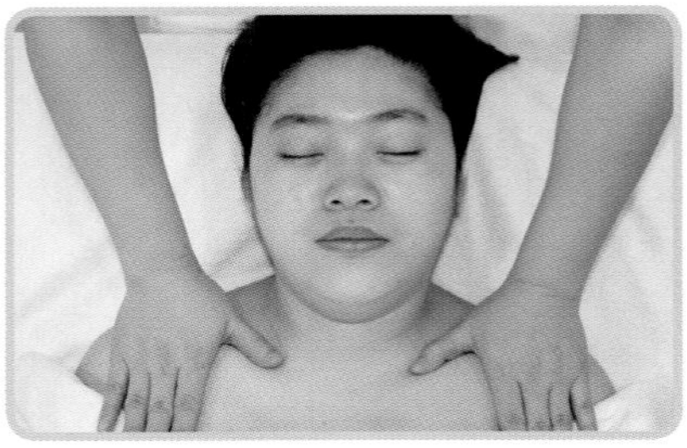

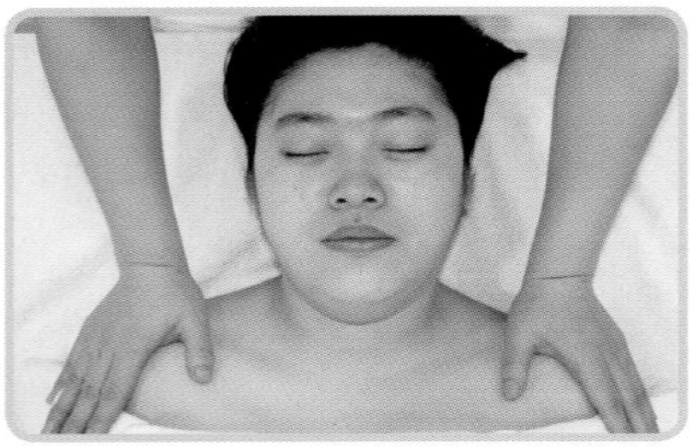

가운데서 액와 방향으로 데콜테를 쓰다듬기 한다.

3. 얼굴 관리

① 안면 쓰다듬기

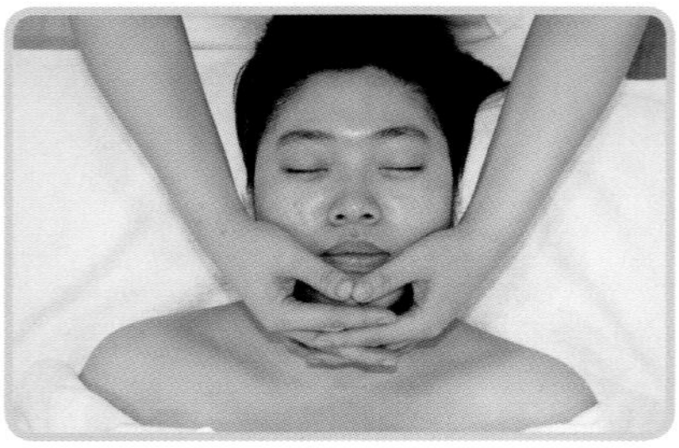

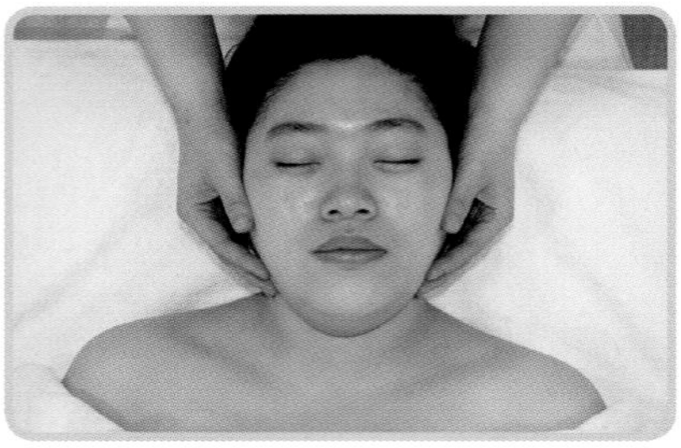

양 엄지 측면으로 턱 중앙에서 귀, 인중에서 귀, 눈 밑에서 귀, 눈썹에서 관자놀이, 이마 중앙에서 관자놀이순으로 쓰다듬기 한다.

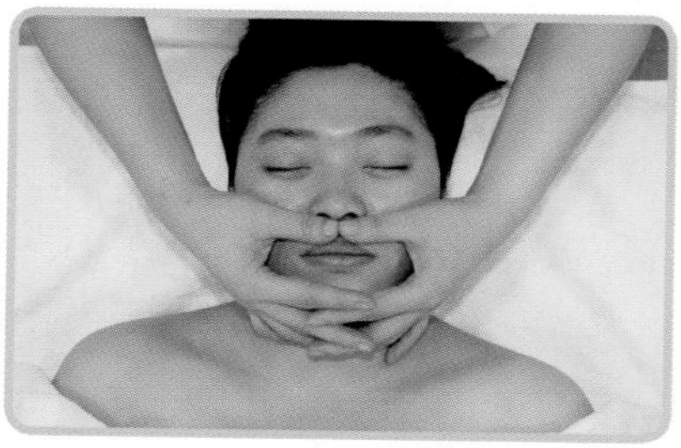
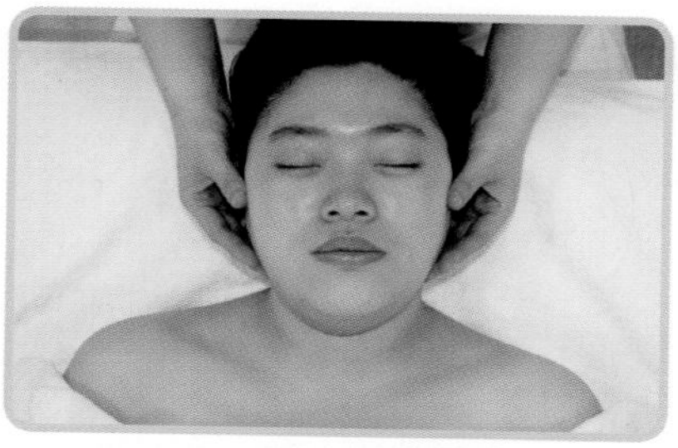
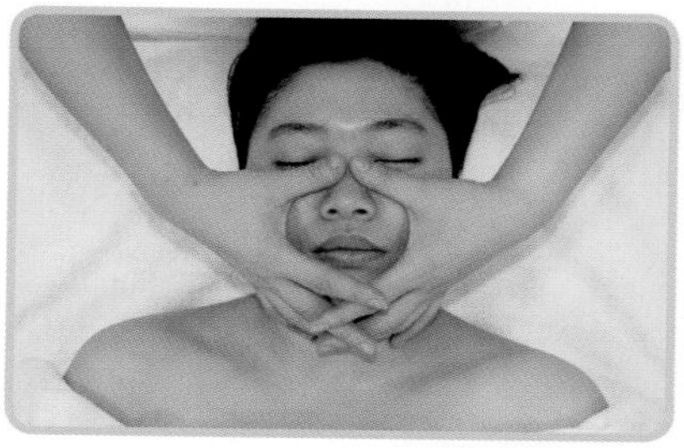
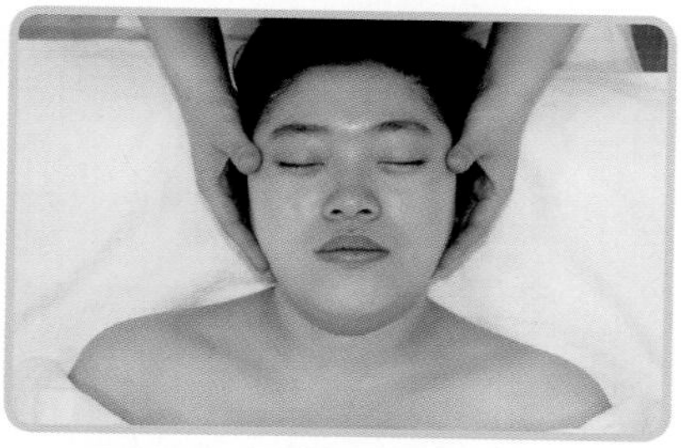
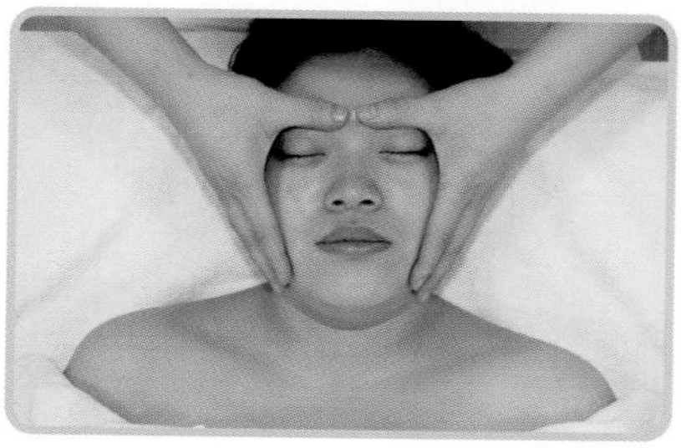
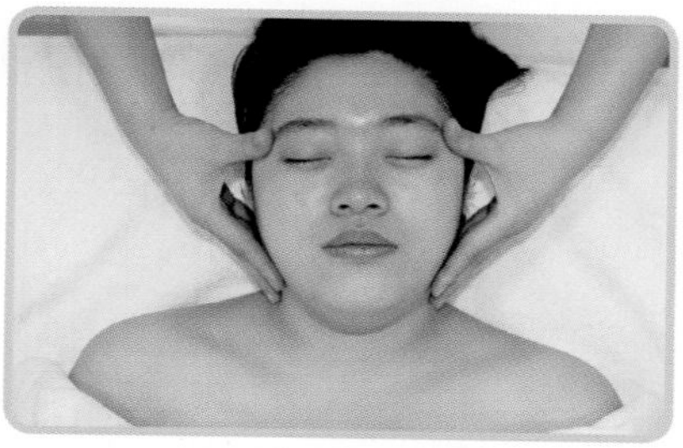
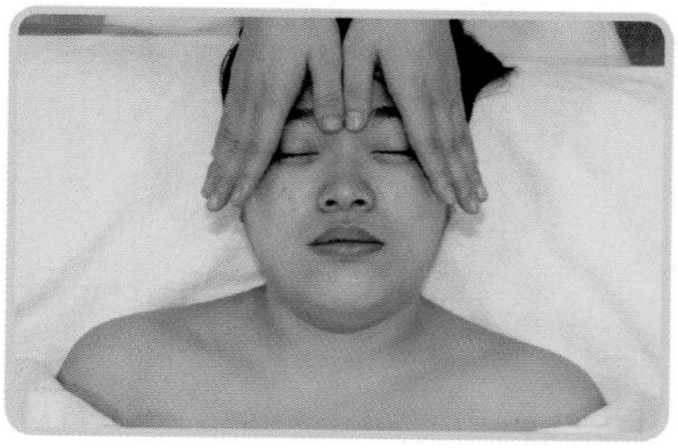
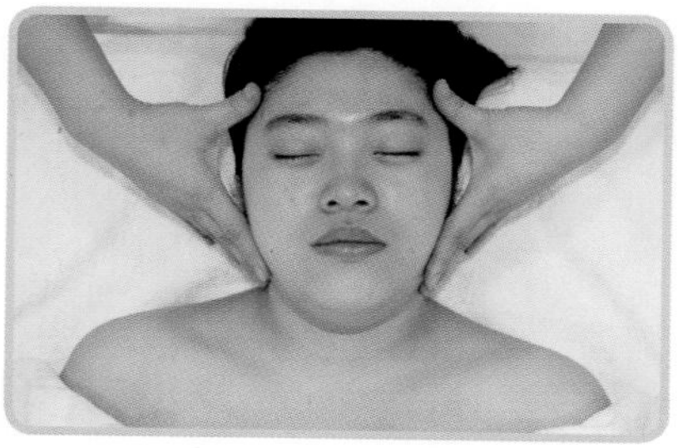

② 턱 부위(입술 아래) 정지원 그리기

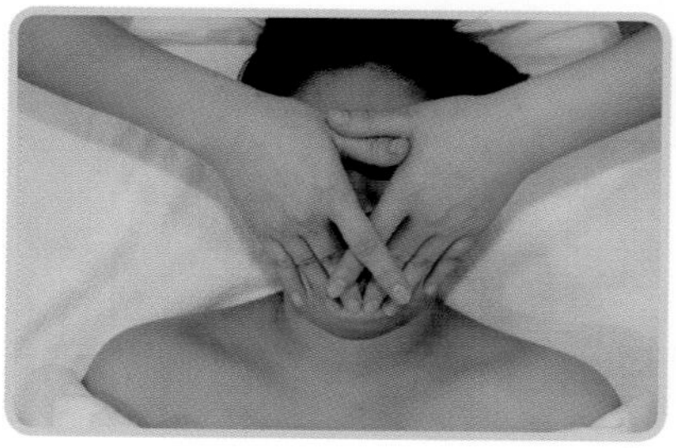
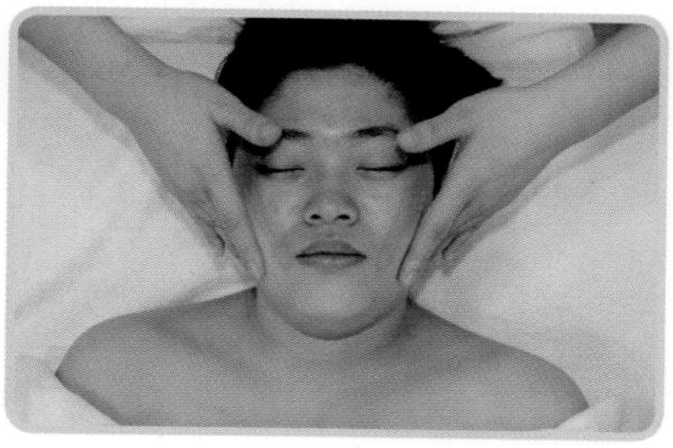

입술 아래 턱 중앙, 턱 중간 부위, 하악 부위를 정지원 그리기를 한다.

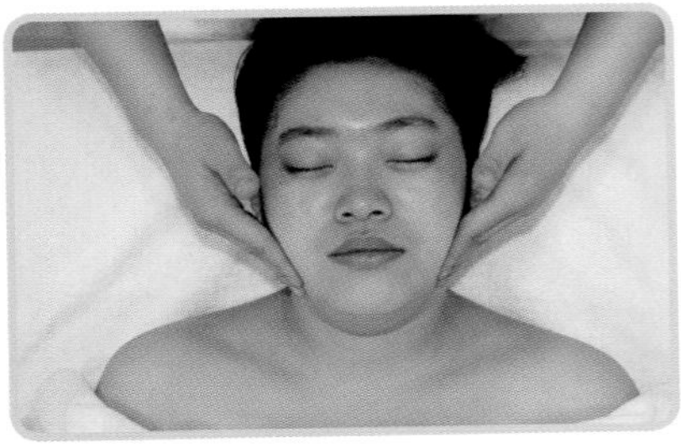

③ 윗입술 부위 정지원 그리기

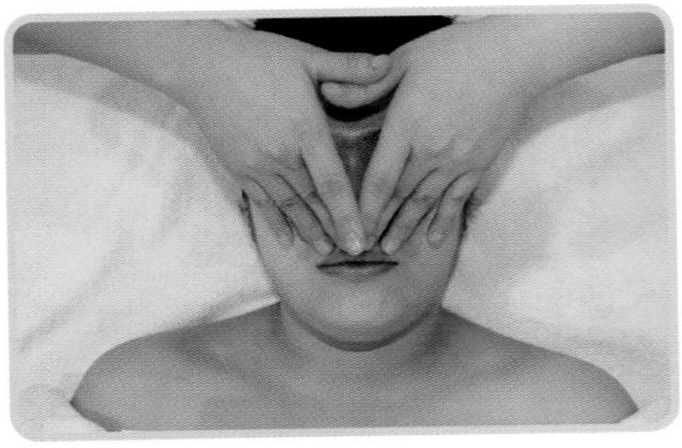

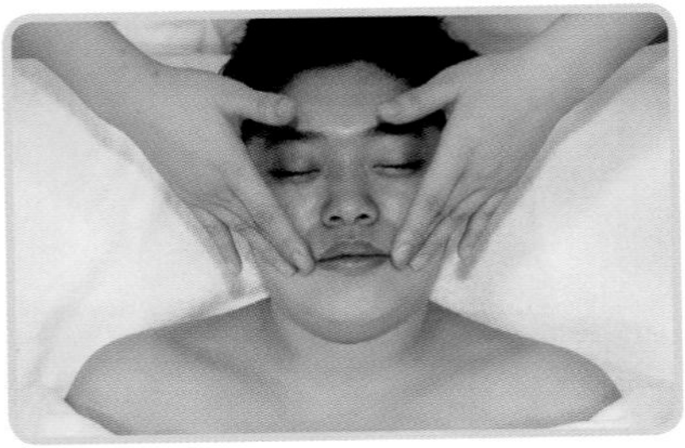

윗입술 중앙, 양쪽 입꼬리, 하악 부위에 정지원 그리기를 한다.

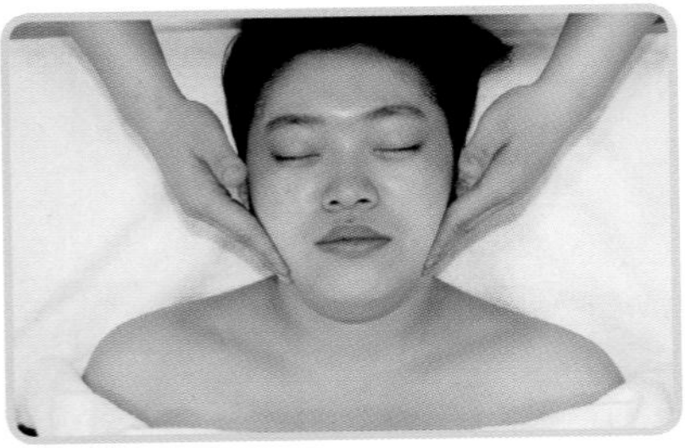

④ 측경부 정지원 그리기

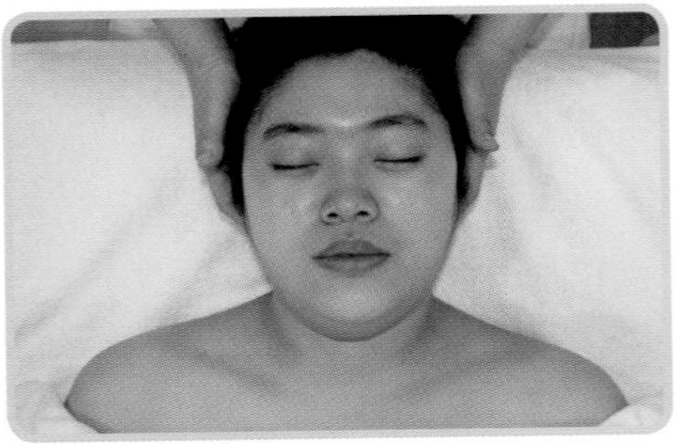

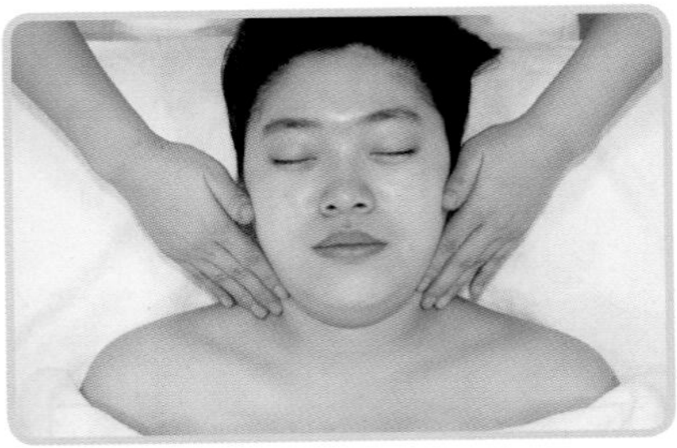

프로펀더스, 미들(중간 부위), 터미누스순으로 정지원 그리기를 한다.

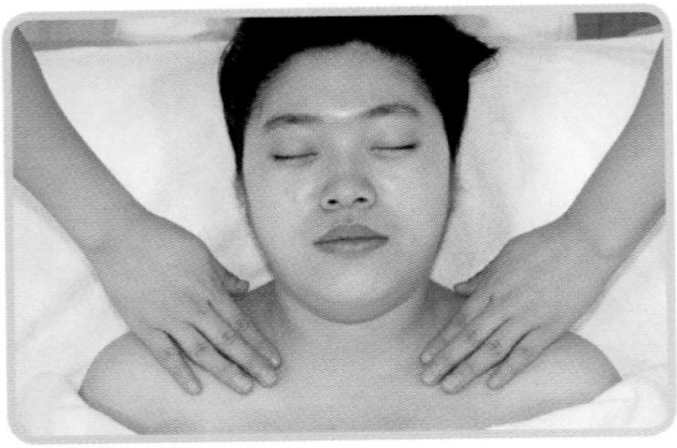

⑤ 코 부위 정지원 그리기

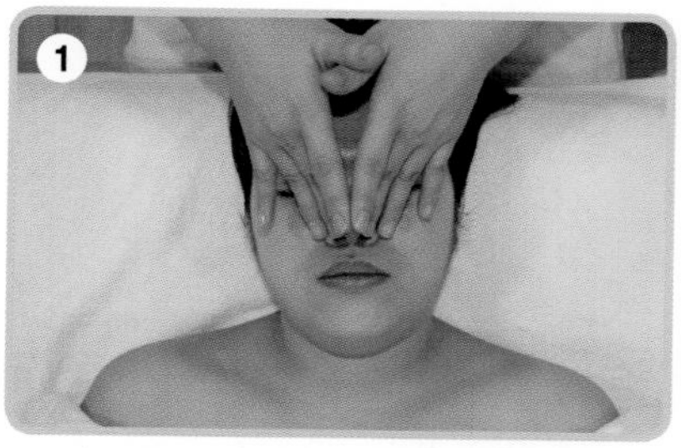

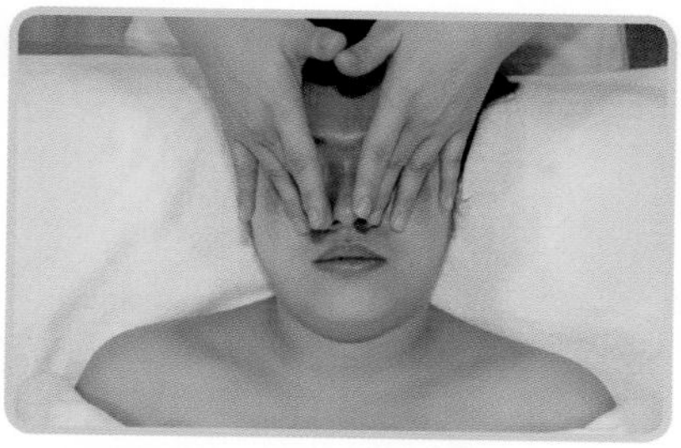

❶ 콧대 하단 부위 : 중앙에서 시작하여 측면까지 3등분하여 정지원 그리기를 한다.

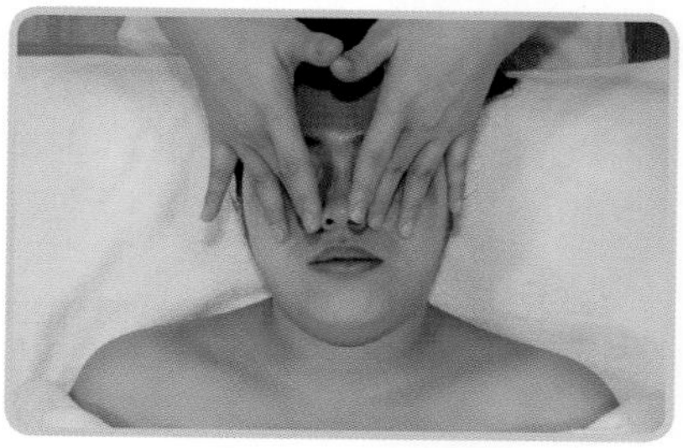

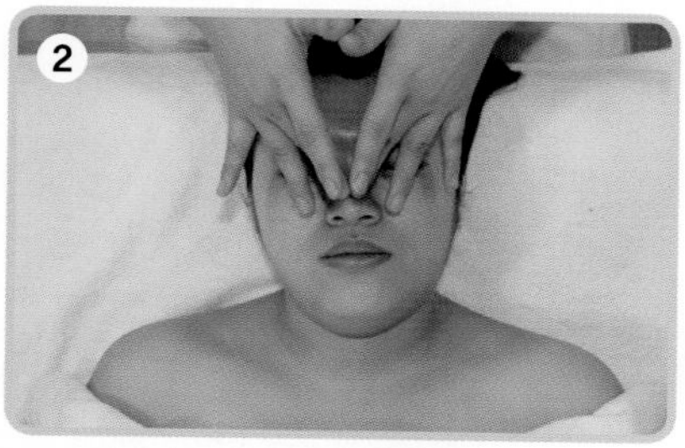

❷ 콧대 중단 부위 : 중앙에서 시작하여 측면까지 3등분하여 정지원 그리기를 한다.

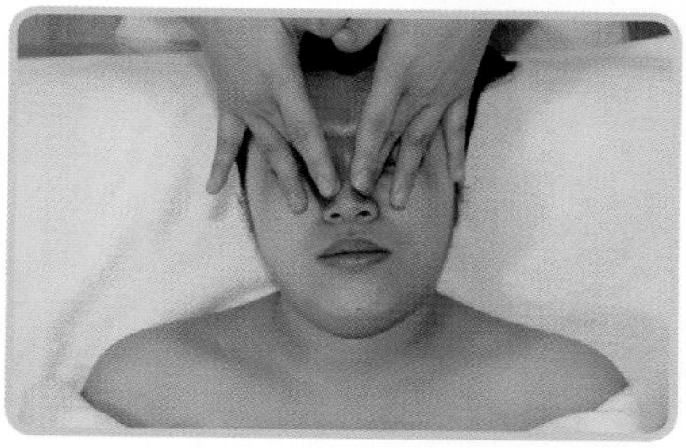

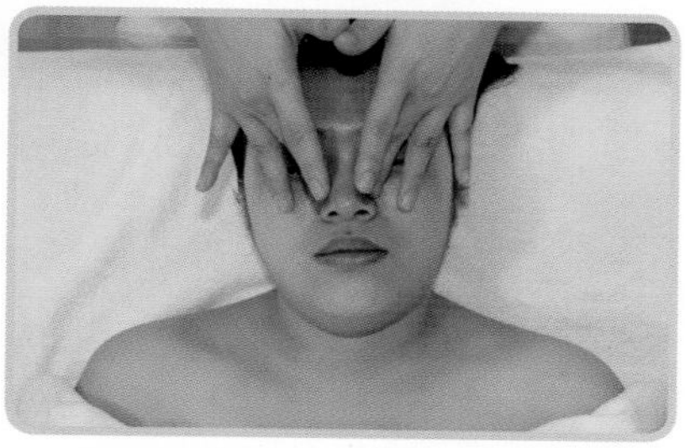

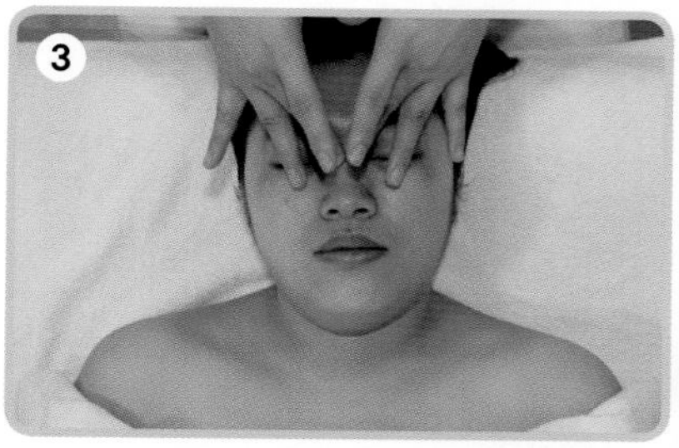

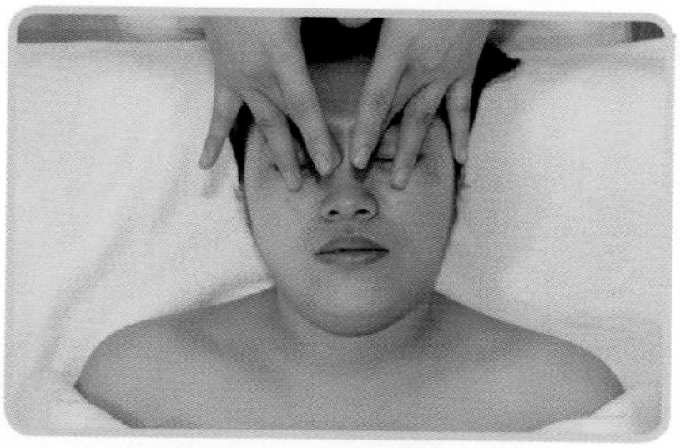

❸ 콧대 상단 부위 : 중앙에서 시작하여 측면까지 2등분하여 정지원 그리기를 한다.

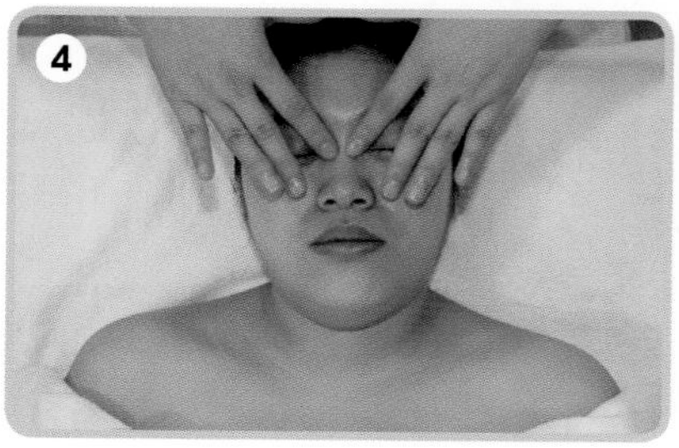

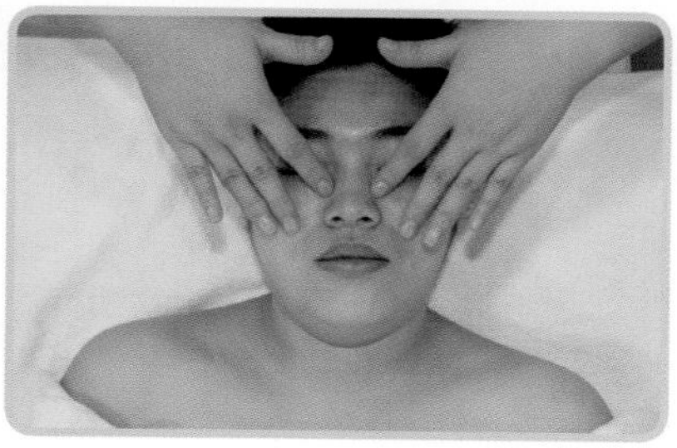

❹ 코벽 상단 → 중간 부위 → 코벽 하단순으로 내려가며 측면에 정지원 그리기를 한다.

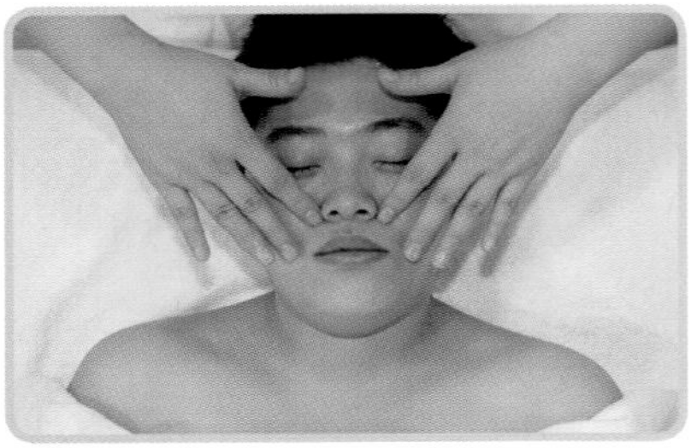

⑥ 볼 부위 정지원 그리기

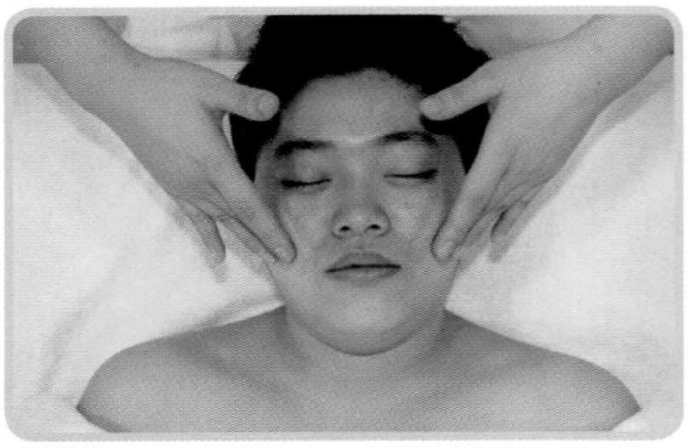
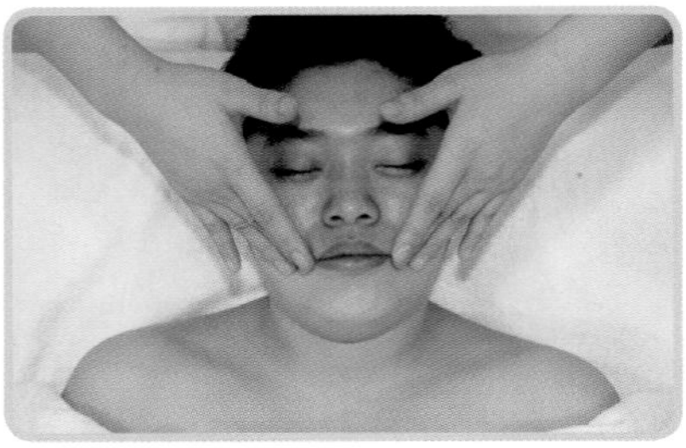
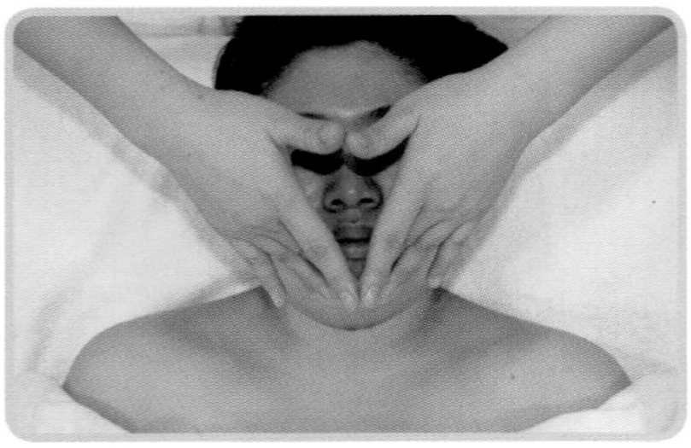

볼(광대뼈 아래), 양쪽 입꼬리, 턱 중앙에 정지원 그리기를 한다.

⑦ 턱 아래 쓸어주기

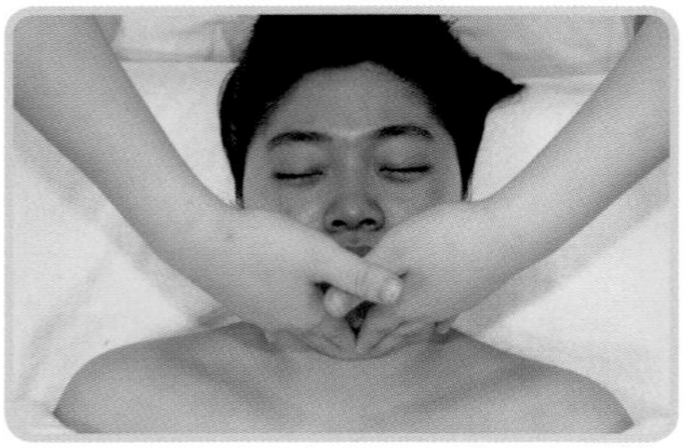
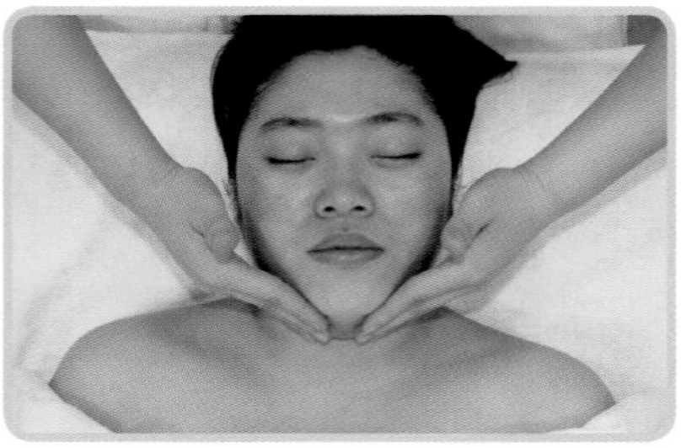

턱 아랫 부분을 양 손끝으로 가볍게 쓸어준다.

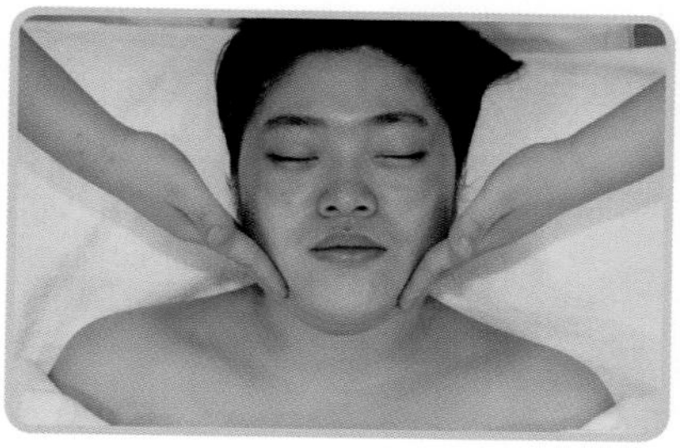
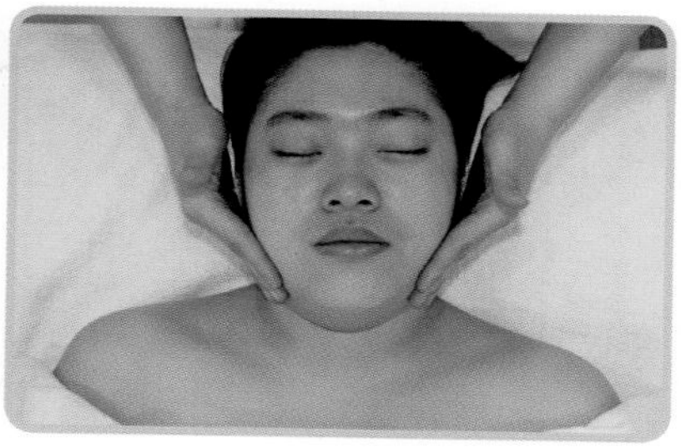

⑧ 눈 부위 정지원 그리기

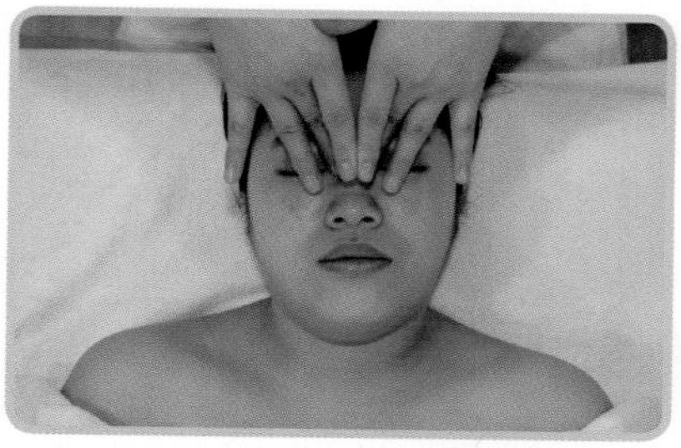
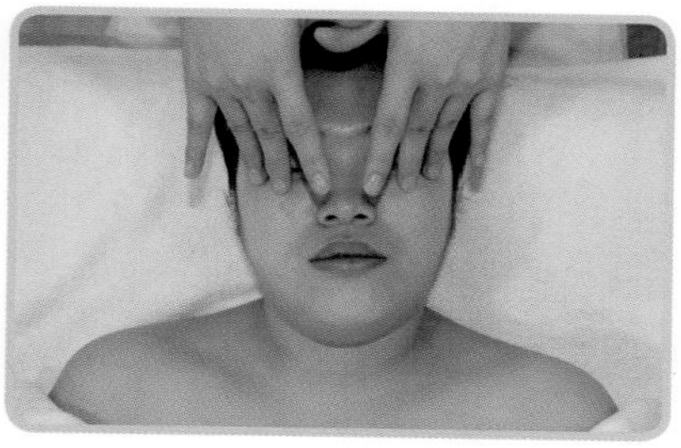

눈 앞머리, 눈 밑 중앙, 눈꼬리순으로 정지원 그리기를 한다.

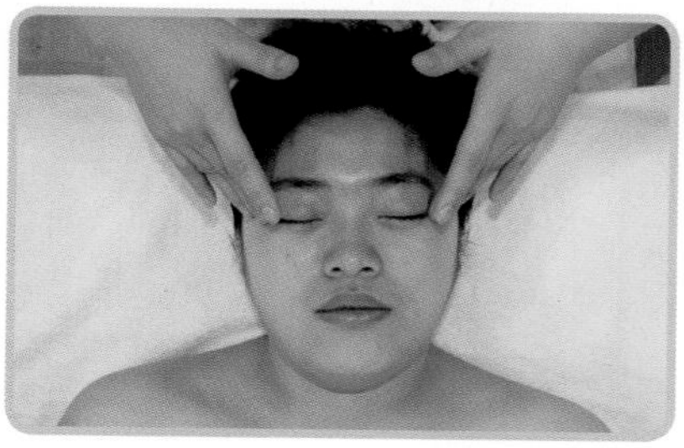

⑨ 코 측면 쓸어올리기

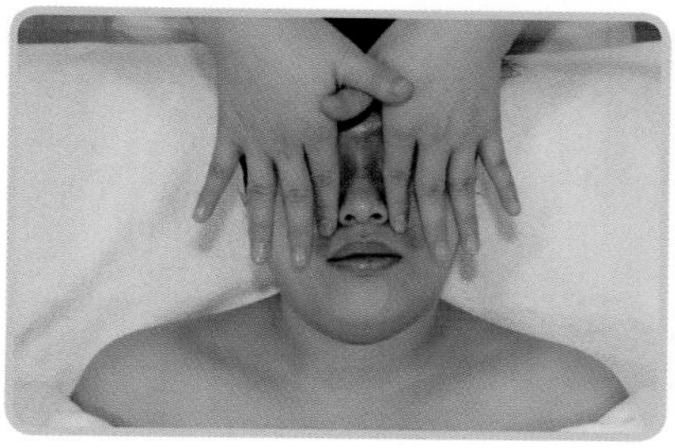
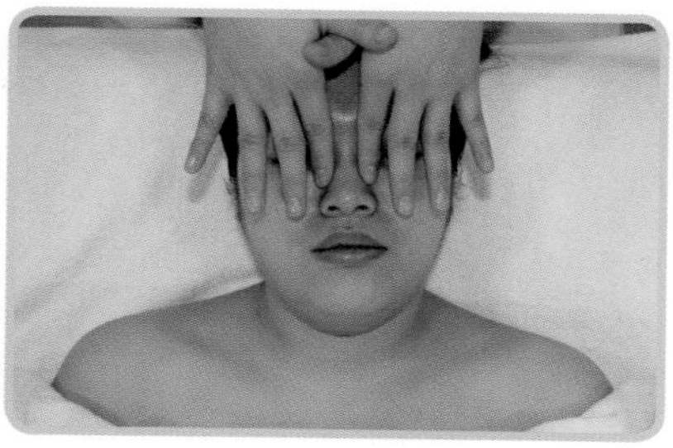

양 검지로 코 측면을 쓸어올린다.

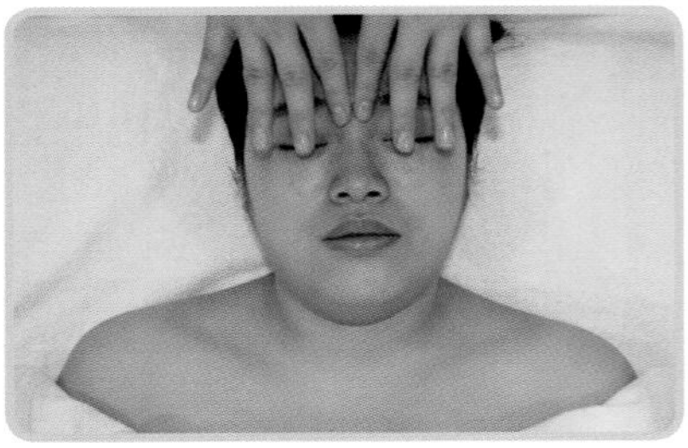
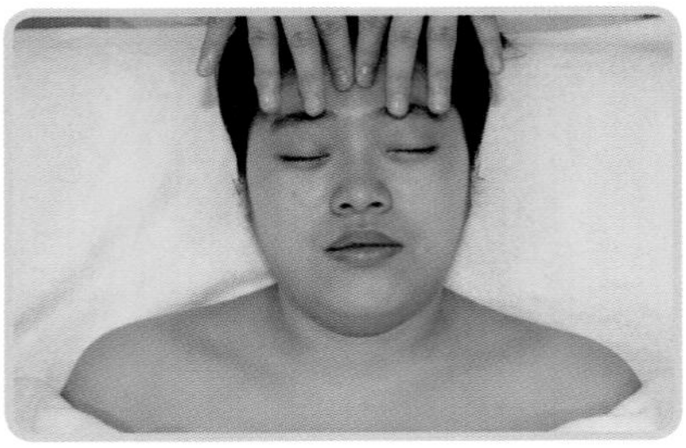

⑩ 눈썹 부위 집어주기

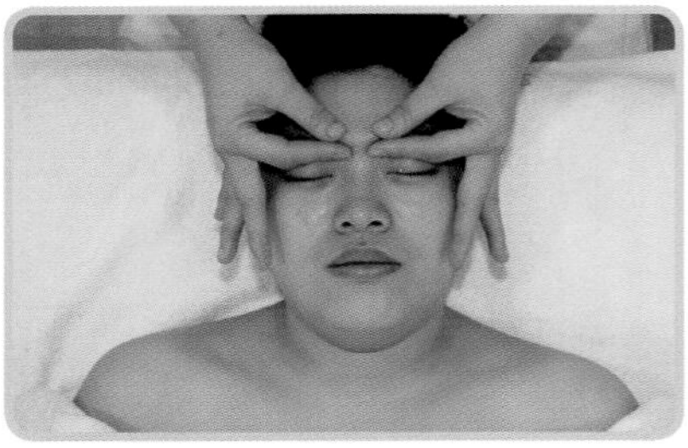
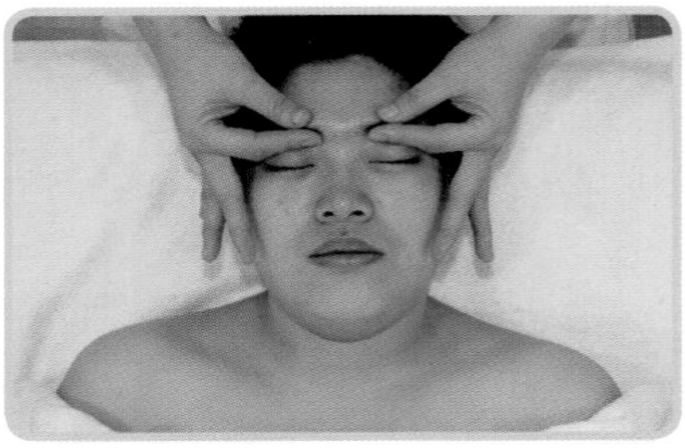
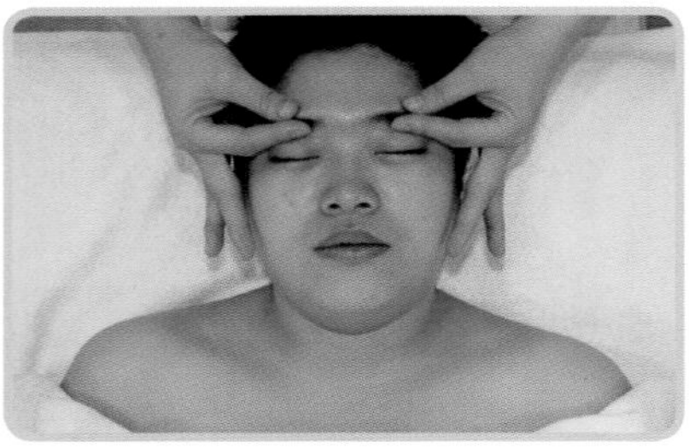
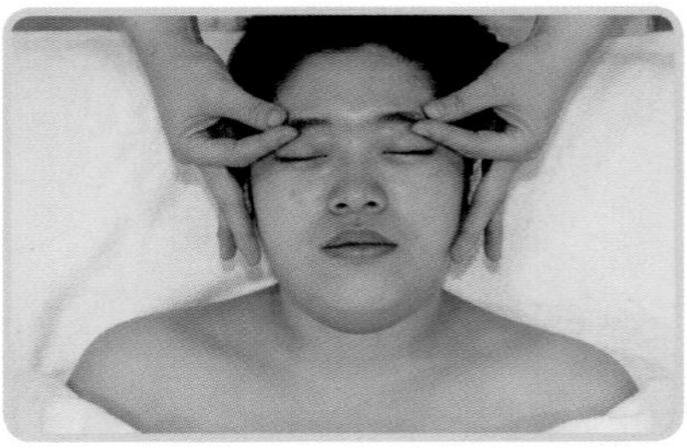
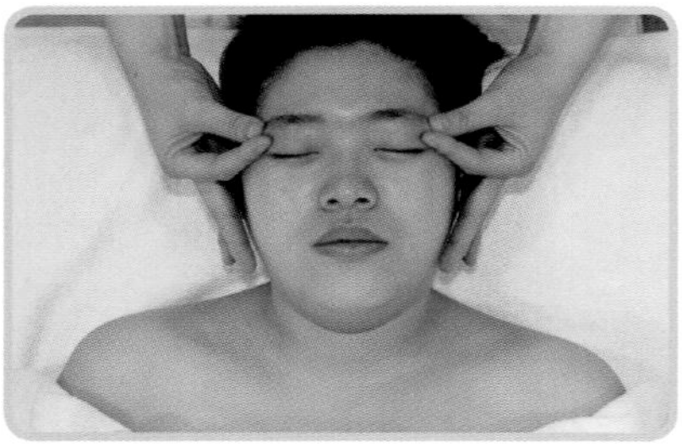

눈썹 앞머리에서 시작하여 눈썹 꼬리까지 5등분하여 엄지와 검지로 가볍게 집어준다.

⑪ 눈썹 부위 정지원 그리기

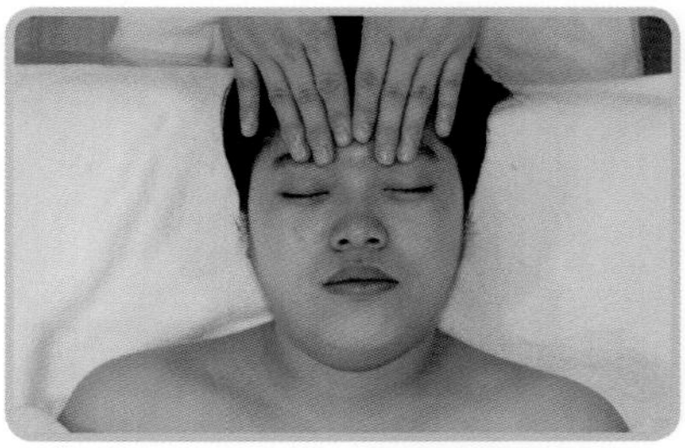
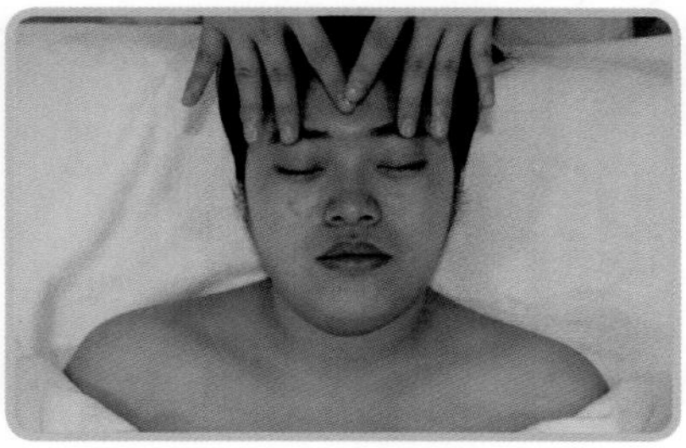
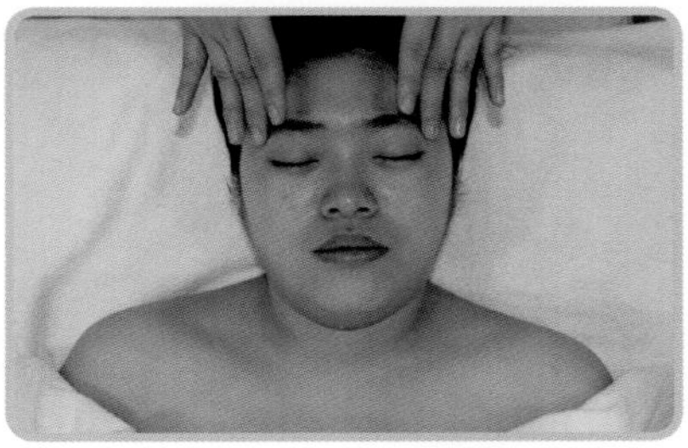

눈썹 앞머리, 눈썹 중간, 눈썹꼬리 순으로 정지원 그리기를 한다.

⑫ 이마 부위 정지원 그리기

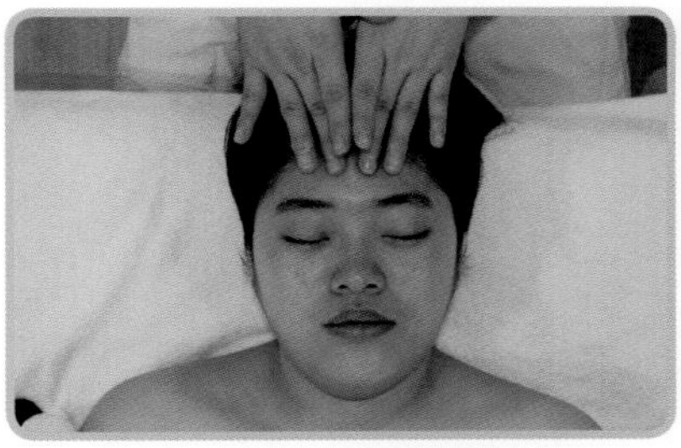
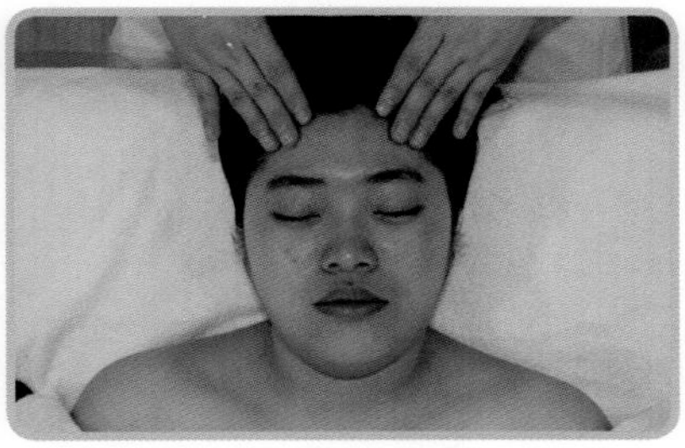
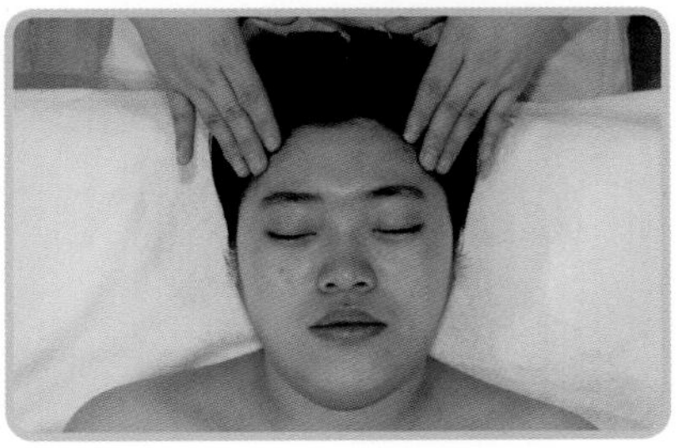

이마 중앙, 중간, 이마 끝 부위 순으로 정지원 그리기를 한다.

⑬ 템포라리스(관자놀이), 앵글루스(하악각), 파로티스(귀 앞) 정지원 그리기

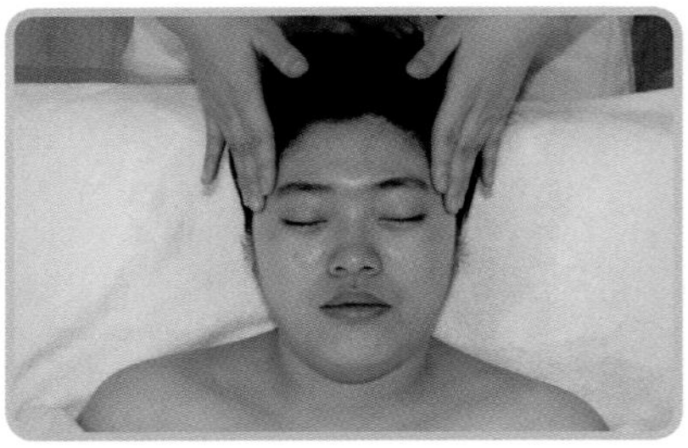
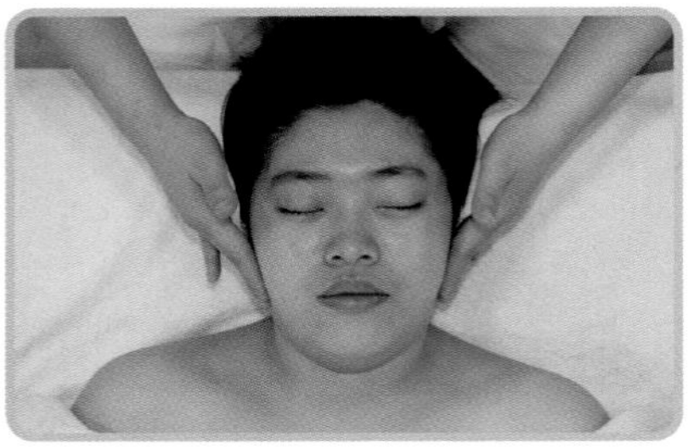
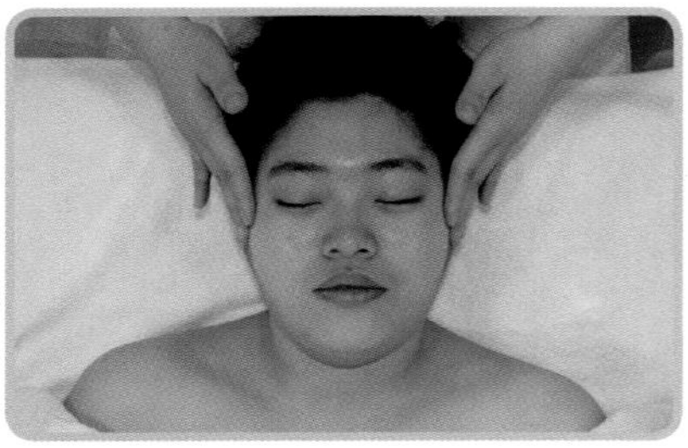

템포라리스(관자놀이), 앵글루스(하악각), 파로티스(귀 앞) 순으로 정지원 그리기를 한다.

⑭ 측경부 정지원 그리기

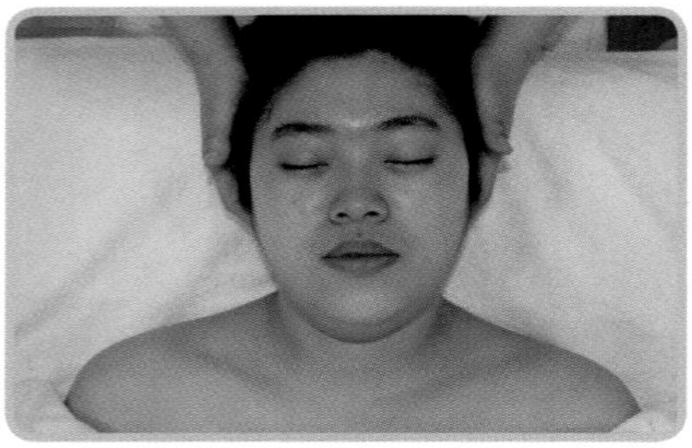
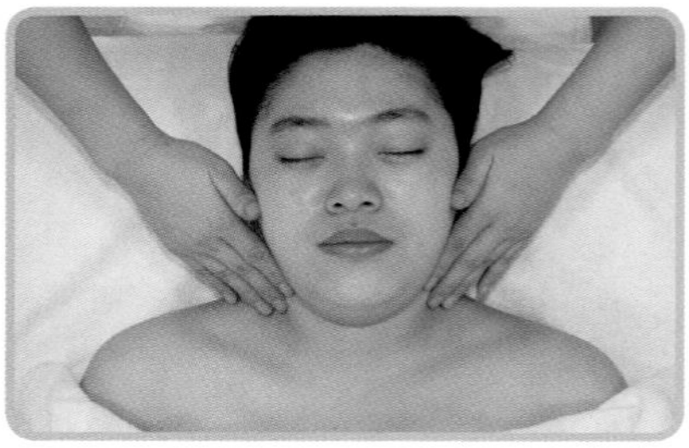
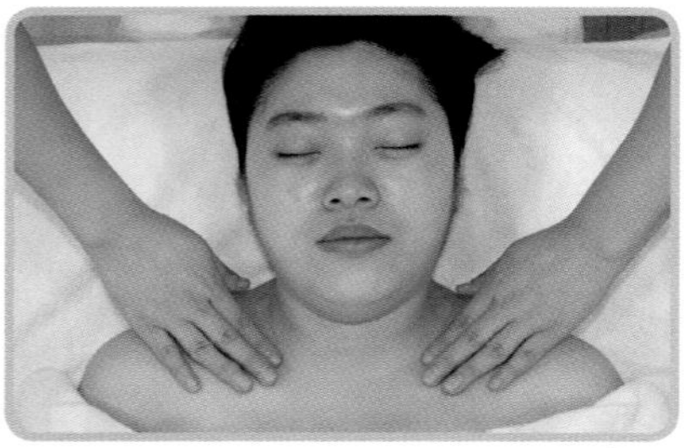

프로펀더스, 미들(중간 부위), 터미누스 순으로 정지원 그리기를 한다.

⑮ 안면 쓰다듬기

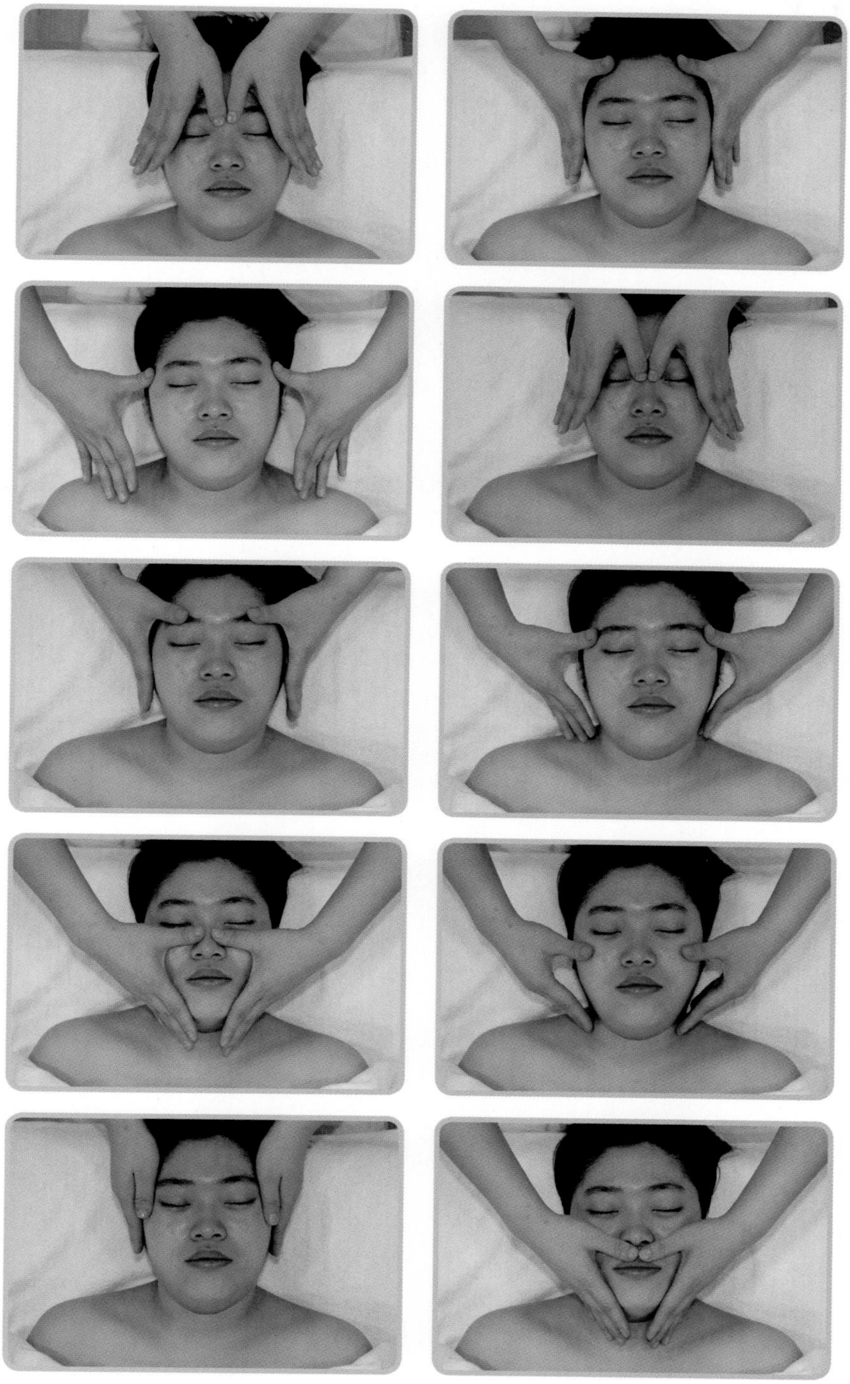

양 엄지 측면으로 이마 중앙에서 관자놀이, 눈썹에서 관자놀이, 눈 밑에서 귀, 인중에서 귀, 턱 중앙에서 귀 순으로 쓰다듬기 한다.

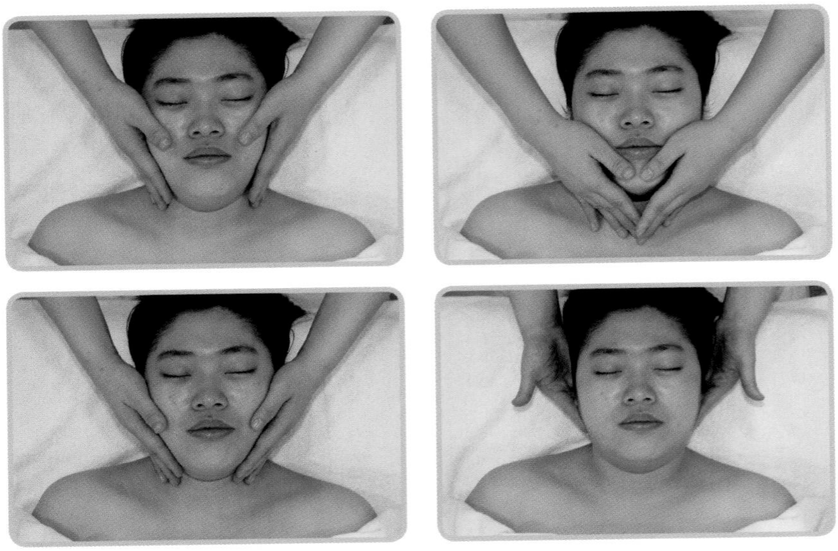

주의사항

림프 : 림프를 이용한 관리는 15분의 시간으로 진행되며, 림프관리 시에는 종료와 동시에 끝낼 수 있도록 하면 된다. 림프를 이용한 관리 시술 부위는 얼굴과 목을 대상으로 하며, 림프절을 따라 손을 이용하여 피부관리를 하면 된다. 순서는 데콜테 부위의 에플라쥐를 가볍게 한 후 손 동작의 시작점은 프로펀더스부터 시작하면 되고, 목관리 – 얼굴관리 순으로 하고 에플라쥐로 마지막 동작을 끝내면 된다.

한번에 합격하는
피부미용사 실기시험문제

발 행 일 2023년 1월 5일 개정7판 1쇄 인쇄
2023년 1월 10일 개정7판 1쇄 발행

저자협의 인지생략

저 자 이성내 · 이수연 · 문한나 공저

발 행 처 크라운출판사 http://www.crownbook.com

발 행 인 이상원
신고번호 제 300-2007-143호
주 소 서울시 종로구 율곡로13길 21
공 급 처 (02) 765-4787, 1566-5937, (080) 850~5937
전 화 (02) 745-0311~3
팩 스 (02) 743-2688, 02) 741-3231
홈페이지 www.crownbook.co.kr
I S B N 978-89-406-4665-6 / 13590

특별판매정가 26,000원

이 도서의 판권은 크라운출판사에 있으며, 수록된 내용은
무단으로 복제, 변형하여 사용할 수 없습니다.
Copyright CROWN, ⓒ 2023 Printed in Korea

이 도서의 문의를 편집부(02-6430-7019)로 연락주시면
친절하게 응답해 드립니다.

M E M O

MEMO